高等院校计算机应用技术规划教材

# 计算机辅助设计与绘图技术
## （AutoCAD 2014 教程）（第三版）

杜忠友　杜元婧　解艳艳　靳天飞　柳　楠　编著

中国铁道出版社
CHINA RAILWAY PUBLISHING HOUSE

# 内 容 简 介

本书在第二版的基础上修订而成，对章节顺序作了精心安排，先易后难，层层推进；阐述深入浅出，详略得当；以应用为目标，加强实践环节，有助于读者学以致用。

本书主要内容包括：计算机辅助设计与绘图技术概论，AutoCAD 基础，绘制二维基本图形对象，绘图辅助工具，修改二维图形对象，标注文字和制作表格，绘制非专业二维图形，标注尺寸，图块、外部参照与设计中心，设置二维绘图环境，绘制专业二维图形，绘制等轴测图形，显示与渲染三维图形，绘制三维图形对象，修改三维图形对象，绘制三维图形，三维图形生成二维图形，打印、输出和发布图形，AutoCAD 与 Internet 交互，AutoCAD 二次开发。

本书是一部理论和应用相结合、特色鲜明、技术先进、内容全面的教材，适合作为普通高等院校硕士研究生、本科生的教材，也可作为高职高专、函授大学、电视大学等层次学生的教材，还可作为社会 CAD 技术培训教材，以及工程技术人员、AutoCAD 绘图爱好者的自学参考书。

**图书在版编目（CIP）数据**

计算机辅助设计与绘图技术：AutoCAD 2014 教程 /
杜忠友等编著. —3 版. —北京：中国铁道出版社，
2015.12
高等院校计算机应用技术规划教材
ISBN 978-7-113-21128-8

Ⅰ. ①计… Ⅱ. ①杜… Ⅲ. ①AutoCAD 软件—高等学
校—教材 Ⅳ. ①TP391.72

中国版本图书馆 CIP 数据核字（2015）第 277853 号

书　　名：**计算机辅助设计与绘图技术（AutoCAD 2014 教程）（第三版）**
作　　者：杜忠友　杜元婧　解艳艳　靳天飞　柳楠　编著

策　　划：刘丽丽　　　　　　　　读者热线：010-63550836
责任编辑：周　欣　王　惠
封面设计：刘　颖
封面制作：白　雪
责任校对：汤淑梅
责任印制：李　佳

出版发行：中国铁道出版社（100054，北京市西城区右安门西街 8 号）
网　　址：http://www.51eds.com
印　　刷：北京鑫正大印刷有限公司
版　　次：2006 年 8 月第 1 版　　2010 年 4 月第 2 版　　2015 年 12 月第 3 版　　2015 年 12 月第 1 次印刷
开　　本：787mm×1092mm　1/16　**印张**：24.5　**字数**：576 千
印　　数：1～2 000 册
书　　号：ISBN 978-7-113-21128-8
定　　价：51.00 元

# 第三版前言

目前，兴起了源自美国的讲授计算思维、培养计算思维和应用计算思维的浪潮。计算思维是运用计算机科学的基础概念去求解问题、设计系统和理解人类行为等涵盖计算机科学之广度的一系列思维活动。

计算思维于 2006 年 3 月被曾任美国卡内基·梅隆大学（CMU）计算机科学系主任，后任美国基金会（MSP）计算机和信息科学与工程部（CISE）主任的周以真（Jeannette M.Wing）教授在美国计算机权威刊物 Communications of the ACM 上提出后，立即得到了美国教育界的广泛支持，并引起了欧洲的极大关注。2007 年 9 月 19 日，欧洲科学界、工业界和政府的一些领导者在布鲁塞尔皇家科学院召开了一次名为"思维科学——欧洲的下一个政策挑战"的会议，此后又进行了多种活动，采取了各种措施。2008 年，美国国家科学基金会（NSF）推出的涉及所有学科的以计算思维为核心的国家重大科学研究计划 CDI（Cyber-Enable Discovery and Innovation），将计算思维拓展到美国的各个研究领域，旨在使用计算思维产生出革命性成果，保证美国自然科学和工程领域在世界的领先地位。2011 年，NSF 又启动了 CE21（The Computing Education for the 21st Century）计划，旨在提高 K-14（中小学和大学一、二年级）师生的计算思维能力。

我国对计算思维也非常重视。众多科学家、院士参与召开了大型专题学术研讨会、报告会和讲座，发表了许多研究论文等，认为计算机科学最具有基础性和长期性的思想是计算思维，计算思维能力应该像阅读、写作和算术（Reading, wRiting, and aRithmetic——3R）一样成为地球上人人具备的能力。2010 年，北京大学、清华大学、浙江大学、复旦大学、上海交通大学、南京大学、中国科技大学、哈尔滨工业大学和西安交通大学等高校在西安召开了首届"九校联盟（C9）计算机基础课程研讨会"，会后发表了《九校联盟（C9）计算机基础教学发展战略联合声明》，达成 4 点共识：①计算机基础教学是培养大学生综合素质和创新能力不可或缺的重要环节，是培养复合型创新人才的重要组成部分；②旗帜鲜明地把"计算思维能力的培养"作为计算机基础教学的核心任务；③进一步确立计算机基础教学的基础地位，加强队伍和机制建设；④加强以计算思维能力培养为核心的计算机基础教学课程体系和教学内容的研究。围绕这一共识，近年来，高校和科研院所的一批教师和研究人员在计算思维研究方面做了大量工作，积极推动有关计算思维理论、体系以及方法论的研究，逐步渗透到科学与工程领域以及社会经济技术等领域。使用计算思维的概念与方法，产生革命性的新理解、新成果、新技术，推动社会、经济、文化、科学的全面发展，并由此成为建设创新型国家的最重要的软实力之一。2013 年 7 月，教育部高等学校大学计算机课程教学指导委员会发表《计算思维教学改革宣言》。教育部设立了多项关于计算思维的研究项目，探讨把计算思维纳入课程体系，决定制定《计算思维教学改革白皮书》，用计算思维改造计算机课程教学，等等。

计算思维被定位于三大科学思维之一的高度，另两个是理论思维（逻辑思维）和实验思维。理论思维能力首先由它的代表学科数学培养，实验思维能力首先由它的代表学科物理培养，计算思维能力则首先由它的代表学科计算机培养。

需要培养和提高计算思维能力，使人们能够运用计算思维并借助计算机更好地为自己的学习、生活、所从事的专业领域和感兴趣的领域服务。

计算思维是运用计算机科学的基础概念去求解问题、设计系统和理解人类行为，涵盖了计算机科学领域的一系列思维活动。应用计算机绘图软件 AutoCAD 进行设计和绘图的工作正体现了这些思维活动，是计算思维的绝佳体现。应用计算思维解决问题意味着要将实际问题转化为计算机能够处理的形式。绘制一个图形的宏观思路和具体操作正是将问题转化为计算机所能处理的方式，而利用计算机一步一步顺理成章地完成的。因此，学习本课程，很好地训练了信息时代和计算机时代所需要的计算思维，潜移默化地提高了计算思维的能力和素质。

本书在第二版的基础上扩展修订而成，将 AutoCAD 从 2009 版升级到 2014 版，并在理论和应用两方面进行充实和发展，同时提高了实践性和应用性。本书介绍了计算机辅助设计与绘图技术的基本概念、理论和方法，全面介绍了 AutoCAD 的工作环境，绘制与修改二维图形对象，绘图辅助工具，标注文字与制作表格，标注与修改尺寸，图块，设计中心，设置绘图环境，显示与渲染三维图形，绘制与修改三维图形对象，打印、输出及发布图形，AutoCAD 与 Internet 交互，AutoCAD 二次开发等内容；还为绘制非专业二维图形、绘制专业二维图形、绘制等轴测图形、绘制三维图形、三维图形生成二维图形特设了专章；增加了外部参照、动态块、参数化绘图和编辑实体的面、边、体及绘制服装图等。本书配置了大量例题，每章后配有上机实验及指导。本书还配有教学课件、图形库和二次开发程序代码等教学资源，可从中国铁道出版社网站 http://www.51eds.com 下载使用或向作者索取（E-mail：du-zy@163.com）。

第三版保持了前两版的鲜明特色。这些特色是：

（1）宏观概述了计算机辅助设计与绘图技术，拓宽了 AutoCAD 的外延。

（2）精心安排了章节顺序，做到由浅入深，循序渐进；做到层次清晰，详略得当；做到图文并茂，通俗易懂；做到讲练结合，成果顿现。这有助于学习者很快进入角色，进而对本书、本课程产生兴趣，易于教学，易于自学。

（3）专门为二维图形绘制、三维图形绘制、轴测图绘制、三维图形生成二维图形、AutoCAD 与 Internet 交互、AutoCAD 二次开发开辟专章，体现内容的广泛性。

（4）设置了大量的例题，突出了 AutoCAD 在工程实践中的应用。

（5）每个题目操作前进行题目解释说明、分析，贯彻启发式教学和素质教育的思想。

（6）内容涵盖了 AutoCAD 应用的各个方面。不但适合于机械类、建筑类专业，还适合计算机、网络工程、电子、自动化、土木工程、园林、工业设计、艺术、工艺、广告、轻工等多种专业。

（7）除第 1 章外，每章最后都有"上机实验及指导"，这有助于结合实际，强化操作，加强实践环节，激励创新意识，增强上机实验的针对性。教材和实验融为一体，使得一书在手，教材实验全有，体现了全面性特色。

（8）做到提升学生的知识、能力、素质，把握教学的难度、深度、强度，体现基础、技术、应用，提供教材、实验、课件支持，更好地为培养社会主义现代化建设人才服务。

建议教师授课时结合学生所学的专业，以应用为中心，突出重点、难点，讲授主要问题，一些次要的问题留给学生自学，与专业无关的内容可以忽略。

本书是一部理论和应用相结合、特色鲜明、技术先进、内容全面的教材，适合作为普通高等院校硕士研究生、本科生的教材，也可作为高职高专、函授大学、电视大学等各层次学生的教材，还可作为社会 CAD 技术培训教材，以及工程技术人员、AutoCAD 绘图爱好者的自学参考书。

本书由山东建筑大学杜忠友，济南城建集团有限公司第九分公司杜元婧，山东建筑大学解艳艳、靳天飞、柳楠编著。

在此对前两版提出宝贵意见的读者表示诚挚的感谢，第三版吸收了这些意见，并欢迎读者继续提出宝贵意见（E-mail：du-zy@163.com）。

编 著 者
2015 年 5 月于泉城济南

# 第一版前言

"书籍是人类进步的阶梯。"笔者从事计算机辅助设计与绘图技术、计算机图形学及 AutoCAD 的研究应用和教学已有 20 余年之久，在此期间积累了比较丰富的经验，有不少收获和感悟。笔者感到有必要将其整理出来，作为"阶梯"，与读者进行资源共享，为"进步"尽微薄之力。

本书与其他同类书籍相比，有下面几个鲜明的特色和优势。

第一，开篇即为"计算机辅助设计与绘图技术概论"，从宏观上阐述了 CAD 的概念、发展历史、基础技术、基本内容和系统构成，还阐述了几何造型技术、基本图形生成技术、反走样技术、图形变换技术和三维投影、颜色模型、消隐技术和真实感图形等技术。这些都是绘图时需要明确的问题。同时，这对于拓宽 AutoCAD 的外延，确立 AutoCAD 在计算机辅助设计与绘图技术中的位置，探知 AutoCAD 各命令实现的最终根源和理论依据，理解和掌握 AutoCAD 的概念、理论和方法，会起到助推器的作用，有助于读者登高望远、高屋建瓴。这一章可以以自学为主。

第二，根据教学经验著录了"上机实验及指导"。学习该课程，应当坚持"弄通理论，重在应用"的原则。弄通理论是为了更好地应用，要以应用为目标，放眼实际，强化操作，加强实践环节，激励创新意识。"上机实验及指导"在这方面具有促进作用，也使上机更有针对性，引领读者在理论的基础上更快地涉足于工程应用的殿堂，学以致用，成为 CAD 领域的专门人才。

第三，本书设置了大量的例题，突出了 AutoCAD 在工程实践中的应用，这不仅使读者熟悉了理论，而且看到了理论的实际应用价值。理论和应用融为一体，有助于理解和掌握理论，有助于提高应用技能。

第四，专门为二维图形绘制、三维图形绘制开辟了专章，加强了实际应用，丰富了工程实践。

第五，为轴测图绘制和三维图形生成二维图形开辟了专章。

第六，为 AutoCAD 与 Internet 交互开辟了专章。AutoCAD 与 Internet 交互是 AutoCAD 后期版本的亮点，故专设一章。

第七，书中的所有插图都是 AutoCAD 的原样照录，或用 AutoCAD 绘制并复制于屏幕，这最大限度地保留了 AutoCAD 的原始信息（颜色除外），有助于读者观察 AutoCAD 绘制的图形的屏幕效果，并有助于将自己绘制的图形与书中的图形进行分析、比较，并有所感悟，进而发挥创造性。

第八，本书对章节顺序作了精心安排，做到先易后难，先基础后提高，层层推进，逐步深化，阐述深入浅出，通俗易懂，易于教学，易于自学，能够引领读者很快进入角色，进而对本书、本课程产生兴趣。

讲述了 AutoCAD 基础、二维绘图命令、绘图辅助工具、二维修改命令和文字标注各章之后，立即设置了"非专业二维图形绘制"一章，因为此时已经可以进行无尺寸要求的定性绘图（即非精确绘图），这对于及时巩固所学知识，迅速展现应用价值十分有益；讲述尺寸标注、图块、绘图环境设置后，设置了"专业二维图形绘制"一章，因为此时已完全具备进行有尺寸要求的定量绘图（即精确绘图）的条件，紧接着是"等轴测图绘制"一章。轴测图绘制之所以放在三维绘图之前，是因为它在本质上是二维绘图，只不过看起来像三维图形；叙述完所有二维问题之后，接下来安排了三维图形显示与渲染、三维绘图命令、三维修改命令、三维图形绘制、三维图形生成二维图形各章，最后是图形打印、AutoCAD 与 Internet 交互、AutoCAD 二次开发。整部书思路连贯，脉络清晰。

第九，每个题目操作前进行题目解释说明、分析，针对学生的困惑和易犯的错误，选择性地分析图案构成，指出绘图目的、绘图思路、注意事项，作出有关说明等，这些是启发式教学的一个方面；有的还介绍题目背景，这有利于拓展知识面，贯彻素质教育的思想。

本书可作为大学本科、大专中专、高职高专、成人教育、函授大学、电视大学等各专业学生的计算机辅助设计与绘图技术及 AutoCAD 绘图教材、CAD 技术自学教材、社会 CAD 技术培训教材和工程技术工作者计算机绘图的技术用书。

建议教师授课时突出重点、难点，讲授主要问题，一些次要的问题留给学生自学。

本书由山东建筑大学杜忠友教授、刘浩教授，潍坊职业学院梁国浚副教授编著。为了集思广益，吸收了山东建筑大学的多位教师参与编写：孙晓燕老师、靳天飞老师和李锋老师参与了第 1 章的编写，刘秀婷老师、姜玉波老师和王晓闽老师参与了第 10 章的编写，姜庆娜老师、张海林老师和解艳艳老师参与了第 13 章的编写，李云江老师参与了第 18 章的编写，赵欣老师参与了第 19 章的编写。

奉献给读者的这本书虽经反复修改，数易其稿，并参考了大量的国内外资料，但由于篇幅较大、问题复杂等原因，仍不免会有疏漏、不妥甚至错讹，恳请各位专家和读者提出宝贵意见并告知笔者（E-mail：du-zy@163.com），以便再版时将您的意见纳入书中，将本书更好地锤炼成一部计算机辅助设计与绘图技术方面的经典著作。

编　者
2006 年 4 月

# 第二版前言

本书第一版 2009 年被评为山东省高等学校优秀教材。现在对第一版按照"以人为本，夯实基础，强化实践，突出特色，培养基础实、适应快、能力强、素质高，富有创新精神与实践能力的高级专门人才"的原则进行修订。

（1）将 AutoCAD 从 2005 版本升级到 2009 版本，贴近新版本。考虑到一些高校的计算机机房不一定很快安装 2009 版本的情况，为了兼顾新版本和以往的版本，本书按 AutoCAD 经典工作界面进行讲述；同时，在介绍 2009 版本的工具按钮时，仍保留 2005 版本的工具按钮，例如"栅格显示"按钮▦（或 栅格），这里，▦是 2009 版本的工具按钮，栅格是 2005 版本的工具按钮。

（2）在理论和应用两方面进行充实和发展。

拓宽了理论面：第 2 章增加 3 种工作空间的概念；第 3 章增加绘制圆环，修订云线，徒手画；第 4 章增加图形刷新；第 5 章增加打断于点，合并，对象特性匹配，夹点编辑；第 6 章增加弧形文字标注和表格；第 8 章增加弧长标注，折弯线性标注；第 9 章增加设计中心；第 13 章增加使用相机，漫游和飞行，全面介绍渲染的各个项目；第 14 章增加坐标系右手定则，绘制螺旋线、多段体、平面曲面，二维对象扫掠成三维实体或曲面，二维对象放样成三维实体或曲面等；第 15 章增加三维对齐，加厚，转换为实体，转换为曲面，提取边等。

拓宽了应用面：丰富例题和上机题，提高广泛性和启发性，强化应用和操作；增加艺术图形绘制（第 7 章），房间用具绘制，车辆绘制，人体轮廓绘制（第 11 章）等。

（3）各章增加学习目标和小结，使学生学前心中有数，学后易于总结巩固。

（4）制作新课件，可到 http://edu.tqbooks.net 下载。

总之，努力做到提升学生的知识——能力——素质，把握教学的难度——深度——强度，体现基础——技术——应用，提供教材——实验——课件支持，更好地为培养社会主义现代化建设人才服务。

第二版保持了第一版的鲜明特色。这些特色是：宏观概述计算机辅助设计与绘图技术，拓宽 AutoCAD 的外延；著录了"上机实验及指导"，加强上机的针对性；设置了大量的例题，突出在工程实践中的应用；专门为二维图形绘制、三维图形绘制、轴测图绘制、三维图形生成二维图形、AutoCAD 与 Internet 交互、AutoCAD 二次开发开辟专章，体现内容的广泛性；精心安排章节顺序，由浅入深，脉络清晰，符合认知规律；每个题目操作前进行题目解释说明、分析，贯彻启发式教学和素质教育的思想；教材内容全面，涵盖 AutoCAD 的各个方面；教材不但适合于机械类、建筑类，还适合计算机、网络工程、电子、自动化、土木工程、园林、工业设计、艺术、工艺、广告、轻工等多种专业。

第二版由山东建筑大学杜忠友教授、姜庆娜副教授、张海林讲师、夏传良副教授、柳楠讲师、韩国勇实验师编著。

对第一版提出宝贵意见的读者我们表示诚挚的感谢，第二版吸收了这些意见，并欢迎读者继续提出宝贵意见（E-mail:du-zy@163.com）。

编 著 者
2009 年 11 月

# 目　录

# 第 1 章　计算机辅助设计与绘图技术概论

📖 学习目标

- 了解 CAD 概念、发展历史、基础技术、基本内容和系统构成。
- 了解计算机图形学的几何造型技术、实体造型技术及表示、基本图形生成技术、反走样技术、图形变换技术、三维投影、颜色模型、消隐技术和真实感图形。这些是 AutoCAD 的绘图理论基础和依据。本章可以以自学为主。

本章将从宏观上阐述计算机辅助设计的概念、发展历史、基础技术、基本内容和系统构成，从而使读者对计算机辅助设计有一个较全面的认识。本章还将阐述计算机图形学的几何造型技术、基本图形生成技术、反走样技术、图形变换技术、三维投影、消隐技术和真实感图形等内容（它们都是 AutoCAD 各命令实现的最终根源和理论依据），这有助于读者更好地理解和掌握 AutoCAD 的概念、理论和方法。

## 1.1　CAD 概述

当今社会，计算机已经发展成为人们必不可少的工具。计算机能够辅助人们从事设计、加工、计划、学习、交友、购物、生活等各项事务。各种各样的计算机辅助系统已被建立起来，有计算机辅助制造（CAM）、计算机辅助工程（CAE）、计算机辅助教学（CAI）、计算机辅助设计（CAD）、计算机集成制造系统（CIMS）等。

计算机辅助设计的英文为 Computer Aided Design，简称 CAD，它是指人们利用计算机进行设计工作，例如利用计算机及图形输入/输出设备进行产品设计、工程设计、项目规划、图纸绘制和数据管理等。CAD 可把设计中繁重的计算、绘图、数据处理和存储等交给计算机完成，从而高速高效地完成任务，加快产品设计开发速度，促进科技成果转化，大幅度提高工作效率，提高工程设计质量，提高产品质量，降低生产成本。

需要强调的是，计算机辅助设计的范围是很广泛的，计算机绘图只是其中的一项内容。

从 20 世纪 50 年代至今，CAD 技术已经经历了半个多世纪的发展。随着硬件和软件技术的不断进步，CAD 技术的发展呈现出明显的阶段特征，大体上有 5 个发展阶段。

第一阶段，20 世纪 50 年代，萌芽起步阶段。

第二阶段，20 世纪 60 年代，研究试制阶段。

第三阶段，20 世纪 70 年代，实用化阶段。

第四阶段，20 世纪 80 年代，快速发展阶段。

1982 年，美国 Autodesk 公司推出了计算机绘图软件 AutoCAD，以后又不断升级。

第五阶段，20 世纪 90 年代及以后，全球普及阶段。

我国 CAD 技术的研究，最早是在航空和造船工业（取得了一系列创新性的成果），后来在机械、电子、建筑、宇航、轻纺、服装、五金、化工、农业、林业、卫星、军事、医药、体育、生物、地理、地质、气象预报、地震预报、文化教育、科学研究、办公管理、艺术创作和益智娱乐等几乎所有领域全面展开，并迅速进入应用阶段。

CAD 技术的发展趋势是标准化、智能化、集成化、网络化、可视化（图像化）、虚拟化、动态化、数字化、实时化等，渗透到包括机器人、数字城市、数字省、地球空间信息技术 3S［（地理信息系统（Geographic Information System，GIS）、全球卫星定位系统（Global Positioning System，GPS）、遥感技术（Remote Sense，RS）］、数字地球等尖端领域在内的所有领域。总而言之，CAD 技术将更先进、更高级、更实用化地应用到各个社会领域。

CAD 的基础技术很多，主要有计算机硬件和软件技术、图形技术、工程分析技术、软件设计技术、文字处理技术、工程管理技术、智能技术、数据库技术等。

CAD 的基本内容主要有建立模型、计算分析、仿真、绘图、数据处理和存储等。

CAD 的系统构成分为硬件和软件两部分，软件系统包括系统软件和应用软件，应用软件有 AutoCAD、3ds Max、Photoshop、3ds VIZ、Solid Works、Solid Edge、CAXA 等。

# 1.2　几何造型技术

几何模型是用数据结构以计算机能够理解和处理的形式，对物体的几何形状和属性（如颜色、纹理等）进行准确定义形成的模型，是应用很广泛的一类模型。定义、描述、生成几何模型并进行编辑修改的技术称为几何造型技术。AutoCAD 就是应用几何造型技术进行几何造型的软件系统。

## 1.2.1　几何造型基本概念

几何造型的基本概念有点、边、面、环、体、体素、边界、几何信息、拓扑信息等。

几何信息是描述点、边、面、环、体、体素、边界的几何性质和度量关系的数据。

拓扑信息是描述上述元素连接关系的数据。

一个形体用点、边、面来定义，所以形体表面必须封闭、有向、非自交、有界并连接，这也是几何造型的要求。同时，形体还应该满足刚性要求、三维一致性、有限的描述表示和边界确定等要求。刚性要求是指形体的形状与形体的位置和方向无关；三维一致性是指形体没有悬面和孤立的边界（悬边）。

## 1.2.2　几何造型的 3 种模型

几何造型中，常用的几何模型有 3 种，它们是线框模型（Wireframe Model）、表面模型（Surface Model）和实体模型（Solid Model）。

### 1. 线框模型

线框模型以形体边界面上的一组轮廓线来表示形体，其核心是线，结构简单，易于理解，处理速度快，是最早用于表示形体的一种模型。

因为线框模型是用边代表形体的，它只包括一部分形状信息，而一个面由哪几条边定义、立体的内部与外部的区分等都不清楚，即缺少拓扑信息。因此不可能用线框模型作出剖面图，不能消除隐藏线，不能求两个面的交线，不能检查物体间的碰撞、干涉，不能计算物性，不能着色和渲染等。

线框模型是表面模型和实体模型的基础。

### 2．表面模型

若把线框模型中的边包围的部分定义为面，则所形成的模型就是表面模型，其在线框模型的基础上增加了面的信息。

有了面的信息之后，就可以进行面与面的求交线运算、消除隐藏线、作出剖面线、进行着色和渲染等。但表面模型还不能有效地表示实体：一是因为表面模型中的所有面未必是封闭的；二是因为各个面的侧向没有定义，不知道实体位于面的哪一侧；三是因为没有给出表面间相互关系等拓扑信息。

### 3．实体模型

要想处理完整的三维形体，必须使用实体模型。

实体模型是由许多具有一定形状和体积的基本体素通过布尔运算组合而成的。基本体素由表面来定义，并定义实体位于面的哪一侧。

实体模型既包含了实体的全部几何信息，也包含了完备的拓扑信息（如面、边、连接关系等）。由于它具有形体的各种信息，所以可用来计算重量、重心等物体特性，也可用来求剖面图，进行有限元分割，检测干涉，消除隐藏线，着色和渲染等。它广泛用于 CAD/CAM 中。

# 1.3　实体造型技术及表示

### 1．特征表示法

特征表示就是用一组特征参数来定义一组类似的实体。特征从功能上可分为形状特征、材料特征等。形状特征如孔、槽等，材料特征如密度、硬度等。

用特征表示法描述形状特征，则长方体可用参数组（A，B，H）来表示，圆柱、圆锥可用参数组（R，H）来表示，等。A、B、H 分别为长方体的长、宽、高，R、H 分别为底面半径和高。

特征表示法适合于有国家标准的标准件。

### 2．边界表示法

边界表示法（Boundary Representation）是一种把三维实体用其表面的边界——顶点、边和平面来表示的方法。有的边界表示法要求平面边界或多边形面边界，有的边界表示法甚至要求其小平面为凸多边形或三角形。曲面或回转面通常用多边形来近似。

### 3．延伸表示法

将一个截面沿一个轨道扫过空间而形成实体的操作称为延伸（Sweep）操作。最简单的延伸操作是将一个二维图形经过旋转和平移形成一个三维实体。例如，将一个直角三角形以一条直角边为轴旋转一个圆周，则得一个圆锥；将一个圆沿一条垂直于该圆的直线平移一段距离，则得一个圆柱。

### 4．构造实体几何表示法

构造实体几何表示法（Constructive Solid Geometry，或称 CSG 法，CSG 树），又称结构体素表

示法，它应用十分广泛。它的基本作法是用基本几何造型体，如立方体、球、圆柱、圆锥、圆环等，通过布尔运算来构造一个实体，如图 1-1 所示。

**5. 空间分割表示法**

空间分割表示法是将实体分解成一组相邻的、互不相交的基本实体来表示的。由这些基本实体组成的复杂实体，就如同用各种大小和形状不同的积木搭起来的物体一样。分割可以分层进行，逐步将大的三维实体分割成若干小的基本实体。

（1）单元分解表示法

单元分解表示法（Cell Decomposition）是空间分割表示法最常用的方法之一。这种方法是将组合的复杂实体逐步分解成简单的、系统中已定义的基本单元，这种分解是自顶向下逐步完成的。

（2）空间位置枚举法

空间位置枚举法，又称立方块法，是单元分解表示法的一种特殊情况。立方块法将三维实体分割成大小相等的立方块，再计算三维实体所占据的体素的位置和个数，就将三维实体分解成小的体素的集合。如正方体魔方就可以看成是由各边相等的小立方体来表达的。

（3）八叉树法

三维空间的八叉树编码过程是二维空间四叉树编码的延伸，四叉树是把二维空间分层分解成 4 个部分来表示。当用一个四叉树来代表二维图形时，每个方块可能被图形全占满，或部分占满，或全空着，分别以 F（Full）、P（Partial）、E（Empty）来标识。对部分占满的方块再分成 4 个子块，这些子块同样有 F、P、E 三种情形。对部分占满的子块再分成 4 块……直到所有的子块都是 F 或 E 为止。实际应用时是达到一定的精度时停止，这时，部分占满的子块设为占满。这个分解过程可用一个分层树表示。所有全占满的和空的节点为叶节点，而未占满的节点为待分的内部节点，如图 1-2 所示。

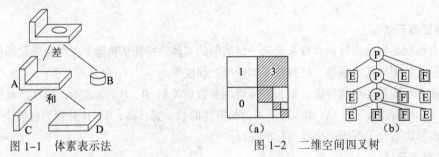

图 1-1  体素表示法          图 1-2  二维空间四叉树

八叉树与四叉树类似，它把三维空间分解成 8 个单元来表示。这些单元也有 F、P、E 三种情形。对部分占满的单元，再继续分解成 8 个子单元，直到所有的子单元都是 F 或 E，或达到一定的精度为止。

八叉树通常只记录占满的节点，这可节约存储空间。树之间的操作也只针对占满的节点进行。

# 1.4  基本图形生成技术

基本图形生成技术主要包括扫描转换概念、扫描转换直线、扫描转换弧、图元属性控制、填充、字符表示和输出、二维裁剪和三维裁剪。

### 1.4.1　扫描转换概念

在绘图纸上，可在任意两点间画一条连续的直线；但在屏幕上，只能画任意两个整数坐标点（像素）之间的连线，且该直线不再连续，而是由落于其上或临近的像素构成。将顶点参数表示的图形转换为像素（点阵）表示的图形称为光栅图形的扫描转换。基本图形的光栅扫描转换也称为图元生成。

图元的扫描转换分为两个步骤，即确定与图元相关的像素集合，和用颜色及其他属性对这些属性进行写操作。

### 1.4.2　扫描转换直线

扫描转换直线是计算出落在直线上或与它临近的一组像素，以一定的颜色用这组像素近似替代连续的没有宽度的笔直直线，并在屏幕上显示的过程。

屏幕上的光栅点（像素）用图 1–3 中的光栅点格图表示，填色的圆圈是直线上的点，未填色的圆圈不是直线上的点，这些圆圈是以像素点的坐标$(x_i, y_i)$为圆心的小圆圈。这里暂且认为直线的端点都是整型坐标点且直线是一个像素宽的。

下面是扫描转换直线的 DDA 算法（数值微分法）。

设直线的两个端点坐标为$(x_0, y_0)$和$(x_1, y_1)$，若记 $\Delta x = x_1 - x_0$，$\Delta y = y_1 - y_0$，则它的斜率 $m = \Delta y / \Delta x$，那么直线上对应于 $x_i$ 的 $y_i$ 坐标是：$y_i = mx_i + B$，这里 $B$ 是直线的截距，$y_i$ 值四舍五入取整数值。

显然，$y_{i+1} = mx_{i+1} + B = m(x_i + \Delta x) + B = mx_i + m\Delta x + B = y_i + m\Delta x$。若取增量 $\Delta x = 1$，有 $y_{i+1} = y_i + m$。

可见 $x$ 每增加一个像素，$y$ 就增加一个 $m$，即可以从 $y_i$ 直接得到 $y_{i+1}$，而不是由 $x_{i+1}$ 通过直线方程 $y_i = mx_i + B$ 求得 $y_{i+1}$，这样便消除了算法中的乘法，如图 1-4 所示。上式所表示的生成直线的计算方法称为数值微分法。

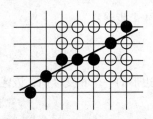

图 1–3　近似表现直线的像素

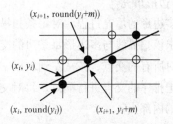

图 1–4　DDA 算法示意图

从直线最左面的端点$(x_0, y_0)$开始，假设 $x_0$，$y_0$ 都是整数，由于直接使用 $y_0$，就不必计算截距 $B$，这里是考虑直线斜率$|m| \leqslant 1$的情况。此时 $x$ 增加 1 时，$y$ 的增量不大于 1，在迭代的过程中，每次只写一个像素。如果直线的斜率$|m| > 1$，可将 $x$，$y$ 交换使 $y$ 值每增加 1 时，$x$ 值相应增加 $1/m$。

### 1.4.3　扫描转换弧

生成圆弧的最简单算法是利用圆弧的方程 $x^2 + y^2 = R^2$，取一系列不同的 $x$，求出相应的 $y$，连接画出圆弧。若画一个整圆，则只需画出 1/8 圆弧，再利用对称性即可画出整圆。但它用到开方，计算量大，效率不高。

扫描转换弧的算法有圆弧生成的中点算法、多边形迫近法、正负法和椭圆弧生成的中点算法等，与扫描转换直线的算法有相通之处。

### 1.4.4　图元属性控制

**1．线宽控制**

实际绘图常常用到有宽度的直线和曲线。要生成有宽度的线，可用带有一定宽度的刷子沿着单像素宽的线的中心移动。这个刷子可以是线形的或正方形的。正方形的刷子效果较好。实现正方形刷子的算法是将正方形的中心对准单像素宽直线上的每个像素，然后将正方形中全部像素置成直线的颜色。方法很简单，但会重写各个像素，因相邻两个正方形中像素可能会重叠。为避免这一点，可采用区域填充的方法来生成有宽度的直线和弧线。

**2．线型控制**

线型是所有图元都具有的属性，在工程制图中应用广泛，如实线、虚线、点画线等。

线型控制一般用一个位屏蔽器来完成，如可用一个32位的整数表示一个位串，当像素对应的位为1时显示该像素，为0时不显示该像素。用这样的整数控制线型时，线型必须以32像素为周期重复。

### 1.4.5　填充

基本图形的填充有两大步骤，一是确定应填充的像素，二是填充颜色。确定像素是否被填充的方法是用顺序的扫描线与图形边界相交，并对两交点间的像素从左到右填充。

**1．矩形的填充**

填充四条边是水平和垂直的矩形比较容易，与矩形相交的顺序扫描线从左边界扫到右边界，在此过程中，把遇到的每个像素填充同样的颜色。

**2．多边形填充**

一般多边形的填充过程，对每条扫描线都需要执行以下 4 个步骤：

（1）求该扫描线与多边形每条边的交点。

（2）对所有的交点，按从左到右以 $x$ 递增的顺序排序。

（3）把排序的交点进行配对。每对交点代表扫描线与多边形的一个相交区间，该区间的点属于多边形的内部点。

（4）将相交区间内的像素点置成多边形的颜色，把区间外的像素点置成背景的颜色。

这是多边形填充的扫描转换算法。还有边缘填充算法、种子填充算法等。

**3．图案填充**

填充方式分为均匀填充方式、位图不透明方式、位图透明方式、像素图填充方式。

前面所述的都是均匀填充方式，即将边界内部的像素置成同一种颜色。后 3 种方式只需将前述算法稍加修改即可实现。

当按照位图不透明方式填充时，若像素对应的位图单元的值为1，则仍用前景色显示该像素；若为 0，则以背景色显示该像素。

当按照位图透明方式填充时，若像素对应的位图单元的值为 1，则仍用前景色显示该像素；若为 0，则不改变屏幕上该像素的颜色。

当按照像素图方式填充时，以像素对应的像素图单元的颜色显示该像素。

### 1.4.6 字符表示和输出

字符是图形中的一个重要组成部分，包括字母、数字、汉字和标点等符号。目前有 ASCII 码和汉语字符集 GB 2312—1980《信息交换用汉字编码字符集　基本集》。

**1. 字符的表示**

字符的图形有两种表示方法：点阵字符法和轮廓字型法。

（1）点阵字符法

每个字符都定义成一个正方形的矩阵，该矩阵对应着一个正方形的位图，字符的笔画经过的位，其值为 1，对应的像素置成字符的颜色。字符的笔画不经过的位，其值为 0，对应的像素置成背景颜色（写模式为"替换方式"时）或像素颜色不变（写模式为"与"方式时）。

（2）轮廓字型法

这种方法采用直线、二次或三次曲线来描述一个字符的轮廓线。这些轮廓线构成了平面上一个或几个封闭的图形。这样形成的字符无论变大还是变小，其清晰度和美感都不受影响。

**2. 字符的输出**

字符显示和打印的步骤是先根据字符的编码将字符从字库中检索出来，然后把字符定位在正确的位置上。

### 1.4.7 二维裁剪

把整个图形中所需要的一部分放到屏幕显示区内，舍弃图形的其他部分，这个过程称为裁剪（clip）。图形在屏幕上显示的区域称做窗口，一般为矩形。裁剪算法的关键是确定图形中哪些点、线、多边线位于窗口之中或之外。

**1. 直线裁剪**

直线裁剪的算法很多，有编码算法（Cohen–Sutherland 算法）、中点分割算法和参数化算法（Cyrus–Beck）等。下面是编码算法。

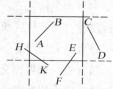

直线与裁剪窗口的关系有 4 种可能，如图 1-5 所示。

（1）线段完全在窗口之内，如线段 AB。

图 1-5　直线与裁剪窗口的位置关系

（2）线段完全在窗口之外，如线段 CD。

（3）线段与窗口的一条边界相交，即线段一部分在窗口之内，一部分在窗口之外，如线段 EF。

（4）线段与窗口的两条边界相交，中间一段在窗口之内，两头在窗口之外，如线段 HK。

对于完全在窗口之外的线段可舍弃。其他的在窗口内都有可见段，可见段不可舍弃。确定可见段的方法是求它的两个可见端点。

**2. 字符裁剪**

字符裁剪有多种方法，常用的有以下 3 种：

（1）基于字符串：当整个字符串全部位于窗口之内时显示，否则不显示。

（2）基于字符：当一个字符完全位于窗口之内时显示，否则不显示。

（3）基于构成字符的最小元素：对于点阵字符而言，构成字符的最小元素为像素，此时字符的裁剪变为点裁剪。对于轮廓字符而言，构成字符的最小元素为直线和曲线，此时字符的裁剪就变为线裁剪。

### 1.4.8 三维裁剪

三维图形经过投影变换后才能在二维平面上显示出来，所以，可以对已作过投影变换的二维图形进行裁剪。三维投影在 1.6.3 小节介绍。

# 1.5 反走样技术

在光栅扫描显示器上显示二维图形时，弧线、非水平或非垂直的直线，都不同程度地呈现锯齿形。原因是它们由一组相同亮度的离散像素组成。在光栅图形中用离散量来显示连续量所带来的这种失真现象，称为走样（Aliasing）。用于消除或减轻这种失真的技术，称为反走样技术（Antialiasing）。

反走样技术有两种，一是提高显示器的分辨率；二是使用不同的灰度来显示边缘的像素。其中后者又分为不加权的区域取样和加权的区域取样。

### 1.5.1 提高显示器分辨率

假设像素以边长为 1 的正方形表示，其真实坐标是正方形的中心。现假定把显示器的水平、垂直方向的分辨率都提高一倍，如图 1-6 所示，则同样长度的直线穿过的扫描线条数增加一倍，直线上的阶梯个数也增加一倍，每个阶梯的宽度减小一倍。这样一来，直线的平滑程度增加了，反走样取得了效果。

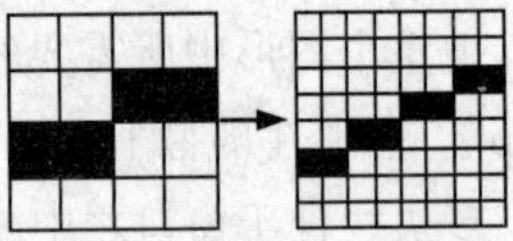

### 1.5.2 不加权区域取样

实际的像素不是一个点，有一定的面积，直线的宽度也不

图 1-6 分辨率提高，平滑度增加

为 0，至少有一个像素宽。这是造成等亮度的图形走样的根本原因。因此，必须对等亮度的直线模型进行改进。不加权区域取样反走样的步骤如下：

（1）将直线看成具有一定宽度的狭长的矩形。

（2）当直线与像素相交时，求出相交区域的面积。

（3）根据此面积确定该像素的亮度。

如图 1-7 中的长方形表示要画的一条黑色直线，背景为白色。用等亮度扫描转换法绘制时，屏幕上的像素非黑即白，明显有锯齿形状。若采用不加权区域取样绘制，如果某一像素的正方形区域全部落在该直线上，则其颜色取为黑色；如果一个像素的正方形区域与该直线条部分相交，可根据相交部分的面积大小取不同的灰度。相交面积大的，像素灰度大，相交面积小的，像素灰度小。用此法绘制的边界比较模糊，但边界平滑些了，如图 1-8 所示。这种使显示灰度正比于覆盖区域面积的反走样技术，称为不加权区域取样。

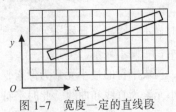

图 1-7 宽度一定的直线段

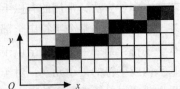

图 1-8 像素灰度与相交区域的面积成比例

正方形像素与直线部分相覆盖有 3 种情况，如图 1-9 所示。若覆盖区域为三角形 [ 见图 1-9（a）]，其面积为 $0.5mD^2$；若覆盖区域为梯形 [ 见图 1-9（b）]，其面积为（$D+D-m$）$\cdot 0.5=D-0.5m$；若覆盖区域为图 1-9（c）所示的情形，则其面积为正方形面积与两个三角形面积之差。当然，若正方形像素全被覆盖，其面积为 1。式中 $m$ 为直线的斜率。

上述所得的面积都介于 0 和 1 之间。将它乘以最大灰度值并取整，即为该像素显示的灰度值。

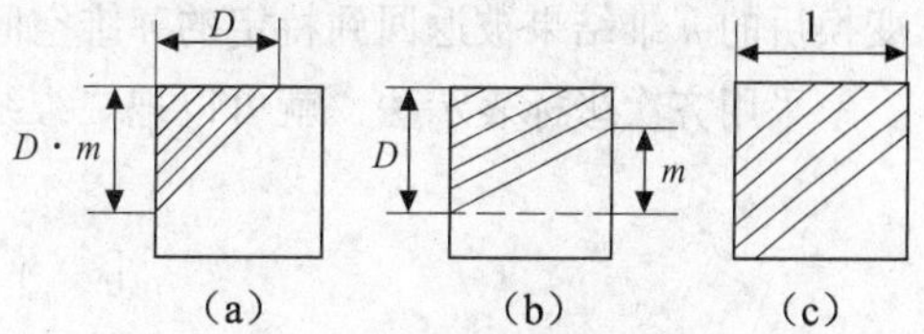

用不同灰度值显示出的直线或曲线，其反走样效果好于提高分辨率法。但采用这种方法，覆盖面积与理想直线的差距不管有多大，取得的灰度值都相同。另外，在理想直线方向上相邻的两个像素，有时会有较大的灰度差。因此，仍然会有较明显的锯齿显现。

图 1-9　计算覆盖的面积

### 1.5.3　加权区域取样

采用这种方法时，接近理想直线的像素将被赋予较大的灰度值，使灰度值和覆盖面积、理想直线间的距离有关，从而有效地改善了锯齿走样现象。

# 1.6　图形变换技术和三维投影

图形变换技术包括图形变换基本原理和图形基本变换。三维投影有平行投影和透视投影。

### 1.6.1　图形变换基本原理

通过图形变换，可以实现图形大小、位置、方向等的变化，可以实现图形的投影和透视，甚至可以由简单的图形生成复杂的图形。

在二维图形中，用一对坐标值（$x$, $y$）来表示一个点在平面内的确切位置，即用一个向量（$x$　$y$）来表示一个点的位置。同样，在三维图形中，也是用一个向量（$x$　$y$　$z$）来表示一个点的位置。对顶点的位置变换，也就是对向量的运算，必须用矩阵的运算来完成。

若变换前点的坐标为（$x$, $y$），变换后点的坐标为（$x^*$, $y^*$），则变换过程可写为公式：

$$[x^*\quad y^*]=[x\quad y]\cdot T \tag{1-1}$$

式中，等号的左、右两边都是变量的一次项，是一个线性变换，$T$ 为线性变换矩阵。

二维线性变换的一般形式也可以写成下面的代数形式。

$$x^*=t_{11}x+t_{21}y \qquad y^*=t_{12}x+t_{22}y \tag{1-2}$$

现把上两式统一起来，即把（1-2）式改写成矩阵运算的形式。

$$[x^*\quad y^*\quad 1]=[x\quad y\quad 1]\begin{bmatrix} t_{11} & t_{12} & 0 \\ t_{21} & t_{22} & 0 \\ 0 & 0 & 1 \end{bmatrix} \tag{1-3}$$

式（1-3）与式（1-2）等价。与式（1-1）相比，式（1-3）只是把原来的二维向量（$x$　$y$）变成了一个第三维为常数 1 的三维向量（$x$　$y$　1）。对于向量（$x$　$y$　1），它在几何上可以理解为第三维为常数的平面上的一个二维向量。

这种用三维向量表示二维向量，或者扩展为用 $n+1$ 维向量表示 $n$ 维向量的方法，称为齐次坐标（Homogeneous Coordinates）表示法。在该方法中，$n$ 维向量的变换是在 $n+1$ 维的空间中进行的，变换后的 $n$ 维结果被返回到特定的 $n$ 维空间内。

采用齐次坐标表示法，就可以把二维线性变换表示成下面的规范化形式。

$$[x^* \quad y^* \quad 1]=[x \quad y \quad 1]\begin{bmatrix} t_{11} & t_{12} & 0 \\ t_{21} & t_{22} & 0 \\ 0 & 0 & 1 \end{bmatrix} \qquad (1-4)$$

式中的 3×3 矩阵是二维变换矩阵。

因用顶点描述图形的几何关系，用连边描述图形的拓扑关系（连边规则），故对图形变换，只要获得对应于原图形各顶点变换后的顶点坐标表，就可以描述变换后的图形。这里，图形的原连边规则（拓扑关系）保持不变。图形变换前后有下述关系：

$$P^*=P \cdot H$$

式中：$P^*$ 为变换后的新顶点表；

　　　$P$ 为变换前的顶点表；

　　　$H$ 为线性变换矩阵。

## 1.6.2　图形基本变换

图形基本变换有比例变换、对称变换、旋转变换、平移变换和错切变换，如图 1-10 所示。变换后图形的点的坐标都是乘上一个各不相同的线性变换矩阵 $H$。所谓各不相同，就是 $t_{12}$，$t_{21}$，$t_{22}$ 不同。

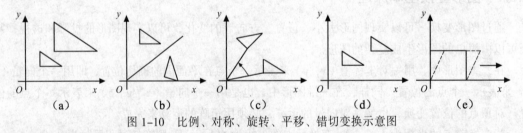

（a）　　　　　（b）　　　　　（c）　　　　　（d）　　　　　（e）

图 1-10　比例、对称、旋转、平移、错切变换示意图

上述是二维图形变换的情况。三维图形的变换也是同样的道理，线性变换矩阵将在二维图形的基础上增加一维，成为 4 行 4 列的矩阵。

如果几个基本变换矩阵相乘，则得到一个复杂的变换，称为级联变换。

## 1.6.3　三维投影

为了将三维图形表示在二维平面上，需要进行投影变换。

投影变换有平行投影和透视投影。平行投影是投影中心处于无穷远时（即射向物体的光线为平行光）所形成的投影。透视投影是投影中心距物体有限远时（即射向物体的光线为非平行光）所形成的投影。这两种投影还可以细分，具体情况见表 1-1。

正投影与斜投影是根据投影线是否垂直于投影平面划分的。若垂直，则为正投影；反之则为斜投影。

表 1-1　投　影　分　类

| 投影 | 平行投影 | 正投影 | 三视图 | 正视图 |
| | | | | 侧视图 |
| | | | | 俯视图 |
| | | | 正轴测 | 正等测 |
| | | | | 正二测 |
| | | | | 正三测 |
| | | 斜投影 | 斜等测 | |
| | | | 斜二测 | |
| | 透视投影 | 一点透视 | | |
| | | 二点透视 | | |
| | | 三点透视 | | |

三视图投影如图 1-11 所示，轴测投影如图 1-12 所示，透视投影如图 1-13 所示。

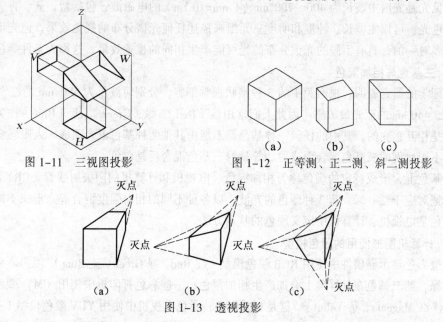

图 1-11　三视图投影　　　　　图 1-12　正等测、正二测、斜二测投影

图 1-13　透视投影

三维投影的情况虽然很复杂，但是思路和上面二维的情况一致，投影点的坐标都是原形体点的坐标乘上一个变换矩阵 $T$。不过该变换矩阵 $T$ 较复杂，或者是三维图形的若干基本变换矩阵的乘积，或者是经过数学推导得出的变换矩阵。虽然如此，$T$ 仍然是 4 行 4 列的矩阵。

# 1.7　颜　色　模　型

颜色是个复杂的概念，它与物理学、心理学、生理学、美学和图形学等学科都有联系。

## 1. 决定物体颜色的因素

能发出光波的物体称为有源物体。其颜色由该物体发射的光波决定，如太阳、电灯等。

不发出光波的物体称为无源物体。其颜色由该物体反射的光波决定，如月亮、树木等；透明物体的颜色由该物体的反射光和透射光决定，如玻璃、水等。

一个物体的颜色不仅取决于该物体本身，也取决于照亮该物体的光源、周围物体的颜色、反射及人类的视觉系统。

**2．描述颜色的参数**

颜色是人类视觉系统对光的一种感觉。从视觉角度，颜色用色彩（Hue）、饱和度（Saturation）和亮度（Lightness）3 个参数来描述。色彩反映了颜色的类别，如红、黄、绿等。饱和度反映了颜色的浓度，饱和度越高，则该颜色越浓，如纯红；向某种颜色加入白色，就降低它的饱和度，如粉红。亮度是光的明亮程度，即光的强度。从视觉角度描述的这 3 个参数是主观定性的量，是对颜色的非精确描述。

对颜色进行客观定量的精确描述的是物理光学。它用主波长（Dominant Wavelength）、纯度（Purity）、明度（Luminance）来描述。这 3 个参数对应于前面的 3 个参数。主波长是所见彩色光中占支配地位的光波长度。纯度是光谱纯度的量度，即纯色光中加入白光的比例。明度反映了光的明亮程度，即光的强度。这 3 个参数描述了产生某种颜色的光的特性。描述颜色可用描述光来代替。

可见光是光谱中波长为 $400 \sim 700$ nm（$1$ nm$=10^{-9}$ m）的电磁波，包括紫、蓝、青、绿、黄、橙和红色光。可用主波长、纯度和明度三元组来描述任何光谱分布的视觉效果，但光谱与颜色的对应是多对一的，具有不同的光谱分布的光可能产生相同的视觉效果，这称为条件等色。

**3．三基色与相加混色**

生理学的研究表明，视网膜中的 3 种锥状视觉细胞，分别对波长为 580 nm 的红光、545 nm 的绿光、440 nm 的蓝光最敏感。因此人们常用红（Red）、绿（Green）、蓝（Blue）作为三基色。三基色是相互独立的，其中的任何一种基色都不能由其他两种基色混合而成。人眼感觉到的颜色都是以不同比例的三基色混合而成的。等量的三基色混合后是白色。

三基色混合形成特定的颜色称为相加混色。电视机和计算机的阴极射线管（CRT）是有源物体，它把对应于红、绿、蓝 3 种颜色的光波，以各种不同的相对强度混合起来形成不同的颜色。相加混色是电视机、计算机中定义颜色的基本方法。

**4．计算机图形使用的颜色模型**

一般彩色显示器硬件中使用 RGB 颜色模型（红 Red、绿 Green、蓝 Blue），因为彩色显示器是由红、绿、蓝三基色在其屏幕上叠加产生相加混色；一些彩色打印机中使用 CMY 颜色模型（青 Cyan、洋红 Magenta、黄 Yellow），这是相减混色；彩色电视机中使用 YUV 颜色模型（亮度 Y、色差 UV，UV 是构成彩色的两个分量）或 YIQ 颜色模型（亮度 Y、包含主波长和纯度信息的色差信号 I 和 Q），将亮度和色度分开。

这 4 种模型都是面向硬件的，面向用户的颜色模型是 HSV（色彩 Hue、饱和度 Saturation 和明度 Value），又称为 HSB 颜色模型（色彩 Hue、饱和度 Saturation 和亮度 Brightness）。

# 1.8　消　隐　技　术

用计算机显示三维场景时，必须将物体的不可见部分隐藏起来。但计算机本身不具有人的视觉，它不会自动区分各部分的可见与不可见，所以需要使用一定的算法，来确定不可见线和不可见面，把不可见部分消去。消去隐藏线和隐藏面称为消隐。

现在的消隐算法有两类：物体空间算法和图像空间算法。

前者是将每一个物体与剩下的所有物体逐一比较，然后用合适的颜色、光线把此物体在给定的观察方向上的可见部分画出来，这就相当于消去在给定的观察方向上看不见的物体或看不见的部分。

后者是对图像中的每一个像素，决定哪个物体上的该像素最靠近观测点，然后用此物体上相应像素的颜色画出此像素。这一类算法有画家算法（深度排序算法）、缓冲区算法、扫描线算法、区域分割算法等。

## 1.9 真实感图形

要生成美观、真实感强的图形，除了考虑颜色外，还要考虑光照、明暗、阴影、透明、纹理等因素。决定图像中物体光照和颜色的理论基础是物理光学。物体表面的亮度由反射光（有时还有透射光）的强度决定，它可用照在该表面上的光源的光照模型来计算。物体表面呈现的颜色由反射光（有时还有透射光）的波长决定。

获得真实感图形的方法是建立各种模型来模拟真实物体的光照、明暗、阴影、透明、纹理等。光照模型分为简单（局部）光照模型和全局光照模型。

简单光照模型仅考虑由直接光源照射到物体表面而产生的亮度。它一般假设物体表面是光滑的，由理想材料构成。这种模型所生成的图像可模拟不透明的物体表面的明暗效应，产生一定的真实感。

全局光照模型不仅要考虑物体表面的直接反射光，还要考虑周围环境光对物体的表面光亮的影响。它可模拟出镜面映像、透明等较细微的光照效果。

## 小　　结

1．CAD 指计算机辅助设计，含义是利用计算机进行设计工作，它有许多优势。CAD 经历了 5 个发展阶段。计算机绘图是计算机辅助设计中的一部分内容。

2．CAD 有大家公认的基础技术和基本内容。CAD 的系统构成有硬件和软件两大部分。

3．计算机图形学的几何造型技术的几何模型有线框模型、表面模型和实体模型。

4．计算机图形学的实体造型技术有特征表示法、边界表示法、延伸表示法、构造实体几何表示法、空间分割表示法等多种表示法。

5．计算机图形学的基本图形生成技术有扫描转换直线、扫描转换弧、图元属性控制、填充、字符表示和输出、二维裁剪、三维裁剪等。

6．计算机图形学的走样是指在光栅图形中用离散量来显示连续量所带来的失真现象。用于消除或减轻这种失真的技术，称为反走样技术。

7．计算机图形学的图形变换的基本原理是进行矩阵变换。三维投影是为了将三维图形表示在二维平面上，它有平行投影和透视投影，其变换的基本原理依然是矩阵变换。

8．本章还扼要介绍了计算机图形学中的颜色模型、消隐技术和真实感图形。

# 思　考　题

1．如何理解计算机辅助设计的含义？

2．计算机辅助设计和计算机绘图是不是一回事？两者的关系如何？

3．请写出扫描转换直线的 DDA 算法。

4．产生走样现象的原因是什么？常用的反走样技术有哪些？

5．图形变换的基本原理是什么？

6．要生成真实感强的图形，需考虑哪些因素？

# 第 2 章

## AutoCAD 基础

- 了解 AutoCAD 的功能。
- 掌握 AutoCAD 启动与退出。
- 了解 AutoCAD 2014 的 4 种工作空间，掌握 4 种工作空间的切换。
- 掌握 AutoCAD 常用配置的修改。
- 掌握 AutoCAD 的文件操作。
- 初步认识 AutoCAD 的绘图过程。

AutoCAD 是计算机绘图软件中的杰出代表，其英文全称是 Auto Computer Aided Design，由美国 Autodesk 公司推出。它是世界上计算机绘图的经典软件，既可以定性绘图，也可以按尺寸定量精确绘图。

AutoCAD 的第 1 个版本 AutoCAD 1.0 于 1982 年 12 月问世，以后不断升级，日臻完善。AutoCAD 是一个通用绘图软件，被各行各业广泛接受，应用于机械、电子、建筑、水利、冶金、地质、纺织、五金、轻工、航天、造船等产品设计和工程设计领域。市场竞争力非常强大。

可以说，学习经典的 AutoCAD，不仅可以学习用计算机绘制图形的一般方法，也可以作为学习其他绘图软件（如 3ds Max、Photoshop、Solid Edge、Inventor、Maya 等）的一个很好的支撑。

## 2.1　AutoCAD 的功能和安装

AutoCAD 的主要功能有二维绘图、二维图形修改、文字标注与修改、尺寸标注与修改、图形显示、三维绘图、三维绘图修改、图形打印、与 Internet 交互、二次开发等。

AutoCAD 的安装步骤是：首先从网上下载 AutoCAD 安装文件，或将 AutoCAD 的安装光盘插入计算机的光盘驱动器；然后找到安装文件并双击，按提示一步步操作，最后注册和激活 AutoCAD。

## 2.2　启动和退出 AutoCAD

### 2.2.1　AutoCAD 启动

AutoCAD 的启动有多种方式，用得最多的两种方式如下所述。

第一种方式：利用桌面快捷方式图标启动。安装 AutoCAD 时，将自动在桌面上放置 AutoCAD

快捷方式图标（除非在安装过程中清除了该选项）。双击 AutoCAD 图标可以启动 AutoCAD。

第二种方式：利用"开始"菜单启动。在"开始"菜单（Windows）中，单击"所有程序"→Autodesk→AutoCAD 2014 Simplified Chinese→AutoCAD 2014 Simplified Chinese。

启动完毕后，将打开"欢迎"屏幕。可在其中进行有关"工作""学习"和"扩展"的操作。也可以单击"关闭"按钮，关闭此"欢迎"屏幕。以后可以通过菜单"帮助"→"欢迎屏幕"重新打开它。

### 2.2.2  AutoCAD 退出

AutoCAD 的退出有多种方式，用得最多的方式是：单击 AutoCAD 窗口右上角的"关闭"按钮⊠。

## 2.3  AutoCAD 的工作界面

AutoCAD 2014 提供了 4 种工作空间（界面），分别是："草图与注释"工作空间，"三维基础"工作空间、"三维建模"工作空间和"AutoCAD 经典"工作空间。每一种工作空间对应着一种工作界面。

### 2.3.1  "草图与注释"工作界面

"草图与注释"工作界面显示二维绘图特有的工具，包含菜单浏览器和功能区等，如图 2-1 所示。菜单命令集中在菜单浏览器中，绘制图形使用的命令都显式地放在功能区中。

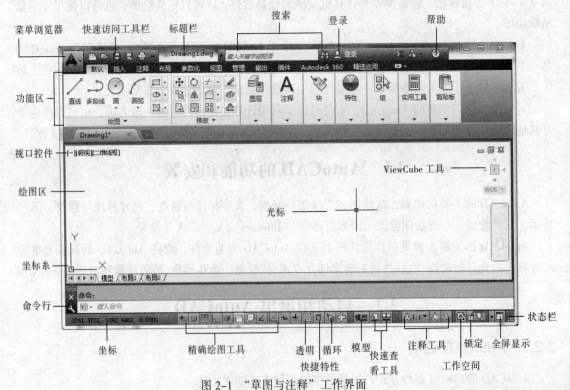

图 2-1  "草图与注释"工作界面

### 2.3.2　"三维基础"工作界面

"三维基础"工作界面显示专门用于三维建模的基础工具，如图 2-2 所示。

图 2-2　"三维基础"工作界面

### 2.3.3　"三维建模"工作界面

"三维建模"工作界面显示三维建模特有的工具，如图 2-3 所示。

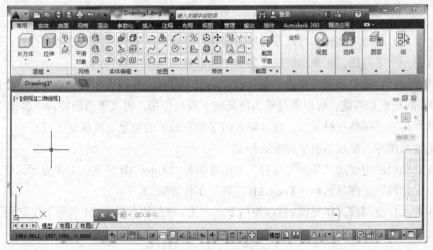

图 2-3　"三维建模"工作界面

### 2.3.4　"AutoCAD 经典"工作界面

"AutoCAD 经典"工作界面如图 2-4 所示。它不显示功能区。

"AutoCAD 经典"工作界面主要由菜单栏、工具栏、状态栏、绘图区、十字光标、命令行、坐标系图标和滚动条等组成。

（1）绘图区：绘图区是用户进行绘图的区域。

（2）十字光标：十字的交点表明光标当前的位置，其坐标值显示在状态栏的左下角。

（3）菜单：利用菜单可以执行 AutoCAD 命令。菜单中右边有小三角形的菜单项还有子菜单；菜单中右边有省略号的菜单项，单击后会弹出对话框。

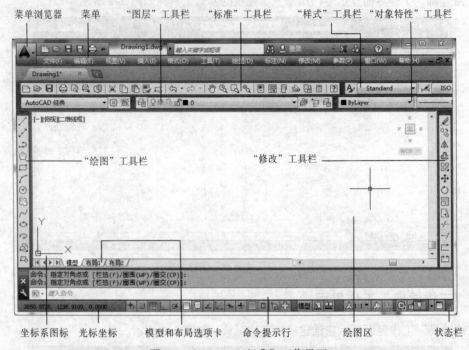

图 2-4  "AutoCAD 经典"工作界面

（4）工具栏：利用工具栏，可以方便地实现相应的操作。工具栏可以关闭或打开。打开的方法是右击任何一个工具栏，在弹出的快捷菜单中选取想显示的工具栏。

（5）状态栏：状态栏表明当前的绘图状态。左边用逗号隔开的 3 个数字是光标所处的 x、y、z 坐标。中间的按钮是热键，可以通过单击使其按下而起作用，再次单击则使其不起作用。

（6）命令行：也叫命令提示行，显示输入的字符和提示的信息。默认是 3 行。

（7）坐标系图标：显示当前坐标系的种类。

本书在二维绘图中使用"草图与注释"工作界面和"AutoCAD 经典"工作界面，在三维绘图中使用"三维建模"工作界面和"AutoCAD 经典"工作界面。

切换 4 种工作空间或工作界面，可以使用下述方法：单击状态栏上的"切换工作空间"按钮 📷，选择 4 种工作空间之一。

## 2.4  AutoCAD 配置修改

AutoCAD 允许用户对其系统配置进行修改，以符合用户的习惯，满足用户的要求。

### 2.4.1  修改绘图区背景颜色

对于 AutoCAD 绘图区的背景颜色，很多用户喜欢修改为其他颜色，例如白色。修改背景颜色的步骤如下：

（1）用下列两种方法之一，打开"选项"对话框。

• 在"AutoCAD 经典"工作界面，单击"工具"→"选项"命令，打开"选项"对话框。

• 在其他工作空间，单击菜单浏览器，选择最下部的"选项"命令，打开"选项"对话框。"选项"对话框如图 2-5 所示。

（2）单击"显示"选项卡中的"颜色"按钮，弹出"图形窗口颜色"对话框，在"界面元素"列表框中选择"统一背景"，在"颜色"下拉列表框中选取需要的颜色，如白色，如图 2-6 所示。

（3）单击"应用并关闭"按钮，完成设置。

图 2-5　"选项"对话框的"显示"选项卡

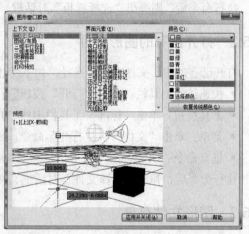

图 2-6　"图形窗口颜色"对话框

## 2.4.2　修改自动捕捉标记颜色和大小

可以修改 AutoCAD 默认的自动捕捉标记的颜色——红色。其步骤如下：

（1）单击"工具"→"选项"命令，弹出"选项"对话框。

（2）在"绘图"选项卡中单击"颜色"按钮，选取恰当的颜色，如洋红，单击"应用并关闭"按钮。

（3）拖动"自动捕捉标记大小"区的滑块，从而改变标记的大小。

（4）单击"确定"按钮，完成设置。

## 2.4.3　修改拾取框大小

（1）单击"工具"→"选项"命令，弹出"选项"对话框。

（2）单击"选择集"（或"选择"）选项卡，拖动"拾取框大小"区中的滑块，即可改变拾取框的大小。拾取框的大小在滑块左边的预览框中实时显示。

（3）单击"确定"按钮，完成设置。

# 2.5　AutoCAD 的文件操作

AutoCAD 的文件操作包括建立新的图形文件、打开已有的图形文件、保存当前的图形文件等。

### 2.5.1 建立新图形文件

它有 4 种途径，如下所述。

- 快速访问工具栏：单击"新建"按钮▯。
- 工具按钮：单击"标准"工具栏中的"新建"按钮▯。
- 菜单：单击"文件"→"新建"命令。
- 键盘命令：NEW。

执行命令后，则弹出"选择样板"对话框，在其列表框中选择一种样板，单击"打开"按钮。

### 2.5.2 打开已有的图形文件

打开已有的图形文件有 4 种途径，如下所述。

- 快速访问工具栏：单击"打开"按钮▱。
- 工具按钮：单击"标准"工具栏中的"打开"▱。
- 菜单：单击"文件"→"打开"命令。
- 键盘命令：OPEN。

执行命令后，弹出"选择文件"对话框，在其列表框中选择文件后，单击"打开"按钮。

### 2.5.3 图形文件存盘

AutoCAD 绘图要经常手工存盘，或设置 AutoCAD 自动保存的时间间隔以自动存盘，以防止由于突然死机、断电等事故而使绘图成果化为乌有。

文件存盘一般有原名存盘和换名存盘。

#### 1. 原名存盘

- 快速访问工具栏：单击"保存"按钮▤。
- 工具按钮：单击"标准工具栏"中的"保存"按钮▤。
- 菜单：单击"文件"→"保存"命令。
- 键盘命令：QSAVE。

执行命令后，如果当前文件已被命名，则系统直接按此文件名存盘；如果当前文件尚未命名，则弹出对话框，在"文件名"文本框中输入文件名，并为之选择合适的文件夹，存盘。

#### 2. 换名存盘

- 快速访问工具栏：单击"另保存"按钮▥。
- 菜单：单击"文件"→"另保存"命令。
- 键盘命令：SAVEAS。

执行命令后，系统弹出对话框，在"文件名"文本框中输入文件名，并为之选择合适的文件夹，存盘。

## 2.6 绘图初识——绘制五角星

下面通过一个绘图实例，认识一下 AutoCAD 绘图的过程——绘制五角星，其过程如图 2-7 所示。

　（a）画正五边形　　　　（b）连线　　　　（c）剪掉多余线段　　　（d）删除正五边形

图 2-7　五角星绘制过程

**题目解释说明：**

（1）这是一个应用很普遍的图形，如我国的国旗上有五角星，我军军旗、军徽、帽徽、领花、领章上有，各单位的公章上也有，等等。

（2）从图案构成上说，此图左右对称，各边长度相等，绘制时应注意这一点。先绘制一个正五边形，就可满足该图形的特点，进而通过连线、修剪，就可完成该图。为了绘图准确，绘图过程中还要使用捕捉功能。

（3）绘制五角星还有其他的方法，到第 7 章再讲。

操作步骤如下所述：

第一步：启动 AutoCAD。

第二步：画正五边形，如图 2-7（a）所示。

单击"绘图"工具栏的"正多边形"按钮⬠，下面看命令行操作：

```
命令：_polygon 输入边的数目 <4>: 5          （输入正多边形的边数）
指定正多边形的中心点或 [边(E)]：            （用鼠标在绘图区单击，指定中心点）
输入选项 [内接于圆(I)/外切于圆(C)] <I>: ✓   （按回车键，选择内接于圆方式）
指定圆的半径: 100                          （输入圆的半径）
```

第三步：设置自动捕捉。

单击状态栏中的"对象捕捉"按钮▯，使其处于按下状态。再右击该按钮，在弹出的快捷菜单中选择"设置"命令，在弹出的对话框（见图 2-8）中，选中"交点"复选框，单击"确定"按钮。设置完毕。

第四步：捕捉正五边形的顶点，连续画直线，得到五角星的轮廓，如图 2-7（b）所示。

单击"绘图"工具栏中的"直线"按钮╱，下面看命令行操作：

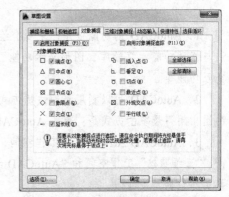

图 2-8　设置对象捕捉

```
命令：_line 指定第一点：
指定下一点或 [放弃(U)]：
（单击正五边形的顶点，下同）
指定下一点或 [放弃(U)]：
指定下一点或 [闭合(C)/放弃(U)]：
指定下一点或 [闭合(C)/放弃(U)]：
指定下一点或 [闭合(C)/放弃(U)]：
指定下一点或 [闭合(C)/放弃(U)]：✓          （按回车键）
```

第五步：删除五角星的多余直线，如图 2-7（c）所示。

单击"修改"工具栏中的"修剪"按钮╱，下面看命令行操作：

```
命令：_trim
当前设置：投影=UCS，边=无
```

选择剪切边 …
选择对象或<全部选择>: 找到 1 个                                （单击组成五角星的直线，下同）
选择对象: 找到 1 个，总计 2 个
选择对象: 找到 1 个，总计 3 个
选择对象: 找到 1 个，总计 4 个
选择对象: 找到 1 个，总计 5 个
选择对象: ↙                                                    （按回车键）
选择要修剪的对象，或按住 Shift 键选择要延伸的对象，或[栏选(F)/窗交(C)/投影(P)/边(E)/删
除(R)/放弃(U)]:                                                （单击要剪去的线段，下同）
选择要修剪的对象，或按住 Shift 键选择要延伸的对象，或[栏选(F)/窗交(C)/投影(P)/边(E)/删
除(R)/放弃(U)]:
选择要修剪的对象，或按住 Shift 键选择要延伸的对象，或[栏选(F)/窗交(C)/投影(P)/边(E)/删
除(R)/放弃(U)]:
选择要修剪的对象，或按住 Shift 键选择要延伸的对象，或[栏选(F)/窗交(C)/投影(P)/边(E)/删
除(R)/放弃(U)]:
选择要修剪的对象，或按住 Shift 键选择要延伸的对象，或[栏选(F)/窗交(C)/投影(P)/边(E)/删
除(R)/放弃(U)]:
选择要修剪的对象，或按住 Shift 键选择要延伸的对象，或[栏选(F)/窗交(C)/投影(P)/边(E)/删
除(R)/放弃(U)]:↙                                              （按回车键）

第六步：删除正五边形，如图 2-7（d）所示。
单击“修改”工具栏中的“删除”按钮 ，命令行操作如下：
命令: _erase
选择对象: 找到 1 个                                             （单击正五边形）
选择对象: ↙                                                    （按回车键）
第七步：保存图形，存盘。
操作完毕。

# 小　　结

1．AutoCAD 的功能很多，主要有绘图功能、图形修改功能、文字标注与修改功能、尺寸标注与修改功能、符号库、图形显示功能、三维功能、图形打印功能、二次开发功能、与 Internet 交互功能等。

2．AutoCAD 可以利用桌面快捷方式图标启动，也可以双击 AutoCAD 图标启动。AutoCAD 的退出用得最多的方式是：单击 AutoCAD 窗口右上角的“关闭”按钮。

3．AutoCAD 2014 有 4 种工作空间，分别是：“草图与注释”工作空间、“三维建模”工作空间、“三维基础”工作空间和“AutoCAD 经典”工作空间。切换工作空间可以单击状态栏上的“切换工作空间”按钮 。

4．为了符合用户的习惯，满足用户的要求，需要对 AutoCAD 进行配置修改，主要有修改绘图区的背景颜色、修改自动捕捉标记的颜色和大小、修改拾取框的大小等。

5．AutoCAD 的文件操作主要有建立新的图形文件、打开已有的图形文件、保存当前的图形文件等。

6．通过绘制五角星，说明了 AutoCAD 绘图的一般过程。

# 上机实验及指导

【实验目的】

1．掌握 AutoCAD 启动和退出方法。

2．了解 AutoCAD 2014 的 4 种工作空间，掌握切换方法。

3．掌握修改绘图区的背景颜色的方法。

4．掌握 AutoCAD 的文件操作。

5．初步认识 AutoCAD 的绘图过程。

【实验内容】

1．启动计算机，进入 Windows 环境。观察 Windows 桌面上有无 AutoCAD 图标。

2．启动 AutoCAD（下面两种启动方法都要练习）。

（1）利用桌面图标启动——双击桌面上的 AutoCAD 图标启动。

（2）利用"开始"菜单启动——单击"开始"→"所有程序"命令，从"所有程序"子菜单中寻找"Autodesk"，从中单击最后一级子菜单的 AutoCAD 命令启动软件。

3．退出 AutoCAD。

4．切换工作空间，观察各组成要素。

5．修改绘图区的背景颜色。

6．练习 AutoCAD 的文件管理：新建图形文件，打开已有的图形文件，图形文件存盘。

7．参考最后一节，绘制图 2-7（d）所示的五角星。

# 思　考　题

1．你学习 AutoCAD 的目的是什么？你以前是否听说过 AutoCAD？如果听说过，你对它的印象是什么？

2．AutoCAD 的功能主要有哪些？

3．启动 AutoCAD 命令有哪几种方法？

4．AutoCAD 如何开始绘制一张新图？

5．AutoCAD 的文件操作主要指什么操作？如何实现？

6．如何将绘图区背景颜色修改为白色或其他颜色？

# 第 **3** 章　绘制二维基本图形对象

📖**学习目标**

- 掌握 AutoCAD 的坐标系统及点在相应坐标系中坐标的表示方法。
- 掌握点的鼠标输入方式和键盘输入方式。
- 了解坐标显示的位置及 3 种坐标显示方式之间的切换。
- 了解命令的各种启动方法，掌握其中的 2~3 种。
- 掌握各个绘图命令，以便为后续作图做准备。

二维图形都是由基本图形对象组成的，如直线、点、圆、圆弧、矩形、多边形、椭圆、圆环、多段线、样条曲线、多线（复合线）等。

本章阐述有关二维图形的绘图命令，这些绘图命令是 AutoCAD 计算机绘图的基础。

## 3.1　AutoCAD 的坐标系与点的坐标

绘图时通过坐标系在图形中确定点的位置。

### 3.1.1　笛卡儿坐标系（直角坐标系）和极坐标系

**1. 绝对直角坐标**

绝对直角坐标是直角坐标中相对于原点(0,0,0)的坐标。用户可以通过输入"X,Y"坐标值（二维）和"X,Y,Z"坐标值（三维）给定点的位置，坐标值之间用英文逗号隔开，例如"50,100"和"50,100,35"。

**2. 相对直角坐标**

相对直角坐标是直角坐标中相对于前一个点的坐标。用户可以通过输入"@X,Y"坐标值（二维）和"@X,Y,Z"坐标值（三维）给定点的位置。例如"@20,-100"和"@20,-100,520"。

**3. 绝对极坐标**

绝对极坐标是极坐标中相对于原点(0,0)的坐标。输入极坐标是输入距离和角度，用尖括号（<）将距离和角度隔开。例如，要指定相对于原点(0,0)距离为 40，角度为 30° 的点，输入"40<30"。

在默认情况下，角度以逆时针方向为正。

**4. 相对极坐标**

相对极坐标是极坐标中相对于前一点的坐标。输入时要在绝对极坐标的基础上加"@"符号。

例如，@40<30 表示与前一点距离为 40，逆时针转动 30° 的点。

## 3.1.2 柱坐标系

三维柱坐标是二维极坐标在三维空间中的推广。柱坐标输入相当于三维空间中的二维极坐标输入，并在垂直于 XY 平面的轴上指定 Z 值。其格式是：X<与 X 轴所成的角度,Z。例如，坐标"10<45,12"表示点在 XY 平面中距原点 10 个绘图单位、在 XY 平面中的投影与 X 轴成 45°、沿 Z 轴 12 个绘图单位的点；坐标"@8<48,10"表示在 XY 平面中的投影距上一输入点 8 个绘图单位、与 X 轴正向成 48°、沿 Z 轴方向 10 个绘图单位的点。

## 3.1.3 球坐标系

三维球坐标也是二维极坐标在三维空间中的推广。它通过指定某个点距原点的距离、在 XY 平面中的投影与 X 轴所成的角度、该点与坐标系原点的连线与 XY 平面所成的角度来指定该点，每个角度前面加一个小于号（<），其格式是：X<与 X 轴所成的角度<与 XY 平面所成的角度。例如，坐标"15<60<45"表示距原点 15 个绘图单位、在 XY 平面中的投影与 X 轴成 60°、与坐标系原点的连线和 XY 平面成 45° 的点。需要基于上一点来定义点时，可以输入前面带有"@"符号的相对球坐标值。

# 3.2 输入点的方式和坐标显示

## 3.2.1 点的输入方式

AutoCAD 绘图时有多种方式给定一个点，如下所述。

（1）用鼠标、光笔、数字化仪等定点设备在绘图区移动并单击给定点。此时给定点的坐标就是光标所在位置的坐标。单击给定点是绘图中经常使用的方法。

（2）用键盘输入点的坐标。有绝对坐标、相对坐标、直角坐标和极坐标等，见 3.1 节。

（3）用对象捕捉方式、栅格捕捉方式、对象追踪方式获取特殊点。这将在下一章介绍。

（4）在鼠标光标指定的方向上，通过输入距离值确定点。

## 3.2.2 坐标显示

点的坐标显示在 AutoCAD 工作界面底部状态栏的左边。显示的是当前光标所在位置的坐标。显示的坐标方式有 3 种：

（1）动态显示：移动光标的同时不断更新坐标值。

（2）静态显示：只在指定一点时才更新坐标值。这时，坐标显示区呈灰色。

（3）距离和角度：以"距离<角度"形式显示坐标值，并在移动光标的同时不断更新。这种方式只有在绘制直线或提示输入多个点的对象时才用得到。

双击坐标显示区，可在这 3 种坐标显示方式之间循环切换。也可以右击状态栏上的坐标显示区，从快捷菜单中选择坐标显示方式。其中以"距离<角度"形式显示坐标值的方式，只有在绘制直线或提示输入多个点的对象时才出现。

# 3.3 启动 AutoCAD 命令

可用下列方法之一启动命令：

（1）功能区。

（2）菜单。

（3）工具栏。

（4）命令行（键盘命令）。

（5）快捷菜单（右击时出现）。

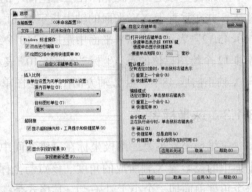

可以设置鼠标使得右击和按回车键有同样的效果。设置步骤是：单击"工具"→"选项"命令，在"选项"对话框的"用户系统配置"选项卡中单击"自定义右键单击"按钮，在"自定义右键单击"对话框的"命令模式"栏中选择"确认"选项，如图 3-1 所示。

图 3-1 设置右击的功能

（6）快捷键（加速键）。

启动命令后，AutoCAD 要么在命令行中显示提示，要么显示一个对话框。

命令中经常包含一些选项，命令选项显示在方括号中。要选择某项，可在命令行中输入选项旁边的大写字母（小写也可以）或数字。

# 3.4 直线类简单对象绘制命令

## 3.4.1 直线

### 1. 命令启动方法

- 功能区："默认"选项卡→"绘图"面板（见图 3-2）→"直线" ╱。
- 菜单："绘图"［见图 3-3（a）］→"直线" ╱。
- 工具按钮："绘图"工具栏［见图 3-3（b）］→"直线" ╱。
- 键盘命令：LINE。简化命令是 L。

### 2. 功能

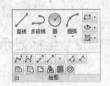

在两个被选定的空间点之间画直线，绘制的直线段可以是二维线或三维线。

图 3-2 "绘图"面板

### 3. 操作

命令启动后，命令行提示：

命令: line
指定第一点:                        （输入起始点）
指定下一点或［放弃(U)］:            （输入下一点或U）
指定下一点或［闭合(C)/放弃(U)］:    （输入下一点或C或U）
指定下一点或［放弃(U)］:✓          （按回车键结束直线的绘制）
说明:

（1）命令提示行中，方括号左边的是默认项，可以直接执行；方括号中的是非默认项，要执行它必须输入字母并按回车键。前者如提示行"指定下一点或［闭合(C)/放弃(U)］:"中的"指定下一点"，后者如其中的"闭合(C)/放弃(U)"。

（2）执行 LINE 命令后，会连续提示指定下一点画直线。若要结束画直线，需要按回车键或空格键。

（3）输入"C"，可把已画出的折线封闭。C 是 Close 的缩写。

（4）输入"U"，可放弃绘制的前一条线段。U 是 Undo 的缩写。

（5）每条线段都是独立的直线对象，可以对每条线段进行修改（编辑）操作。

（6）再次启动 LINE 命令后，在"指定第一点"提示按回车键，将从最后绘制的线段的终点处开始绘制新的直线。

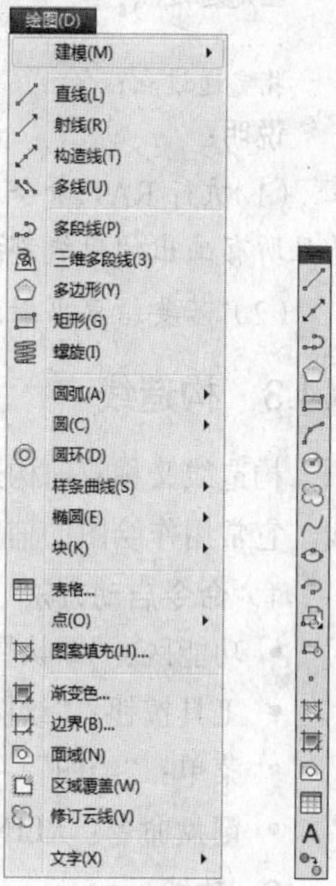

【例 3-1】如图 3-4 所示，输入绝对坐标画左边的直角三角形 ABC，然后接着输入相对坐标画右边的 ADE。点的坐标分别是 A（100，100），B（100，130），C（80，100），D（130，100），E（100，120）。

**题目解释说明**：这是一个简单的图形，由两个直角三角形组成。通过这个题目，练习绘制直线的方法、步骤，绝对坐标和相对坐标的使用，以及如何用坐标输入方法绘制出直角三角形。

操作步骤：

```
命令：line
指定第一点:100,100              （指定A点）
指定下一点或［放弃(U)］: 100,130    （指定B点）
指定下一点或［放弃(U)］: 80,100     （指定C点）
指定下一点或［闭合(C)/放弃(U)］: c  （封闭三角形）
```

左边的直角三角形 ABC 绘制完毕。

```
命令：line
指定第一点：                    （按回车键，默认上次绘制的最后一点A）
指定下一点或［放弃(U)］: @30,0      （指定D点）
指定下一点或［放弃(U)］: @-30,20    （指定E点）
指定下一点或［闭合(C)/放弃(U)］:    （按回车键结束）
```

右边的直角三角形 ADE 绘制完毕。

图 3-3 "绘图"下拉
菜单和工具栏

（a） （b）

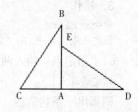

图 3-4 两个直角三角形

## 3.4.2 射线

射线是三维空间中从一个指定点开始通过另一个点无限延伸的直线。射线常用来作绘图的辅助线。

### 1. 命令启动方法

- 功能区："默认"选项卡→"绘图"面板→▾按钮→"射线" ⁄。
- 菜单："绘图"→"射线" ⁄。
- 键盘命令：RAY。

### 2. 功能

绘制起始于指定点、通过另一个点并且无限延伸的直线，可以是二维线或三维线。

**3．操作**

命令：ray
指定起点：　　　　　　　　　　（输入起始点）
指定通过点：　　　　　　　　　（输入通过点）
……
指定通过点：✓　　　　　　　　（按回车键结束）

说明：

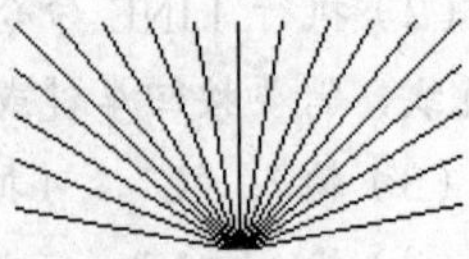

（1）执行 RAY 命令后，可以连续地画出多条通过起始点的射线，并且所有画出的射线都经过第一个指定点，如图 3-5 所示。

（2）若要结束画射线，按回车键或空格键均可。

图 3-5　多条射线始于一点

### 3.4.3　构造线

构造线又称双向构造线或双向射线，它是三维空间中通过两个点并向两个方向无限延伸的直线。它常用作绘图的辅助线。

**1．命令启动方法**

- 功能区："默认"选项卡→"绘图"面板→▼按钮→"构造线"✔。
- 工具按钮："绘图"工具栏→"构造线"✔。
- 菜单："绘图"→"构造线"✔。
- 键盘命令：XLINE。

**2．功能**

绘制起始于指定点、通过另一个点并且向两个方向无限延伸的直线。它可以放置在二维和三维空间的任意位置。

**3．操作**

命令：xline
指定点或 [水平(H)/垂直(V)/角度(A)/二等分(B)/偏移(O)]：　　　（输入点或 H、V、A、B、O）

（1）指定点：输入两点，绘制通过这两点的构造线。输入一点后，命令行显示：

指定通过点：　　　　　　　　　　　　　（输入通过点）

则画出一条构造线。还可以画出多条通过第一点的构造线，直到按回车键或空格键结束。

（2）水平：输入 H，绘制通过指定点的水平构造线。可连续绘制多条水平构造线。

（3）垂直：输入 V，绘制通过指定点的垂直构造线。可连续绘制多条垂直构造线。

（4）角度：输入 A，绘制与 X 轴或某一直线成指定角度的倾斜构造线。可连续绘制多条倾斜构造线。执行此项，后续提示如下所述。

输入构造线的角度 (0) 或 [参照(R)]：

① 输入构造线的角度：输入角度，绘制与 X 轴的正方向成给定角度的构造线。

后续提示如下：

指定通过点：　　　　　　　　　　　　　（输入通过点）
……
指定通过点：✓　　　　　　　　　　　　（按回车键结束）

② 参照：输入 R，绘制与某一直线成指定角度的构造线。

后续提示如下：

选择直线对象：　　　　　　　　　　　　（指定直线）

输入构造线的角度 <0>：　　　　　　　　　　（指定角度）
指定通过点：　　　　　　　　　　　　　　　（输入通过点）
……
指定通过点：✓　　　　　　　　　　　　　　（按回车键结束）

（5）二等分：输入 B，绘制平分一个角的构造线。

后续提示如下：

指定角的顶点：　　　　　　　　　　　　　　（输入角的顶点）
指定角的起点：　　　　　　　　　　　　　　（输入角的起点）
指定角的端点：　　　　　　　　　　　　　　（输入角的终点）
指定角的端点：✓　　　　　　　　　　　　　（按回车键结束）

（6）偏移：输入 O，绘制与指定线平行的构造线。

后续提示如下。

指定偏移距离或 [通过(T)] <1.0000>：

① 指定偏移距离：输入一个数值，表示绘制与指定线平行且相距为该数值的构造线。可连续绘制多条相距该数值的构造线。

后续提示如下：

选择直线对象：　　　　　　　　　　　　　　（选取所要平行的直线）
指定向哪侧偏移：　　　　　　　　　　　　　（在要绘制构造线的直线的某一侧单击）
……
选择直线对象：✓　　　　　　　　　　　　　（按回车键结束）

② 输入 T，表示过某一点绘制与指定线平行的构造线。可连续绘制多条通过不同点的构造线。

后续提示如下：

选择直线对象：　　　　　　　　　　　　　　（选取所要平行的直线）
指定通过点：　　　　　　　　　　　　　　　（输入通过点）
……
选择直线对象：✓　　　　　　　　　　　　　（按回车键结束）

【例 3-2】绘制一条构造线，它平分两条直线构成的角。第一条直线过点（100，100）和（150，200），第二条直线过点（100，100）和（200，60）。

**题目解释说明：** 图形由直线和构造线组成。本题及下面两题，练习使用命令的不同选项绘制构造线，同时也练习绘制直线。这里由于给定了坐标，要求准确绘图，因此指定点时，要从键盘输入坐标，不能用鼠标在绘图区随意单击。当然还可以使用捕捉栅格和对象捕捉等方法，捕捉栅格和对象捕捉将在第 4 章介绍。本题要先画出直线，然后在此基础上绘制构造线。

操作步骤如下所述：

（1）画出两条直线

```
命令：line
指定第一点：100,100
指定下一点或 [放弃(U)]：150,200
指定下一点或 [放弃(U)]：✓
命令：line
指定第一点：100,100
指定下一点或 [放弃(U)]：200,60
指定下一点或 [放弃(U)]：✓
```

（2）画构造线

```
命令：xline
```

```
指定点或 [水平(H)/垂直(V)/角度(A)/二等分(B)/偏移(O)]：b
指定角的顶点：100,100
指定角的起点：200,60
指定角的端点：150,200
指定角的端点：↙
```

如图 3-6 所示。

【例 3-3】接上例，绘制一条与角平分线平行的构造线，该构造线过点（150，200）。

操作步骤如下：

```
命令：xline
指定点或 [水平(H)/垂直(V)/角度(A)/二等分(B)/偏移(O)]：o
指定偏移距离或 [通过(T)] <通过>：t
选择直线对象：              （单击上题画出的角平分线）
指定通过点：150,200         （输入通过点）
选择直线对象：↙
```

如图 3-7 所示。

【例3-4】再接上例，绘制一条过点（150，200）且与角平分线垂直的构造线。

操作步骤如下：

```
命令：xline
指定点或 [水平(H)/垂直(V)/角度(A)/二等分(B)/偏移(O)]：a
输入构造线的角度 (0) 或 [参照(R)]：r
选择直线对象：              （单击角平分线）
输入构造线的角度 <0>：90    （输入角度）
指定通过点：150,200         （输入通过点）
指定通过点：
```

如图 3-8 所示。

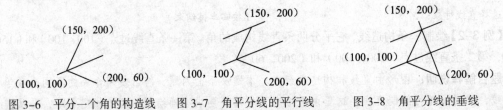

图 3-6　平分一个角的构造线　　图 3-7　角平分线的平行线　　图 3-8　角平分线的垂线

# 3.5　曲线类简单对象绘制命令

曲线类简单对象绘制命令有圆、圆环、圆弧、椭圆和椭圆弧。

## 3.5.1　圆

绘制圆有 6 种方法可供选择，如图 3-9 所示。默认方法是指定圆心和半径。

### 1. 命令启动方法

- 功能区："默认"选项卡→"绘图"面板→"圆" ⊙。
- 工具按钮："绘图"工具栏→"圆" ⊙。
- 菜单："绘图"→"圆"。
- 键盘命令：CIRCLE。简化命令是 C。

## 2．功能

按给定的参数绘制圆。

## 3．操作

命令：circle
指定圆的圆心或 [三点(3P)/两点(2P)/相切、相切、半径(T)]：（输入圆心坐标或 3P、2P、T）

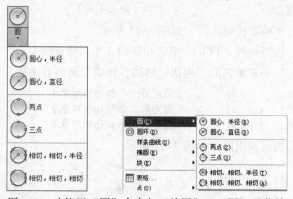

图 3-9　功能区"圆"命令与"绘图"→"圆"子菜单

（1）圆心、半径画圆：输入圆心坐标和圆的半径画圆。

输入圆心坐标后，后续提示为：

指定圆的半径或 [直径(D)] <缺省值>：　　　　　（输入半径）

则用指定的圆心、半径画出圆，如图 3-10（a）所示，其中（a）为圆心和半径画圆，（b）为圆心和直径画圆，（c）为两点画圆，（d）为三点画圆。

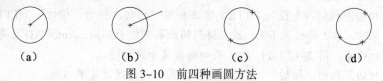

（a）　　　　　　（b）　　　　　　（c）　　　　　　（d）

图 3-10　前四种画圆方法

（2）圆心、直径画圆：输入圆心坐标和圆的直径画圆。

输入圆心坐标后，后续提示如下：

指定圆的半径或 [直径(D)] <缺省值>：d
指定圆的直径 <缺省值>：　　　　　　　　　　（输入直径）

则用指定的圆心、直径画出圆，如图 3-10（b）所示。

（3）两点画圆（2P）：输入圆的直径的两个端点画圆。

输入 2P 或从"绘图"→"圆"子菜单选取"两点"画圆方法后，后续提示如下所述。

指定圆直径的第一个端点：　　　　　　　（输入直径的第一个端点）
指定圆直径的第二个端点：　　　　　　　（输入直径的另一个端点）

则用指定的两点画出圆，如图 3-10（c）所示。

（4）三点画圆（3P）：输入圆上的 3 个点画圆。

输入 3P 或从"绘图"→"圆"子菜单选取"三点"画圆方法后，后续提示如下所述。

指定圆上的第一个点：　　　　　　　　　（输入圆上的第一个点）
指定圆上的第二个点：　　　　　　　　　（输入圆上的第二个点）
指定圆上的第三个点：　　　　　　　　　（输入圆上的第三个点）

则用指定的三点画出圆，如图 3-10（d）所示。

（5）相切、相切、半径画圆（TTR）：指定相切的两个对象且输入半径画圆。

输入 T 或从"绘图"→"圆"子菜单选取"相切、相切、半径"画圆方法后，后续提示如下所述。

指定对象与圆的第一个切点：　　　　　　　　（指定第一个相切的对象）

指定对象与圆的第二个切点：　　　　　　　　（指定第二个相切的对象）

指定圆的半径 <缺省值>：　　　　　　　　　　（输入半径）

则用相切、相切、半径方法画出圆，如图 3-11 所示。

（6）相切、相切、相切画圆（TTT）：指定相切的 3 个对象画圆。

从"绘图"→"圆"子菜单选取"相切、相切、相切"画圆方法后，后续提示如下所述。

指定圆上的第一个点：_tan 到　　　　（指定第一个相切的对象）

指定圆上的第二个点：_tan 到　　　　（指定第二个相切的对象）

指定圆上的第三个点：_tan 到　　　　（指定第三个相切的对象）

则用相切、相切、相切画出圆，如图 3-12 所示。

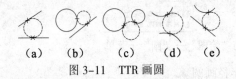

　（a）　　（b）　　（c）　　（d）　　（e）　　　　（a）　　（b）　　（c）　　（d）　　（e）

　　图 3-11　TTR 画圆　　　　　　　　　图 3-12　TTT 画圆

**说明：**

（1）用"相切、相切、半径"（TTR）方法画圆时，输入的圆半径必须大于相切的两个对象最短距离的一半。若输入的圆半径太小，则不能画出圆来，系统会提示"圆不存在"。图 3-11（b）～（e），就是如此。

（2）用"相切、相切、半径"（TTR）方法和用"相切、相切、相切"（TTT）方法画圆，选取相切的对象时，单击的位置不同，最后得到的结果可能会不同。AutoCAD 总是在距单击点最近的位置画相切的圆。图 3-12（d）（e）两个图就属于这种情况。

（3）用"相切、相切、相切"（TTT）方法画圆，只能通过菜单启动。

**【例 3-5】**画出任意三角形的内切圆，如图 3-13 所示。

**题目解释说明：**这是一个数学平面几何题。三角形的形状、尺寸任意，可以是直角三角形，也可以是锐角三角形、钝角三角形。请各种情况都练习一下。本题用"相切、相切、相切"（TTT）方法准确画圆。这种方法应用很广泛，必须熟练掌握。绘制图 3-12（d）和

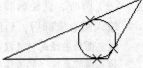

图 3-13　三角形的内切圆

图 3-12（e），要认真体会"选取相切的对象时，单击的位置不同，最后得到的结果可能会不同。AutoCAD 总是在距单击点最近的位置画相切的圆"的规定，从而掌握单击位置与绘圆目标之间的关系。

操作步骤如下：

先画一个三角形，再画三角形的内切圆。

命令：_line 指定第一点：

指定下一点或 [放弃(U)]：　　　　　　　　　（输入点）

指定下一点或 [放弃(U)]：　　　　　　　　　（输入点）

指定下一点或 [闭合(C)/放弃(U)]：　　　　　（输入点）

指定下一点或 [闭合(C)/放弃(U)]：✓

命令：_circle 指定圆的圆心或 [三点(3P)/两点(2P)/相切、相切、半径(T)]：_3p

指定圆上的第一个点：_tan 到　　　　　　　（选一条边）

指定圆上的第二个点：_tan 到　　　　　　　（选另一条边）

指定圆上的第三个点：_tan 到　　　　　　　（选最后一条边）

### 3.5.2　圆环

圆环可以是实心圆环或空心圆环，如图 3-14 所示。

#### 1．命令启动方法

- 功能区："默认"选项卡→"绘图"面板→▼按钮→"圆环" ◎。
- 菜单："绘图"→"圆环" ◎。
- 键盘命令：DONUT。

#### 2．功能

按给定的参数绘制空心圆环或实心圆环。

#### 3．操作

命令：donut
指定圆环的内径 <缺省值>：（输入内直径）
指定圆环的外径 <缺省值>：（输入外直径）
指定圆环的中心点或 <退出>：（指定圆环的圆心）
……
指定圆环的中心点或 <退出>：↙

**说明：**

（1）可以通过指定圆心连续绘制直径相同的多个圆环，直到按回车键结束命令。

（2）要绘制实心圆环（实体填充圆），需把内径值指定为 0。

图 3-14　圆环

（3）FILL 命令控制是否填充圆环。若设置为 ON，则填充；若设置为 OFF，则不填充。其设置方法为：在命令行输入 FILL，提示如下：

命令：fill
输入模式 [开(ON)/关(OFF)] <开>：（输入 ON 或 OFF）

图 3-14 是圆环的各种情况，左边一列为填充，右边一列为不填充，上边一行为空心（内直径大于 0），下边一行为实心（内直径等于 0）。

图 3-15 是用圆环组成的三环商标。

图 3-15　三环商标

### 3.5.3　圆弧

绘制圆弧有 11 种方法，如图 3-16 和图 3-17 所示。默认方法是指定三点。

默认情况下，AutoCAD 将按逆时针方向绘制圆弧。

圆弧也可以通过将圆 TRIM（修剪）获得。TRIM（修剪）命令见第 5 章。

#### 1．命令启动方法

- 功能区："默认"选项卡→"绘图"面板→"圆弧" ⌒。
- 工具按钮："绘图"工具栏→"圆弧" ⌒。
- 菜单："绘图"→"圆弧"。
- 键盘命令：ARC。

#### 2．功能

按给定的参数绘制圆弧。

图 3-16　功能区"圆弧"命令　　　　　　图 3-17　"圆弧"子菜单

**3．操作**

（1）三点

这种方法输入起点、起点和终点之间的一点、终点绘制圆弧，如图 3-18（a）所示。

说明：

用三点方法绘制圆弧时，输入的 3 个点的顺序只能是起点、起点和终点之间的一点、终点，不能是其他顺序。这种方法可以从起点到终点逆时针或顺时针绘制圆弧，如图 3-18（a）所示。

（2）起点、圆心、端点

这种方法输入起点、圆心、终点绘制圆弧，如图 3-18（b）所示。

说明：

这种方法依次给定起点、圆心、终点，只能从起点到终点逆时针绘制圆弧。

（3）起点、圆心、角度

这种方法输入起点、圆心、圆心角绘制圆弧，如图 3-18（c）所示。

说明：

这种方法依次给定起点、圆心、圆心角。若圆心角为正，从起点开始绕圆心逆时针绘制圆弧；若圆心角为负，则从起点开始绕圆心顺时针绘制圆弧，如图 3-18（c）所示。

（4）起点、圆心、长度

这种方法输入起点、圆心、弦长绘制圆弧，如图 3-18（d）所示。

说明：

这种方法依次给定起点、圆心、弦长。总是从起点开始绕圆心逆时针绘制圆弧，若弦长为正，绘制小圆弧（圆心角小于 180°）；若弦长为负，绘制大圆弧，如图 3-18（d）所示。

（5）起点、端点、角度

这种方法输入起点、端点、圆心角绘制圆弧，如图 3-18（e）所示。

说明：

这种方法依次给定起点、端点、圆心角。若圆心角为正，从起点逆时针绘制圆弧；若圆心角为负，从起点顺时针绘制圆弧，如图 3-18（e）所示。

（6）起点、端点、方向

这种方法输入起点、终点、起点处的切线方向绘制圆弧，如图 3-18（f）所示。

说明：

这种方法依次给定起点、终点、起点的切线方向，如图 3-18（f）所示。

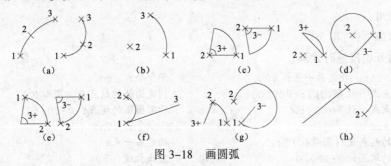

图 3-18    画圆弧

（图中 1、2、3 分别表示第 1、2、3 个参数，+或–分别表示参数为正或负）

（7）起点、端点、半径

这种方法输入起点、终点、半径绘制圆弧，如图 3-18（g）所示。

说明：

这种方法依次给定起点、终点、半径。总是从起点开始绕圆心按逆时针绘制圆弧，若半径为正，绘制小圆弧（圆心角小于 180°）；若半径为负，绘制大圆弧，如图 3-18（g）所示。

（8）圆心、起点、端点

这种方法与"起点、圆心、端点"的参数相同，只是参数的输入顺序不同。

（9）圆心、起点、角度

这种方法与"起点、圆心、角度"的参数相同，只是参数的输入顺序不同。

（10）圆心、起点、长度

这种方法与"起点、圆心、长度"的参数相同，只是参数的输入顺序不同。

（11）继续

这种方法按回车或空格键，绘制出一个与前面刚刚画出的圆弧、直线、多段线或样条曲线的终点相连并与之相切的圆弧。只需再给出一个终点即可绘制出圆弧，如图 3-18（h）所示。

命令：arc
指定圆弧的起点或 [圆心(C)]：↙
指定圆弧的端点：                    （输入终点）

说明：

这种方法适用于画出圆弧、直线或多段线后，再绘制一个与该圆弧、直线或多段线按相切关系连接的圆弧。实际上，这是"起点、端点、方向"的特例。因为这是把前面绘制的圆弧、直线或多段线的终点和终点的方向作为新圆弧的起点和起点的方向，此时只需再给定一个终点即可。

【例 3-6】画出图 3-19 所示的由直线、半圆和四分之一圆组成的二维图形。

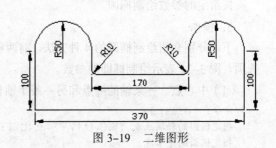

图 3-19    二维图形

**题目解释说明：**

此图由直线和圆弧构成。本题主要是练习绘制圆弧。这里圆弧是半圆和四分之一圆，圆心和端点的位置很容易确定。由于图形首尾相接，所以下一步绘制的直线或圆弧的起点，是上一步绘制的直线或圆弧的终点。绘图时如何做到这一点？方法是：提示输入坐标时，按回车键，这对直线和圆弧都适用。

操作步骤如下：

从右下角开始按逆时针画。

①命令：_line 指定第一点：400,0
指定下一点或 [放弃(U)]：@0,100
指定下一点或 [放弃(U)]：✓
②命令：arc
指定圆弧的起点或 [圆心(C)]：✓
指定圆弧的端点：@-100,0
③命令：line
指定第一点：
直线长度：30
指定下一点或 [放弃(U)]：
④命令：arc
指定圆弧的起点或 [圆心(C)]：
指定圆弧的端点：@-10,-10
⑤命令：line
指定第一点：
直线长度：150
指定下一点或 [放弃(U)]：

⑥命令：arc
指定圆弧的起点或 [圆心(C)]：
指定圆弧的端点：@-10,10
⑦命令：line
指定第一点：
直线长度：30
指定下一点或 [放弃(U)]：
⑧命令：arc
指定圆弧的起点或 [圆心(C)]：
指定圆弧的端点：@-100,0
⑨命令：line
指定第一点：
直线长度：100
指定下一点或 [放弃(U)]：@370,0
指定下一点或 [闭合(C)/放弃(U)]：

### 3.5.4　椭圆和椭圆弧

画椭圆的子菜单如图 3-20 所示。前两项中的每一项都可分成两种方法，所以绘制椭圆有 4 种方法。

**1．命令启动方法**

● 功能区："默认"选项卡→"绘图"面板→"椭圆"⬭。

● 工具按钮："绘图"工具栏→"椭圆"⬭。

● 菜单："绘图"→"椭圆"。

● 键盘命令：ELLIPSE。

**2．功能**

按给定的参数绘制椭圆。

**3．操作**

下面分别介绍绘制椭圆的 4 种方法。前两种对应于"圆心"选项；后两种对应于"轴、端点"选项。图 3-21 表示绘制椭圆的参数。

（1）中心点、一条轴的端点和另一条半轴长度

命令：_ellipse
指定椭圆的轴端点或 [圆弧(A)/中心点(C)]：_c
指定椭圆的中心点：　　　　　　　　　　（输入椭圆的中心点）
指定轴的端点：　　　　　　　　　　　　（输入一条轴的端点）

指定另一条半轴长度或　[旋转(R)]：　　　　　　　（输入另一条轴的半长）

图 3-20　功能区"椭圆"命令和"椭圆"子菜单

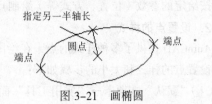

图 3-21　画椭圆

（2）中心点、一条轴的端点和一个旋转角

命令：_ellipse
指定椭圆的轴端点或　[圆弧(A)/中心点(C)]：_c
指定椭圆的中心点：　　　　　　　　　　　　（输入椭圆的中心点）
指定轴的端点：　　　　　　　　　　　　　　（输入一条轴的端点）
指定另一条半轴长度或　[旋转(R)]：r
指定绕长轴旋转的角度：　　　　　　　　　　（输入旋转角）

说明：

①旋转角是这样定义的：一个平行于屏幕的圆绕着它的一条直径旋转，旋转某个角度后，其在屏幕上的投影就是椭圆。在旋转的过程中，这条直径始终平行于屏幕且不动。绕此直径旋转的角度就是旋转角。这条直径就作为长轴。理论上，如果旋转角为 0°，则投影仍是圆。如果旋转角为 90°，则投影是直线（直径）。

②AutoCAD 规定旋转角最大为 89.4°。图 3-22 分别是旋转角为 0°、30°、45°、60°、85°的椭圆。

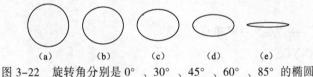

图 3-22　旋转角分别是 0°、30°、45°、60°、85° 的椭圆

（3）一条轴的两个端点和另一条半轴长度

命令：_ellipse
指定椭圆的轴端点或　[圆弧(A)/中心点(C)]：　　（输入一条轴的一个端点）
指定轴的另一个端点：　　　　　　　　　　　　（输入这条轴的另一个端点）
指定另一条半轴长度或　[旋转(R)]：　　　　　　（输入另一条轴的半长）

（4）一条轴的两个端点和一个旋转角

命令：_ellipse
指定椭圆的轴端点或　[圆弧(A)/中心点(C)]：　　（输入一条轴的一个端点）
指定轴的另一个端点：　　　　　　　　　　　　（输入这条轴的另一个端点）
指定另一条半轴长度或　[旋转(R)]：r
指定绕长轴旋转的角度：　　　　　　　　　　　（输入旋转角）

绘制椭圆弧的参数太多，定义很复杂，不易掌握；可通过修剪椭圆方便地得到，这将在第 5 章介绍。

# 3.6　绘　制　点

画点有 4 种方法。画点的子菜单如图 3-23 所示。

### 1. 功能

按给定的参数（位置、方式等）绘制点。

### 2. 设置点的样式

AutoCAD 提供了多种样式的点，在绘图之前一般根据需要先设置点的样式及其大小。

设置点的样式和大小的步骤如下：

（1）"默认"选项卡→"实用工具"面板→▼按钮→"点样式"按钮，或在"格式"菜单中选择"点样式"命令，弹出图 3-24 所示的"点样式"对话框。

（2）在"点样式"对话框中选择一种点的样式。

（3）在"点大小"文本框中指定点的大小。

（4）单击"确定"按钮。

AutoCAD 默认点的样式为图 3-24 中左上角的样式。

图 3-23 功能区"点"按钮和"点"子菜单    图 3-24 "点样式"对话框

### 3. 绘制单点

- 菜单："绘图"→"点"→"单点"。
- 键盘命令：POINT。

命令：point
当前点模式：PDMODE=0  PDSIZE=0.0000
指定点：            （输入点）

### 4. 绘制多点

- 功能区："默认"选项卡→"绘图"面板→▼按钮→"点"。
- 工具按钮："绘图"工具栏→"点"。
- 菜单："绘图"→"点"→"多点"。

命令：_point
当前点模式：PDMODE=0  PDSIZE=0.0000
指定点：*取消*    （连续输入点，直到按【Esc】键结束操作为止）

### 5. 绘制定距等分点

一条道路，每隔 50 m 竖立一根路灯杆，要求绘制竖杆点，就属于绘制定距等分点。

- 功能区："默认"选项卡→"绘图"面板→▼按钮→"定距等分"。
- 菜单："绘图"→"点"→"定距等分"。
- 键盘命令：MEASURE。

命令：measure
选择要定距等分的对象：        （选取要定距等分的对象）
指定线段长度或 [块(B)]：        （输入定距等分的距离）

如图 3-25 所示。

说明：

（1）若定距等分的对象不是封闭的，则从离选取对象时单击点近的一端开始分。图 3-25 中上边的直线选取时单击的是左端，故从左端开始分；下边的直线选取时单击的是右端，故从右端开始分。

（2）若定距等分的对象的长度不是所分间距的整数倍，则最后一段的距离是等分剩下的余数。图 3-25 中可清楚地看到剩下的长度。

### 6．绘制定数等分点

- 功能区："默认"选项卡→"绘图"面板→▼按钮→"定数等分" ⟨ₙ⟩。
- 菜单："绘图"→"点"→"定数等分" ⟨ₙ⟩。
- 键盘命令：DIVIDE。

命令：divide
选择要定数等分的对象：　　　　　　　　（选取要定数等分的对象）
输入线段数目或 [块(B)]：　　　　　　　（输入定数等分数）
如图 3-26 所示。

图 3-25　定距等分

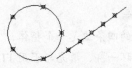

图 3-26　定数等分

说明：

等分圆时，总有一个点位于圆心的正右方，即过圆心的 X 轴的正方向上。

【例 3-7】绘制图 3-25、图 3-26 所示的定距等分点和定数等分点。

题目解释说明：本例是练习绘制定距等分点和定数等分点。要认真体会"若定距等分的对象不是封闭的，则从离选取对象近的一端开始分"这一点，掌握单击位置与等分方向之间的关系。绘制之前要先设置点的样式。

绘制步骤很简单，请按上面介绍的方法自行绘制。

# 3.7　复杂对象绘制命令

## 3.7.1　矩形

### 1．命令启动方法

- 功能区："默认"选项卡→"绘图"面板→"矩形"下拉按钮→"矩形" ▭。
- 工具按钮："绘图"工具栏→"矩形" ▭。
- 菜单："绘图"→"矩形" ▭。
- 键盘命令：RECTANG。

### 2．功能

按给定的参数绘制矩形。

### 3．操作

启动命令后，命令行提示如下：

命令：rectang
指定第一个角点或 [倒角(C)/标高(E)/圆角(F)/厚度(T)/宽度(W)]：

由提示可见，绘制矩形有多种方式。各种方式的含义如下：

（1）指定第一个角点：这是默认项。矩形是根据对角线的两个端点画出的。

输入第一个角点后，命令行提示如下：

指定另一个角点或 [面积(A)/尺寸(D)/旋转(R)]：

可以输入另一个角点，从而绘出矩形；也可以输入 A，再给定面积和长或宽；或输入 D，再给定矩形的长度和宽度；或输入 R，再给定矩形旋转的角度。

（2）倒角：设置相邻两边倒角的距离，绘制带有倒角的矩形。两个倒角距离可以相等，也可以不相等。倒角距离有一个或两个为 0，则不倒角。

（3）标高：用于三维绘图，设置矩形的基面高度。设置标高后，还需输入厚度。

（4）圆角：设置相邻两边倒圆角的半径，绘制带有圆角的矩形。半径为 0，则不圆角。

（5）厚度：用于三维绘图，设置矩形的厚度。

（6）宽度：设置的矩形的线宽。

说明：

（1）矩形的四条边是一个整体。它是由四条直线组成的多段线对象。

（2）和圆环一样，填充与否用 FILL 命令设置，设为 ON 则填充，设为 OFF 则不填充。

（3）各种矩形如图 3-27 所示。

【例 3-8】画出图 3-28 所示的储藏室图形。

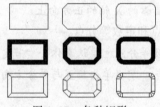

图 3-27　各种矩形

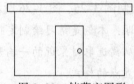

图 3-28　储藏室图形

题目解释说明：该图形由 3 个矩形和 1 个圆组成。图形虽然简单，但是要注意图形左右对称（圆除外）的特点。其次，内部表示门的矩形有一条边在外围矩形的边上，如何实现？目前只能采用从键盘输入坐标的方法。等到第 4 章使用绘图辅助工具，方法就多了。

操作步骤如下：

第一步：用工具栏中的按钮▭画 3 个矩形。

命令：rectang
指定第一个角点或 [倒角(C)/标高(E)/圆角(F)/厚度(T)/宽度(W)]：0,0
指定另一个角点或 [面积(A)/尺寸(D)/旋转(R)]：160,90
命令：rectang
指定第一个角点或 [倒角(C)/标高(E)/圆角(F)/厚度(T)/宽度(W)]：-10,100
指定另一个角点或 [面积(A)/尺寸(D)/旋转(R)]：170,90
命令：rectang
指定第一个角点或 [倒角(C)/标高(E)/圆角(F)/厚度(T)/宽度(W)]：60,70
指定另一个角点或 [面积(A)/尺寸(D)/旋转(R)]：100,0

第二步：画小圆。

命令：_circle 指定圆的圆心或 [三点(3P)/两点(2P)/相切、相切、半径(T)]：95,35
指定圆的半径或 [直径(D)]：3

### 3.7.2　正多边形

**1. 命令启动方法**

- 功能区："默认"选项卡→"绘图"面板→"矩形"下拉按钮→"正多边形" ⬠。
- 工具按钮："绘图"工具栏→"正多边形" ⬠。
- 菜单："绘图"→"正多边形" ⬠。
- 键盘命令：POLYGON。

**2. 功能**

按给定的参数绘制正多边形（3~1 024 条边）。

**3. 操作**

（1）定边法：输入多边形的边数和多边形上一条边的两个端点，绘制正多边形，如图 3-29（左图）所示。

```
命令：polygon
输入侧面数 <缺省值>：           （输入边数）
指定正多边形的中心点或 [边(E)]：e
指定边的第一个端点：            （输入一条边的第一个端点）
指定边的第二个端点：            （输入同条边的第二个端点）
```

（2）内接于圆法：输入多边形的中心点及其与每条边端点之间的距离（圆半径），绘制正多边形，如图 3-29（中图）所示。

```
命令：polygon
输入侧面数 <缺省值>：           （输入边数）
指定正多边形的中心点或 [边(E)]：（输入多边形的中心点）
输入选项 [内接于圆(I)/外切于圆(C)] <I>：i
指定圆的半径：                 （输入圆的半径）
```

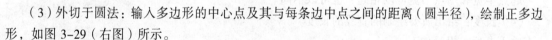

图 3-29　画正多边形

（3）外切于圆法：输入多边形的中心点及其与每条边中点之间的距离（圆半径），绘制正多边形，如图 3-29（右图）所示。

```
命令：polygon
输入侧面数 <默认值>：           （输入边数）
指定正多边形的中心点或 [边(E)]：（输入多边形的中心点）
输入选项 [内接于圆(I)/外切于圆(C)] <I>：c
指定圆的半径：                 （输入圆的半径）
```

**说明：**

（1）定边法，AutoCAD 默认从第一个端点到第二个端点，沿逆时针方向绘制多边形。

（2）内接于圆法和外切于圆法，如果用键盘输入半径，则总有至少一条边是水平放置的；如果用鼠标输入半径，则多边形的边是按鼠标确定的位置放置的。

（3）绘制的正多边形，所有的边是一个整体，是封闭的二维多段线。

### 3.7.3　多段线

多段线由连续相连的直线和弧线组成，这些相连的直线和弧线是一个整体对象。

多段线可以有宽度，各条直线和弧线的宽度可以等宽，也可以不等宽，一条线各处的宽度可以相同，也可以不相同（即具有锥度）。

### 1．命令启动方法

- 功能区："默认"选项卡→"绘图"面板→"多段线" ⤳。
- 工具按钮："绘图"工具栏→"多段线" ⤳。
- 菜单："绘图"→"多段线" ⤳。
- 键盘命令：PLINE。

### 2．功能

按给定的参数绘制二维多段线。

### 3．操作

启动命令后，命令行提示：

命令：pline
指定起点：
当前线宽为 0.0000
指定下一个点或 [圆弧(A)/半宽(H)/长度(L)/放弃(U)/宽度(W)]：

（1）指定下一个点：这是默认项。给出多段线的下一个点，响应后仍提示绘制直线：

指定下一点或 [圆弧(A)/闭合(C)/半宽(H)/长度(L)/放弃(U)/宽度(W)]：

可以继续绘制，也可以按回车键结束命令。

（2）闭合：同 LINE 命令一样，用直线把图形的起点和终点连接起来。

（3）半宽：指定下面将要绘制的线段的半宽（宽度的一半）。也可直接按回车键，把默认值作为起点的半宽。

输入 H，选择选项后，提示如下：

指定起点半宽 <缺省值>：               （输入起点半宽）
指定端点半宽 <缺省值>：               （输入端点半宽）

起点半宽和端点半宽可以相同，也可以不同。

（4）长度：给出所要绘制的直线的长度。

输入 L 后，提示如下：

指定直线的长度：                    （输入长度值）

以该长度沿着上次直线方向或切线方向绘制直线。

（5）放弃：同 LINE 命令一样，取消刚刚绘出的那条线。

（6）宽度：指定下面将要绘制的线段的宽度，是半宽的两倍。

（7）圆弧：选择该项，将转入画圆弧方式，并以前面最后所绘制的线的端点作为圆弧的起始点。

输入 A 后，提示：

指定圆弧的端点或[角度(A)/圆心(CE)/闭合(CL)/方向(D)/半宽(H)/直线(L)/半径(R)/第二个点(S)/放弃(U)/宽度(W)]：

这一行是绘制圆弧提示行。各选项的含义为：

① 指定圆弧的端点：这是默认项。给出圆弧的下一个点，响应后仍出现绘制圆弧提示行，可以继续绘制，也可以按回车键结束命令。

② 角度：输入圆心角。

输入 A 后，又提示如下：

指定包含角： （输入圆心角）

指定圆弧的端点或 [圆心(CE)/半径(R)]： （输入圆弧的端点或圆心或半径）

③ 圆心：输入圆弧的圆心坐标。

④ 闭合：用圆弧把图形的起点和终点连接起来。

⑤ 方向：输入圆弧的切线方向。

输入 D 后，进一步提示如下：

指定圆弧的起点切向： （输入与 X 轴正方向的角度，或单击一点指定切线方向）

指定圆弧的端点： （再输入圆弧的另一点）

⑥ 半宽：与绘制直线提示行中的含义相同。

⑦ 直线：转入绘制直线方式。

⑧ 半径：输入圆弧的半径。

⑨ 第二个点：输入圆弧的第二个点。

⑩ 放弃和宽度：与绘制直线提示行中的含义相同。

**说明：**

（1）多段线设置宽度后，有一个填充与否的问题。这和圆环及设置线宽的矩形一样，也是用
FILL 命令设置，设为 ON 则填充，设为 OFF 则不填充。

（2）带有宽度的多段线，坐标以宽度中心轴线上的点的坐标为准。

（3）该命令功能强大，可以画出由 LINE、ARC、DONUT 等命令画出的任何图形。

**【例 3-9】**画出图 3-30 所示的多段线图形——直箭头、曲箭头、带阴影的门洞。

**题目解释说明：**本例的图案由直线和圆弧构成，主要是想举例说明多段线确有用途，有些图
形用多段线绘制快速、方便，容易取得捷足先登的效
果。绘制过程中，要注意各选项应用的时机，直线、
弧线的转换，以及坐标指的是多段线的宽度的中间点。
图案从哪一端开始绘制都可以。

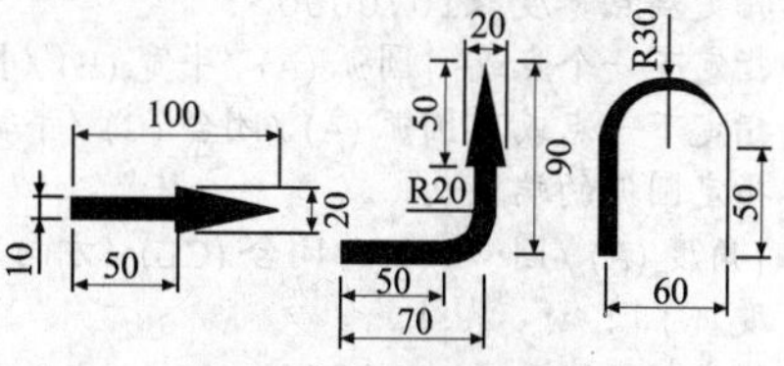

操作步骤：

（1）画出直箭头

图 3-30　多段线图形

命令：pline

指定起点： （用鼠标在绘图区随便单击，给定起点）

当前线宽为 0.0000

指定下一个点或 [圆弧(A)/半宽(H)/长度(L)/放弃(U)/宽度(W)]：w

指定起点宽度 <缺省值>：10

指定端点宽度 <10.0000>:10

指定下一个点或 [圆弧(A)/半宽(H)/长度(L)/放弃(U)/宽度(W)]：@50,0

指定下一点或 [圆弧(A)/闭合(C)/半宽(H)/长度(L)/放弃(U)/宽度(W)]：w

指定起点宽度 <10.0000>：20

指定端点宽度 <20.0000>：0

指定下一点或 [圆弧(A)/闭合(C)/半宽(H)/长度(L)/放弃(U)/宽度(W)]:@50,0

指定下一点或 [圆弧(A)/闭合(C)/半宽(H)/长度(L)/放弃(U)/宽度(W)]:↙

（2）画出曲箭头

命令：pline

指定起点： （用鼠标在绘图区随便单击，给定起点）

当前线宽为 0.0000
指定下一个点或 [圆弧(A)/半宽(H)/长度(L)/放弃(U)/宽度(W)]: w
指定起点宽度 <0.0000>: 10
指定端点宽度 <10.0000>:
指定下一个点或 [圆弧(A)/半宽(H)/长度(L)/放弃(U)/宽度(W)]:@50,0
指定下一点或 [圆弧(A)/闭合(C)/半宽(H)/长度(L)/放弃(U)/宽度(W)]: a
指定圆弧的端点或
[角度(A)/圆心(CE)/闭合(CL)/方向(D)/半宽(H)/直线(L)/半径(R)/第二个点(S)/放弃(U)/宽度(W)]: ce
指定圆弧的圆心:@0,20
指定圆弧的端点或 [角度(A)/长度(L)]: a
指定包含角: 90
指定圆弧的端点或
[角度(A)/圆心(CE)/闭合(CL)/方向(D)/半宽(H)/直线(L)/半径(R)/第二个点(S)/放弃(U)/宽度(W)]: l
指定下一点或 [圆弧(A)/闭合(C)/半宽(H)/长度(L)/放弃(U)/宽度(W)]:@0,20
指定下一点或 [圆弧(A)/闭合(C)/半宽(H)/长度(L)/放弃(U)/宽度(W)]: w
指定起点宽度 <10.0000>: 20
指定端点宽度 <20.0000>: 0
指定下一点或 [圆弧(A)/闭合(C)/半宽(H)/长度(L)/放弃(U)/宽度(W)]:@0,50
指定下一点或 [圆弧(A)/闭合(C)/半宽(H)/长度(L)/放弃(U)/宽度(W)]:↙

（3）画出门洞

命令: pline
指定起点:                        （用鼠标在绘图区随便单击，给定起点）
当前线宽为 0.0000
指定下一个点或 [圆弧(A)/半宽(H)/长度(L)/放弃(U)/宽度(W)]: w
指定起点宽度 <0.0000>: 10
指定端点宽度 <10.0000>:
指定下一个点或 [圆弧(A)/半宽(H)/长度(L)/放弃(U)/宽度(W)]:@0,50
指定下一点或 [圆弧(A)/闭合(C)/半宽(H)/长度(L)/放弃(U)/宽度(W)]: a
指定圆弧的端点或
[角度(A)/圆心(CE)/闭合(CL)/方向(D)/半宽(H)/直线(L)/半径(R)/第二个点(S)/放弃(U)/宽度(W)]: w
指定起点宽度 <10.0000>:10
指定端点宽度 <10.0000>: 0
指定圆弧的端点或
[角度(A)/圆心(CE)/闭合(CL)/方向(D)/半宽(H)/直线(L)/半径(R)/第二个点(S)/放弃(U)/宽度(W)]:@60,0
指定圆弧的端点或
[角度(A)/圆心(CE)/闭合(CL)/方向(D)/半宽(H)/直线(L)/半径(R)/第二个点(S)/放弃(U)/宽度(W)]: l
指定下一点或 [圆弧(A)/闭合(C)/半宽(H)/长度(L)/放弃(U)/宽度(W)]:@0,-50
指定下一点或 [圆弧(A)/闭合(C)/半宽(H)/长度(L)/放弃(U)/宽度(W)]:↙

## 3.7.4　样条曲线

样条曲线是拟合一系列给定的点形成的光滑曲线。

样条曲线适用于绘制形状不规则的曲线，在工程制图中应用广泛。例如绘制非直线的剖面线边界、河流、木纹、水面、装饰纹路、流线型墙线等。

## 1. 命令启动方法

- 功能区："默认"选项卡→"绘图"面板→▾按钮→"样条曲线"→"拟合点" ﹏ 或"控制点" ﹏。
- 工具按钮："绘图"工具栏→"样条曲线" ﹏。
- 菜单："绘图"→"样条曲线"→"拟合点" ﹏ 或"控制点" ﹏。
- 键盘命令：SPLINE。

## 2. 功能

绘制二维或三维样条曲线。有两种绘制方法：拟合点方法绘制样条曲线，是通过指定样条曲线必须经过的拟合点来创建 3 阶（三次）B 样条曲线。控制点方法绘制样条曲线，是通过指定控制点来绘制样条曲线，可以绘制 1 阶（线性）、2 阶（二次）、3 阶（三次）直到最高为 10 阶的样条曲线。通过移动控制点调整样条曲线的形状通常可以提供比移动拟合点更好的效果。

## 3. 操作

启动命令后，按启动的方式不同，命令行提示也不同。

对于使用拟合点方法创建的样条曲线：

当前设置：方式=拟合　节点=弦

指定第一个点或 [方式(M)/节点(K)/对象(O)]：

（1）对象：将由多段线拟合成的曲线转换成样条曲线。输入 O 后，提示选取由多段线拟合成的曲线。

**说明：**

① 系统变量 DELOBJ 为 1 时，样条曲线转换后要删除原来的多段线；DELOBJ 为 0 时，样条曲线转换后保留原来的多段线。AutoCAD 默认为 1。

② 系统变量 SPLFRAME 控制绘制样条曲线时，是否显示样条拟合多段线。为 1 时，显示；为 0 时，不显示。AutoCAD 默认为 0。

（2）节点：指定节点参数化，这是一种计算方法，用来确定样条曲线中连续拟合点之间的零部件曲线如何过渡。输入 k 后，提示：

输入节点参数化 [弦(C)/平方根(S)/统一(U)] <弦>：

① 弦（或弦长方法）。均匀隔开连接每个零部件曲线的节点，使每个关联的拟合点对之间的距离成正比。

② 平方根（或向心方法）。均匀隔开连接每个零部件曲线的节点，使每个关联的拟合点对之间的距离的平方根成正比。此方法通常会产生更"柔和"的曲线。

③ 统一（或等间距分布方法）。均匀隔开每个零部件曲线的节点，使其相等，而不管拟合点的间距如何。此方法通常可生成泛光化拟合点的曲线。

（3）方式：控制是使用拟合点还是使用控制点来创建样条曲线。

（4）指定第一个点：输入样条曲线的第一个点。提示如下：

输入下一个点或 [起点切向(T)/公差(L)]：

① 输入下一个点：继续输入点。

可在该提示下，输入一系列的点。输入完毕后按回车键。

② 起点切向：确定样条曲线在起点处的切线方向。

③ 公差：输入拟合公差值。拟合公差是输入点与样条曲线之间所允许的最大偏移距离。拟合公差越小，越接近于样条曲线。拟合公差为 0，则样条曲线通过输入点；拟合公差不为 0，样条曲线不一定通过各输入点，但总是通过起点和终点。拟合公差只能大于或等于 0。输入 L，提示如下：

```
指定拟合公差<缺省值>：              （输入拟合公差）
输入下一个点或［端点相切(T)/公差(L)/放弃(U)/闭合(C)］：  （继续操作）
```

- 端点相切：确定样条曲线在终点处的切线方向。
- 放弃：删除最后一个指定点。
- 闭合：封闭样条曲线。

对于使用控制点方法创建的样条曲线：

```
当前设置：方式=控制点    阶数=3
指定第一个点或［方式(M)/阶数(D)/对象(O)］：
```

（1）方式、对象含义同上。

（2）阶数：设置生成的样条曲线的多项式阶数。使用此选项可以创建 1 阶（线性）、2 阶（二次）、3 阶（三次）直到最高 10 阶的样条曲线。

图 3-31　样条曲线

【例 3-10】画出图 3-31 所示的样条曲线。样条曲线顺次通过坐标点（10, 20）、（130, 100）、（200, 50）、（250, 90）、（300, 60），终点（300, 60）的切线方向为 0°。

**题目解释说明**：这个例题主要是想说明样条曲线的光滑形态和绘制样条曲线的一般过程。绘制样条曲线的参数不仅有坐标点，还有切线方向。为显示各坐标点的位置，图中还画上了表示点的小圆圈。

操作步骤如下：

```
命令：_spline
当前设置：方式=拟合    节点=弦
指定第一个点或［方式(M)/节点(K)/对象(O)］：m
输入样条曲线创建方式［拟合(F)/控制点(CV)］<拟合>：f
当前设置：方式=拟合    节点=弦
指定第一个点或［方式(M)/节点(K)/对象(O)］：10,20
输入下一个点或［起点切向(T)/公差(L)］：130,100
输入下一个点或［端点相切(T)/公差(L)/放弃(U)］：200,50
输入下一个点或［端点相切(T)/公差(L)/放弃(U)/闭合(C)］：250,90
输入下一个点或［端点相切(T)/公差(L)/放弃(U)/闭合(C)］：300,60
输入下一个点或［端点相切(T)/公差(L)/放弃(U)/闭合(C)］：t
指定端点切向：0
```

### 3.7.5　多线

多线，也叫复合线，指多条平行线。

**1. 命令启动方法**

- 菜单："绘图" → "多线" \\。
- 键盘命令：MLINE。

**2．功能**

按指定的偏移量、线型、条数、颜色和端口形式绘制多线。

**3．操作**

启动命令后，命令行提示如下：

命令：mline
当前设置：对正 = 上，比例 = 20.00，样式 = STANDARD
指定起点或 [对正(J)/比例(S)/样式(ST)]：

"当前设置"一行说明了当前多线的格式：对正类型为上，比例 20，线型为标准型（STANDARD）；

紧跟的一行中各项的含义如下：

（1）对正：确定对正类型。

输入 J，提示如下：

输入对正类型 [上(T)/无(Z)/下(B)] <缺省值>：

① 上（T）：从左向右绘多线时，输入点为最上边的那条线上的点，如图 3-32 左图所示；

② 无（Z）：绘多线时，输入点为中心线上的点，如图 3-32 中图所示；

③ 下（B）：从左向右绘多线时，输入点为最下边的那条线上的点，如图 3-32 右图所示。

图 3-32　对正类型

（2）比例：确定所画的多线相对于定义的多线的比例系数。

输入 S 后，提示如下。

输入多线比例 <缺省值>：　　　　　（输入新的比例系数值）

（3）样式：选择多线的样式。默认为标准型（STANDARD）。

输入 ST 后，提示如下：

输入多线样式名或 [?]：

可输入已定义的多线样式，也可输入"?"显示已有的多线样式。下面会介绍定义多线样式。

（4）指定起点：为默认项。

输入起点，则按设置的对正类型、比例、多线样式绘制多线。

**说明：**

绘出的多线是一个整体对象。

**4．定义多线样式**

可以设置各条平行线距多线初始位置的偏移量、颜色、线型，是否显示多线的连接（连接是指那些出现在平行线每个顶点处的线条），两端是否封口，封口类型。

- 菜单："格式" → "多线样式" 。
- 键盘命令：MLSTYLE。

执行命令后，显示"多线样式"对话框，如图 3-33 所示。

（1）"样式"列表框：显示已加载到图形中的多线样式列表。

（2）"说明"文本框：显示选定多线样式的说明。

（3）"预览"区：显示选定多线样式的名称和图像。

（4）"置为当前"按钮：设置用于后续创建的多线的当前多线样式。从"样式"列表框中选择一个名称，然后单击"置为当前"按钮。

（5）"新建"按钮：创建新的多线样式。单击此按钮，显示"创建新的多线样式"对话框，如图 3-34 所示。

图 3-33 "多线样式"对话框　　　图 3-34 "创建新的多线样式"对话框

输入新样式名，单击"继续"按钮，显示"新建多线样式"对话框，如图 3-35 所示。

① "直线"复选框组：用起点、端点确定起始端和终止端是否封闭。选择则封闭，否则不封闭。

② "外弧"复选框组：用起点、端点确定多线两端最外面的两条线之间是否画弧。选择则画，反之则不画。

③ "内弧"复选框组：用起点、端点确定多线内部或偶数线的两端是否画弧。选择则画，反之则不画。如果多线有奇数条线，那么位于中心的线不画弧。

④ "角度"文本框：控制多线两端的角度。

⑤ "填充颜色"下拉列表框：选择颜色用于填充多线。

⑥ "显示连接"复选框：选中该项，将在多线各段的转折处显示端点封线。

⑦ "添加"按钮：将新直线添加进来。

在"偏移"文本框中指定偏移的距离；在"颜色"下拉列表框中选择新直线的颜色；单击"线型"按钮，显示"选择线型"对话框（见图 3-36），加载指定新直线的线型，则可添加一条新直线。可以按此方法添加多条新直线。还可以再设置"直线""外弧""内弧""角度""填充颜色""显示连接"等特性；单击"新建多线样式"对话框的"确定"按钮，即可确定新的多线样式，最后单击"多线样式"对话框中的"保存"按钮进行保存，以及单击该对话框中的"确定"按钮完成整个定义新样式的任务。

（6）"修改"按钮：单击此按钮，显示"修改多线样式"对话框，从中可以修改选定的多线样式。不能修改默认的 STANDARD 多线样式。

图 3-35 "新建多线样式"对话框　　　图 3-36 "选择线型"对话框

（7）"重命名"按钮：更改当前样式名。

（8）"删除"按钮：从"样式"列表框中删除当前选定的多线样式。此操作并不会删除 MLN 文件中的样式。不能删除 STANDARD 多线样式、当前多线样式或正在使用的多线样式。

（9）"加载"按钮：显示"加载多线样式"对话框，从中可以从指定的 MLN 文件加载多线样式。

（10）"保存"按钮：将多线样式保存或复制到多线库（MLN）文件。

图 3-37 是在两条直线的正中间添加了一条虚线（颜色为洋红），样式名为 MLINE-3，图 3-38 是用该样式的多线绘制的图形。

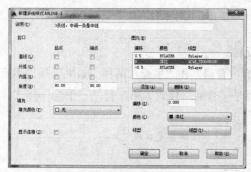
图 3-37 定义新样式 MLINE-3

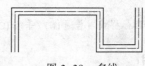
图 3-38 多线

### 3.7.6 修订云线

修订云线，也叫云状形体，是由连续圆弧组成的多段线。

它用于绘制云状或树状的图形，在绘制建筑立面图进行艺术造型或绘制云、花草、树木等配景时会用到。在用红线圈阅图形时，也可以使用修订云线作标记。

**1. 命令启动方法**

- 功能区："默认"选项卡→"绘图"面板→▼按钮→"修订云线"。
- 工具按钮："绘图"工具栏→"修订云线"。
- 菜单："绘图"→"修订云线"。
- 键盘命令：REVCLOUD。

**2. 功能**

绘制修订云线。

**3. 操作**

启动命令后，命令行提示：

命令：revcloud
最小弧长：15 最大弧长：15 样式：普通
指定起点或 [弧长(A)/对象(O)/样式(S)] <对象>:

（1）指定起点：指定修订云线的起点。指定后，提示：

沿云线路径引导十字光标… （移动十字光标）
修订云线完成。 （移动十字光标至起点，修订云线绘制完成）

（2）弧长：设置修订云线的弧长，包括弧长的最小值和最大值。绘制修订云线时，可以使用拾取点选择较短的弧线段来更改圆弧的大小。也可以通过调整拾取点来修改修订云线的单个弧长和弦长。输入 A，提示：

指定最小弧长 <缺省值>：　　　　　（输入最小弧长）
指定最大弧长 <缺省值>：　　　　　（输入最大弧长）
……

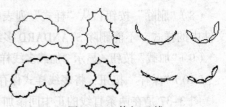

（3）对象：将对象（如圆、椭圆、多段线或样条曲线）转换为修订云线。图 3-39 所示的第三列、第四列是将圆弧转换为修订云线，圆弧仍保留。输入 O，提示：

图 3-39　修订云线

选择对象：　　　　　（单击要转换的对象）
反转方向 [是(Y)/否(N)] <否>：　　　　　（回答是否反转方向）
修订云线完成。

图 3-39 所示的第二列未反转，第三列反转。

（4）样式：选择修订云线的样式。样式有"普通"和"手绘"两种。如果选择"手绘"，绘制的效果会与"普通"不同。图 3-39 的第一行是"普通"样式，第二行是"手绘"样式。输入 S，提示：

选择圆弧样式 [普通(N)/手绘(C)] <普通>：　　　　　（回答是 N 或 C）
……

**说明：**

（1）该命令需使终点与起点重合才会自动结束。若不希望闭合修订云线，可中途按回车键。

（2）输入起点后，只须沿修订云线路径逆时针或顺时针移动鼠标即可。

（3）修订云线的弧形半径向内则绘制云状图形（外凸），如图 3-39 的第一列所示；向外则绘制树形图形（内凹），如图 3-39 的第二列所示。

（4）最大弧长不能大于超过最小弧长的 3 倍。

（5）与样条曲线转换时一样，该命令将对象转换为修订云线时，如果 DELOBJ 设置为 1（默认值），将删除原始对象；如果设置为 0，将保留原始对象。

### 3.7.7　徒手画

徒手画对象由许多条线条组成。每条线条都是一个独立的对象。

徒手画适用于绘制不规则的边界或使用数字化仪追踪。例如绘制非直线的剖面线边界，海岸线、道路，河流、水面、纹路等。徒手画占用存储空间多，应当少用。徒手画绘制的图形如图 3-40 所示。

**1. 命令启动方法**
键盘命令：SKETCH。

**2. 功能**
绘制徒手画对象。

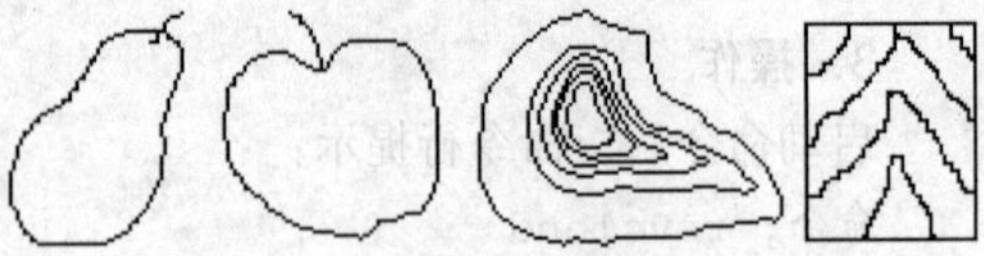

图 3-40　徒手画（左三为等高线，左四为木纹）

**3. 操作**
启动命令后，命令行提示：

命令：sketch
类型 = 直线　增量 = 1.0000　公差 = 0.5000
指定草图或 [类型(T)/增量(I)/公差(L)]：

（1）类型：指定对象类型是直线、多段线还是样条曲线。输入 T，提示：

输入草图类型 [直线(L)/多段线(P)/样条曲线(S)] <直线>：（输入 L、P 或 S）

（2）增量：定义每条手画直线段的长度。定点设备所移动的距离必须大于增量值，才能生成一条直线。控制该值的系统变量是 SKETCHINC。输入 I，提示：

指定草图增量 <1.0000>：　　（输入增量）

（3）公差：对于样条曲线，指定样条曲线的曲线布满手画线草图的紧密程度。控制该值的系统变量是 SKTOLERANCE。输入 L，提示：

指定样条曲线拟合公差 <0.5000>：（输入拟合公差）

设置完成后，单击鼠标，移动画线。笔落后，移动鼠标徒手画，笔提后，结束徒手画。笔落或笔提，可来回切换。绘制完后按回车键。

**说明：**

（1）在画线的过程中，可以不断地笔落、笔提，以画出多段不连接的线。

（2）只要画出的线是绿色（默认），就表明画线还未结束，画出的线还未保存到草图中。

（3）按回车键将结束徒手画，并保存所有未保存的线。

（4）该命令不接受坐标输入。

（5）增量的含义是：如果光标移动的距离未达到记录增量的数值，线条将不会在绘图区绘出。只有超过该增量，才绘出。

# 3.8　图案填充

图案填充是用某种图案充满图形中指定的区域。

**1．填充边界的定义**

填充边界必须是封闭的。定义边界的对象只能是直线、射线、构造线、多段线、样条曲线、圆、椭圆、弧、面域等对象或使用这些对象定义的块。定义边界的对象必须是可见的。

**2．图案填充的 3 种方式**

（1）普通方式

这是默认方式。该方式从最外边界开始，向里填充。遇到内部对象与其相交时就停止填充，直到遇到下一次相交时再继续填充。所以从最外边界向里的奇数次相交区域被填充，偶数次区域不被填充，如图 3-41 所示。

（2）外部方式

只在最外区域填充图案，内部均空白。

（3）忽略方式

该方式忽略边界内的所有对象，填充最外边界包围的整个区域。结果是内部均被填充。

图 3-41　图案填充的 3 种方式

**3．岛**

填充区域之内的封闭区域称为岛，图 3-41 中的五边形和圆就是岛。

AutoCAD 可用两种方式选取填充边界。一种方式是在填充区域内任取一点，采用这种方式，AutoCAD 将自动确定填充边界和岛。另一种方式是通过选取对象确定填充边界，这种方式必须选取岛，否则 AutoCAD 将忽略岛的存在。

岛也适合上述 3 种填充方式。

**4．图案填充与特殊对象的关系**

这里的特殊对象是指二维填充域（SOLID）、文本（TEXT）、形（SHAPE）和属性等。当采用普通方式和外部方式时，图案自动断开，不填充它们，如图 3-42 所示。

**5．图案填充命令启动方法**

- 功能区："默认"选项卡→"绘图"面板→"图案填充" 。
- 键盘命令：HATCH。
- 工具按钮："绘图"工具栏→"图案填充" 。
- 菜单："绘图"→"图案填充" 。

利用工具选项板进行图案填充。

图 3-42　特殊对象的填充

**6．功能**

在图形的内部填充指定的图案。

用后两种方法启动后（在"AutoCAD 经典"工作空间），弹出对话框，单击右下角的 按钮，显示的对话框如图 3-43 所示。

图 3-43　"图案填充和渐变色"对话框

（1）"图案填充"选项卡

定义要应用的填充图案的外观。

（2）"边界"区

①"添加：拾取点"按钮：单击该按钮，在要填充图案的区域内单击（可连续选择多个区域），选择后按回车键或按【Esc】键返回对话框。

②"添加：选择对象"按钮：单击该按钮，可单击选择边界，选择的边界必须形成封闭的区域。选择后按回车键或按【Esc】键返回对话框。

③"删除边界"按钮：单击该按钮，从边界定义中删除之前添加的任何对象。

④"重新创建边界"按钮：单击该按钮，围绕选定的图案填充或填充对象创建多段线或面域，并使其域图案填充对象相关联。

⑤"查看选择集"按钮：单击该按钮，将清楚地显示所定义的边界。

（3）"选项"区

控制几个常用的图案填充或填充选项。

①"注释性"复选框：指定图案填充为注释性。

②"关联"复选框：控制图案填充或填充的关联。选择"关联"，AutoCAD 将把填充的图案作为关联图案当作一个对象绘制，为默认项。不选择"关联"，AutoCAD 将把填充的图案分解，并且不相关联。

这里，关联是指填充的图案与其边界相关联，修改边界时，填充的图案将自动更新，随边界位置的变化而变化。图 3-44 展示了关联和不关联的情形，上部的两图是"关联"时拉伸前后的情形，下部的两图是"不关联"时拉伸前后的情形。虚线是窗选对象的窗口。拉伸（STRETCH）命令见第 5 章。

③"创建独立的图案填充"复选框：控制当指定了几个单独的闭合边界时，是创建单个图案填充对象，还是创建多个图案填充对象。

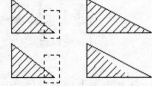

④"绘图次序"下拉列表框：用于指定图案填充的绘制顺序。创建图案填充时，默认情况下将图案填充绘制在图案填充边界的后面。这样比较容易查看和选择图案填充边界。可以更改图案填充的绘制顺序，以便将其绘制在填充边界的前面，或者其他所有对象的后面或前面。

图 3-44　"关联"时拉伸（上）和"不关联"时拉伸（下）

⑤"图层"和"透明度"：设置填充的图案所在的图层和填充的透明度。

（4）"继承特性"按钮

单击该按钮，可将已经填充在图形中的图案选为当前图案。

（5）"孤岛"区

控制孤岛和边界的操作。

（6）"边界保留"区

指定是否将边界保留为对象，并确定应用于这些对象的对象类型。

（7）"边界集"区

定义当从指定点定义边界时要分析的对象集。当使用"选择对象"定义边界时，选定的边界集无效。

（8）"允许的间隙"区

设置将对象用作图案填充边界时可以忽略的最大间隙。默认值为 0，此值指定对象必须封闭区域而没有间隙。

（9）"继承选项"区

使用"继承特性"创建图案填充时，控制图案填充原点的位置是当前原点还是源图案填充的原点。

（10）"渐变色"选项卡

"渐变色"选项卡如图 3-45 所示，用于设置填充颜色、改变颜色、居中及角度。

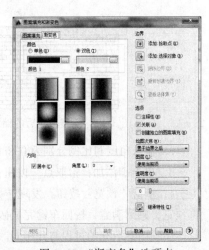

图 3-45　"渐变色"选项卡

（11）"预览"按钮

选择了填充的图案和边界后，单击此按钮，AutoCAD 将显示填充的结果。预览后，按回车键将保留填充结果，结束命令；按【Esc】键将返回对话框进行修改，再次预览。单击"确定"按钮，填充完毕，结束命令。

说明：

- 利用对话框进行图案填充，边界必须是封闭的（如果允许的间隙设置为 0）。
- 填充的图案是一个对象。可用 EXPLODE 命令将其分解为各自独立的线条。EXPLODE 命令见第 5 章。
- FILL 命令可以控制填充图案的可见性。设为 ON 时可见，设为 OFF 时不可见。

用前两种方法启动后（在"草图和注释"工作空间），弹出"图案填充创建"选项卡，如图 3-46 所示。

图 3-46　"图案填充创建"选项卡

该选项卡中的内容与"图案填充和渐变色"对话框一致，不再赘述。

【例 3-11】将图 3-28 所示储藏室的房屋图形进行图案填充，如图 3-47 所示。

**题目解释说明**：本例需要填充砖图案。填充过程中除了选择图案外，还要选择填充的图案逆时针旋转的角度和图案的比例。

① 利用对话框（在"AutoCAD 经典"工作空间）操作，步骤如下：

a. 启动图案填充命令，弹出"图案填充和渐变色"对话框，如图 3-43 所示；

b. 单击"图案"下拉列表框后的"…"按钮，弹出"填充图案选项板"对话框（见图 3-48），选择一种图案，如 AR-B816 图案，单击"确定"按钮。

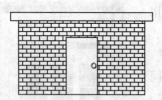

图 3-47　图案填充后的储藏室

图 3-48　"填充图案选项板"对话框

c. 输入角度和比例分别为 0 和 0.1。

d. 单击"添加：拾取点"按钮，在大矩形的内部单击任意一点，按回车键。

e. 单击"预览"按钮，发现砖太大，不满意；按【Esc】键返回对话框，改变比例为 0.02，再预览，感到满意，按回车键完成砖图案的填充。

屋顶图案填充的过程与此相同。不再赘述。

② 利用功能区（在"注释与草图"工作空间）操作，步骤如下：

a. 启动图案填充命令，弹出"图案填充创建"选项卡，如图 3-46 所示。

b. 单击"图案填充创建"选项卡"图案"组中的"图案填充图案"按钮，从弹出的列表（见图 3-49）中选择一种图案，如 AR-B816 图案。

c．在"特性"组中，输入角度和比例分别为 0 和 0.1。

单击"边界"组中的"拾取点"按钮，将光标移到大矩形内（不单击），发现砖太大，不满意；在比例文本框中输入 0.02，再把光标移到大矩形内（不单击），发现砖大小合适，满意，单击；按回车键完成砖图案的填充。

屋顶图案填充的过程与此相同。不再赘述。

图 3-49　"图案"列表框

# 小　结

1．AutoCAD 的坐标系有笛卡儿坐标系（直角坐标系）、极坐标系、柱坐标系和球坐标系。每一种坐标系都有绝对坐标和相对坐标，绝对坐标是相对于坐标原点而言的，相对坐标是相对于前一点的坐标而言的，输入相对坐标时先要输入符号@。

2．点的输入方式有 4 种。用得较多的是鼠标输入方式、键盘输入方式和捕捉、追踪特殊点方式。

3．光标所在位置的坐标值显示在状态栏的左边。坐标的显示方式有 3 种，在坐标显示区双击，可在这 3 种坐标显示方式之间循环切换。

4．命令启动方法有功能区、菜单、工具栏、命令行、快捷菜单、快捷键（加速键）等方式。功能区、菜单、工具栏方式使用得较多。

5．本章讲述了多个绘图命令，其中的大部分是常用的。它们是绘制实际图形的基础。

# 上机实验及指导

【实验目的】

1．理解坐标系和点的坐标的含义，掌握点的坐标的表示和具体应用方法。

2．掌握点的鼠标输入方式和键盘输入方式。

3．了解命令的各种启动方法，掌握其中的 2～3 种。

4．熟练掌握各绘图命令，以便作图。

【实验内容】

1．练习各绘图命令的操作。

2．做本章的各个例题和绘制各个例图。

3．绘制若干个图形。

【实验步骤】

1．启动 AutoCAD，练习绘制各二维基本图形对象的命令。要求绘图命令的各个选项都要练习到，例如画圆有 6 种方法，画圆弧有 11 种方法等。

2．做本章的各个例题和绘制各个例图。

3．定性地绘制出图 3-50 所示的图形。

图 3-50　定性绘制图案

指导：定性地绘图，就是进行无准确尺寸要求的非精确绘图，只强调各图形元素之间的基本位置关系和大小的相对比例，尺寸控制比较自由，但整个图案要协调。对于本题来讲，就是矩形和圆没有尺寸和大小的准确要求，只要求矩形比圆大，以及两者的位置关系——圆在矩形之内，且圆基本居中。本题用到矩形、圆和图案填充命令。点的坐标可以用键盘输入，也可以单击输入。

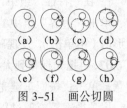

图 3-51　画公切圆

4．画 3 个已知圆的公切圆，3 个已知圆如图 3-51（a）所示。

**指导：**选取相切对象时单击的位置不同，会产生多种结果。请试验。

5．绘制图 3-52 所示的由直线、矩形、菱形和圆组成的图案。

**指导：**这些图形由直线和圆组成。绘制某个图形时需要确定画图的先后顺序，先画什么，后画什么，顺序不当会给画图增加困难，甚至无法绘制出来。

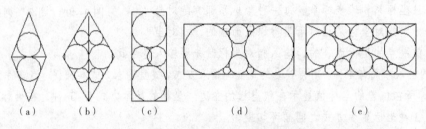

（a）　　　（b）　　　（c）　　　　　（d）　　　　　　　　（e）

图 3-52　直线、矩形、正多边形和圆组成的图案

6．定量地绘制出图 3-53 所示的图案，正方形的边长为 100 个绘图单位。

**指导：**定量地绘图，就是进行有准确尺寸要求的精确绘图，不仅要像定性地绘图那样保证各图形元素间的位置关系，而且严格要求尺寸。对于本题来讲，就是 4 个圆的圆心分别在正方形的 4 个顶点上，圆的半径是正方形边长的一半。本题用到矩形（或正多边形）、圆和图案填充命令。要准确绘图，需要捕捉对象的特殊点，或用输入点的坐标的方式实现。先画正方形，再画圆，最后进行图案填充。

7．定量地绘制出图 3-54 所示的图案，正方形的边长为 150 个绘图单位。

**指导：**与上题类似。

8．绘制出图 3-55 所示的多个正多边形，并填充图案。

**指导：**使用绘制正多边形的命令，分别绘制 3，4，…，9 边形。

9．绘制出图 3-56 所示的抽象图案——卫生间的男女标牌。

**指导：**除头使用画圆和图案填充绘制外，均用多段线绘制。用多段线绘制速度最快。

图 3-53　对称图案　　图 3-54　图案及填充　　图 3-55　正多边形　　图 3-56　卫生间标牌图案

10．绘制出图 3-57 所示的房屋。

**指导：**与图 3-47 类似，可以参考其绘制方法。

11．绘制出图 3-58 所示的一盆花图案。

指导：叶子用多段线命令 PLINE 绘制。

12．绘制出图 3-59 所示的一张风景画。

指导：这又是一个定性绘制的图案。其构成要素有太阳、云、海鸥、山、海和扁舟。本题是为了练习多个绘图命令。太阳用圆命令绘制，云用修订云线命令绘制，海鸥用多段线命令绘制，山用样条曲线命令绘制，海用徒手画命令绘制，扁舟用圆弧和直线命令绘制。

图 3-57　房屋　　　　　　　图 3-58　一盆花　　　　　图 3-59　一张风景画

# 思 考 题

1．AutoCAD 输入的命令显示在什么地方？

2．绝对坐标是相对于什么的坐标？相对坐标是相对于什么的坐标？绝对坐标和相对坐标在表示方法上有什么区别？

3．极坐标是二维坐标还是三维坐标？输入极坐标时，距离和角度之间用什么隔开？请试验距离有没有正负之分。

4．AutoCAD 绘图区的当前坐标显示在什么地方？坐标的显示方式有哪几种？如何切换？

5．启动 LINE 命令后，会提示连续画线。如何停止画直线？

6．用 LINE（直线）命令要绘制一个封闭的多边形，当用"C"响应"指定第一点"提示时，在这之前最少应有几个点？这几个点符合什么条件才能封闭？

7．用 RAY 命令绘制射线时，能否绘制与 X 轴成 33.33° 的射线？

8．用 XLINE 命令绘制构造线时，能否将一个角三等分或四等分？

9．在画圆时，上次画圆所输入的半径值与下次画圆的半径默认值有什么关系？

10．用 TTT（相切、相切、相切）方式画圆，如何启动？

11．能否在矩形的内部画一个圆，与矩形的四条边都相切？

12．能不能用 DONUT（圆环）命令绘制空心圆？能不能用 DONUT（圆环）命令绘制实心半圆？

13．定距等分一条直线，在选取直线时，单击直线的这一端和另一端，效果有什么不同？

14．FILL 命令用来控制什么？如何设置？

15．用 ELLIPSE（椭圆）命令绘制椭圆时，输入的第一条轴是否一定是长轴？

16．能否绘制倾斜的矩形（即它的边不平行于 X 轴和 Y 轴）？倾斜的矩形如何得到？

17．绘制椭圆时的旋转角是什么含义？

18．徒手画 sketch 的记录增量能否设为 0？

19．如何设置点样式为 $\bigotimes$？

20．绘制多段线时如何在绘制直线和圆弧间切换？

21．一个图形要填充图案需要满足什么条件？

# 第 **4** 章 绘图辅助工具

📓 学习目标

- 理解和掌握各种精确绘图工具的使用，包括坐标系工具及动态输入、栅格和栅格捕捉、正交、对象捕捉、极轴追踪、对象捕捉追踪。
- 掌握图形各种信息的查询方法，包括查询距离、面积、点的坐标、图中对象的数据库信息、面域/质量特性等。
- 掌握二维图形显示的各种方法，包括缩放、平移等。
- 掌握图形刷新的各种方法，包括重画、重生成、全部重生成。

本章介绍各种辅助工具——精确定位工具、图形信息查询工具、二维图形查看工具。这些工具对于绘图是十分有效的，有时可以简化绘图步骤，有时则是必不可少的。另外本章还介绍设计中心。

## 4.1 精确绘图工具

精确绘图工具有坐标系工具、动态输入、栅格和栅格捕捉、正交、对象捕捉和追踪。

### 4.1.1 输入坐标指定点

上一章已经介绍和使用了坐标系。用键盘在命令行中输入坐标，是定量精确绘图的一个重要途径。坐标系是定量精确绘图的工具之一。

### 4.1.2 直接给定距离

不输入坐标值而快速指定直线长度，直接给定距离是绘图中确定已知长度的线段的最快捷方式。

它是用鼠标导向，在鼠标光标指定的方向上，从键盘直接输入相对前一点的距离值（即直接输入该线段的长度）来确定点。

在正交模式或极轴追踪打开时，使用该方法绘制指定长度和方向的直线很有效。

### 4.1.3 动态输入

启用"动态输入"时，工具提示将在光标附近显示信息，该信息会随着光标的移动而动态更新。此时，工具提示将为用户提供输入的位置。

启动方法如下：

- 工具按钮：在状态栏单击"动态输入"按钮 🔚，使之呈按下状态。再次单击，按钮将弹起，退出"动态输入"。
- 右击状态栏上的"动态输入"按钮 🔚，选择"设置"命令，可以自定义动态输入，如图 4-1 所示。

（1）指针输入

启用指针输入后，当在绘图区域移动光标时，光标处将显示坐标值。可以在提示中输入坐标值，而不用在命令行中输入。

按【Tab】键移动到要输入的提示框，然后输入数值。在指定点时，第一个坐标是绝对坐标，第二个或下一个点的格式是相对极坐标。

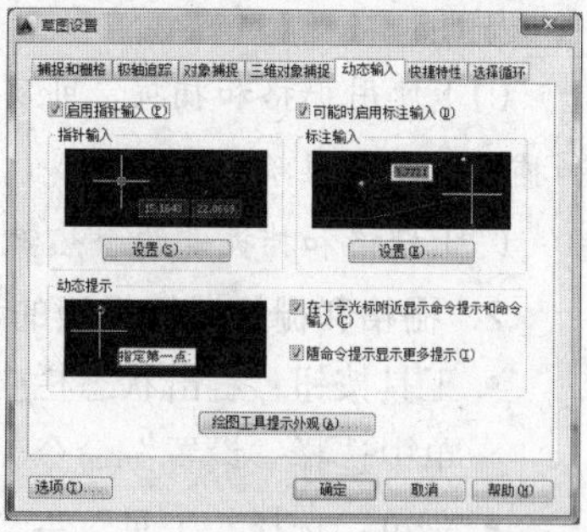

说明：

如果需要输入绝对坐标，在值前加前缀井号（#）。

（2）标注输入

启用标注输入后，坐标输入字段会与正在创建或编辑的几

图 4-1 "草图设置"对话框的
"动态输入"选项卡

何图形上的标注绑定。工具栏提示中的值将随着光标的移动而改变。按【Tab】键移动到要输入的工具栏提示框，然后输入数值。

标注输入可用于圆弧命令 ARC、圆命令 CIRCLE、椭圆命令 ELLIPSE、直线命令 LINE 和多段线命令 PLINE。

（3）动态提示

打开动态提示后，提示会显示在光标附近的工具提示中。用户可以在工具提示（而不是在命令行）中输入响应。

## 4.1.4　正交

在画线和移动对象时，可使用正交模式使光标只在水平或垂直方向移动，从而画出水平线或垂直线，以及在水平或垂直方向移动对象。

- 工具按钮：在状态栏单击"正交模式"按钮 ⌐。再次单击，按钮将弹起，退出正交模式。
- 按【F8】键启用正交模式。再按一次，退出正交模式。
- 键盘命令：ORTHO。

说明：

（1）设置正交模式后，鼠标画线只能画水平或垂直线，不能画倾斜线。但可以用从键盘输入坐标的方式画倾斜线，也可以用对象捕捉的方式画倾斜线。

（2）正交是热键（透明命令），在绘图过程中，可以随时打开或关闭正交模式。

## 4.1.5　栅格和栅格捕捉

栅格和栅格捕捉，也是精确绘图的工具之一。

栅格是点或线的矩阵，遍布指定为栅格界限的整个区域，如图 4-2 所示。使用栅格类似于在图形下放置一张坐标纸。利用栅格可以直观显示对象之间的距离。

当捕捉模式打开时，光标可以捕捉到可见的和不可见的栅格。栅格不会被打印到纸上。

**1．栅格和栅格捕捉的启动**

- 工具按钮：在状态栏单击"栅格显示"按钮▦和"捕捉模式"按钮▦，使之呈按下状态。再次单击，按钮将弹起，退出"栅格显示"和"捕捉模式"。
- 按【F7】键（栅格显示），【F9】键（捕捉模式）。再按一次，退出选中状态。

**说明：**

（1）使用栅格和捕捉，可实现精确绘图。使用栅格和捕捉画一画图 3-57，将会发现使用栅格和捕捉画图既准确，又方便。

（2）栅格和捕捉是两个热键（透明命令），可以在绘图中随时启用而不会中断执行的绘图命令。

**2．栅格和栅格捕捉间距的设置**

- 工具按钮：右击状态栏中的"栅格显示"按钮▦或"捕捉模式"按钮▦，在弹出的快捷菜单中选择"设置"命令。
- 菜单：选择"工具"→"绘图设置"命令，在"草图设置"对话框中选择"捕捉和栅格"选项卡。

弹出的对话框如图 4-3 所示，可改变其中的数值等。

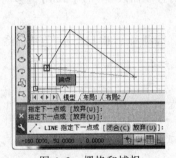

图 4-2　栅格和捕捉

图 4-3　设置栅格和捕捉间距

## 4.1.6　对象捕捉

在绘图时，经常需要给定某个点的精确位置。有时点是已知的，如直线的端点、圆心等；有时点是未知的，如切点、垂足等，经过计算才能确定其坐标，有时也可能无法计算。因此，设置对象捕捉，以捕捉一些特殊点，会大大方便作图工作。

对象捕捉分为固定对象捕捉和单点对象捕捉。固定对象捕捉，在工作时一直有效，直至将其关闭。单点对象捕捉只能使用一次，仅在指定下一点时有效。

**1．固定对象捕捉**

绘图时，一般将几种常用的对象捕捉模式设成固定对象捕捉。

（1）固定对象捕捉模式的设置

- 工具按钮：在状态栏中右击"对象捕捉"按钮▢，在弹出的快捷菜单中选择"设置"命令。
- 键盘命令：DS，OSNAP。
- 菜单："工具"→"绘图设置"→"对象捕捉"选项卡。

按上面任一种方法操作后，弹出如图 2-8 所示的对话框。选中捕捉对象前的复选框，最后单击"确定"按钮。

各种捕捉模式的功能如表 4-1 所示。

表 4-1 对象捕捉模式

| 图 标 | 名 称 | 缩 写 | 功 能 |
|---|---|---|---|
| ⚬—○ | 临时追踪点 | TT | 在当前用户坐标系中，追踪其他参考点而定义点 |
| ⌐° | 捕捉自 | FROM | 以一个临时参考点为基点（通常由其他捕捉方式得到），捕捉从基点偏移一定的距离得到的捕捉点 |
| ✓ | 端点 | END | 捕捉直线段或圆弧等对象的端点 |
| ⟋ | 中点 | MID | 捕捉直线段或圆弧等对象的中点 |
| ✕ | 交点 | INT | 捕捉直线段、圆弧、圆等对象之间的交点 |
| ✕ | 外观交点 | APP | 捕捉二维图形中看上去是交点，而在三维图形中并不相交的点 |
| ⸺ | 延长线 | EXT | 捕捉实体延长线上的点，应先捕捉该对象上的某端点再延长 |
| ⊙ | 圆心 | CEN | 捕捉圆或圆弧的圆心 |
| ⬡ | 象限点 | QUA | 捕捉圆或圆弧上 0°、90°、180°、270° 位置上的点 |
| ⟳ | 切点 | TAN | 捕捉所画线段与某圆或圆弧的切点 |
| ⊥ | 垂足 | PER | 捕捉与另一个对象（例如直线）或其延长线垂直的对象上的点 |
| ∥ | 平行线 | PAR | 捕捉与某线平行的点，不能捕捉绘制的对象的起点 |
| ⬚ | 插入点 | INS | 捕捉图块的插入点 |
| ○ | 节点 | NOD | 捕捉由 POINT、DIVIDE、MEASURE 等命令绘制的点 |
| ⟋⚬ | 最近点 | NEA | 捕捉直线、圆、圆弧等对象上最靠近光标方框中心的点 |
| ⟦⟧ | 无捕捉 | NONE | 关闭单点捕捉方式 |
| ⋒ | 对象捕捉设置 | DS | 设置对象捕捉 |

说明：

固定对象捕捉模式设置后，其模式将一直存在，直至取消。

（2）固定对象捕捉的启动

所谓固定对象捕捉的启动，就是打开前面设置的捕捉模式，使其起作用。

- 工具按钮：在状态栏中单击"对象捕捉"按钮 □，使之呈按下状态。再次单击，按钮将弹起，退出"对象捕捉"。
- 按【F3】键。再按一次，将退出"对象捕捉"。
- 在"草图设置"对话框的"对象捕捉"选项卡中选中"启用对象捕捉"复选框。

说明：

对象捕捉是透明命令，可以在绘图中随时调出使用而不会中断当前执行的绘图命令。

【例 4-1】用直线将一个椭圆的 4 个象限点连接起来，如图 4-4 所示。

题目解释说明：本例多次用到捕捉象限点模式，适合于应用固定对象捕捉。从本例可以看出，固定对象捕捉的连续使用，大大简化了绘图步骤，加快了绘图进程。

图 4-4　固定对象捕捉画直线

操作步骤如下：

① 画椭圆。

② 设置固定对象捕捉模式——捕捉象限点。

③ 打开对象捕捉。单击状态栏中的"对象捕捉"按钮□，使之呈按下状态。

④ 连续画直线。启动 LINE（直线）命令，然后光标在各象限点间移动，出现捕捉标记就单击，连续画出各条直线。

**2．单点对象捕捉**

启动方法如下：

（1）按住【Shift】键并在绘图区域右击，从快捷菜单中选择一种捕捉对象，如图 4-5 所示。

（2）工具栏：在"对象捕捉"工具栏中单击相应的捕捉按钮。

要调出"对象捕捉"工具栏（见图 4-6），可以右击一个工具栏的空白区域，在弹出的快捷菜单中选择"对象捕捉"命令。

图 4-5 "对象捕捉"
快捷菜单

**说明：**

对象捕捉方法无法单独执行，必须与绘图和修改等命令一起使用。即启动绘图和修改等命令后（如画线、画圆、移动、旋转图形命令），对象捕捉才可执行。

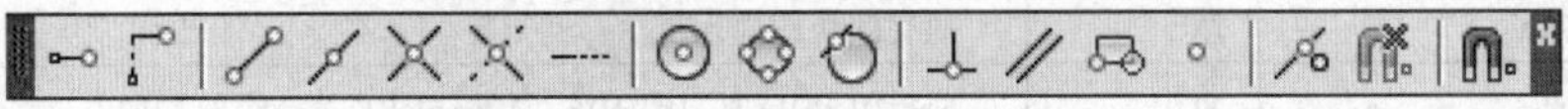

图 4-6 "对象捕捉"工具栏

【例 4-2】如图 4-7 所示，（a）是原始图，要求绘制连心线、内公切线和切点处的半径。（b）是结果图。

**题目解释说明：**本例以单点捕捉方式准确作图，请体会捕捉方法。绘制前要调出"对象捕捉"工具栏。本例使用的捕捉模式有：◎圆心、〇切点、✕交点等。

（a）　　　　（b）

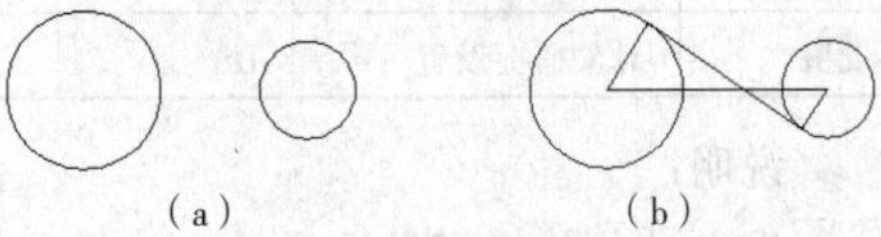

图 4-7 利用对象捕捉画直线

操作步骤如下：

① 启动 LINE（直线）命令，画连心线：

命令：_line 指定第一点：_cen 于 　　　　（单击"对象捕捉"工具栏中的◎按钮，将光标移到圆心附近，出现捕捉标记后单击）

指定下一点或 [放弃(U)]：_cen 于 　　　　（单击"对象捕捉"工具栏的◎按钮，将光标移到另一个圆心附近，出现捕捉标记后单击）

指定下一点或 [放弃(U)]：

② 启动 LINE（直线）命令，画内公切线：

指定下一点或 [放弃(U)]：_tan 到 　　　　（单击"对象捕捉"工具栏的〇按钮，将光标移到大圆的上方，出现捕捉标记后单击）

指定下一点或 [闭合(C)/放弃(U)]：_tan 到 　　　　（单击"对象捕捉"工具栏的〇按钮，将光标移到小圆的下方，出现捕捉标记后单击）

指定下一点或 [闭合(C)/放弃(U)]：

③ 启动 LINE（直线）命令，画切点处的半径：

指定下一点或 [放弃(U)]：_cen 到 　　　　（单击"对象捕捉"工具栏的◎按钮，将光标移到大圆的圆心附近，出现捕捉标记后单击）

指定下一点或 [闭合(C)/放弃(U)]: _int 到　　（单击"对象捕捉"工具栏的 按钮，将光标移
　　　　　　　　　　　　　　　　　　　　到大圆的切点处，出现捕捉标记后单击）

指定下一点或 [闭合(C)/放弃(U)]: ↙

画该半径时，圆心同时也是连心线的端点，交点同时也是切点和垂足，因此捕捉圆心可用捕
捉连心线的端点代替，因此捕捉交点可用捕捉切点或垂足代替。

同理，画出另一条切点处的半径。

### 4.1.7　追踪

追踪包括极轴追踪和对象捕捉追踪两种捕捉方式。应用极轴追踪捕捉方式可以方便地捕捉到
所设角度线上的任意点，应用对象捕捉追踪捕捉方式可以方便地捕捉到通过指定对象极轴线上的
任意点。

#### 1．极轴追踪

（1）极轴追踪的设置

* 工具按钮：在状态栏中右击"对象追踪"按钮 ，在弹出的快捷菜单中选择"设置"命令，
  在弹出的对话框中选择"极轴追踪"选项卡。
* 工具按钮：在状态栏中右击"极轴"按钮 ，在弹出的快捷菜单中选择"设置"命令。
* 菜单：单击"工具"→"绘图设置"命令，在弹出的对话框中选择"极轴追踪"选项卡
* 键盘命令：DS，OSNAP→"极轴追踪"选项卡。

进行以上操作后，弹出图 4-8 所示的对话框。

对话框中各选项的含义及设置操作如下：

① "启用极轴追踪"复选框：控制极轴追踪捕捉方式的打
开与关闭。

② "极轴角设置"区：用于设置极轴追踪的角度，设置方
法是从"增量角"下拉列表框中选择一个角度值，或输入一个
新角度值，所设角度将使 AutoCAD 在此角度线及该角度的倍数
线上进行极轴追踪。

图 4-8　"极轴追踪"选项卡

"附加角"复选框、"新建"按钮，可为极轴追踪设置一些有效的附加角度，与"增量角"同
时使用。对附加角度，在极轴追踪时只使用原值，不使用倍数值。单击"新建"按钮，可设置新
的附加角度。单击"删除"按钮，则删除某附加角度。附加角度显示在"附加角"下方的列表框
中。Auto CAD 最多允许使用 10 个附加角度。

③ "对象捕捉追踪设置"区：用于设置对象追踪的模式。选择"仅正交追踪"项，将使对象
捕捉追踪通过指定点时只显示水平和垂直追踪方向；选择"用所有极轴角设置追踪"项，将使对
象追踪通过指定点时显示极轴追踪所设的所有追踪方向。

④ "极轴角测量"区：用于设置测量极轴追踪角度的参考基准。选择"绝对"项，将使极轴
追踪角度以当前坐标系 X 轴为参考基准；选择"相对上一段"项，将使极轴追踪角度以前一追踪
方向为参考基准。

⑤ "选项"按钮：单击该按钮，Auto CAD 将弹出"选项"对话框，并显示"草图"选项卡。
在右侧的"自动追踪设置"区，可进行所需的设置。

- 显示极轴追踪矢量：在进行极轴追踪时显示追踪矢量。
- 显示全屏幕追踪矢量：将用无限长的直线来显示追踪矢量。
- 显示自动工具栏提示：在进行自动追踪时给出文字提示。

**说明：**

极轴追踪模式不能与正交模式同时使用。极轴追踪模式能与对象捕捉追踪模式同时使用。

（2）极轴追踪的使用

- 在图 4-8 所示的对话框中，选择"启用极轴追踪"。
- 按【F10】键。再按一次，将退出"极轴追踪"。
- 工具按钮：在状态栏中单击"极轴"按钮 ，使之呈按下状态。再次单击，按钮将弹起，退出"极轴追踪"。

**【例 4-3】**用 LINE（直线）命令和极轴追踪绘制边长为 100 的正六边形。

**题目解释说明：**本例使用极轴追踪画图。画完图后将会发现：在合适的场合使用极轴追踪将使画图过程十分简捷，画图迅速而方便。

操作步骤如下：

第一步：设置。

在"草图设置"对话框的"捕捉和栅格"选项卡（见图 4-3）中，选择"PolarSnap"（或"极轴捕捉"），在"极轴间距"文本框种输入 100，选择"启用捕捉"，在"极轴追踪"选项卡（见图 4-8）新建"附加角"为 60° 且启用，选择"相对上一段"，选择"启用极轴追踪"。

第二步：画图。

启用 LINE 命令，画直线。

从六边形的左下角点开始按逆时针画正六边形，单击给定第一点；然后光标水平向右移动，当显示"相关极轴 100.0000<0°"和捕捉标记后，单击给定第二点；以后光标按逆时针移动，每当显示"相关极轴 100.0000<60°"和捕捉标记╳后，单击给定新的一点。最后画出正六边形，如图 4-9 所示。

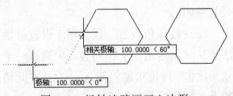

图 4-9 极轴追踪画正六边形

### 2．对象捕捉追踪

（1）对象捕捉追踪的设置

在图 4-8 中设置。参见极轴追踪的设置。

（2）对象捕捉追踪的启动

- 在图 1-8 所示的对话框中，选择"启用对象追踪"。
- 按【F11】键。再按一次，将退出"对象追踪"。
- 工具按钮：在状态栏中单击"对象捕捉追踪"按钮 ，使之呈按下状态。再次单击，按钮将弹起，退出"对象追踪"。

（3）捕捉临时捕捉点

启动对象捕捉追踪功能后，将光标移动到需要捕捉的追踪点处停留片刻，该点将出现标记，轻移光标将出现虚线，这表示捕捉到了一个临时捕捉点；然后可捕捉其他临时捕捉点。一般捕捉两个临时捕捉点，取两条虚线的交点，但有时也捕捉一个临时捕捉点。

（4）定位对象捕捉点

当捕捉到临时捕捉点后，移动光标，将出现一条或多条通过临时捕捉点的追踪路径（虚线），同时显示对象捕捉追踪的文字提示。使用设置的对象捕捉追踪，沿所确定的自动追踪路径，给定对象捕捉点，有两种定位方法：一是移动光标，当对象捕捉追踪路径上的距离符合要求时，单击；二是直接输入距离值。

【例 4-4】画一条直线，直线的一个端点是矩形的右上顶点，另一个端点在斜线下端点右方30 个绘图单位。如图 4-10 所示，左图为原始图。

**题目解释说明：**本例用对象捕捉追踪画图。请从中体会利用对象捕捉追踪画图的方法。

操作步骤如下：

第一步：设置。

① 在"草图设置"对话框的"对象捕捉"选项卡（见图 2-8）中，设置端点和交点捕捉模式；

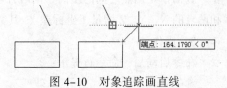

图 4-10　对象追踪画直线

② 在状态栏中单击"对象捕捉"按钮 ▢，使之呈按下状态；

③ 在"草图设置"对话框的"极轴追踪"选项卡（见图 4-8）中，选择"用所有极轴角设置追踪"；

④ 在状态栏中单击"对象追踪"按钮 ◣，使之呈按下状态。

第二步：画线。

启用 LINE 命令，画直线。命令行提示如下：

命令：_line 指定第一点：　　（光标移到矩形的右上顶点，出现交点捕捉标记后单击，给定第一点）

指定下一点或 [放弃(U)]：100　（移动光标到斜线的下端点，再向右水平移动，将出现一条水平虚线，这时，在命令行输入 100，给定第二点）

指定下一点或 [放弃(U)]：↙

如图 4-10 所示。

# 4.2　图形信息查询工具

在绘图过程中，有时需要准确知道绘制的直线的长度、倾斜角度、端点的坐标，圆的圆心、半径，闭合图形的面积，图形对象的颜色、线型、线宽、图层等特性，以及三维图形对象的诸如质量、体积、惯性矩、质心等特性，以便继续进行后面的设计工作。

"查询"命令在"工具"菜单中，如图 4-11 所示。"查询"工具栏如图 4-12 所示。要调出"查询"工具栏，可以右击一个工具栏的空白区域，在弹出的快捷菜单中选择"查询"命令。

图 4-11　"查询"子菜单

图 4-12　"查询"工具栏

### 4.2.1 查询距离

**1. 命令启动方法**

- 功能区："默认"选项卡→"实用工具"面板→"测量"下拉按钮→"距离" ⬚⬚⬚ 距离。
- 工具按钮："查询"工具栏→"距离"下拉按钮→"距离" ⬚⬚。
- 菜单："工具"→"查询"→"距离" ⬚⬚。
- 键盘命令：DIST。

**2. 功能**

查询指定两点之间的距离，同时告知两点的连线在 XY 平面中的夹角，与 XY 平面的夹角，和两点的 X、Y、Z 增量（坐标差）。其数值以当前绘图单位显示。

**3. 操作**

命令启动后，命令行提示：

```
命令：dist
指定第一点：  指定第二点：              （指定第一点，再指定第二点）
距离= 84.0663，XY 平面中的倾角= 44，   与 XY 平面的夹角 = 0
X 增量= 60.1938，  Y 增量= 58.6843，   Z 增量= 0.0000
```

**说明：**

（1）为了准确，要用对象捕捉方式指定点。如果坐标已知，还可以输入坐标值。

（2）XY 平面中的倾角，是指定两点的连线在 XY 平面上的投影与 X 轴正方向的夹角；与 XY 平面的夹角，是指定两点的连线与 XY 平面的夹角。上面的查询分别是 XY 平面中的倾角=44°，与 XY 平面的夹角=0°。

**【例 4-5】** 查询一条直线的长度，直线的两端点坐标分别是（10，30）、（60，90）。

**题目解释说明：** 本例查询直线的长度，获取直线的图形信息。

操作步骤如下：

```
命令：dist
指定第一点：10,30
指定第二个点或 [多个点(M)]：60,90
距离 = 78.1025，XY 平面中的倾角 = 50，   与 XY 平面的夹角 = 0
X 增量 = 50.0000，  Y 增量 = 60.0000，   Z 增量 = 0.0000
```

### 4.2.2 查询角度

**1. 命令启动方法**

- 功能区："默认"选项卡→"实用工具"面板→"测量"下拉按钮→"角度" ⬚⬚ 角度。
- 按钮："查询"工具栏→ "距离"下拉式→"角度" ⬚⬚。
- 下拉菜单："工具"→"查询"→"角度" ⬚⬚。
- 键盘命令：MEASUREGEOM。

**2. 功能**

测量指定圆弧、圆、直线或顶点的角度。

**3. 操作**

命令启动后，选择圆弧、圆、直线或顶点，根据命令行的提示进行操作。

## 4.2.3 查询面积

**1. 命令启动方法**

- 功能区:"默认"选项卡→"实用工具"面板→"测量"下拉按钮→"角度" ◣ 面积 。
- 工具按钮:"查询"工具栏→"面积" ▱ 。
- 菜单:"工具"→"查询"→"面积" ▱ 。
- 键盘命令:AREA。

**2. 功能**

查询由若干个点所确定的区域或由指定的图形所围成区域的面积,同时告知周长。

**3. 操作**

命令启动后,命令行提示:

命令:area
指定第一个角点或 [对象(O)/加(A)/减(S)]:

各选项的功能如下。

(1)指定第一个角点:默认选项。测量由若干个点所围成的多边形的面积和周长。后续提示是指定第二点、第三点……指定完毕后按回车键,命令行显示出面积和周长。

**【例 4-6】** 在绘图区用鼠标随意画一个五边形,查询其面积和周长。

**题目解释说明:** 本例查询五边形的面积和周长。精确指定点,要用对象捕捉。由于要多次捕捉端点或交点,所以最好使用固定对象捕捉。

操作步骤如下:

命令:area
指定第一个角点或[对象(O)/增加面积(A)/减少面积(S)]<对象(O)>:(捕捉第一端点,单击,指定第一点)
指定下一个点或 [圆弧(A)/长度(L)/放弃(U)]:                (捕捉第二端点,单击,指定第二点)
指定下一个点或 [圆弧(A)/长度(L)/放弃(U)]:                (捕捉第三端点,单击,指定第三点)
指定下一个点或 [圆弧(A)/长度(L)/放弃(U)/总计(T)] <总计>: (捕捉第四端点,单击,指定第四点)
指定下一个点或 [圆弧(A)/长度(L)/放弃(U)/总计(T)] <总计>: (捕捉第五端点,单击,指定第五点)
指定下一个点或 [圆弧(A)/长度(L)/放弃(U)/总计(T)] <总计>:↙
区域 = 5464.4958,周长 = 285.9168

(2)对象:测量指定的对象所围成的面积和周长。

输入 O 按回车键,命令行提示:

选择对象: (选择对象)
面积 = (面积),周长 =(周长)

说明:

对封闭的多段线,如果有宽度,则按其中心线计算面积和周长。对不封闭多段线或样条曲线,则 Auto CAD 先假定用一条直线使图形首尾相接,再求其所围成的封闭区域的面积,但所计算的长度不包括连接首尾的直线。

(3)加:相加模式。把要选择的对象的面积加到总面积中。

输入 A 按回车键,命令行提示:

指定第一个角点或 [对象(O)/减少面积(S)]:

可以输入点或选择对象求面积，也可以将相加模式转为相减模式。命令行提示：

面积=(面积)，周长=(周长)　　　(本次所选择的对象的面积和周长)

总面积=(总面积)

（"加"模式）选择对象：

此时可以在提示下继续选择对象求面积，也可以直接按回车键：

指定第一个角点或 [对象(O)/减少面积(S)]:

可以继续进行操作。

（4）减：相减模式。从总面积中减去要选择的对象的面积。

输入 S 按回车键，命令行提示：

指定第一个角点或 [对象(O)/增加面积(A)]:

可以输入点或选择对象减去面积，或利用"加"选项转为相加模式。

**【例 4-7】** 求图 4-13 中剖面线区域的面积。

**题目解释说明：** 用相加模式和相减模式查询面积，需注意相加、相减模式转换的时机。

操作步骤如下：

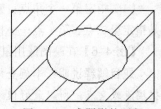

命令: _area
指定第一个角点或 [对象(O)/加(A)/减(S)]: a
指定第一个角点或 [对象(O)/减(S)]: o
（"加"模式）选择对象：　(用鼠标选取矩形)
面积 = 4000.0000，周长 = 260.0000
总面积 = 4000.0000
（"加"模式）选择对象：↙
指定第一个角点或 [对象(O)/减(S)]: s
指定第一个角点或 [对象(O)/加(A)]: o
（"减"模式）选择对象：　(选取圆)
面积 = 1060.2875，周长 = 118.9908
总面积 = 2939.7125
（"减"模式）选择对象：↙
指定第一个角点或 [对象(O)/加(A)]: ↙

图 4-13　求阴影的面积

## 4.2.4　查询点的坐标

查询点的坐标是查询指定点的坐标值（X、Y 和 Z 值）。

命令启动方法：

- 功能区："默认"选项卡 → "实用工具"面板 → "点坐标" 点坐标。
- 工具按钮："查询"工具栏 → "定位点" 。
- 菜单："工具" → "查询" → "点坐标" 。
- 键盘命令：ID。

启动命令后，按命令行的提示操作，这里不再详述。

## 4.2.5　查询面域/质量特性

查询面域/质量特性是查询指定的面域或三维对象的特性信息，面域特性如面积、周长、质心等，实体特性如质量、体积、质心、惯性矩、惯性积、旋转半径、主力矩与质心的 X、Y、Z 方向等。

命令启动方法：

- 工具按钮："查询"工具栏 → "面域/质量特性" 。
- 菜单："工具" → "查询" → "面域/质量特性" 。
- 键盘命令：MASSPROP。

启动命令后，按命令行的提示进行操作，这里不再详述。

# 4.3 二维图形显示

二维图形显示包括平移和缩放。

在绘图过程中，平移图形便于观察图形的不同部分，放大图形便于观察局部细节，缩小图形便于观察大的范围。但这只是在视觉上改变图形的大小和位置，真正的图形大小并不改变，就像用放大镜观察地图一样。

## 4.3.1 平移

### 1．命令启动方法

- 功能区："视图"选项卡 → "二维导航"面板 → "平移" 。
- 工具按钮："标准"工具栏 → "实时平移" 。
- 菜单："视图" → "平移" → "实时"。
- 键盘命令：PAN。

在"AutoCAD 经典"工作空间中，"视图"菜单中的"平移"子菜单如图 4-14 所示。

### 2．功能

将视图在屏幕上、下、左、右移动，以观察图形的不同部分。

### 3．操作

命令启动后，按住鼠标左键在屏幕上拖动，结束时右击，选择快捷菜单中的"退出"命令。

## 4.3.2 视图缩放

图 4-14 "视图"菜单下的"平移"子菜单

### 1．命令启动方法

- 功能区："视图"选项卡 → "二维导航"面板 → "缩放"下拉按钮 → ……。
- 工具按钮："缩放"工具栏 → ……。
- 菜单："视图" → "缩放" → ……。
- 键盘命令：ZOOM。

"草图与注释"工作空间"视图"选项卡"二维导航"面板上的"缩放"按钮，如图 4-15 所示。

"AutoCAD 经典"工作空间中，"视图"菜单的"缩放"子菜单如图 4-16 所示，"标准"工具栏中的"缩放"按钮如图 4-17 所示，"缩放"工具栏如图 4-18 所示。

### 2．功能

通过放大和缩小操作观察图形，类似于使用相机进行缩放。缩放不会更改图形中对象的真正大小。

### 3. 操作

命令启动后，根据各命令的要求操作。必要时右击鼠标，选择快捷菜单中的"退出"选项结束查看。

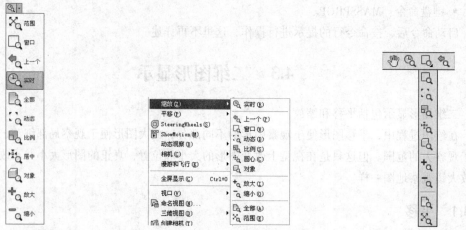

图 4-15 "二维导航"面板　　图 4-16 "视图"菜单的"缩放"子菜单　　图 4-17 "缩放"按钮
上的"缩放"按钮

图 4-18 "缩放"工具栏

表 4-2 是工具按钮的图标、名称、用命令执行时输入的命令、选项以及功能说明。

表 4-2　视图显示工具

| 图标 | 名称 | 命令 | 功能说明 |
|---|---|---|---|
| 🖐 | 实时平移 | PAN | 图形随鼠标的拖动而移动，大小不变 |
| 🔍 | 实时缩放 | ZOOM→↙ | 图形随鼠标的拖动任意放大或缩小。向上拖动，图形放大；向下拖动，图形缩小 |
| 🔍 | 缩放上一个 | ZOOM→P | 显示前一个缩放的视图。最多返回前 10 屏 |
| 🔍 | 窗口缩放 | ZOOM→W | 用鼠标在绘图区拉出一个矩形窗口，图形将窗口内的图形最大化地显示在绘图区 |
| 🔍 | 动态缩放 | ZOOM→D | 显示一个平移视图框，通过移动平移视图框确定其所在的位置，单击平移视图框将转换为缩放视图框，确定显示图形的范围；单击在平移视图框和缩放视图框之间反复切换，直到选中理想的图形范围，右击或按回车键结束命令后，显示选中的图形范围。可用来实现平移或缩放图形 |
| 🔍 | 比例缩放 | ZOOM→S | 指定缩放比例进行缩放。有 3 种指定比例的方式：<br>1. 相对于当前视图缩放：输入"数字 x"，如 0.5x<br>2. 相对于图形界限：输入数字，如 0.5<br>3. 相对于图纸空间单位：输入"数字 xp"，0.5xp |
| 🔍 | 居中缩放 | ZOOM→C | 改变视图的中心点或高度来缩放视图。指定一点作为新的显示中心，输入显示高度，或输入相对于当前图形的缩放系数（后跟字母 x） |

| 图　标 | 名　　称 | 命　　令 | 功 能 说 明 |
|---|---|---|---|
| 🔍 | 对象缩放 | ZOOM→O | 将选择的对象最大限度地显示在绘图区 |
| ➕🔍 | 放大 | ZOOM→2x | 单击该按钮一次，将放大 1 倍，成为当前的 2 倍 |
| ➖🔍 | 缩小 | ZOOM→0.5x | 单击该按钮一次，将缩小为当前的 1/2 |
| 🔍 | 全部缩放 | ZOOM→A | 充满绘图区显示整张图。如果图形对象有一部分位于图形界限之外，将显示图形对象所在的整个范围；如果图形对象位于图形界限之内，将显示图形界限 |
| 🔍 | 范围缩放 | ZOOM→E | 改变视图使其能够包含当前图形的整个边界，在当前绘图区域中尽可能大地显示整个图形。与图形界限无关 |

可以打开 AutoCAD 安装目录下 Sample 文件夹中 Database Connectivity 文件夹下的 db_samp.dwg 文件，试验缩放和平移的各种情形。

# 4.4　图 形 刷 新

绘图时，常常留下一些无用的标记，同时缩放图形可能会使图形变形（如圆可能变成多边形），变形的原因是屏幕的显示精度已与缩放前不同，这时，就需要整理。

## 4.4.1　重画

**1. 命令启动方法**
- 菜单："视图" → "重画"。
- 键盘命令：REDRAWALL。

**2. 功能**
重画所有视图中的图形，清除无用标记。

## 4.4.2　重生成

**1. 命令启动方法**
- 菜单："视图" → "重生成"。
- 键盘命令：REGEN。

**2. 功能**
根据最新的系统设置，重新计算所有图形对象的屏幕坐标，重生成当前视图中的图形，且把不光滑的曲线如圆、圆弧、椭圆、椭圆弧等变光滑，以及重新创建图形数据库索引，从而优化显示和对象选择的性能。

## 4.4.3　全部重生成

**1. 命令启动方法**
- 菜单："视图" → "全部重生成"。
- 键盘命令：REGENALL。

**2．功能**

根据最新的系统设置，重新计算所有视图中的图形对象的屏幕坐标，重生成所有视图中的图形，且把不光滑的曲线如圆、圆弧、椭圆、椭圆弧等变光滑，以及重新创建图形数据库索引，从而优化显示和对象选择的性能。

说明：

重画只刷新屏幕显示。重生成不但刷新屏幕显示，而且更新图形数据库中的所有图形对象的屏幕坐标，所需的时间长。

# 小　结

1．精确绘图工具有坐标系工具及动态输入、栅格和栅格捕捉、正交、对象捕捉、极轴追踪、对象捕捉追踪。最后两种在绘制机械图形时经常使用。

2．查询的图形信息有距离、面积、点坐标、图中对象的数据库信息、面域/质量特性等。

3．二维图形显示的方法有缩放、平移等。

4．图形刷新的方法有重画、重生成、全部重生成。

# 上机实验及指导

熟练使用众多的绘图辅助工具，作图将迅速而准确。计算机作图要想进入理想的境界，必须善于使用绘图辅助工具。现在开始上机做有关绘图辅助工具的实验。

**【实验目的】**

1．理解和掌握各种精确绘图工具的使用。

2．掌握图形各种信息查询的方法。

3．掌握二维图形显示的各种方法。

4．掌握图形刷新的各种方法。

**【实验内容】**

1．练习本章各命令的操作。

2．做本章的例题。

3．应用本章和以前各章的命令绘制若干个图形。

**【实验步骤】**

1．启动 Auto CAD，练习本章各命令的操作。

2．做本章的例题。

3．绘制直角三角形。

**指导**：如果没有正交、栅格、对象捕捉、追踪等绘图工具，绘制直角三角形只能使用从键盘上输入坐标值的方法，很受束缚。有了正交、栅格、对象捕捉、追踪等绘图工具，便豁然开朗了。绘制直角三角形至少有 3 种方法（途径）。第一种是利用正交绘制直角边；第二种是捕捉栅格绘制直角边；第三种是利用对象捕捉，先绘制一个辅助圆，再捕捉象限点绘制直径作为斜边，捕捉象限点和圆周最近点绘制直角边，如图 4-19 所示。

操作步骤如下：

第一种方法：利用正交绘制直角三角形。

第一步：设置正交。单击状态栏中的"正交"按钮，使其按下。

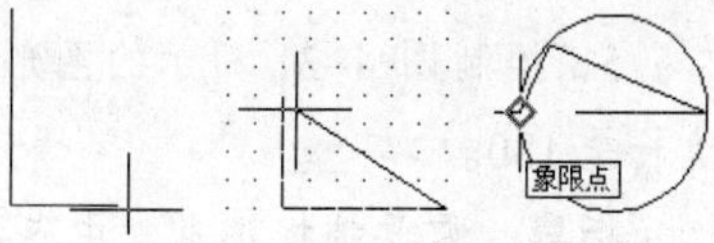

第二步：画图。

图 4-19　画直角三角形

命令：_line 指定第一点：　　　　　（单击输入第一点）
指定下一点或 [放弃(U)]：　　　　　（单击输入第二点）
指定下一点或 [放弃(U)]：　　　　　（单击输入第三点）
指定下一点或 [闭合(C)/放弃(U)]：c

绘图完毕，取消正交，使"正交"按钮弹起。

第二种方法：捕捉栅格绘制直角三角形。

第一步：设置栅格显示和捕捉模式。单击状态栏的"栅格"和"捕捉"按钮，使其按下。

第二步：画图。

命令：_line 指定第一点：　　　　　（单击栅格输入第一点）
指定下一点或 [放弃(U)]：　　　　　（光标向正下方（或正右方）移动，单击栅格输入第二点）
指定下一点或 [放弃(U)]：　　　　　（光标向正右方（或正下方）移动，单击栅格输入第三点）
指定下一点或 [闭合(C)/放弃(U)]：　（单击栅格输入第四点，它要与第一点重合；输入"C"也可以）
指定下一点或 [闭合(C)/放弃(U)]：✓

绘图完毕，取消栅格显示和捕捉模式，使"栅格"和"捕捉"按钮弹起。

第三种方法：绘制辅助圆，利用对象捕捉绘制直角三角形。

第一步：设置固定对象捕捉的捕捉象限点和最近点模式。并按下"对象捕捉"按钮。

第二步：画图。

（1）画圆。

命令：_circle
指定圆的圆心或 [三点(3P)/两点(2P)/相切、相切、半径(T)]：　（单击输入圆心）
指定圆的半径或 [直径(D)] <缺省值>：（单击一点输入半径或从键盘输入半径值）

（2）捕捉象限点画直径，作为直角三角形的斜边。

命令：_line
指定第一点：　　　　　　　　　　（捕捉一个象限点，单击给定直径的第一个端点）
指定下一点或 [放弃(U)]：　　　　（捕捉另一个相隔的象限点，单击给定直径的另一个端点）
指定下一点或 [放弃(U)]：✓

（3）捕捉直径的端点（象限点）和圆周最近点，画直角边。

命令：_line 指定第一点：　　　　（捕捉直径的一个端点，单击）
指定下一点或 [放弃(U)]：　　　　（捕捉圆周最近点，单击，画出一条直角边）
指定下一点或 [放弃(U)]：　　　　（捕捉直径的另一个端点，单击，画出另一条直角边）
指定下一点或 [闭合(C)/放弃(U)]：✓

绘图完毕，取消对象捕捉，使"对象捕捉"按钮弹起。

4．绘制一个等边三角形（边长 100）及其内切圆和外切圆，并进行图案填充和查询阴影部分的面积，如图 4-20 所示。

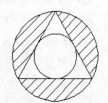

**指导**：该图形由 1 个等边三角形和 2 个圆组成。等边三角形用正多边形绘制（请思考用绘制正多边形的哪个选项绘制），内切圆用 TTT（相切、相切、相切）方法绘制，外接圆用三点方法绘制。显然，用三点方法绘制

图 4-20　等边三角形及其内、外切圆

外接圆需要捕捉直线的交点或端点。查询面积可参考【例4-7】。

5．绘制图4-21所示的图形，等边三角形的边长是100，正五边形的边长是120，正方形的边长是180。

**指导：** 需要捕捉端点、中点、交点、垂足。

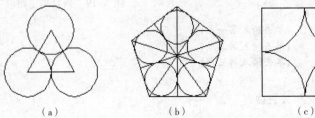

（a）　　　　　　（b）　　　　　　（c）　　　　　　（d）

图4-21　直线和圆组成的图形

6．分析、绘制图4-22所示的一系列图形。

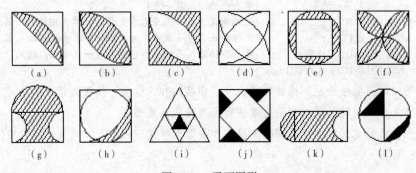

（a）　　　（b）　　　（c）　　　（d）　　　（e）　　　（f）

（g）　　　（h）　　　（i）　　　（j）　　　（k）　　　（l）

图4-22　平面图形

**指导：** 为了促进动脑，本题及下面各题不再指导，请读者自行分析完成。

7．假设图4-7（b）两圆的半径分别是100和50，两圆的圆心距是200，请查询内公切线的长度、两个三角形的面积和图中对象的数据库信息。

8．打开AutoCAD安装目录下Sample文件夹中Database Connectivity文件夹下的db_samp.dwg文件，进行各种缩放、平移观察。

# 思　考　题

1．栅格间距和捕捉间距一般保持什么关系？

2．设置捕捉模式和栅格模式后，绘图区是否一定显示栅格？

3．在"捕捉和栅格"选项卡中设置一个角度后，栅格是否旋转？正交是否旋转？

4．AutoCAD只在绘图区内显示栅格，那么在绘图区外能否使用栅格捕捉？

5．设置正交模式后，能否画出倾斜线？若能，如何操作？若不能，说明理由。

6．有人在设置固定对象捕捉模式时，喜欢把十几种模式全部设置上。这样做，好还是不好？为什么？

7．Auto CAD查询两点的距离和面积时，还同时显示那几项内容？

8．用直线命令 LINE 画出五条直线，并形成封闭图形，能否利用查询面积功能求出面积和五条直线的长度之和？若能，如何操作？

9．用多段线命令 PLINE 画出五条直线，但未形成封闭图形，能否利用查询面积功能求出面积和五条直线的长度之和？若能，如何操作？

10．边长为 20 的正五边形的内切圆的面积、周长、半径各是多少？

11．能不能利用查询功能求出样条曲线的长度？

12．单击放大⊕按钮 3 次，视图的大小是原来的 3 倍、6 倍还是 8 倍？每次放大是相对于什么而言的？

# 第 **5** 章

修改二维图形对象

**学习目标**

- 掌握对象选择的常用方式，以备修改对象时使用。
- 掌握各修改命令，以便为后续作图、修改图形做准备。

如果学习 Auto CAD，仅学习二维绘图命令而不学习二维修改命令，那么大部分的图形将无法绘制。即使一些图形能够绘制，也往往很受束缚，效率低下，所以学习二维修改命令必不可少。

学习二维修改命令后再作图，就会如鱼得水，轻松灵巧，从"山重水复疑无路"，豁然变成了"柳暗花明又一村"。而且方法不止一种，作图大有回旋的余地。

## 5.1　选　择　对　象

修改对象前必须先选择对象，AutoCAD 提供了选择对象的多种方式。

**1. 直接点取方式**

该方式一次只选择一个对象。在出现"选择对象："提示时，移动鼠标，将目标拾取框移到所选取的对象上并单击，则该对象变成虚线显示，这表示该对象被选中。

**2. W 窗口方式**（默认方式）

该方式选中完全在窗口内的所有对象。在出现"选择对象："提示时，先单击给出窗口左边一个角点，再给出窗口右边一个角点，则完全处于窗口内的对象变成虚线显示，这表示这些对象被选中。这种方式窗口用实线表示。

**3. C 交叉窗口方式**（默认方式）

该方式选中完全和部分在窗口内的所有对象。在出现"选择对象："提示时，先给出窗口右边一个角点，再给出窗口左边一个角点，则完全和部分处于窗口内的所有对象都变成虚线显示，这表示这些对象被选中。可记忆为"沾边就算"。这种方式窗口用虚线表示。

**4. 全选（ALL）方式**

在出现"选择对象："提示时，输入"ALL"，按回车键，图中的所有对象被选中。

**5. 最后（Last）方式**

在出现"选择对象："提示时，输入"L"，按回车键，最后画出的那个对象被选中。

**6. 上次（Previous）方式**

在出现"选择对象："提示时，输入"P"，按回车键，上一修改命令中使用的对象被选中。

### 7. 组（G）方式

在出现"选择对象："提示时，输入"G"，按回车键，输入编组名或单击该编组中的一个对象则选中整个编组。使用组方式之前要先用 GROUP 命令建立编组。AutoCAD 使用在"编组名"和"说明"中输入的名称和说明以及指定对象来创建编组。编组创建后，可用 GROUP 对话框中的"分解"来撤销编组。

说明：

（1）选择对象的方式有 20 种左右。上述选择对象的方式，前 6 种常用，前 3 种最常用。

（2）选择对象要与修改命令结合使用才有意义，仅选择对象没有意义。

## 5.2　删　　除

### 1. 命令启动方法

- 功能区："默认"选项卡→"修改"面板（见图 5-1）→"删除"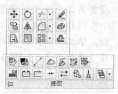
- 工具按钮："修改"工具栏（见图 5-2 左）→"删除"。
- 菜单："修改"→"删除"（如图 5-2 右图所示）。
- 键盘命令：ERASE。

图 5-1　"修改"面板

### 2. 功能

删除指定的对象。

### 3. 操作

启动命令后，命令行提示：

```
命令: erase
选择对象:          （指定要删除的对象）
选择对象:          （可继续选择要删除的对象）
选择对象: ↙        （选择完毕后，按回车键）
```

## 5.3　复制类命令

复制类命令有复制、镜像、阵列和偏移。

### 5.3.1　复制

#### 1. 命令启动方法

- 功能区："默认"选项卡→"修改"面板→"复制"。
- 工具按钮："修改"工具栏→"复制"。
- 菜单："修改"→"复制"。
- 键盘命令：COPY。

#### 2. 功能

把指定的对象复制一个或多个并保留原对象。

#### 3. 操作

启动命令后，命令行提示如下：

图 5-2　"修改"工具栏
和菜单

命令：copy
选择对象：找到 X 个　　　　（选择要复制的对象）
选择对象：……　　　　　　（可继续选择要复制的对象）
选择对象：✓　　　　　　　（选择完毕，按回车键）
指定基点或 [位移(D)/模式(O)] <位移>：（指定基点，或输入位移值）

（1）模式：控制是复制一次还是多次。

（2）指定基点：指定复制的参考点。

（3）位移：使用坐标指定相对距离和方向。指定位移后，如果在"指定第二个点"提示下按回车键，则第一个点将被认为是相对位移。指定基点或位移后，提示：

指定第二个点或 [阵列(A)] <使用第一个点作为位移>：（指定把基点复制到的点，然后系统提示继续复制；或直接按回车键输入的位移值作为位移进行复制，然后系统自动结束 COPY 命令；或输入"A"，提示"输入要进行阵列的项目数"，则同时复制多个，"布满(F)"选项是将阵列的所有对象放在指定的两点之间）

指定第二个点或 [阵列(A)/退出(E)/放弃(U)] <退出>：（再次指定把基点复制到的点，若只复制一个，则按回车键，结束命令）

指定第二个点或 [阵列(A)/退出(E)/放弃(U)] <退出>：……　　　　（继续复制）

指定第二个点或 [阵列(A)/退出(E)/放弃(U)] <退出>：✓　　　　（复制完毕后，按回车键）

说明：

（1）运行 COPY 命令选择对象后，要先指定基点或输入位移值。基点是确定新复制对象位置的参考点，也就是位移的第 1 点。基点一般选取图形的特殊点，如直线的端点、中点，圆的圆心，图形的交点等。但也可以选取其他任何点。

（2）在系统提示"指定位移的第二点"时，若输入一点，则按所给两点确定矢量对所选的对象进行复制（即把基点复制到第二点，其他点随之复制过去），然后提示继续复制。若直接按回车键，则把前面输入的位移值作为位移进行复制，结束 COPY 命令。

（3）如果是复制直线，则成为绘平行线，即可以用 COPY 来绘制平行线。

【例 5-1】将图 5-3（a）所示的窗户复制两个，结果如图 5-3（b）所示。

（a）原图　　　　　　　　（b）结果图

图 5-3　复制示例

题目解释说明：本例题要求复制窗户，指定基点时要选取窗户的特殊点，如左下角点，中间竖线的下端点、中点等。选择对象最好用窗口方式，这样一次就可选完。指定基点要用捕捉。

操作步骤如下：

命令：_copy
选择对象：指定对角点：找到 3 个　　　　　　　　　（选择窗户）
选择对象：✓
当前设置：复制模式 = 多个
指定基点或 [位移(D)/模式(O)] <位移>：　　　　　（指定图形的左下角 A，也可以指定别处）
指定第二个点或 [阵列(A)] <使用第一个点作为位移>：　　　（指定 B 点）
指定第二个点或 [阵列(A)/退出(E)/放弃(U)] <退出>：　　　（指定 C 点）
指定第二个点或 [阵列(A)/退出(E)/放弃(U)] <退出>：✓

### 5.3.2 镜像

镜像就是对称。对于对称对象，可只绘制一半，另一半用镜像命令 MIRROR 完成。

**1. 命令启动方法**

- 功能区："默认"选项卡→"修改"面板→"镜像" ⚠️。
- 工具按钮："修改"工具栏→"镜像" ⚠️。
- 菜单："修改"→"镜像" ⚠️。
- 键盘命令：MIRROR。

**2. 功能**

按指定的镜像线（对称轴），镜像指定的对象。源对象可以保留，也可以删除。

**3. 操作**

启动命令后，命令行提示如下：

```
命令：_mirror
选择对象：找到 XX 个                （选择要镜像的对象）
选择对象：……                      （可继续选择要镜像的对象）
选择对象：↙                        （选择完毕后，按回车键）
指定镜像线的第一点：                 （指定镜像线上的第 1 点）
指定镜像线的第二点：                 （指定镜像线上的第 2 点）
是否删除源对象？[是(Y)/否(N)] <N>：  （输入 Y 或 N，默认为 N）
```

说明：

（1）所指定的镜像线是镜像对象的对称轴，它可以是垂直的、水平的或倾斜的。

（2）指定镜像线上的两点时，两点距离的远近对镜像的结果没有影响。

（3）当镜像的对象包含文本时，文本有两种镜像结果：

当系统变量 MIRRTEXT=1 时，为文本完全镜像，如图 5-4（b）所示。

当系统变量 MIRRTEXT=0 时，为文本可读镜像，文本的外框作镜像，文本本身不作镜像，文本仍然可读，如图 5-4（c）所示。

图 5-4 两种文本镜像结果

### 5.3.3 阵列

阵列是复制的规模化、群体化和快速化、高效化，一次可有规律地生成多个相同的对象。阵列有矩形阵列、环形阵列和路径阵列，适用于形成多个相同对象的情况。

矩形阵列是生成若干行、若干列具有某标高的多个副本，环形阵列是生成环绕某个中心点或旋转轴的多个副本，路径阵列是生成沿某个路径均匀分布的多个副本。

**1. 命令启动方法**

- 功能区："默认"选项卡→"修改"面板→"阵列"下拉按钮→▤。
- 工具按钮："修改"工具栏→"阵列"下拉按钮→▦。

- 下拉菜单："修改" → "阵列" → 。
- 键盘命令：ARRAY；ARRAYRECT（矩形阵列），ARRAYPOLAR（环形阵列），ARRAYPATH（路径阵列）。

**2. 功能**

对指定的对象进行矩形阵列、环形阵列或路径阵列。可以选择阵列出的对象是一个整体，还是各自独立的。

**3. 操作**

在命令行输入 ARRAY 后，提示选择 3 种阵列之一。其他方式启动，都是直接指定某一种阵列方式。

（1）矩形阵列

启动命令后，命令行提示：

选择对象:找到 XX 个　　　　　　　　　　（选择要阵列的对象）
选择对象：……　　　　　　　　　　　　（可继续选择要阵列的对象）
选择对象：✓　　　　　　　　　　　　　（选择完毕后，按回车键）
指定项目数的对角点或[基点(B)/角度(A)/计数(C)]<计数>：　　（输入选项或按回车键）
按 Enter 键接受或[关联(AS)/基点(B)/行数(R)/列数(C)/层级(L)/退出(X)]<退出>：
　　　　　　　　　　　　　　　　　（按回车键或选择选项）

① 基点：指定阵列的基点。

② 角度：指定行轴的旋转角度。行和列轴保持相互正交。对于关联阵列，可以稍后编辑各个行和列的角度。

③ 计数：分别指定行数和列数。

④ 关联：指定是否在阵列中创建项目作为关联阵列对象，或作为独立对象。

- 是：包含单个阵列对象中的阵列项目，类似于块。
- 否：创建阵列项目作为独立对象。更改一个项目不影响其他项目。

⑤ 行数：编辑阵列中的行数和行间距，以及它们之间的增量标高。

⑥ 列数：编辑列数和列间距。

⑦ 层级：指定层数和层间距。

⑧ 指定对角点以间隔项目：指定对角点后，项目位于基点和对角点之间。

⑨ 间距：指定行间距和列间距。

⑩ 关键点：对于关联阵列，在源对象上指定有效的约束（或关键点）以用作基点。如果编辑生成的阵列的源对象，阵列的基点保持与源对象的关键点重合。

说明：

① 对于矩形阵列，若输入的行间距为正（负），则向上（下）阵列；若输入的列间距为正（负），则从指定的对象开始向右（左）阵列；若输入的阵列角度为正（负），则逆（顺）时针斜向阵列。

② "关联"选择"是"，则阵列出的多个对象是一个整体，选择"否"，则阵列出的每个对象是各自独立的。

【例 5-2】将图 5-5（a）所示的建筑图形进行两次矩形阵列，结果如图 5-5（b）、图 5-5（c）所示。图 5-5（b）的阵列角度为 0°，图 5-5（c）的阵列角度为 5°。

**题目解释说明：**输入的内容要全面。

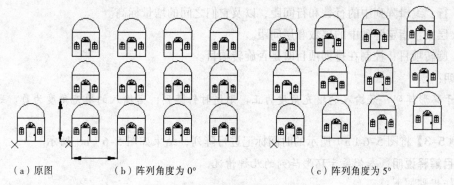

（a）原图　　　　　（b）阵列角度为 0°　　　　　　　　（c）阵列角度为 5°

图 5-5 矩形阵列示例

阵列角度为 0° 的操作步骤如下：

命令：_arrayrect
选择对象：找到 XX 个　　　　　　　　　　　　　　　　（选择要阵列的对象）
选择对象：✓
类型=矩形关联=是
为项目数指定对角点或 [基点(B)/角度(A)/计数(C)] <计数>：b
指定基点或[关键点(K)] <质心>：<打开对象捕捉>
为项目数指定对角点或 [基点(B)/角度(A)/计数(C)] <计数>：a
指定行轴角度<0>：✓
为项目数指定对角点或 [基点(B)/角度(A)/计数(C)] <计数>：c
输入行数或 [表达式(E)] <4>：3
输入列数或 [表达式(E)] <4>：4
指定对角点以间隔项目或 [间距(S)] <间距>：s
指定行之间的距离或 [表达式(E)] <29.8578>：50
指定列之间的距离或 [表达式(E)] <56.0739>：80
按 Enter 键接受或 [关联(AS)/基点(B)/行(R)/列(C)/层(L)/退出(X)] <退出>：✓
阵列角度为 5° 的情况，操作过程与上述相同。

（2）环形阵列

启动命令后，命令行提示如下：

命令：_arrayrect
选择对象：找到 XX 个　　　　　　　　　　　　　　　　（选择要阵列的对象）
选择对象：……　　　　　　　　　　　　　　　　　　（可继续选择要阵列的对象）
选择对象：✓　　　　　　　　　　　　　　　　　　　（选择完毕后，按回车键）
指定阵列的中心点或[基点(B)/旋转轴(A)]：　　　　　（指定中心点或输入选项）
输入项目数或[项目间角度(A)/表达式(E)]<最后计数>：　（指定项目数或输入选项）
指定要填充的角度（+=逆时针，-=顺时针）或[表达式(E)]：　（输入填充角度或输入选项）
按 Enter 键接受或 [关联(AS)/基点(B)/项目(I)/项目间角度(A)/填充角度(F)/行(ROW)/层级
(L)/旋转项目(ROT)/退出(X)]<退出>：　　　　　　　（按 Enter 键或选择选项）

① 中心点：指定分布阵列项目所围绕的点。

② 基点：指定阵列的基点。

③ 旋转轴：指定由两个指定点定义的自定义旋转轴（应用于三维情况）。

④ 项目间角度：指定各项目之间的角度。

⑤ 项目数，项目：指定阵列中的项目数（几份）。

⑥ 填充角度：指定阵列中第一个和最后一个项目之间的角度（总角度）。

⑦ 行：编辑阵列中的行数和行间距，以及它们之间的增量标高。

⑧ 层级：指定阵列中的层数和层间距。

⑨ 旋转项目：控制在排列项目时是否旋转项目。

**说明：**

对于环形阵列，若输入的填充角度为正，则逆时针阵列；若输入的填充角度为负，则顺时针阵列。

**【例 5-3】** 将图 5-6（a）所示的时间标记进行阵列，结果如图 5-6（b）所示。

**题目解释说明：** 本例展示环形阵列的几种情况。

操作步骤如下：

命令：_arraypolar
选择对象：找到 1 个　　　　　　　　　　　　（选择垂直的多段线）
选择对象：✓　　　　　　　　　　　　　　　（选择完毕，按回车键）
类型＝极轴关联＝是
指定阵列的中心点或[基点(B)/旋转轴(A)]：　　　　　　　　　　　　　　（选择圆心）
输入项目数或[项目间角度(A)/表达式(E)] <4>: 12　　　　　　　（指定项目数）
指定填充角度(+=逆时针、-=顺时针)或[表达式(EX)] <360>:360　　　（指定填充角度）
按 Enter 键接受或 [关联(AS)/基点(B)/项目(I)/项目间角度(A)/填充角度(F)/行(ROW)/层(L)/旋转项目(ROT)/退出(X)]
<退出>:✓

结果如图 5-6（b）所示。图 5-6（c）为"旋转项目"为"否"的情况，显然不符合实际要求；图 5-6（d）为"填充角度"为 180° 的情况，显然也不符合实际要求。

　（a）原图　　（b）填充 360° 且旋转　（c）填充 360° 且不旋转　（d）填充 180° 且旋转

图 5-6　环形阵列示例

**（3）路径阵列**

启动命令后，命令行提示如下：

命令：_arraypath
选择对象:找到 XX 个　　　　　　　　　　　　（选择要阵列的对象）
选择对象：……　　　　　　　　　　　　　　（可继续选择要阵列的对象）
选择对象:✓　　　　　　　　　　　　　　　（选择完毕，按回车键）
路径曲线：　　　　　　　　　　　　　　　　（选择作为路径的对象）
输入沿路径的项数或[方向(O)/表达式(E)]<方向>:　　（指定项目数或输入选项）
指定基点或[关键点(K)]<路径曲线的终点>:　　　　（指定基点或输入选项）
指定与路径一致的方向或[两点(2P)/法线(N)]<当前>:　　（按回车键或选择选项）
指定沿路径的项目间的距离或[定数等分(D)/全部(T)/表达式(E)]<沿路径平均定数等分>:
　　　　　　　　　　　　　　　　　　　　　（指定距离或输入选项）
按 Enter 键接受或[关联(AS)/基点(B)/项目(I)/行数(R)/层级(L)/对齐项目(A)/Z方向(Z)/退出(X)] <退出>:　　　　　　　（按回车键或选择选项）

① 路径曲线：指定用于阵列路径的对象。路径可以是直线、多段线、三维多段线、样条曲线、螺旋、圆弧、圆或椭圆。

② 项数：指定阵列中的项目数。

③ 方向：控制选定对象是否将相对于路径的起始方向重定向（旋转），然后再移动到路径的起点。

④ 两点：指定两个点来定义与路径的起始方向一致的方向。

⑤ 法线：对象对齐垂直于路径的起始方向，如图 5-7 所示。

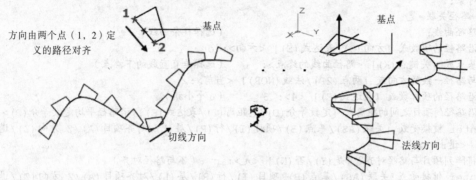

图 5-7　路径阵列的方向

⑥ 基点：指定阵列的基点。

⑦ 项目间的距离：指定项目之间的距离。

⑧ 定数等分：沿整个路径长度平均定数等分项目。

⑨ 全部：指定第一个和最后一个项目之间的总距离。

⑩ 项目：编辑阵列中的项目数。如果"方法"特性设置为"测量"，则会提示重新定义分布方法（项目之间的距离、定数等分和全部项）。

⑪ 行数：指定阵列中的行数和行间距，以及它们之间的增量标高。

⑫ 层级：指定阵列中的层数和层间距。

⑬ 对齐项目：指定是否对齐每个项目以与路径的方向相切。对齐相对于第一个项目的方向（"方向"选项），如图 5-8 所示。

⑭ Z 方向：控制是否保持项目的原始 Z 方向或沿三维路径自然倾斜项目。

【例 5-4】将图 5-9（a）所示的三角形小旗沿样条曲线进行路径阵列，结果如图 5-9（b）、（c）所示。

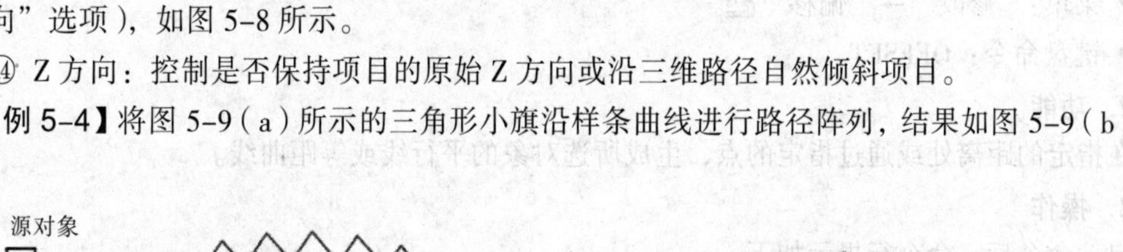

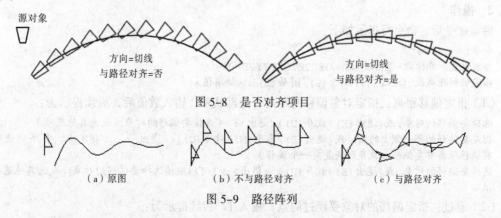

图 5-8　是否对齐项目

（a）原图　　　　　　　（b）不与路径对齐　　　　　　　（c）与路径对齐

图 5-9　路径阵列

题目解释说明：本例两种情况的区别在于图 5-9（b）是不与路径对齐，图 5-9（c）是与路径对齐。

操作步骤如下：

命令：_arraypath
选择对象：指定对角点：找到 3 个　　　　　　　　　　　　　（选择小旗）
选择对象：✓
类型=路径关联=是
选择路径曲线：　　　　　　　　　　　　　　　　　　　（选择样条曲线）
输入沿路径的项数或 [方向(O)/表达式(E)] <方向>：o
指定基点或 [关键点(K)] <路径曲线的终点>：　　　　（选择垂直直线的下端点）
指定与路径一致的方向或 [两点(2P)/法线(NOR)] <当前>：✓
输入沿路径的项目数或 [表达式(E)] <4>：6　　　　（6 个小旗）
指定沿路径的项目之间的距离或 [定数等分(D)/总距离(T)/表达式(E)]<沿路径平均定数等分(D)>：d
按 Enter 键接受或 [关联(AS)/基点(B)/项目(I)/行(R)/层(L)/对齐项目(A)/Z 方向(Z)/退出(X)] <退出>：a
是否将阵列项目与路径对齐？[是(Y)/否(N)] <是>：n　　（不与路径对齐）
按 Enter 键接受或 [关联(AS)/基点(B)/项目(I)/行(R)/层(L)/对齐项目(A)/Z 方向(Z)/退出(X)] <退出>：✓

结果如图 5-9（b）所示。

图 5-9（c）与上面操作的唯一不同之处是：

是否将阵列项目与路径对齐？[是(Y)/否(N)] <是>：y　　　　　　　（与路径对齐）

### 5.3.4　偏移

偏移命令，也叫偏移复制命令、平行复制命令等，用于形成一个与指定的对象平行的新对象。

#### 1. 命令启动方法

- 功能区："默认"选项卡→"修改"面板→"偏移" ⬳。
- 工具按钮："修改"工具栏→"偏移" ⬳。
- 菜单："修改"→"偏移" ⬳。
- 键盘命令：OFFSET。

#### 2. 功能

在指定的距离处或通过指定的点，生成所选对象的平行线或等距曲线。

#### 3. 操作

启动命令后，命令行提示如下：

命令：_offset
当前设置：删除源=否图层=源　OFFSETGAPTYPE=0
指定偏移距离或 [通过(T)/删除(E)/图层(L)] <缺省值>：

（1）指定偏移距离：指定对象偏移的距离，是默认项。输入数值后，后续提示为：

选择要偏移的对象，或[退出(E)/放弃(U)]<退出>：（选择要偏移的对象；或选其他选项）
指定要偏移的那一侧上的点，或[退出(E)/多个(M)/放弃(U)] <退出>：　　（指定点，多个则使用当前偏移距离重复偏移，放弃则恢复前一个偏移）
选择要偏移的对象，或[退出(E)/放弃(U)] <退出>：（可以继续选择要偏移的对象；或选其他选项）
……

（2）通过：指定偏移的对象要经过的点。输入 T，后续提示为：

选择要偏移的对象，或[退出(E)/放弃(U)] <退出>：（选择要偏移的对象；或选择其他选项）

指定通过点，或[退出(E)/多个(M)/放弃(U)] <退出>：（指定点）

选择要偏移的对象，或[退出(E)/放弃(U)] <退出>：（继续选择要偏移的对象；或选择其他选项）

……

（3）删除：偏移源对象后删除源对象。

（4）图层：确定将偏移对象创建在当前图层上还是源对象所在的图层上。

说明：

① 该命令只能以直接点取方式选取要偏移的对象，并且只能一次选取一个对象。

② 偏移的对象只能是直线、圆、椭圆、弧、多段线、矩形、正多边形和样条曲线等对象，不能是点、图块、属性和文本等对象。

③ 对于直线、射线、构造线等对象，偏移时将平行复制，直线的长度不变。因此，也可以用偏移来画平行线。

④ 对于圆、椭圆、矩形、正多边形等对象，偏移时将同心复制，偏移前后的各个对象具有同一个圆心或中心点。

⑤ 对于弧，偏移时也是同心复制，并且圆心角保持不变。

⑥ 对于多段线，偏移时各段的长度将重新调整，给定的距离按中心线计算。

⑦ 对于样条曲线，偏移时的长度和起始点将调整，使各个端点在原样条曲线相应端点的法线处。

对象偏移前后的图形如图 5-10 所示。原始对象用实线表示，偏移出的对象用虚线表示。图中依次是直线、圆、弧、矩形、正多边形、椭圆、多段线和样条曲线。

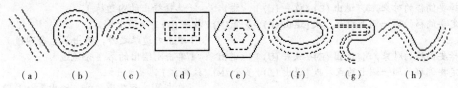

(a)　　(b)　　(c)　　(d)　　(e)　　(f)　　(g)　　(h)

图 5-10　偏移示例

【例 5-5】图 5-11 最内部的一圈是体育场跑道的内边缘，请偏移出 8 条跑道。跑道间距为 1.24 m。

题目解释说明：这是一个实际的例题。直道长 100 m，弯道（半圆）长 100 m，周长 400 m。计算可知弯道半径 31.83 m。本例从绘制内边缘开始。内边缘用多段线绘制，这样绘制的内边缘是一个整体对象，偏移时一次就选中它并偏移出一条跑道，很方便；而

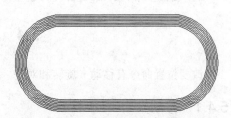

图 5-11　绘制体育场的跑道

如果内边缘用直线命令 LINE 和圆弧命令 ARC 绘制，或者内边缘用直线命令 LINE 和圆命令 CIRCLE 绘制后再将圆修剪成半圆，则这样绘制的内边缘是四个对象，偏移时一次只能选中一个对象，一条跑道需要偏移四次，速度太慢，不方便。本例 1 个绘图单位（图形单位）代表 1 m。

操作步骤如下：

（1）绘制内边缘。

```
命令：_pline
指定起点：                          （在绘图区单击指定一点）
```

当前线宽为 0.0000

指定下一个点或 [圆弧(A)/半宽(H)/长度(L)/放弃(U)/宽度(W)]：a

指定圆弧的端点或

[角度(A)/圆心(CE)/方向(D)/半宽(H)/直线(L)/半径(R)/第二个点(S)/放弃(U)/宽度(W)]：ce

指定圆弧的圆心：@0,31.83

指定圆弧的端点或 [角度(A)/长度(L)]：a

指定包含角：180

指定圆弧的端点或

[角度(A)/圆心(CE)/闭合(CL)/方向(D)/半宽(H)/直线(L)/半径(R)/第二个点(S)/放弃(U)/宽度(W)]：l

指定下一点或 [圆弧(A)/闭合(C)/半宽(H)/长度(L)/放弃(U)/宽度(W)]：@-100,0

指定下一点或 [圆弧(A)/闭合(C)/半宽(H)/长度(L)/放弃(U)/宽度(W)]：a

指定圆弧的端点或

[角度(A)/圆心(CE)/闭合(CL)/方向(D)/半宽(H)/直线(L)/半径(R)/第二个点(S)/放弃(U)/宽度(W)]：ce

指定圆弧的圆心：@0,-31.83

指定圆弧的端点或 [角度(A)/长度(L)]：a

指定包含角：180

指定圆弧的端点或

[角度(A)/圆心(CE)/闭合(CL)/方向(D)/半宽(H)/直线(L)/半径(R)/第二个点(S)/放弃(U)/宽度(W)]：l

指定下一点或 [圆弧(A)/闭合(C)/半宽(H)/长度(L)/放弃(U)/宽度(W)]：c

（2）用指定距离的方式偏移出 5 条跑道。

命令：_offset

指定偏移距离或 [通过(T)/删除(E)/图层(L)] <缺省值>：1.24

选择要偏移的对象，或[退出(E)/放弃(U)] <退出>：（选择绘出的内边缘）

指定要偏移的那一侧上的点，或[退出(E)/多个(M)/放弃(U)] <退出>：

（单击内边缘之外，绘出第 1 条跑道）

选择要偏移的对象，或[退出(E)/放弃(U)] <退出>：（单击刚绘出的第 1 条跑道）

指定要偏移的那一侧上的点，或[退出(E)/多个(M)/放弃(U)] <退出>：

（单击第 1 条跑道之外，绘出第 2 条跑道）

……                                                          （如此重复，绘出 8 条跑道）

选择要偏移的对象，或[退出(E)/放弃(U)] <退出>：✓

# 5.4　改变位置命令

改变位置命令有移动、旋转和对齐。

## 5.4.1　移动

### 1. 命令启动方法

- 功能区："默认"选项卡→"修改"面板→"移动" ✛。
- 工具按钮："修改"工具栏→"移动" ✛。
- 菜单："修改"→"移动" ✛。
- 键盘命令：MOVE。

### 2. 功能

将指定的对象移动到新的位置，其大小和方向不变。移动完成后，原位置的对象消失。

**3．操作**

启动命令后，命令行提示如下：

```
命令：move
选择对象：找到 X 个          （选择要移动的对象）
选择对象：…             （可继续选择要移动的对象）
选择对象：↙             （选择完毕后，按回车键）
指定基点[或位移（D）]：              （指定基点，或输入位移值）
指定位移的第二点或<用第一点作位移>：  （指定把基点移动到的点；或直接按回车键把输入的位移值
                                      作为位移进行移动）
```

## 5.4.2　旋转

**1．命令启动方法**

● 功能区："默认"选项卡→"修改"面板→"旋转" ○。

● 工具按钮："修改"工具栏→"旋转" ○。

● 菜单："修改"→"旋转" ○。

● 键盘命令：ROTATE。

**2．功能**

按指定的基点（旋转中心）和旋转角，将指定的对象旋转。

**3．操作**

启动命令后，命令行提示如下：

```
命令：_rotate
UCS 当前的正角方向：ANGDIR=逆时针 ANGBASE=0
选择对象：找到 X 个          （选择要移动的对象）
选择对象：……             （可继续选择要移动的对象）
选择对象：↙             （选择完毕后，按回车键）
指定基点：               （指定基点，即旋转中心）
指定旋转角度或 [复制(C)/参照(R)]：
```

（1）指定旋转角度：直接输入一个要旋转的角度。当角度为正时绕基点（旋转中心）逆时针旋转，当角度为负时绕基点（旋转中心）顺时针旋转。

对于该选项，也可以用输入一个点的方式来响应，此时，把输入点和基点的连线与 X 轴正方向的夹角作为旋转角度。

（2）复制：旋转对象时，保留源对象。

（3）参照：以参考方式旋转，输入 R，后续提示为输入对象的当前角度值和新角度值。这时，实际的旋转角度是：对象的新角度值减去对象的当前角度值。

**【例 5-6】**将图 5-12（a）所示的矩形绕左下角点旋转 20°，结果如图 5-12（b）所示。

**题目解释说明：**本例直接给出了旋转角度，因此使用默认项"指定旋转角度"完成旋转。指定基点要用捕捉。

操作步骤如下：

```
命令：_rotate
UCS 当前的正角方向：ANGDIR=逆时针 ANGBASE=0
选择对象：找到 1 个          （选择矩形）
选择对象：↙
```

指定基点：　　　　　　　　　（捕捉矩形的左下角点，单击指定）
指定旋转角度或 [复制(C)/参照(R)]：20

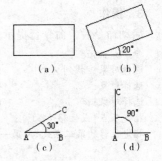

图 5-12　旋转示例

**【例 5-7】**将图 5-12（c）所示的夹角由 30° 变为 90° ，要求 AB 边不动，AC 边绕顶点 A 旋转，结果如图 5-12（d）所示。

　　**题目解释说明：**本例适合于使用 "参照" 方式进行旋转。当前的角度值是 30° ，新角度值是 90° 。相当于旋转 90° -30° =60° ，但这里是让计算机在执行命令时自动计算，而不是让人手工计算。用捕捉指定顶点。

　　操作步骤如下：

命令：_rotate
UCS 当前的正角方向：ANGDIR=逆时针　ANGBASE=0
选择对象：找到 1 个　　　　　　　（选择矩形）
选择对象：↙
指定基点：　　　　　　　　　　（捕捉 A 点，单击指定）
指定旋转角度或 [复制(C)/参照(R)]：r
指定参照角<0>：30
指定新角度：90

### 5.4.3　对齐

在绘图中，有时需要将对象与另一个对象对齐。前者是要变动的对象，称为源对象，后者是不动的对象，称为目标对象。

**1. 命令启动方法**

- 功能区："默认" 选项卡→"修改" 面板→▼按钮→"对齐" 🔲。
- 下拉菜单："修改" → "三维操作" → "对齐" 🔲。
- 键盘命令：ALIGN。

**2. 功能**

根据指定的条件改变对象的位置和方向，使之与另一个对象（目标对象）对齐。

**3. 操作**

启动命令后，命令行提示：

命令：_align
选择对象：找到 X 个　　　　　　　　　　（选择对齐对象）
选择对象：……　　　　　　　　　　　　（可继续选择对齐对象）
选择对象：↙
指定第一个源点：　　　　　　　　　　（指定源对象上的第 1 个源点）
指定第一个目标点：　　　　　　　　　　（指定目标对象上的第 1 个目标点）
指定第二个源点：　　　　　　　　　　（指定源对象上的第 2 个源点）
指定第二个目标点：　　　　　　　　　　（指定目标对象上的第 2 个目标点）
指定第三个源点或<继续>：↙
是否基于对齐点缩放对象？[是(Y)/否(N)] <否>：　（输入 Y 或 N）

**【例 5-8】**将图 5-13（a）中的矩形 EFGH 物体放置到斜面 ABC 上，F 点与 A 点对齐，E 点在 AC 的相应位置上，结果如图 5-13（c）所示。

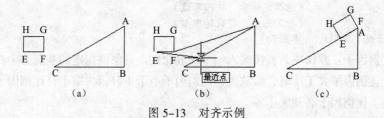

图 5-13　对齐示例

**题目解释说明：** 本例要求使用 ALIGN 命令对齐矩形对象 EFGH，F 点与 A 点对齐，E 点在 AC 的相应位置上，矩形 EFGH 大小不变。要指定第一个源点、第一个目标点和第二个源点、第二个目标点。第一个源点是 F 点，第一个目标点是 A 点，第二个源点是 E 点，第二个目标点是 A、C 之间的任意一点或 C 点。指定 F、A、E、C 点使用捕捉的交点（或端点）模式，指定 A、C 之间的任意一点使用捕捉的最近点模式。

操作步骤如下：

```
命令：_align
选择对象：                    （指定矩形）
选择对象：↙
指定第一个源点：               （指定 F 点）
指定第一个目标点：             （指定 A 点）
指定第二个源点：               （指定 E 点）
指定第二个目标点：             （指定 A、C 之间的一点，或 C 点）
指定第三个源点或<继续>：↙
是否基于对齐点缩放对象？[是(Y)/否(N)] <否>：↙
```

# 5.5　改变形状或大小命令

改变形状或大小命令有缩放、打断、打断于点、修剪、延伸、拉伸、拉长、圆角、倒角和光顺曲线。

## 5.5.1　缩放

缩放就是缩小和放大。缩放命令 SCALE 可以方便地将对象缩小或放大指定的倍数。

### 1．命令启动方法

- 功能区："默认"选项卡→"修改"面板→"缩放"。
- 工具按钮："修改"工具栏→"缩放"。
- 菜单："修改"→"缩放"。
- 键盘命令：SCALE。

### 2．功能

按指定的基点和比例缩小或放大，X、Y、Z 方向的缩放比例相同。

### 3．操作

启动命令后，命令行提示如下：

```
命令：_scale
选择对象：找到 XX 个     （选择要缩放的对象）
选择对象：……          （可继续选择要缩放的对象）
```

选择对象：↙　　　　　　　（选择完毕后，按回车键）

指定基点：　　　　　　　（指定基点，即旋转中心）

指定比例因子或 [复制(C)/参照(R)]：

（1）指定比例因子：默认项，直接输入一个缩放比例。对象以指定的基点为中心改变大小，对象基点不变。比例因子大于 1 时，为放大；比例因子小于 1 时，为缩小；比例因子等于 1 时，不放大也不缩小。比例因子必须大于零。

（2）复制：缩放的同时保留源对象。

（3）参照：以参考方式缩放，输入 R，后续提示输入对象的当前长度和新长度。这时，实际的比例因子是：对象的新长度除以对象的当前长度。

【例 5-9】将图 5-14（a）所示的图形分别缩小 1/2 和放大 1 倍，结果如图 5-14（b）和图 5-14（c）所示。

**题目解释说明**：本例直接给出了比例因子，因此使用默认项完成缩放。

操作步骤如下：

（1）缩小 1/2：

命令：_scale

选择对象：找到 X 个　　　　　　　　（选择图形）

选择对象：↙

指定基点：　　　　　　　　　　　（指定想要保持不动的一点，如图形左下角）

指定比例因子或 [复制(C)/参照(R)]：0.5

结果如图 5-14（b）所示。

（2）放大 1 倍：

如果人高 1，要缩放到人高 2，则适合于使用参照方式缩放。步骤如下：

命令：_scale

选择对象：　　　　　　　　　　（选择图形）

选择对象：↙

指定基点：　　　　　　　　　　（指定想要保持不动的一点，例如头部）

指定比例因子或 [复制(C)/参照(R)]：r

指定参照长度<1>：1　　　　　　（输入对象的当前长度，作为参照长度）

指定新长度：2　　　　　　　　　（输入对象的新长度）

此时，比例因子为 2/1=2，但不必人来计算。

（a）原图　（b）缩小 1/2　（c）放大 1 倍

图 5-14　缩放示例

## 5.5.2 打断

删除命令 ERASE 是删除整个对象。要删除对象的一部分，或将一个对象分成两部分（不删除任何部分），可以使用打断命令 BREAK。

### 1. 命令启动方法

• 功能区："默认"选项卡→"修改"面板→▼按钮→"打断" 　。

• 工具按钮："修改"工具栏→"打断" 　。

• 菜单："修改"→"打断" 　。

• 键盘命令：BREAK。

### 2. 功能

将对象打断。

### 3. 操作

启动命令后，命令行提示如下：

命令：_break 选择对象：　　　　　　　（选择要打断的对象）

指定第二个打断点或 [第一点(F)]：f

（1）指定第二个打断点：指定第二个打断点后，AutoCAD 把选择对象时的单击点作为第一个打断点，以此把对象两个打断点之间的部分删去。

该选项使用起来有时不方便，建议少用。

（2）第一点：输入 F，后续提示如下：

指定第一个打断点：　　　　　　　　（输入第一个打断点）

指定第二个打断点：　　　　　　　　（输入第二个打断点）

AutoCAD 把对象两个打断点之间的部分删去。

若在 "指定第二个打断点："时输入@，则从第一个打断点处把对象分成两部分（不删除任何部分）。

该选项常用。

说明：

① 一般用直接点取方式选择对象。

② 输入打断点时，可以将其取在要打断的对象上，也可以取在其他位置。

③ 若被打断的对象是一个完整的圆或椭圆，AutoCAD 将把从第一个打断点开始按逆时针方向到第二个打断点之间的部分删除。

【例 5-10】将图 5-15（a）左图直线在矩形内的部分删除，将图 5-15（b）、图 5-15（c）中的直线、圆弧两点之间的部分删除。

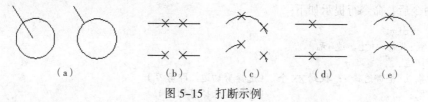

（a）　　　　　（b）　　　　（c）　　　　（d）　　　　（e）

图 5-15　打断示例

题目解释说明：指定打断点要用捕捉或输入坐标。

操作步骤如下：

先做图 5-15（a）。

命令：_break 选择对象：　　　　　　（选择图 5-15（a）左图的直线）

指定第二个打断点或 [第一点(F)]：f

指定第一个打断点：　　　　　　　　（指定圆与直线的交点）

指定第二个打断点：　　　　　　　　（指定直线的下端点，或超过下端点的任意一点）

再做图 5-15（b）。

命令：_break 选择对象：　　　　　　（选择图 5-15（b）中的直线）

指定第二个打断点或 [第一点(F)]：f

指定第一个打断点：　　　　　　　　（通过捕捉或输入坐标，指定第一个打断点）

指定第二个打断点：　　　　　　　　（通过捕捉或输入坐标，指定第二个打断点）

图 5-15（c）的做法与图 5-15（b）相同。

【例 5-11】将图 5-15（d）、图 5-15（e）中的直线、圆弧从所给的打断点处打断，不删除直线、圆弧的任何部分。

**题目解释说明**：本例与上例有差别，虽仍是打断对象，但不删除对象的任何部分。

操作步骤如下：

作图 5-15（d）。

命令：_break 选择对象：    （选择图 5-15（d）中的直线）
指定第二个打断点或 [第一点(F)]：f
指定第一个打断点：     （通过捕捉或输入坐标，指定第一个打断点）
指定第二个打断点：@

图 5-15（e）的作法与图 5-15（d）相同。

### 5.5.3 修剪

修剪是打断的规模化、群体化和快速化、高效化，执行一次修剪命令可以实现多个对象的部分删除。

#### 1. 命令启动方法

- 功能区："默认"选项卡→"修改"面板→"修剪和延伸"下拉按钮→"修剪"-/-。
- 工具按钮："修改"工具栏→"修剪"-/-。
- 菜单："修改"→"修剪"-/-。
- 键盘命令：TRIM。

#### 2. 功能

用剪切边（剪刀）修剪目标（被剪切边）。

#### 3. 操作

启动命令后，命令行提示如下：

命令：_trim
当前设置：投影=UCS，边=无
选择剪切边...
选择对象或<全部选择>：找到 XX 个  （选择剪切边，即剪刀）
选择对象：……     （可继续选择剪切边）
选择对象：✓      （选择完毕后，按回车键）
选择要修剪的对象，或按住 Shift 键选择要延伸的对象，或[栏选(F)/窗交(C)/投影(P)/边(E)/删除(R)/放弃(U)]：

（1）选择要修剪的对象：选择被剪切边，它将被删除。然后继续出现相同的提示。

（2）栏选：以栏选的方式（画直线或折线与要修剪的对象相交）选择要修剪的对象。

（3）窗交：以交叉窗口的方式选择要修剪的对象。

（4）投影：确定修剪空间。

（5）边：该选项用来确定修剪方式，输入 E，后续提示为：

输入隐含边延伸模式 [延伸(E)/不延伸(N)] <不延伸>：

① 延伸：将剪切边延伸后修剪。若剪切边较短，未与被剪切边相交，选取该项后，将会假设将剪切边延长，再进行修剪。

② 不延伸：为默认项。输入 N，按剪切边和被剪切边的实际相交情况修剪。若剪切边和被剪切边没有相交，则不进行修剪。

（6）删除：删除选定的对象。此选项提供了一种用来删除不需要的对象的简便方式，而无须退出 TRIM 命令。

（7）放弃：输入 U，放弃上一次操作。

**说明：**

（1）执行 TRIM 命令，要先选择剪切边（剪刀）再选择被剪切边，而不是相反。

（2）被剪切边可以是直线、弧、圆、椭圆、多段线、射线、构造线和样条曲线等。

（3）有宽度的多段线作被剪切边时，修剪的交点按中心线计算，且保留宽度信息，剪切处的封口与多段线的中心线垂直。有宽度的多段线作剪切边时，修剪的交点按中心线计算。

【例 5-12】将图 5-16（a）修剪成图 5-16（c），将图 5-16（d）修剪成图 5-16（f）。

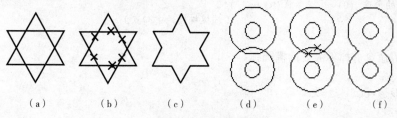

（a）　　　　（b）　　　　（c）　　　　（d）　　　　（e）　　　　（f）

图 5-16　修剪示例

　　**题目解释说明：**本例练习修剪的方法步骤。为选择剪切边方便，把所有对象都选为剪切边。选择被剪切边时要用直接点取的方式。修剪时的剪切边（剪刀）不一定是直线，圆和弧等弯曲对象也可以作为剪切边（剪刀）。

操作步骤如下：

命令：_trim
当前设置:投影=UCS，边=无
选择剪切边...
选择对象或<全部选择>: all　　　　　　　　　　（选择所有对象为剪切边）
找到 XX 个
选择对象:✓
选择要修剪的对象，或按住 Shift 键选择要延伸的对象，或[栏选(F)/窗交(C)/投影(P)/边(E)/删
除(R)/放弃(U)]:　　　　　　　　　　（选择各被剪切边，如图 5-14（b）（e）所示）
选择要修剪的对象，或按住 Shift 键选择要延伸的对象，或[栏选(F)/窗交(C)/投影(P)/边(E)/删
除(R)/放弃(U)]:　　　　　　　　　　（继续选择被剪切边）
……
（选择完毕后，按【Enter】键）

【例 5-13】修剪椭圆获得椭圆弧。该椭圆弧是与从椭圆中心点出发的向右的水平线（X 轴的正方向）成 30° 角到 340° 角的一段。如图 5-17 所示，（a）是原图，（e）是结果图。

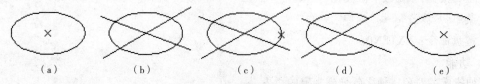

（a）　　　　（b）　　　　（c）　　　　（d）　　　　（e）

图 5-17　修剪椭圆得椭圆弧

　　**题目解释说明：**第 3 章曾经指出，椭圆弧可以通过修剪椭圆得到。首先，按要求的角度（本例要求与 X 轴的正方向成 30° 角和 340° 角）绘制两条构造线作为辅助线，它们通过椭圆的中心

点，如图 5-17（b）所示；然后使用修剪命令，剪掉不需要的椭圆弧，如图 5-17（c）和图 5-17（d）所示；最后删除两条辅助线，如图 5-17（e）所示。绘制构造线指定通过点时要用捕捉方法或输入坐标等精确方法捕捉椭圆的中心点。

操作步骤如下：

（1）绘制两条构造线，角度分别是 30° 和 340°。

```
命令：_xline 指定点或 [水平(H)/垂直(V)/角度(A)/二等分(B)/偏移(O)]：a
输入构造线的角度 (0) 或 [参照(R)]：30
指定通过点：                          （捕捉椭圆的中心点）
指定通过点：✓
命令：_xline 指定点或 [水平(H)/垂直(V)/角度(A)/二等分(B)/偏移(O)]：a
输入构造线的角度 (0) 或 [参照(R)]：340
指定通过点：                          （捕捉椭圆的中心点）
指定通过点：✓
```

（2）用修剪命令剪掉不需要的椭圆弧。

```
命令：_trim
当前设置：投影=UCS，边=无
选择剪切边...
选择对象或<全部选择>：all            （选择所有对象为剪切边）
找到 3 个
选择对象：✓
选择要修剪的对象，或按住 Shift 键选择要延伸的对象，或[栏选(F)/窗交(C)/投影(P)/边(E)/删
除(R)/放弃(U)]：                     （选择第1条被剪切边，如图 5-17（c）所示）
选择对象：✓
```

（3）最后删除两条辅助线（构造线）。

```
命令：_erase
选择对象：找到 1 个                    （选择第1条辅助线）
选择对象：找到 1 个，总计 2 个          （选择第2条辅助线）
选择对象：✓
```

### 5.5.4 延伸

绘图过程中，常常出现应当相交的对象还未到达某边界或还未相交于一点的情况，此时，需要延伸某对象与另一对象相交，而且延伸后不要产生多余的线段。使用延伸命令 EXTEND 可以方便地达到这一目标。

**1. 命令启动方法**

- 功能区："默认"选项卡→"修改"面板→"修剪和延伸"下拉按钮→"延伸"---/。
- 工具按钮："修改"工具栏→"延伸"---/。
- 菜单："修改"→"延伸"---/。
- 键盘命令：EXTEND。

**2. 功能**

延伸指定的对象，使之延伸到指定的边界。

**3. 操作**

启动命令后，命令行提示如下：

```
命令：_extend
```

当前设置:投影=UCS,边=无
选择边界的边…
选择对象或<全部选择>:找到 X 个　　（选择边界）
选择对象:……　　　　　　　　（可继续选择边界）
选择对象:↙　　　　　　　　　　（选择完毕后,按回车键）
选择要延伸的对象,或按住 Shift 键选择要修剪的对象,或[栏选(F)/窗交(C)/投影(P)/边(E)/放弃(U)]:↙

（1）选择要延伸的对象

该选项为默认项。选择要延伸的对象,AutoCAD 将其延伸到指定的边界。然后继续显示相同的提示。

（2）边:该选项用来确定延伸方式,输入 E,后续提示如下:

输入隐含边延伸模式 [延伸(E)/不延伸(N)] <不延伸>:

延伸:若边界较短,延伸边延伸后不能与边界相交,AutoCAD 假想将边界延长,使延伸边延伸到与其相交的位置,如图 5-18（a）和图 5-18（b）所示。图 5-18（a）为原始情况,图 5-18（b）为右边的直线向左边的直线边界延伸后的情况。输入 E,选该项。

不延伸:为默认项。输入 N,按延伸边和边界的实际情况延伸。若延伸边和边界没有相交,则不进行延伸。

（3）其他选项与修剪命令相同。

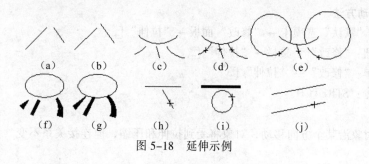

图 5-18　延伸示例

说明:

（1）执行 EXTEND 命令,要先选择边界再选择延伸边,而不是相反。

（2）只能用直接点取方式选择延伸边,其他方式无效。延伸边可以是直线、弧、未封闭的二维多段线和三维多段线及射线。

（3）延伸边往哪个方向延伸,取决于所单击的延伸边的位置。延伸边总是从离单击点近的一端延伸,直线按直线方向,弧按圆周方向,一直延伸到指定的边界,如图 5-18（c）、图 5-18（d）和图 5-18（e）所示。图 5-18（c）为原始情况,上边的圆弧是边界,图 5-18（d）是单击延伸边的上端进行延伸的情况,图 5-18（e）是单击左右两条圆弧的下端进行延伸的情况（中间的直线仍单击上端）。

（4）延伸有宽度的多段线时,按原锥度延伸,如果延伸后其末端宽度出现负值,AutoCAD 则使该端宽度为零,如图 5-18（f）和图 5-18（g）所示。图 5-18（f）为原始情况,椭圆是边界,图 5-18（g）是延伸后的情况,其中左边的小直线段延伸后其末端宽度出现负值,该端宽度值为零。

（5）不可能延伸时,不延伸。如图 5-18（h）～图 5-18（j）所示,图 5-18（h）不可能将下方的直线从下端点延伸到上方的直线上,图 5-18（i）不可能将圆延伸到上方的直线上,图 5-18

（j）平行线不可能延伸到另一条平行线上。

【例5-14】将图5-19（a）小圆的直径延伸至与矩形的四条边相交，如图5-19（b）所示。

**题目解释说明：**本例练习延伸的操作步骤。图 5-19（a）的边界是矩形的四条边。注意延伸边只能用直接点取方式指定。

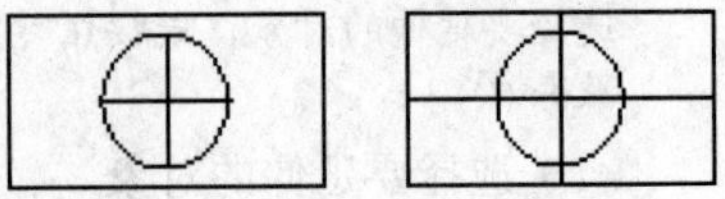

操作步骤如下：

命令：_extend
当前设置：投影=UCS，边=延伸
选择边界的边...
选择对象或<全部选择>：找到 1 个 （选择矩形）
选择对象：↙
选择要延伸的对象，或按住 Shift 键选择要修剪的对象，或[栏选(F)/窗交(C)/投影(P)/边(E)/删除(R)/放弃(U)]： （单击第 1 条半径外端处）
…… （继续单击第 2、3、4 条半径外端处）
选择要延伸的对象，或按住 Shift 键选择要修剪的对象，或[栏选(F)/窗交(C)/投影(P)/边(E)/放弃(U)]：↙

（a）　　　　（b）

图 5-19　图形延伸

## 5.5.5　拉伸

拉伸命令可沿某个方向移动指定的一部分对象，这部分对象与其他对象的连接元素将被拉伸和压缩。拉伸的理论基础包含了第 1 章所述的错切变换。

### 1．命令启动方法

- 功能区："默认"选项卡→"修改"面板→"拉伸"　。
- 工具按钮："修改"工具栏→"拉伸"　。
- 下拉菜单："修改"→"拉伸"　。
- 键盘命令：STRETCH。

### 2．功能

将指定的对象沿某个方向移动，对象将受到拉伸和压缩，但连接关系不变。

### 3．操作

启动命令后，命令行提示如下：

命令：_stretch
以交叉窗口或交叉多边形选择要拉伸的对象... （选择要拉伸的对象）
选择对象：指定对角点：找到XX 个
选择对象：↙
指定基点或位移： （指定基点或给出位移）
指定位移的第二个点或<用第一个点作位移>： （如上一步指定了基点，则这一步指定位移的第二个点；如上一步给出了位移，则这一步直接按回车键）

**说明：**

（1）执行该命令，只能用交叉窗口（C）或交叉多边形（CP）方式选择要拉伸的对象。

（2）该命令只对选中的对象进行处理，对窗口之外的对象不加处理。

（3）拉伸规则：

① 直线（LINE）：窗口外的端点不动，窗口内的端点移动，由此改变直线。如图 5-20（c）和图 5-20（d）所示。

② 圆弧（ARC）：弧的弦高不变，调整弧的圆心位置和圆心角，由此改变圆弧。如图 5-20（c）和图 5-20（d）所示。

③ 多段线（PLINE）：属于连接元素的直线段和圆弧拉伸，宽度、切线方向和曲线拟合都不变。如图 5-20（c）和图 5-20（d）所示。

④ 圆（CIRCLE）、椭圆（ELLIPSE）、形（SHAPE）、块（BLOCK）、文本（TEXT）和属性定义（ATTDEF）：窗口包含定义点，则移动（注意：圆不是拉伸为椭圆）；否则不动。如图 5-20（c）和图 5-20（d）所示。定义点为：圆的定义点——圆心；形和块的定义点——插入点；文本和属性定义——字符串的基线的左端点。

（4）注意事项：并非对象只要部分包含于窗口内就被拉伸。只拉伸直线、圆弧、多段线等带有端点的对象。对没有端点的对象，如文本、图块、圆、椭圆等，只移动，不拉伸。

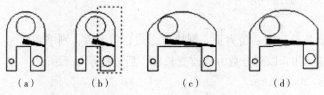

（a）　　　　　（b）　　　　　（c）　　　　　（d）

图 5-20　拉伸示例

【例 5-15】将图 5-20（a）所示的图形进行拉伸，拉伸对象如图 5-20（b）所示，拉伸的位移分别是@60,0 和@60,5。结果如图 5-20（c）和图 5-20（d）所示。

**题目解释说明**：拉伸时注意只能用交叉窗口或交叉多边形方式选择要拉伸的对象。

操作步骤如下：

命令：_stretch
以交叉窗口或交叉多边形选择要拉伸的对象...　（以交叉窗口方式选择对象，如图 5-20（b）所示）
选择对象：指定对角点：找到 4 个
选择对象：✓
指定基点或位移：　　　　　　　　　　　（单击一点，例如图形的右下角点）
指定位移的第二个点或<用第一个点作位移>：@60,0

如图 5-20（c）所示。

命令：_stretch
以交叉窗口或交叉多边形选择要拉伸的对象...　（以交叉窗口方式选择对象，如图 5-20（b）所示）
选择对象：指定对角点：找到 4 个
选择对象：✓
指定基点或位移：　　　　　　　　　　　（单击一点，例如图形的右下角点）
指定位移的第二个点或<用第一个点作位移>：@60,5

如图 5-20（d）所示。

## 5.5.6　拉长

如果直线、弧、非封闭的多段线的长度不合适，可用拉长命令 LENGTHEN 改变。

### 1. 命令启动方法
- 功能区："默认"选项卡→"修改"面板→▼按钮→"拉长" ✏。
- 菜单："修改"→"拉长" ✏。
- 键盘命令：LENGTHEN。

### 2. 功能
拉长或缩短直线、弧、非封闭的多段线的长度。

**3．操作**

启动命令后，命令行提示如下：

命令：_lengthen

选择对象或 [增量(DE)/百分数(P)/全部(T)/动态(DY)]：　　（选择对象或选择拉长方式）

（1）选择对象：选择要拉长的对象。

（2）增量：输入 DE，以增量方式改变长度。后续提示如下：

输入长度增量或 [角度(A)] <10.0000>：

① 输入长度增量：增量值为正，则拉长；增量值为负，则缩短。对直线和弧都是如此。

② 角度：输入 A，后续提示为：

输入角度增量<0>：

输入圆心角改变弧长。圆心角为正，则拉长；圆心角为负，则缩短。

（3）百分数：输入 P，以百分数方式改变长度。后续提示如下：

输入长度百分数<120.0000>：

输入百分数。百分数大于 100，则拉长；百分数小于 100，则缩短。

（4）全部：输入 T，以新的总长方式改变长度。

（5）动态：输入 DY，以动态方式改变长度。

**说明：**

（1）多段线按原锥度拉长或缩短。

（2）多段线按原锥度拉长时，如果还未达到要求的长度，宽度已经变为零，则改变锥度，使多段线达到要求的长度时宽度再变为零。

**【例5-16】**将图 5-21（a）所示的倾斜直线向上动态拉长到水平线附近，将图 5-21（b）所示的圆弧从下部缩短到 80%，将图 5-21（c）所示的多段线向下拉长 30。图 5-21 第一行为原图，第二行为结果图。

题目解释说明：本例练习用不同的方式拉长不同的对象：直线、圆弧和多段线。

操作步骤如下：

（1）拉长直线。

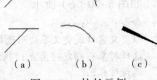

(a)　　　　(b)　　　　(c)

图 5-21　拉长示例

命令：_lengthen

选择对象或[增量(DE)/百分数(P)/全部(T)/动态(DY)]：dy

选择要修改的对象或 [放弃(U)]：　　（单击斜线的上部）

指定新端点：　　（光标动态牵引斜线的上端点至水平线附近，单击）

选择要修改的对象或 [放弃(U)]：✓

（2）缩短圆弧。

命令：_lengthen

选择对象或[增量(DE)/百分数(P)/全部(T)/动态(DY)]：p

输入长度百分数<110.0000>：80

选择要修改的对象或 [放弃(U)]：　　（单击圆弧的下部）

选择要修改的对象或 [放弃(U)]：✓

（3）最后拉长多段线。

命令：_lengthen

选择对象或[增量(DE)/百分数(P)/全部(T)/动态(DY)]：de

输入长度增量或 [角度(A)] <缺省值>: 30
选择要修改的对象或 [放弃(U)]:　　　　　（单击多段线的下部）
选择要修改的对象或 [放弃(U)]:↙

### 5.5.7　圆角

#### 1. 命令启动方法

- 功能区："默认"选项卡 → "修改"面板 → "倒角和圆角"下拉按钮 → "圆角" 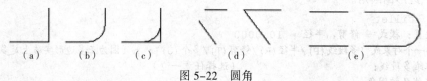。
- 工具按钮："修改"工具栏 → "圆角" 。
- 菜单："修改" → "圆角" 。
- 键盘命令：FILLET。

#### 2. 功能

用指定半径的圆弧与两个对象相切和连接，对象不足部分自动延伸，多余部分切除，从而光滑连接。

#### 3. 操作

启动命令后，命令行提示如下：

命令: _fillet
当前设置：模式 = 修剪，半径 =缺省值
选择第一个对象或 [放弃(U)/多段线(P)/半径(R)/修剪(T)/多个(M)]:

（1）选择第一个对象：选择要圆角的第一个对象。后续提示选择第二个对象。

（2）放弃：恢复在命令中执行的上一个操作。

（3）多段线：对二维多段线圆角。输入 P，后续提示选择二维多段线。

（4）半径：输入 R，确定圆角的半径。

（5）修剪：确定圆角后原对象的状态。输入 T，后续提示如下：

输入修剪模式选项 [修剪(T)/不修剪(N)] <修剪>:

输入 T 或 N，选择修剪或不修剪；默认为修剪。图 5-22（a）为圆角前的状态，图 5-22（b）为选择修剪圆角后的状态，图 5-22（c）为选择不修剪圆角后的状态。

（6）多个：给多个对象圆角。

（a）　　（b）　　（c）　　　　（d）　　　　　　（e）

图 5-22　圆角

说明：

（1）执行该命令，要先设置圆角的半径，再圆角。

（2）如果圆角的半径太大，则不能圆角，因为对象无法容纳这么大的圆角。

（3）如果圆角的半径为零，则不产生圆角；或是将不相交的对象延长相交 [见图 5-22（d）]。所以可以用这种方法将不相交的两个对象相交于一点。

（4）两平行线可以圆角，但它不管设置的圆角半径是多少，AutoCAD 都自动在两平行线的端点画半圆且半径为两平行线垂直距离的一半，如图 5-22（e）所示。

（5）圆角的对象不同，效果也不同。圆角时选择对象的单击点位置不同，效果也不同——

AutoCAD 总是在单击点附近的位置圆角，如图 5-23 所示。

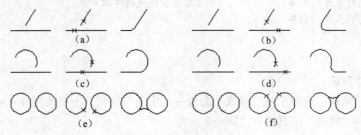

图 5-23　圆角示例

【例 5-17】将图 5-24（a）所示的边长为 125 cm 和 65 cm 的矩形桌面倒圆角，圆角半径为 10 cm。将图 5-24（c）所示的边长为 80 cm 的正三边形玻璃板倒圆角，圆角半径为 10 cm。

**题目解释说明**：先设置倒圆角的半径，再倒圆角。本例 1 个绘图单位代表 1 cm。

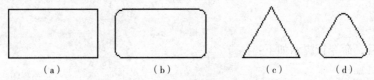

图 5-24　倒圆角实例

操作步骤如下：

（1）对矩形倒圆角。

命令：_fillet
当前设置：模式 = 修剪，半径 =缺省值
选择第一个对象或 [多段线(P)/半径(R)/修剪(T)/多个(U)]：r　　（设置圆角半径）
指定圆角半径<缺省值>：10
选择第一个对象或 [多段线(P)/半径(R)/修剪(T)/多个(U)]：
　　　　　　　　　　　　　　　　（选择矩形一个顶点相邻两边的一边）
选择第二个对象。　　　　　　　　（选择矩形该顶点的另一边）

（2）再重复 3 次，在另外 3 个顶点处倒圆角。结果如图 5-24（b）所示。

对正三边形倒圆角。

命令：_fillet
当前设置：模式 = 修剪，半径 = 10.0000
选择第一个对象或 [多段线(P)/半径(R)/修剪(T)/多个(U)]：p（因为正多边形实质上是多段线）
选择二维多段线：　　　　　　　　（选择任意一边）
3 条直线已被圆角

结果如图 5-24（d）所示。这里选择对象用了"多段线"选项，因为正多边形实质上是多段线。如果上面的矩形是一个整体对象，倒圆角也可以用"多段线"选项来做。

## 5.5.8　倒角

倒角和圆角类似。圆角是使用圆弧来倒角，倒角命令 CHAMFER 是使用直线来倒角（即用直线代替圆角使用的圆弧）。

**1．命令启动方法**

● 功能区："默认"选项卡→"修改"面板→"倒角和圆角"下拉按钮→"倒角" ⬜。

- 工具按钮："修改"工具栏→"倒角" 。
- 菜单："修改"→"倒角" 。
- 键盘命令：CHAMFER。

**2．功能**

指定距离或角度在两条相交的直线上倒斜角。对象不足部分自动延伸，多余部分切除。

**3．操作**

启动命令后，命令行提示如下：

命令：_chamfer

（"修剪"模式）当前倒角距离 1 ＝缺省值，距离 2 ＝缺省值

选择第一条直线或[放弃(u)/多段线(P)/距离(D)/角度(A)/修剪(T)/方式(E)/多个(M)]：

（1）选择第一条直线：选择要倒角的第一条直线。后续提示选择第二条直线。

（2）放弃：恢复在命令中执行的上一个操作。

（3）多段线：输入 P，对二维多段线倒角。

（4）距离：输入 D，后续提示输入两个倒角距离。倒角距离如图 5-25（a）所示。

（5）角度：输入 A，输入倒角距离和角度，如图 5-25（b）所示。

（6）修剪：输入 T，确定倒角后原对象的状态。与圆角相同。图 5-25（c）为倒角前的状态，图 5-25（d）为选择修剪倒角后的状态，图 5-25（e）为选择不修剪倒角后的状态。

（7）方式：输入 E，确定是输入两个倒角距离还是输入倒角距离、角度倒角。

（8）多个：给多个对象倒角。

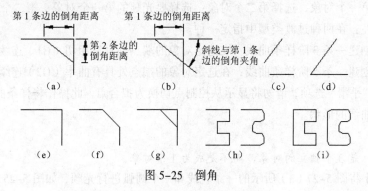

图 5-25 倒角

**说明：**

（1）执行该命令，要先设置倒角距离，再倒角。

（2）如果倒角的距离太大，则不能倒角，因为对象无法容纳该斜线。

（3）如果倒角的距离为零，则不产生倒角；或是将不相交的对象延长相交，如图 5-25（d）所示。所以可以用这种方法将不相交的两个对象相交于一点。

（4）只能对直线和多段线倒角，不能对弧、椭圆弧倒角。

（5）对于未封闭的多段线，同时在各内顶点处倒角，如图 5-25（h）所示。对于封闭的多段线，如果是用"C"闭合的，则同时在所有顶点处倒角，如图 5-25（i）所示；如果是用给定坐标的方式闭合的，则除闭合点外的所有顶点处都倒角。

图 5-26（b）是将图 5-26（a）所示的边长为 150 cm 和 70 cm 的矩形桌面倒角，倒角距离为

10 cm；图 5-26（d）是将图 5-26（c）所示的边长为 80 cm 的正三边形玻璃板倒角，倒角距离为 5 cm。

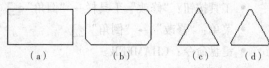

图 5-26　倒角实例

### 5.5.9　光顺曲线

光顺曲线是把不相连的两条直线或曲线用样条曲线光滑地连接起来。

#### 1. 命令启动方法

- 功能区："默认"选项卡→"修改"面板→"倒角和圆角"下拉按钮→"光顺曲线"。
- 工具按钮："修改"工具栏→"光顺曲线"。
- 菜单："修改"→"光顺曲线"。
- 键盘命令：BLEND。

#### 2. 功能

在两条选定直线或曲线之间的间隙中创建样条曲线。

#### 3. 操作

启动命令后，命令行提示如下：

```
命令：_BLEND
连续性 = 相切
选择第一个对象或 [连续性(CON)]：（选择样条曲线起始端附近的直线或开放的曲线）
选择第二个对象：　　　　　　　　　（选择样条曲线末端附近的另一条直线或开放的曲线）
```

（1）选择第一个对象，选择第二个对象：选择要光顺的第一个对象、第二个对象。

（2）连续性：在两种过渡类型中指定一种。

①相切：创建一条 3 阶样条曲线，在选定对象的端点处具有相切（G1）连续性。

②平滑：创建一条 5 阶样条曲线，在选定对象的端点处具有曲率（G2）连续性。

如果使用"平滑"选项，请勿将显示从控制点切换为拟合点。此操作将样条曲线更改为 3 阶，这会改变样条曲线的形状。

说明：

光顺以后，是 3 个独立的对象，而不是成为 1 个对象。

【例 5-18】将图 5-27（a）所示的一条直线和一个圆弧进行光顺，如图 5-25（b）、（c）所示。图 5-27（b）的连续性是相切，图 5-27（c）的连续性是光滑。

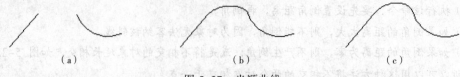

图 5-27　光顺曲线

**题目解释说明：**本例分两种情况。操作中需要先设置连续性是相切还是光滑。

操作步骤如下。

```
命令：_BLEND
连续性 = 相切
选择第一个对象或 [连续性(CON)]：con
输入连续性 [相切(T)/平滑(S)] <切线>：t
```

选择第一个对象或 [连续性(CON)]:　　　　　　　　　　　（选择直线）
选择第二个点:　　　　　　　　　　　　　　　　　　　　（选择圆弧的上端点）

结果如图 5-27（b）所示。

命令:　_BLEND
连续性 = 相切
选择第一个对象或 [连续性(CON)]: con
输入连续性 [相切(T)/平滑(S)] <切线>: s
选择第一个对象或 [连续性(CON)]:　　　　　　　　　　　（选择直线）
选择第二个点:　　　　　　　　　　　　　　　　　　　　（选择圆弧的上端点）

结果如图 5-27（c）所示。

# 5.6　修改复杂对象命令

修改复杂对象命令有修改多段线、修改样条曲线和修改多线。

## 5.6.1　修改多段线

### 1.命令启动方法

- 功能区:"默认"选项卡→"修改"面板→ ▼按钮→"编辑多段线" ▱。
- 工具按钮:"修改 II"工具栏→"编辑多段线" ▱。
- 菜单:"修改"→"对象"→"多段线" ▱。
- 键盘命令:PEDIT。

### 2.功能

修改二维、三维多段线或三维多边形网格。

### 3.操作

启动命令后,命令行提示如下:

命令:　_pedit
选择多段线或 [多条(M)]:

（1）多条:输入 M,启用多个对象选择。

（2）选择多段线:默认项。如果选定的对象是直线或圆弧,AutoCAD 将提示:

选定的对象不是多段线。
是否将其转换为多段线? <Y>:　　（输入 y 或 n,或直接按回车键）

如果输入 y 或直接按回车键,则对象将转换为可修改的单段二维多段线。

后续提示如下:

输入选项[闭合(C)/合并(J)/宽度(W)/编辑顶点(E)/拟合(F)/样条曲线(S)/非曲线化(D)/线型生
成(L)/反转(R)/放弃(U)]:

① 闭合:输入 C,把原来打开的多段线闭合,如图 5-28(b)所示。若原来多段线是闭合的,
则"闭合（C）"选项变为"打开（O）"选项,输入 O,则把原来闭合的多段线打开。

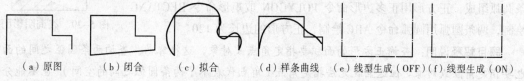

（a）原图　　　（b）闭合　　　（c）拟合　　　（d）样条曲线　　（e）线型生成（OFF）（f）线型生成（ON）

图 5-28　修改多段线

② 合并：输入 J，选择对象连接到多段线上。

③ 宽度：输入 W，确定多段线新的统一宽度。

④ 拟合：输入 F，用圆弧拟合多段线，由圆弧连接每个顶点形成平滑曲线，如图 5-28（c）所示。曲线经过多段线的所有顶点并使用任何指定的切线方向。

⑤ 样条曲线：输入 S，使用选定的多段线的顶点作为近似 B 样条曲线的曲线控制点或控制框架。该曲线（称为样条曲线拟合多段线）将通过第一个和最后一个控制点［见图 5-28（d）］，除非原多段线是闭合的。曲线将会被拉向其他控制点但并不一定通过它们。在框架特定部分指定的控制点越多，曲线上这种拉拽的倾向就越大。AutoCAD 可以生成二次或三次样条拟合多段线。

⑥ 非曲线化：输入 D，如果多段线有弧线，则拉直多段线的所有线段；如果在此之前多段线执行过"拟合"或"样条曲线"选项，则删除由拟合曲线或样条曲线插入的多余顶点。

⑦ 线型生成：输入 L，规定非连续型多段线在各顶点处的绘线方式。输入 ON，整条线绘制；输入 OFF，以每一段绘制，将在每个顶点处以点画线开始和结束生成线型，是默认项，如图 5-28（e）和图 5-28（f）所示。"线型生成"不能用于宽度变化的多段线。

⑧ 反转：输入 R，反转多段线顶点的顺序。使用此选项可反转使用包含文字线型的对象的方向。例如，根据多段线的创建方向，线型中的文字可能会倒置显示。

⑨ 放弃：输入 U，放弃上一次操作。

⑩ 编辑顶点：编辑多段线的顶点。输入 E，后续提示如下：

[下一个(N)/上一个(P)/打断(B)/插入(I)/移动(M)/重生成(R)/拉直(S)/切向(T)/宽度(W)/退出(X)] <N>：

• 下一个/上一个：将点标记移动到下一个/上一个顶点。

• 打断：断开多段线。后续提示为：

[下一个(N)/上一个(P)/执行(G)/退出(X)] <N>：

选择打断命令时的当前顶点为第 1 个顶点，输入 N 或 P 选择第 2 个顶点，G 用来执行打断命令，删除第 1 个顶点和第 2 个顶点之间的线段，输入 X 返回前一提示。

• 插入：在当前顶点的后面插入一个新顶点。

• 移动：将当前顶点移到一个新位置。

• 重生成：重新生成多段线。

• 拉直：同"打断（B）"选项类似，后续提示相同，将第 1 个顶点和第 2 个顶点之间拉直，并删除中间的顶点。

• 切向：指定当前顶点的切线方向，AutoCAD 用箭头标出切线方向。

• 宽度：输入当前顶点后的线段的宽度。此选项可修改各条线段的宽度。

• 退出：退出编辑顶点，返回前一提示。

**【例 5-19】**查询图 5-29 所示的阴影部分的面积。图形由正方形和两条圆弧组成，正方形用正多边形命令 POLYGON 或矩形命令 RECTANG 绘制，两条圆弧用圆弧命令 ARC 绘制，正方形的边长为 120。

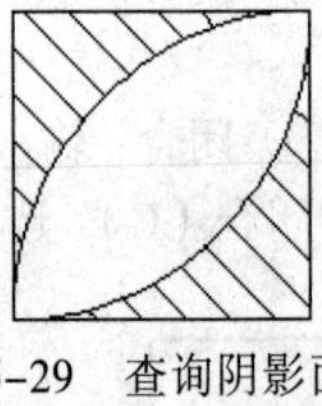

图 5-29　查询阴影面积

题目解释说明：查询正方形的面积要指定角点或对象，这很容易。查询两条圆弧之间的面积也要指定角点或对象，但这里既无法指定角点（角点代表不了两条圆弧之间的空间），也不能分别指定两条圆弧对象（AREA 命令要求指定对象只能指定一次），这使得查询两条圆弧之间的面积无法进行。使用 PEDIT 命令将两条圆弧转换成多段线，成为一个对象后，就可以查询它的面积了。

操作步骤如下：

命令：_pedit 选择多段线或 [多条(M)]：　　　（选择一条圆弧）
选定的对象不是多段线
是否将其转换为多段线？ <Y>✓
输入选项
[闭合(C)/合并(J)/宽度(W)/编辑顶点(E)/拟合(F)/样条曲线(S)/非曲线化(D)/线型生成(L)/
放弃(U)]：j
选择对象：找到 1 个　　　　　　　　　　（选择另一条圆弧）
选择对象：✓
1 条线段已添加到多段线
输入选项
[打开(O)/合并(J)/宽度(W)/编辑顶点(E)/拟合(F)/样条曲线(S)/非曲线化(D)/线型生成(L)/
放弃(U)]：✓

两条圆弧已经被转换成多段线。

下面查询面积：

命令：_area
指定第一个角点或 [对象(O)/加(A)/减(S)]：a
指定第一个角点或 [对象(O)/减(S)]：o
（"加"模式）选择对象：　　　　　　　　（选择正方形）
面积 = 14400.0000，周长 = 480.0000
总面积 = 14400.0000
（"加"模式）选择对象：✓
指定第一个角点或 [对象(O)/减(S)]：s
指定第一个角点或 [对象(O)/加(A)]：o
（"减"模式）选择对象：　　　　　　　　（选择多段线，即弧）
面积 = 8219.4671，周长 = 376.9911
总面积 = 6180.5329
（"减"模式）选择对象：✓
指定第一个角点或 [对象(O)/加(A)]：✓

## 5.6.2　修改样条曲线

### 1．命令启动方法

- 功能区："默认"选项卡→"修改"面板→▼按钮→"编辑样条曲线" ✍。
- 工具按钮："修改 II"工具栏→"编辑样条曲线" ✍。
- 菜单："修改"→"对象"→"样条曲线" ✍。
- 键盘命令：SPLINEDIT。

### 2．功能

修改样条曲线，并将 PEDIT 命令"样条曲线"选项拟合过的多段线转化为样条曲线。

### 3．操作

启动命令后，命令行提示如下：

命令：_splinedit
选择样条曲线：

选择样条曲线后，将显示拟合点（对样条曲线）或控制点（对 PLINE 的拟合曲线）。

输入选项 [闭合(C)/合并(J)/拟合数据(F)/编辑顶点(E)/转换为多段线(P)/反转(R)/放弃(U)/退出(X)] <退出>：↙

（1）闭合：输入 C，把开式样条曲线闭合，如图 5-30（b）所示。若原来样条曲线是闭合的，则"闭合（C）"选项变为"打开（O）"选项，输入 O，则把原来闭合的样条曲线打开。

（2）合并：输入 J，选择对象（直线、多段线、圆弧和其他样条曲线）在重合端点处连接到样条曲线上。

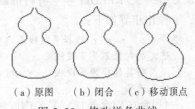

（a）原图　（b）闭合　（c）移动顶点

图 5-30　修改样条曲线

（3）拟合数据：修改拟合数据。输入 F，后续提示如下：

输入拟合数据选项 [添加(A)/闭合(C)/删除(D)/扭折(K)/移动(M)/清理(P)/切线(T)/公差(L)/退出(X)]<退出>：

① 添加：输入 A，将拟合点添加到样条曲线。

② 闭合：输入 C，闭合开式样条曲线。

③ 删除：输入 D，删除样条曲线的拟合点，并用剩余的点重新拟合样条曲线。

④ 扭折：输入 K，在样条曲线上的指定位置添加节点和拟合点。

⑤ 移动：输入 M，将拟合点移动到新位置。

⑥ 清理：输入 P，使用控制点替换样条曲线的拟合数据。

⑦ 切线：输入 T，改变样条曲线起点和终点的切线方向。

⑧ 公差：输入 L，修改样条曲线的拟合公差值。

⑨ 退出：退出"拟合数据"选项的操作。

（4）编辑顶点：编辑样条曲线的顶点。输入 E，后续提示如下：

输入顶点编辑选项 [添加(A)/删除(D)/提高阶数(E)/移动(M)/权值(W)/退出(X)] <退出>：

① 添加：输入 A，在位于两个现有的控制点之间的指定点处添加一个新控制点。

② 删除：输入 D，删除选定的控制点。

③ 提高阶数：输入 E，提高样条曲线的拟合阶数，阶数越高，则控制点越多。最高阶数是 26。

④ 移动顶点：输入 M，移动样条曲线通过的控制点。移动控制点后见图 5-30（c）。

⑤ 权值：输入 W，修改控制点的权值。

⑥ 退出：输入 X，退出编辑顶点操作。

（5）转换为多段线：输入 P，将样条曲线转换为多段线。

（6）反转：输入 E，转样条曲线的方向。此选项主要适用于第三方应用程序。

（7）放弃：输入 U，取消上一操作。

（8）退出：退出 SPLINEDIT 命令。

说明：

（1）如果选择的样条曲线无拟合数据，则不能使用"拟合数据"选项。拟合数据由所有的拟合点、拟合公差和由 SOLINE 生成的样条曲线相关联的切线组成。

（2）SPLINEDIT 命令将自动把由 PEDIT 命令"样条曲线"选项拟合过的多段线转化为样条曲线。

（3）下列操作将使样条曲线失去拟合数据：修改拟合数据时使用"清理"选项；重定义样条曲线；按公差拟合样条曲线并移动其控制顶点；按公差拟合样条曲线并闭合或打开它。

### 5.6.3　修改多线

**1. 命令启动方法**
- 菜单："修改"→"对象"→"多线"。
- 键盘命令：MLEDIT。

**2. 功能**

修改多线。

**3. 操作**

启动命令后，弹出图 5-31 所示的对话框。

该对话框以四列显示样例图像：第一列处理十字交叉的多线；第二列处理 T 形相交的多线；第三列处理角点连接和顶点；第四列处理多线的剪切或接合。

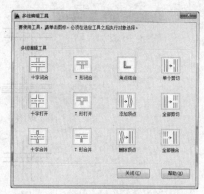

图 5-31　"多线编辑工具"对话框

（1）十字闭合：在两条多线之间创建闭合的十字交点。第一条多线在交点处全部被断开，第二条多线保持原状。

单击"十字闭合"图标，后续提示为：

选择第一条多线：　　（指定第一条多线）
选择第二条多线：　　（指定第二条多线）
选择第一条多线或 [放弃(U)]：✓

如图 5-32（a）所示。

（2）十字打开：在两条多线之间创建打开的十字交点。第一条多线在交点处全部被切断，第二条多线的外边线被切断，内部线保持原状。步骤同上。如图 5-32（b）所示。

（3）十字合并：在两条多线之间创建合并的十字交点。两条多线在交点处除了最内部线保持原状外，其余全部形成 L 形。步骤同上。如图 5-32（c）所示。

（4）T 形闭合：在两条多线之间创建闭合的 T 形交点。第一条多线被第二条多线外边线切断，第二条多线保持原状。步骤同上。如图 5-32（d）所示。

（5）T 形打开：在两条多线之间创建打开的 T 形交点。第一条多线被第二条多线外边线切断，第二条多线一条外边线被第一条多线的外边线切断，第二条多线内部线保持原状。步骤同上。如图 5-32（e）所示。

（6）T 形合并：在两条多线之间创建合并的 T 形交点。外边线和内边线的切断情况局部类似于十字合并。第一条多线外边线被第二条多线一条外边线切断，第一条多线内部线被第二条多线内部线切断，第二条多线一条外边线被第一条多线外边线切断，第二条多线内部线保持原状。步骤同上。如图 5-32（f）所示。

（7）角点结合：在多线之间创建 L 形相交的多线。单击处的多线保留，其他删除。步骤同上。如图 5-32（g）所示。

（8）添加顶点：在多线上添加一个顶点。

单击"添加顶点"图标，后续提示如下：

选择多线：　　　　（指定多线上要添加顶点的位置，例如图 5-33（b）的圆点处）
选择多线或 [放弃(U)]：✓

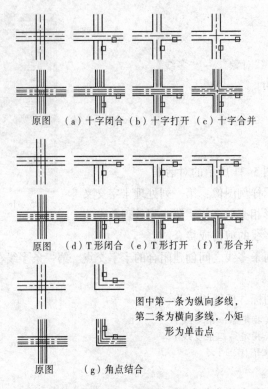

原图　（a）十字闭合　（b）十字打开　（c）十字合并

原图　（d）T形闭合　（e）T形打开　（f）T形合并

图中第一条为纵向多线，
第二条为横向多线，小矩
形为单击点

原图　（g）角点结合

图 5-32　修改多线

然后单击包含要添加顶点的多线，如图 5-33（c）所示，AutoCAD 显示控制点，然后单击一个控制点，拖动至新位置单击，则添加一个顶点，如图 5-33（d）所示。

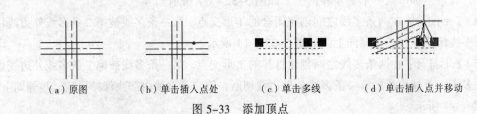

（a）原图　　　　（b）单击插入点处　　　　（c）单击多线　　　　（d）单击插入点并移动

图 5-33　添加顶点

（9）删除顶点：在多线上删除一个顶点。多线在此处被拉直。

单击"删除顶点"图标，后续提示如下：

选择多线：　　　　（指定多线要删除的顶点附近）

选择多线或 [放弃(U)]：✓

（10）单个剪切：选取两点，切断多线上的选定元素（一条线）。

单击"单个剪切"图标，后续提示如下：

选择多线：　　　　（指定多线要剪去的第一点）

选择第二个点：　　（指定同一条线上要剪去的第二点）

选择多线或 [放弃(U)]：✓

剪去选定的两点间的部分，如图 5-34（a）所示。

原图　　　　　　　结果

（a）单个剪切

（b）全部剪切

（c）全部接合

图 5-34　剪切与接合

（11）全部剪切：选取两点，整条多线全部被切断。步骤同上，如图 5-34（b）所示。

（12）全部接合：断开的多线全部被接合。可以认为是全部剪切的逆操作，如图 5-34（c）所示。

选择多线：　　　　　　（指定多线要接合的第一点）
选择第二个点：　　　　（指定多线要接合的第二点）
选择多线或 [放弃(U)]：↙

【例 5-20】绘制图 5-35（a）所示的墙身（多线），再修改多线，得到图 5-35（b）所示的结果（不包括尺寸标注）。

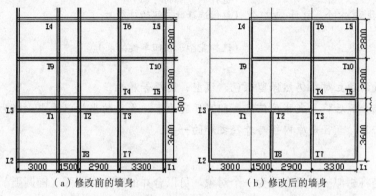

（a）修改前的墙身　　　　　　　　　　（b）修改后的墙身

图 5-35　修改墙身

题目解释说明：这是一个建筑的例题。这类图形的一个绘制思路是，首先用点画线绘制轴线；然后设置多线样式，绘制墙身（多线）；最后用 MLEDIT 命令修改墙身。本题多线样式采用标准多线（AutoCAD 默认），不设置新样式。绘制时，最好使用栅格。

操作步骤如下：

第一步：加载点画线（参见第 10 章）。按下状态栏中的"栅格"和"捕捉"按钮，准备使用栅格。绘制轴线，可以只绘制横线和纵线各一条，其余的用复制或偏移命令得到。结果见图 5-35（a）中的点画线。

第二步：调出多线的标准样式，绘制墙身。结果见图 5-35（a）中的实线。

第三步：修改多线。结果如图 5-35（b）所示。

说明：

单击多线的顺序和位置一定要正确。如某一步发生错误，请立刻用 U 命令放弃。

# 5.7　分解和合并

## 5.7.1　分解

用分解命令 EXPLODE 可以将矩形、正多边形、多段线、圆环、多线、图案填充等整体对象分解成各自独立的单一对象，从而可以分别对各单一对象进行操作，如删除、复制、旋转、改变对象颜色、改变线型等。分解也叫炸开。

### 1. 命令启动方法

● 功能区："默认"选项卡→"修改"面板→"分解" 。

● 工具按钮："修改"工具栏→"分解" 。

- 菜单："修改" → "分解" 。
- 键盘命令：EXPLODE。

### 2．功能

将合成对象拆成各自独立的单一对象。

### 3．操作

启动命令后，命令行提示：

命令：_explode
选择对象：找到 XX 个　　　　　　　　（选择欲分解的对象）
选择对象：找到 XX 个，总计 XXX 个　（继续选择欲分解的对象）
……
选择对象：✓　　　　　　　　　　　　（选择完毕，按回车键结束）

说明：

（1）分解成的独立对象仍然保留颜色、线型、图层等属性。

（2）多段线分解后将丢失宽度信息，即宽度变为零，各点的坐标以原中心线为准。圆环分解后将丢失宽度信息，直径是原内径与外径之和的一半。

## 5.7.2　合并

合并命令是将相似的对象合并为一个对象。可以合并的对象有圆弧、椭圆弧、直线、多段线和样条曲线。

### 1．命令启动方法

- 功能区："默认"选项卡→"修改"面板→按钮→"合并" 。
- 工具按钮："修改"工具栏→"合并" 。
- 菜单："修改" → "合并" 。
- 键盘命令：JOIN。

### 2．功能

将相似的对象合并为一个对象。

### 3．操作

启动命令后，命令行提示：

命令：_join 选择源对象：　　　（选择源对象，例如一条直线）
选择要合并到源的直线：　　　　（选择要合并的对象，例如与源对象在一条直线上的直线）
……
选择要合并到源的直线：✓　　　（选择完毕，按回车键结束）
已将 1 条直线合并到源

这样即将图 5-36（a）所示的两条直线合并成图 5-36（b）所示的一条直线。

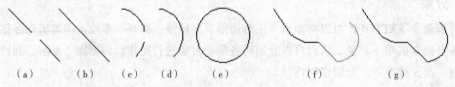

（a）　　　（b）　　　（c）　　　（d）　　　（e）　　　　　（f）　　　　（g）

图 5-36　合并对象

命令：_join 选择源对象：
选择圆弧，以合并到源或进行 [闭合(L)]：　　　（选择源对象，例如下面的一段圆弧）

选择要合并到源的圆弧：　找到 1 个　　　　（选择要合并的对象，例如与源对象在同一个圆上的上面的一段圆弧）

已将 1 个圆弧合并到源

这样即将图 5-36（c）所示的两段圆弧合并成图 5-36（d）所示的一段圆弧。

此外，图 5-36（e）是将图 5-36（c）所示的两段圆弧合并成了圆。图 5-36（g）是将图 5-36（f）所示的一条多段线、一条直线和一两段圆弧合并成了一条多段线。

说明：

对象合并是有条件的。条件如下：

（1）要合并的对象必须位于相同的平面上。

（2）要合并的直线必须属于同一条直线，但它们之间可以有间隙。要合并的圆弧、椭圆弧也都必须如此。

（3）要合并的样条曲线必须相接（端点对端点）。要合并多段线，合并的对象之间必须相连，并且位于与 UCS 的 XY 平面平行的同一平面上。

# 5.8　对象特性修改命令

对象特性修改命令有控制对象特性（"特性"选项板）、利用"特性"/"对象特性"工具栏修改对象特性和对象特性匹配。

## 5.8.1　控制对象特性（"特性"选项板）

控制对象特性命令 PROPERTIES（"特性"选项板）能够全方位地修改直线、圆、椭圆、弧、多段线、矩形、正多边形、样条曲线、文本、尺寸、图案填充和图块等对象的几何特性，修改多个对象共有的对象特性，如图层、颜色、线型等。

图 5-37　"特性"
选项板

选择的对象的种类不同，AutoCAD 显示的"特性"选项板的内容也不同。图 5-37 是修改圆的窗口。

### 1．命令启动方法

• 功能区："视图"选项卡→"选项板"面板→"特性"。

• 工具按钮："标准"工具栏→"特性"。

• 菜单："修改"→"特性"。

• 键盘命令：PROPERTIES。

### 2．功能

修改对象特性。

### 3．操作

启动命令后，弹出"特性"选项板。选择对象后，"特性"选项板的内容将根据选择对象的种类，改变窗口中的内容。

选择欲修改的特性（单击特性右边的内容框），进行相应的修改，然后按 1～2 次【Esc】键，取消对象选择状态（即取消对象上的小方框——夹点），关闭"特性"选项板，完成修改。

**说明：**

（1）修改对象特性后，对象仍呈现选中状态，必须按【Esc】键，才能取消选择状态，完成修改。

（2）如果选择单一对象，则窗口显示该对象的全部特性；如果选择多个对象，则窗口显示多个对象的共有特性。

### 5.8.2 "特性"面板和"特性"工具栏

"特性"面板在"默认"选项卡中，如图 5-38 所示。"特性"工具栏如图 5-39 所示。可以利用它修改对象的特性，这些特性包括颜色、线型、线宽和打印样式等。

利用其修改对象特性的步骤如下：

（1）选取要修改的对象。

（2）单击"特性"面板（或"特性"工具栏）某特性的▼，打开下拉列表，从中选取新特性。

（3）按【Esc】键，取消对象的选择状态（取消对象上的小方框），完成修改。

图 5-38 "特性"面板

图 5-39 "特性"工具栏

### 5.8.3 对象特性匹配

特性匹配，也称特性刷或格式刷，用于将源对象的特性赋予目标对象。

**1. 命令启动方法**

• 工具按钮："标准"工具栏→"特性匹配" （或 ）。

• 菜单："修改" → "特性"。

• 键盘命令：MATCHPROP。

**2. 功能**

将源对象的特性赋予目标对象。

**3. 操作**

```
命令：'_matchprop
选择源对象：                    （指定源对象）
当前活动设置： 颜色图层线型线型比例线宽厚度打印样式文字标注填充图案
多段线视口表格
选择目标对象或 [设置(S)]：
```

（1）选择目标对象：绘图区出现一把刷子，用它指定目标对象。可以同时或依次指定多个对象，指定完毕后按回车键。这是默认项。

（2）设置：输入 S，弹出"特性设置"对话框，从中选择要把哪些特性赋予目标对象，单击"确定"按钮。然后绘图区出现一把刷子，用它指定目标对象。可以同时或依次指定多个对象，指定完毕后按回车键。

图 5-40 是把直线的特性赋予圆的情况。

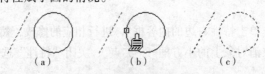

(a)　　　　　(b)　　　　　(c)

图 5-40 特性匹配示例

# 5.9 放弃和重做

## 5.9.1 放弃

在绘图中，有可能不慎操作失误，为了纠正失误，AutoCAD 像其他软件提供了放弃命令 U 来取消失误的操作，回到失误操作之前的一步。

**1．命令启动方法**

- 工具按钮："标准"工具栏→"放弃"。
- 菜单："编辑"→"放弃"。
- 键盘命令：U。

**2．功能**

放弃前一步操作。

**3．操作**

启动命令，即可放弃前一步操作。

## 5.9.2 重做

**1．命令启动方法**

- 工具按钮："标准"工具栏→"重做"。
- 菜单："编辑"→"重做"。
- 键盘命令：REDO。

**2．功能**

恢复 U 命令取消了的操作。

**3．操作**

启动命令，即可恢复 U 命令取消了的操作。

# 5.10 夹 点 编 辑

夹点（Grips）编辑是 AutoCAD 提供的一种快速修改图形的方式，它支持用户快速完成拉伸（STRETCH）、移动（MOVE）、旋转（ROTATE）、缩放（SCALE）、镜像（MIRROR）5 种操作。

夹点是图形对象的特征点，也称为夹持点或钳夹点。AutoCAD 规定了每种图形对象的夹点，如图 5-41 所示。夹点冷态是蓝色（默认），热态（亮显后）是红色。

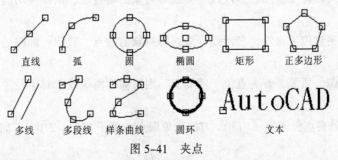

直线　　弧　　圆　　椭圆　　矩形　　正多边形

多线　　多段线　　样条曲线　　圆环　　文本

图 5-41　夹点

单击对象，对象将显示夹点（此时是冷态），再单击夹点将亮显夹点（此时是热态）。

夹点编辑的操作方法如下：

（1）选中对象（将显示夹点），再选中一个夹点（该夹点将亮显）。此时，命令行提示：

命令：

** 拉伸 **

指定拉伸点或 [基点(B)/复制(C)/放弃(U)/退出(X)]：

（2）不断按回车键，AutoCAD 循环显示拉伸、移动、旋转、缩放、镜像五种操作：

** 拉伸 **

指定拉伸点或 [基点(B)/复制(C)/放弃(U)/退出(X)]：

** 移动 **

指定移动点或 [基点(B)/复制(C)/放弃(U)/退出(X)]：

** 旋转 **

指定旋转角度或 [基点(B)/复制(C)/放弃(U)/参照(R)/退出(X)]：

** 比例缩放 **

指定比例因子或 [基点(B)/复制(C)/放弃(U)/参照(R)/退出(X)]：

** 镜像 **

指定第二点或 [基点(B)/复制(C)/放弃(U)/退出(X)]：

（3）选中某个操作后，根据提示行的提示完成该操作。

（4）输入 U，则放弃前一步操作。

（5）输入 X 按回车键，则结束夹点编辑。

需要注意以下问题：

（1）拉伸、移动、旋转、缩放、镜像模式的"复制"选项都能进行多重复制，连续得到多次拉伸、移动、旋转、缩放、镜像的结果。图 5-42（a）是椭圆绕圆心旋转复制的结果，图 5-42（b）是椭圆绕象限点旋转复制的结果，图 5-42（c）是椭圆镜像复制的结果，图 5-42（d）是三角形镜像复制的结果。

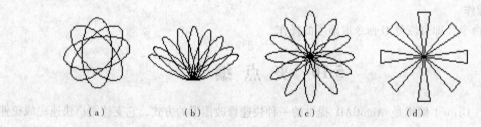

（a）　　　　　　　（b）　　　　　　　（c）　　　　　　　（d）

图 5-42　夹点编辑实例 1

（2）对于拉伸：

① 当亮显的夹点位于直线、多段线、多线等对象的端点时，则拉伸功能可完成拉伸、旋转的功能。

② 当亮显的夹点位于直线、多段线、多线等对象的中点，或圆、椭圆的圆心时，则拉伸功能等效于移动。

③ 对圆、椭圆、弧等，若夹点位于圆周上，则拉伸功能等效于对半径（对椭圆则是长轴或短轴）进行缩放。

④ 对圆环，若夹点位于 0°、180° 方向的象限点或位于 90°、270° 方向的象限点时，拉伸的结果不同。

⑤ 如果同时选取多个夹点对象，则只有选定拉伸基点的对象被拉伸。

（3）对于移动：如果同时选取多个夹点对象，则这些对象同时移动。

（4）对于旋转：

① 默认情况是把选择的夹点作为旋转的基点并旋转对象，也可以用"基点（B）"选项设置新的基点。

② 如果同时选取多个夹点对象，则这些对象同时旋转。

（5）对于缩放：

① 默认情况是把选择的夹点作为缩放的基点缩放对象，也可以用"基点（B）"选项设置新的基点。

② 如果同时选取多个夹点对象，则这些对象同时缩放。

（6）对于镜像

① 默认情况是把选择的夹点作为镜像线的第一点，再次单击的点作为镜像线的第二点，也可以用"基点（B）"选项设置新的第一点。

② 如果同时选取多个夹点对象，则这些对象同时镜像。

③ 如果镜像时不选择 C 选项，则镜像后不保留原对象。

图 5-43 是利用夹点编辑功能对一个正五边形分别进行拉伸、旋转、移动和镜像操作的情形。图 5-43 第二行是结果图。

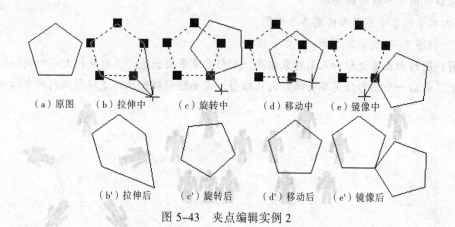

图 5-43　夹点编辑实例 2

# 小　结

1．对象选择的方式有 20 种左右。常用的是直接点取方式、W 窗口方式（默认方式）、C 交叉窗口方式（默认方式）和全选（ALL）方式。

2．修改命令很多，有些用于改变图形位置，例如移动、旋转、对齐；有些用于改变图形形状或的大小，例如打断、修剪、延伸、拉伸、倒圆角、倒角、缩放、拉长、延伸、拉伸；有些用于改变图形数量，例如删除、复制、镜像、阵列和偏移，但对于偏移，有时形状和大小不改变，如偏移直线，有时形状不改变，如偏移圆、正多边形、圆弧，有时形状和大小都改变，如多段线、样条曲线、矩形（长宽的比例改变）、椭圆（长短轴的比例改变）；有些是用于修改复杂对象，例如多段线、样条曲线、多线；有些改变对象特性，例如"特性"选项板、"特性"工具栏、对象特性匹配；还有分解和合并、夹点编辑。这些命令有些是常用的，如删除、复制、阵列、移动、旋转、缩放、修剪、倒圆角、修改多段线、修改多线、利用"特性"工具栏修改对象特性等。修改命令是绘制实际图形的基础。

# 上机实验及指导

【实验目的】

1．掌握选择对象的常用方式，以备修改对象时使用。

2．掌握各修改命令，以便在作图中灵活使用。

【实验内容】

1．练习各修改命令的操作。

2．练习利用"特性"工具栏修改对象特性。

3．做本章的各个例题和绘制各个例图。

4．应用绘图命令和修改命令绘制若干个图形。

【实验步骤】

1．启动 AutoCAD，练习各修改命令和练习利用"特性"面板或"特性"工具栏修改对象特性。要求命令的各个选项都要练习到。

2．做本章的各个例题和绘制各个例图。

3．绘制图 5-44 所示的图形——勇士组合。

**指导**：图形由正五边形和人形对象组成。人形对象多次出现，且形状、大小相同，因此可以进行复制。最后一个图形使用环行阵列比较恰当，需要绘制辅助线形成环形阵列的中心点。

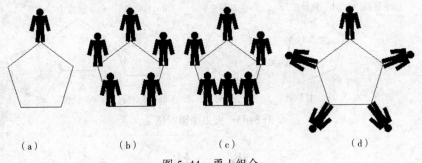

（a）　　　　　（b）　　　　　（c）　　　　　（d）

图 5-44　勇士组合

4．绘制图 5-45 所示的积木图形。

**指导**：这些图形可通过将基本图形复制、移动、旋转、镜像、阵列等得到。

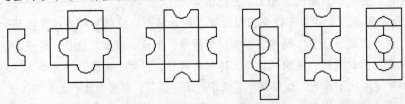

图 5-45　积木图形

5．绘制由图 5-46（a）形成的有规律的图形——图 5-46（b）和图 5-46（c）。

**指导：** 为了促进思考，本题及下面二题不再提示。请开动脑筋，自己分析完成。

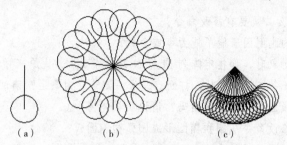

图 5-46　有规律的图形

6．绘制图 5-47（b）～（h）所示的有规律的图案。其中图 5-47（b）和图 5-47（c）是图 5-47（a）所示的椭圆以 M 点为中心环形阵列形成的。

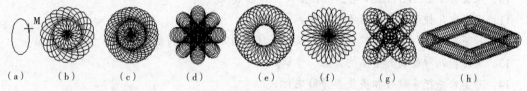

图 5-47　有规律的图案

7．绘制图 5-48 所示的平面图形。

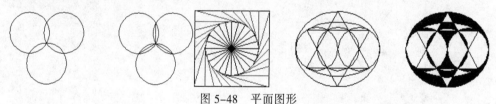

图 5-48　平面图形

8．图 5-49（a）中 L 的长度是多少？请先根据位置关系绘制该图（不包括尺寸），再回答。

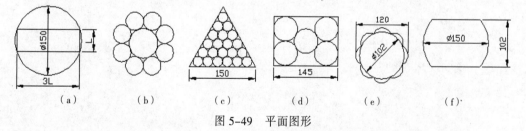

图 5-49　平面图形

9．已知图 5-49（b）中的大圆的直径是 40，如何根据位置关系绘制出该图？

10．已知图 5-49（b）中的小圆的直径是 20，如何根据位置关系绘制出该图？

11．图 5-49（c）和图 5-35（d）中圆的半径分别是多少？先绘图（不包括尺寸），再回答。

12．已知图 5-49（e）中 120 和 Φ102 两个尺寸，绘制出该图（不包括尺寸）。

13．绘制图 5-49（f）所示的鼓状图形（不包括尺寸）。

# 思 考 题

1．AutoCAD 为什么必须要有修改命令？

2．缩放时，输入的比例因子能不能为零或负数？

3．矩形阵列某个对象时，如指定阵列 M 行 N 列，阵列后，比原来增加几个对象？

4．使用 BREAK 命令打断对象时，打断点是否一定选在对象上？请试验。

5．能对两条平行线圆角吗？能倒角吗？请说明具体情形。

6．如何应用二维修改命令从圆和椭圆形成圆弧和椭圆弧？

7．请写出几个可以形成平行线的 AutoCAD 命令？如何操作？

8．要将两端直线合并需满足什么条件？

9．将直线和弧并入多段线所需的前提是什么？请实验验证你的判断。

10．拉长命令 LENGTHEN 能否拉长多线？样条曲线呢？

11．请写出几种改变对象颜色的方法。

12．利用"特性"面板或"特性"工具栏可修改对象的哪些特性？

13．请写出几种绘制五角星的方法、步骤。

14．分解命令把多段线和多线各分解成什么？

15．夹点编辑可快速完成哪几种操作？

标注文字和制作表格

### 学习目标

- 理解文字标注的有关概念，特别是确定单行文字位置的 4 条横线、2 条纵线和 13 个点的意义。
- 掌握文字样式设置。
- 掌握单行文字标注、多行文字标注（包括特殊字符）。
- 了解或掌握弧形文字标注。
- 掌握文字修改。
- 掌握设置表格样式、插入表格和编辑表格。

用 AutoCAD 绘图时，常常需要在图中标注文字，如标识、商标中的文字和工程图纸中的技术要求、施工要求、标题栏文字、明细表、详细索引等。

AutoCAD 提供了完善的文字标注和修改功能。用户可以设置文字样式，标注单行文字、多行文字和修改标注文字，以及制作表格、在表格中标注文字。本章介绍这些内容。

在计算机上生成文字的理论依据请见第 1 章 1.4.6 小节。

## 6.1 创建文字样式

创建文字样式是指建立文字标注时所需要的字体和字型等各种文字特性。

**1. 命令启动方法**

- 功能区："默认"选项卡→"注释"面板→▼按钮→"文字样式" 。
- 工具按钮："文字"工具栏→"文字样式" 。
- 菜单："格式"→"文字样式" 。
- 键盘命令：STYLE。

**2. 功能**

创建、修改或指定文字样式。

**3. 操作**

启动命令后，弹出"文字样式"对话框，如图 6-1
所示。

图 6-1 "文字样式"对话框

（1）"样式"列表

显示图形中的样式列表。样式名前的 图标表示样式是注释性。样式名最长可达 255 个字符。

名称中可包含字母、数字和特殊字符，如美元符号（$）、下画线（_）和连字符（-）。

（2）样式列表过滤器

下拉列表指定所有样式还是仅使用中的样式显示在样式列表中。

（3）"字体"区

① "字体名"下拉列表框：列出了当前所有可用的字体名。**T**标记了 Windows 标准的 True Type 字体，**A**标记了 AutoCAD 的专用字体，系统默认的字体为 txt.shx（字符形文件）。

说明：

第一，对于中文字体而言，"字体名"以 **T** 标记的字体（在"字体名"下拉列表框的后半部分）用于书写横向文字，如图 6-2（a）所示；"字体名"以 **T@** 标记的字体（在"字体名"下拉列表框的前半部分）用于书写纵向文字，如图 6-2（b）所示，春联、书脊上的文字就是纵向文字。

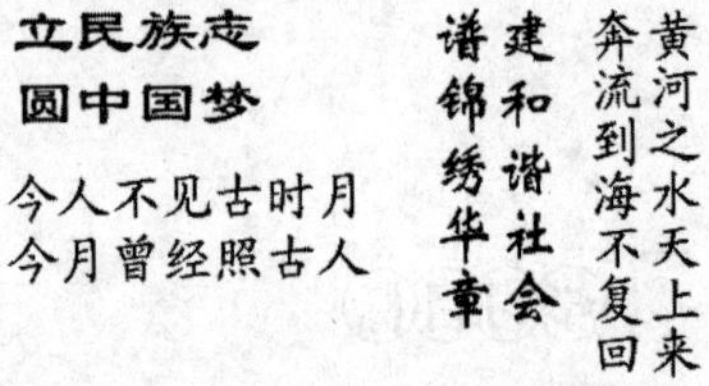

第二，国家标准规定图纸中汉字用长仿宋体，对应于 AutoCAD 的 **T** 仿宋和 **T@** 仿宋。西文字（拉丁字母和数字）对应于 AutoCAD 的 isocp.shx 或 standard。

立民族志
圆中国梦

今人不见古时月
今月曾经照古人

谱建黄
锦和河
绣谐之
华社水
章会天
　　上
奔来
流
到
海
不
复
回

（a）横向　　（b）纵向

图 6-2　横向文字和纵向文字

② "字体样式"下拉列表框：该选项与"字体名"中所选的字体自动对应，最多有"常规""粗体""倾斜""粗体倾斜"四项。

③ "使用大字体"复选框：指定亚洲语言的大字体文件。只对"字体名"中扩展名为.shx 的 AutoCAD 专用字体有效，对其他字体，该项不可用。

（4）"大小"区

① "注释性"复选框：指定文字为"注释性"。将注释添加到图形中时，用户可以打开这些对象的注释性特性。这些注释性对象将根据当前注释比例设置进行缩放，并自动以正确的大小显示。

② "使文字方向与布局匹配"复选框：指定图纸空间视口中的文字方向与布局方向匹配。

③ "高度"文本框：设置字体的高度。系统默认值为 0。

说明：

如果设置为非 0，则用该样式标注文字时，文字的高度将始终为该值，不可更改。如果设置为 0，则用该样式标注文字时，AutoCAD 会提示输入文字的高度，因而可更改。所以建议不要设置具体高度，就使其为默认值 0。

国家制图标准规定文字高度为 20，14，10，7，5，3.5，2.5，单位为 mm。

（5）"效果"区

① "颠倒"复选框：是正常文字 [见图 6-3（a）]沿文字底线的对称，就像湖中的倒影，如图 6-3（b）所示。

② "反向"复选框：是正常文字沿文字高度方向的对称，就像立镜中的影像，如图 6-3（c）所示。

③ "垂直"复选框：是正常横向文字的纵向书写，如图 6-3（d）所示。

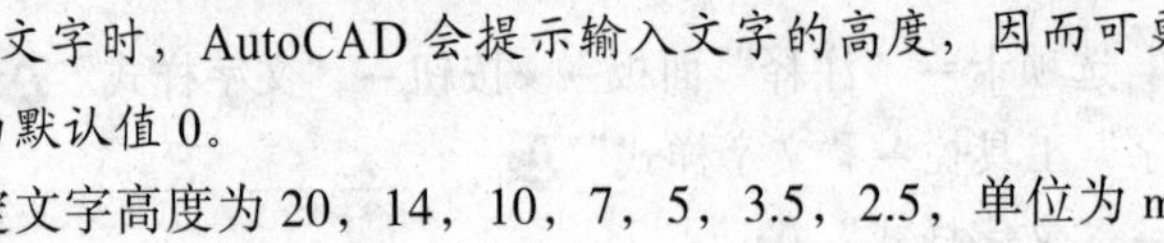

AutoCAD　ＡｕｔｏＣＡＤ　ＣＡＤｏｔｕＡ　AutoCAD

计算机辅助设计　计算机辅助设计　计算机辅助设计　计算机辅助设计

（a）正常　　　　（b）颠倒　　　　（c）反向　　　（d）垂直

图 6-3　文字效果

说明：

该项只对扩展名为.shx 的 AutoCAD 一部分专用字体有效。对其他字体，该项不可用。

④ "宽度因子" 文本框：设置字符间距。输入小于 1.0 的值将在宽度方向上压缩文字，输入大于 1.0 的值则在宽度方向上扩大文字。

说明：

国家标准规定图纸中长仿宋字的宽度因子为 $1/\sqrt{2}$，即 0.707。西文字（拉丁字母和数字）isocp.shx 的宽度因子为 1；standard 的宽度因子为 0.707（系统默认 standard 为 1）。

⑤ "倾斜角度" 文本框：设置文字的倾斜角度。允许其值为-85°～85°。系统默认为 0°。

说明：

国家标准规定：图纸中长仿宋字的倾斜角度为 0°。西文字（拉丁字母和数字）isocp.shx 和 standard 的倾斜角度为 0°（正体字）或 15°（斜体字）。

（6）"预览" 区

预览文字设置效果。

（7）"置为当前" 按钮

将在 "样式" 列表框中选定的样式设置为当前样式。

（8）"删除" 按钮

删除已存在的文字样式。

说明：

不能删除已经使用和正在使用的文字样式。

（9）"新建" 按钮

建立新的文字样式。单击 "新建" 按钮，弹出 "新建文字样式" 对话框，如图 6-4 所示。在 "样式名" 文本框中输入新文字样式名，单击 "确定" 按钮，返回 "文字样式" 对话框，自动将新文字样式名添加到 "样式名" 下拉列表框中。

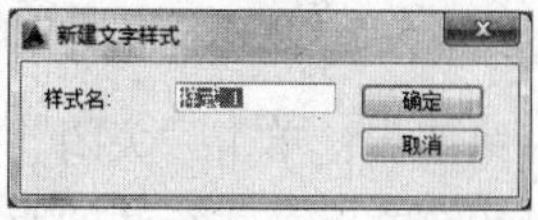

图 6-4 "新建文字样式" 对话框

说明：

右击 "样式" 列表框中的文字样式可以将其重命名。

（10）"关闭" 按钮

关闭 "文字样式" 对话框。

【例 6-1】创建符合国家标准的 "图纸中的汉字" 文字样式。

题目解释说明：国家标准规定图纸中的汉字用长仿宋体，且直体（正体），对应于 AutoCAD 的 仿宋（横向文字）和 @仿宋（纵向文字），宽度因子为 0.707，倾斜角度为 0°。由于绝大多数用横向文字，故这里使用 仿宋。

操作步骤如下：

第一步：启动文字样式创建命令 STYLE，弹出 "文字样式" 对话框，如图 6-1 所示。

第二步：单击 "新建" 按钮，弹出 "新建文字样式" 对话框，如图 6-4 所示。在 "样式名" 文本框中输入 "图纸中的汉字"，单击 "确定" 按钮，返回 "文字样式" 对话框，"图纸中的汉字" 添加到 "样式" 列表框中。

第三步：在 "字体名" 下拉列表框中选择 " 仿宋"，在 "高度" 文本框中默认 0.0000，在

"宽度因子"文本框中输入 0.707，其他不变（使用默认值），如图 6-5 所示。

第四步：单击"关闭"按钮，存储文字样式并退出"文字样式"对话框。

用该文字样式标注的汉字如图 6-3（a）所示。

【例 6-2】创建符合国家标准的"图纸中的西文"文字样式。

题目解释说明：国家标准规定的西文字（拉丁字母和数字）对应于 AutoCAD 的 isocp.shx 或 standard 字体；isocp.shx 的宽度因子为 1，standard 的宽度因子为 0.707；isocp.shx 和 standard 的倾斜角度为 0°（正体字）或 15°（斜体字）。这里使用 isocp.shx 字体，且正体字。

操作步骤如下：

第一步：启动文字样式创建命令 STYLE，弹出"文字样式"对话框，如图 6-1 所示。

第二步：单击"新建"按钮，弹出"新建文字样式"对话框，如图 6-4 所示。在"样式名"文本框中输入"图纸中的西文"，单击"确定"按钮，返回"文字样式"对话框，"图纸中的西文"添加到"样式"列表中。

第三步：在"字体名"下拉列表框中选择"isocp.shx"，"高度"文本框中默认 0.0000，"宽度因子"文本框中默认 1.0000，其他不变（使用默认值），如图 6-6 所示。

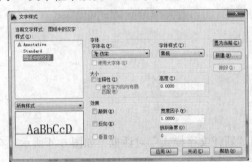

图 6-5　创建"图纸中的汉字"文字样式

图 6-6　创建"图纸中的西文"文字样式

第四步：单击"关闭"按钮，存储文字样式并关闭"文字样式"对话框。

用该文字样式标注的西文如图 6-3（a）所示。

## 6.2　标 注 文 字

文字标注有单行文字标注、多行文字标注。

### 6.2.1　标注单行文字

在标注文字时，要确定文字的位置。确定文字的位置采用 6 条直线，分别是顶线、中线、基线、底线、左线和右线，如图 6-7 所示。

顶线：大写字母顶部的直线。

基线：大写字母底部的直线。

中线：位于顶线和基线正中间的直线，与顶线和基线平行。

底线：小写字母 g、j、p、q、y 底部的直线。

左线：与上述四条直线垂直且在字母最左边的直线。

右线：与顶线、基线、中线、底线四条直线垂直且在字母最右边的直线。

这 6 条直线形成了对齐字符位置的 12 个点，再加 1 个点，共有 13 个点，如图 6-8 所示。这 13 个点都可作为对齐字符位置的点。

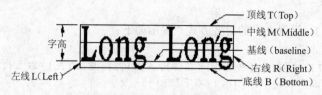

图 6-7　文字对正的 6 条直线

TC：中上　MC：正中　M：中间　C：中心　BC：中下

图 6-8　文字的对齐位置

### 1. 命令启动方法

- 功能区："默认"选项卡→"注释"面板→"文字"下拉按钮→"文字" **AI**。
- 工具按钮："文字"工具栏→"单行文字" **AI**。
- 菜单："绘图"→"文字"→"单行文字" **AI**。
- 键盘命令：TEXT。

### 2. 功能

指定位置标注单行文字，也可以一行一行地标注多行文字，按回车键结束每行。每行文字都是独立的对象，可对其进行移动、格式设置或其他修改。

### 3. 操作

启动命令后，命令行提示如下：

命令：_text
当前文字样式：Standard 文字高度：XXXX　注释性：否
指定文字的起点或 [对正(J)/样式(S)]：

该提示行有 3 个选项：

（1）指定文字的起点：这是默认项。该起点是图 6-8 中的基线的左端点"左：L"。指定起点后，AutoCAD 提示如下：

```
指定高度<缺省值>：              （输入要标注的文字的高度）
指定文字的旋转角度<0>：          （输入要标注的文字沿 X 轴的正方向逆时针旋转的角度）
输入文字：                       （输入要标注的文字）
输入文字：                       （输入下一行要标注的文字。如果只标注一行，则这里按回车键）
……
输入文字：√                      （输入完毕后，按回车键）
```

图 6-9 是旋转角度为 0° 和 5° 的文字。

（2）样式：创建文字样式或查询某个文字样式的参数。输入 S，AutoCAD 提示：

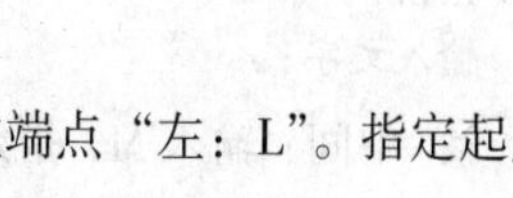

输入样式名或 [?] <缺省>：

春风又绿江南岸

明月何时照我还

图 6-9　旋转角度不同的文字

输入样式名，以创建文字样式。若输入"?"，则提示如下：

输入要列出的文字样式<*>：

输入要列出的文字样式，则显示该文字样式的参数；输入"*"，则显示全部的文字样式及其参数。

（3）对正：输入 J，设置文字的对齐方式。提示如下：

输入选项
[对齐(A)/调整(F)/中心(C)/中间(M)/右(R)/左上(TL)/中上(TC)/右上(TR)/左中(ML)/正中(MC)/右中(MR)/左下(BL)/中下(BC)/右下(BR)]：

① 对齐：输入 A，指定文字行基线的起点和终点，文字均匀分布于这两点之间，文字行的倾斜角度由这两点的连线确定，每个字的宽度等于这两点的距离除以字数，高度等于每个字的宽度除以宽度因子。因此，如果各行字数不等，则各行的字高和字宽不等，如图 6-10（a）所示。

② 调整：输入 F，指定文字行基线的起点和终点，文字均匀分布于这两点之间，文字行的倾斜角度由这两点的连线确定，每个字的宽度等于这两点的距离除以字数，高度由用户指定，各行的字高相等。因此，如果各行字数不等，则各行的字宽不等，字高相等，如图 6-10（b）所示。

该选项指定文字行基线的起点和终点后，会要求输入文字高度。

（a）"对齐(A)"标注的文字　　　（b）"调整(F)"标注的文字

图 6-10　标注的文字

③ 中心：输入 C，指定 C 点，文字以基线的中心点 C 为基准点居中对齐。后续提示如下：

| 指定文字的中心点： | （指定一点，作为基线的水平中心） |
| 指定高度<缺省>： | （输入文字高度） |
| 指定文字的旋转角度<缺省>： | （输入文字的旋转角度） |
| 输入文字： | （输入要标注的文字） |
| 输入文字： | （输入下一行要标注的文字。如果只标注一行，则这里按回车键） |
| …… | |
| 输入文字：✓ | （输入完毕后，按回车键） |

④ 中间：输入 M，指定 M 点，文字以 M 点为基准点居中对齐。M 点既是水平方向上的中点，也是垂直方向上的中点，即 M 点是矩形 TL—TR—BR—BL 的对角线 TL—BR 和 TR—BL 的交点。后续提示同"中心(C)"。

⑤ 右：输入 R，指定基线的右端点，文字以该点为基准点进行标注，文字右对齐。

⑥ 左上：输入 TL，指定顶线的左端点，文字以该点为基准点进行标注，文字左对齐。

⑦ 中上：输入 TC，指定顶线的中点，文字以该点为基准点进行标注，文字居中对齐。

⑧ 右上：输入 TR，指定顶线的右端点，文字以该点为基准点进行标注，文字右对齐。

⑨ 左中：输入 ML，指定中线的左端点，文字以该点为基准点进行标注，文字左对齐。

⑩ 正中：输入 MC，指定中线的中点，文字以该点为基准点进行标注，文字居中对齐。

⑪ 右中：输入 MR，指定中线的右端点，文字以该点为基准点进行标注，文字右对齐。

⑫ 左下：输入 BL，指定底线的左端点，文字以该点为基准点进行标注，文字左对齐。

⑬ 中下：输入 BC，指定底线的中点，文字以该点为基准点进行标注，文字居中对齐。

⑭ 右下：输入 BR，指定底线的右端点，文字以该点为基准点进行标注，文字右对齐。

说明：

（1）标注单行文本时，在标注一行的过程中，不能改变标注位置。

（2）标注一行后，按回车键可以继续标注下一行，下一行的起点位置和上一行的起点位置是对齐的（在垂直于基线且过上一行起点的直线上）；在标注下一行时，可以通过单击，改变该行的起点位置。

（3）在输入文字的过程中，显示出的文字的位置、大小不一定是要求的位置和大小，只有在按回车键后或结束标注命令后，才显示出所要求的正确结果。

【例 6-3】标注图 6-11 所示的 4 组文字。

**题目解释说明：** 本例需要在标注文字之前创建文字样式。创建文字样式时，字体分别为仿宋、黑体、楷体和隶书，宽度因子可自己设置，本例中都设为 0.707。标注文字时，字高设置为顶线和基线之间的垂直距离，例如 60。

操作步骤如下：

第一步：创建文字样式，样式名分别设为"仿宋字""黑体字""楷体字"和"隶书字"。请参考【例 6-1】创建，详细操作略。

图 6-11 中文字体的对齐

第二步：标注文字。

```
命令：_text
当前文字样式：仿宋字 文字高度：XXXX    注释性：否
指定文字的起点或 [对正(J)/样式(S)]:S
输入样式名或 [?] <缺省>:仿宋字            （输入样式名）
当前文字样式：仿宋字
当前文字高度：XXX
指定文字的起点或 [对正(J)/样式(S)]:       （输入文字的起点）
指定高度<缺省值>:60                      （输入要标注的文字的高度 60）
指定文字的旋转角度<0>:✓                   （默认为 0。若不是 0，则输入 0）
输入文字:山东建筑大学                      （输入标注的文字）
输入文字:✓                               （输入完毕，按回车键）
```

仿宋字"山东建筑大学"标注完毕。

其他三组也可以照此标注。此外还可以用"对正(J)"包含的除"对齐(A)/调整(F)"之外的其他选项标注。除去"对齐(A)/调整(F)"的原因是："对齐(A)"选项文字的高度不要用户输入，因此文字高度的随机性太强（文字高度与输入的两个端点的距离有关），"调整(F)"选项文字的高度虽然要用户输入，但宽度因子不要用户输入，因此宽度的随机性太强（也与输入的两个端点的距离有关），只要看一看图 6-10 就不难明白这一点。用这两个选项，要满足高度、宽度因子两个已知值，只有认真计算两个端点的距离，否则难以满足这两个值。

【例 6-4】标注图 6-2（b）所示的纵向文字"建和谐社会 谱锦绣华章"。

**题目解释说明：** 本例要先创建用于标注纵向文字的带 **T@** 标记的魏碑字体的文字样式，再标注文字。这两列文字的宽度因子是 1。由于标注纵向文字，文字的旋转角度需指定为 270°。创建的文字样式名为"纵向魏碑"，创建过程从略。

操作步骤如下：

第一种方法指定一点。

命令：text
当前文字样式：纵向魏碑文字高度：XXXX　注释性：否
指定文字的起点或 [对正(J)/样式(S)]：　　　（输入一点）
指定高度<XXX>：20　　　　　　　　　　　　（输入文字高度）
指定文字的旋转角度<270>：　　　　　　　　（默认 270°。如果是其他值，须输入 270）
输入文字：建和谐社会　　　　　　　　　　　（输入第一列文字）
输入文字：谱锦绣华章　　　　　　　　　　　（输入第二列文字）
输入文字：✓　　　　　　　　　　　　　　　（输入完毕，按回车键）

第二种方法指定一点。

命令：text
当前文字样式：纵向魏碑文字高度：XXXX　注释性：否
指定文字的起点或 [对正(J)/样式(S)]：j
输入选项
[对齐(A)/调整(F)/中心(C)/中间(M)/右(R)/左上(TL)/中上(TC)/右上(TR)/左中(ML)/正中
(MC)/右中(MR)/左下(BL)/中下(BC)/右下(BR)]：c
　　　　　　　　　　　　　　　　　　　　　（输入 C、M、R、TL、TC、TR、ML、MC、MR、BL、
BC 或 BR 均可）
指定文字的中心点：　　　　　　　　　　　　（输入一点）
指定高度<XXX>：20　　　　　　　　　　　　（输入文字高度）
指定文字的旋转角度<270>：　　　　　　　　（默认 270°。如果是其他值，须输入 270）
输入文字：建和谐社会　　　　　　　　　　　（输入第一列文字）
输入文字：谱锦绣华章　　　　　　　　　　　（输入第二列文字）
输入文字：✓　　　　　　　　　　　　　　　（输入完毕，按回车键）

### 4. 控制码与特殊字符

在标注单行文字时，一些特殊字符在键盘上找不到，无法直接输入。AutoCAD 为此提供了一些控制码，用于标注常用的特殊字符，如表 6-1 所示。

表 6-1　控制码与特殊字符

| 控制码 | 特殊字符 | 意义 | 举例 | |
| --- | --- | --- | --- | --- |
| | | | 输入字符 | 显示结果 |
| %%c | Φ | 直径符号 | %%c45 | Φ45 |
| %%d | ° | 度符号 | 120%%d | 120° |
| %%p | ± | 正负公差符号 | %%p0.1 | ±0.1 |
| %%% | % | 百分号 | 95%%% | 95% |
| %%o | ‾ | 开、关上画线 | The length is %%o68%%o. | The angle is $\overline{68}$. |
| %%u | _ | 开、关下画线 | %%uAutoCAD%%u is useful. | AutoCAD is useful. |

【例 6-5】标注图 6-12 所示的文字。

题目解释说明：本例是使用控制码标注特殊字符的例子。字体为 isocp.shx，宽度因子为 1。设置文字样式后，标注文字。下面省略创建文字样式，只进行文字标注。

Angle=60°.
The diameter is Φ165±0.5.
AutoCAD is a drawing software.

图 6-12　控制码和特殊字符用例

操作步骤如下：

命令：text
当前文字样式：isocp 文字高度：XXXX　注释性：否
指定文字的起点或 [对正(J)/样式(S)]：
指定高度<XXX>:20　　　　　　　　　　　　　　　（输入文字高度，例如 20）
指定文字的旋转角度<0>：　　　　　　　　　　　（默认文字的旋转角度为 0）
输入文字：%%uAngle%%u=60%%d.　　　　　　（输入第一行的字符和控制码）
输入文字：The diameter is %%c165%%p0.5.　　（输入第二行的字符和控制码）
输入文字：%%oAutoCAD%%o is a drawing software.　（输入第二行的字符和控制码）
输入文字：✓　　　　　　　　　　　　　　　　　（输入完毕，按回车键）

## 6.2.2　标注多行文字

### 1. 命令启动方法

- 功能区："默认"选项卡→"注释"面板→"文字"下拉按钮→"文字" **A**。
- 工具按钮："绘图"工具栏→"多行文字" **A**。
- 工具按钮："文字"工具栏→"多行文字" **A**。
- 菜单："绘图"→"文字"→"多行文字"。
- 键盘命令：MTEXT。

### 2. 功能

指定区域标注多行文字或数段文字。文字中可设置不同的文字样式或高度。

### 3. 操作

启动命令后，命令行提示如下：

命令：_mtext
当前文字样式:"XX"
当前文字高度:XXX
指定第一角点：　　　　　　　　　　　　　　（确定标注文字的矩形框的第一角点）
指定对角点或 [高度(H)/对正(J)/行距(L)/旋转(R)/样式(S)/宽度(W)/栏(C)]：
该提示行有 8 个选项。

（1）指定对角点：这是默认项。文字将标注在第一角点和对角点所确定的矩形框内。指定对角点后，AutoCAD 弹出图 6-13 所示的"文字格式"工具栏。"文字格式"工具栏用于设置文字的一系列属性；文字输入窗口是输入文字的区域，有水平标尺，可以设置首行缩进、段落缩进和制表位。

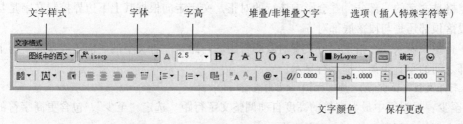

图 6-13　多行文字"文字格式"工具栏

① "文字样式"下拉列表框、"字体"下拉列表框、"文字高度"文本框：含义同前述。
② "加粗"按钮 **B**：使选定的文字加粗或取消加粗。只对部分 True Type 字体有效，如 **T**Agency

FB、**T**Arial、**TT**Romantic、**TT**Times New Roman、**TT**Trebuchet MS 等。

③ "斜体"按钮 **/** ：使选定的文字倾斜或取消倾斜，只对部分 True Type 字体有效，如**TT**Arial、**TT**Romantic、**TT**Times New Roman、**TT**Trebuchet MS 等。

④ "下画线"按钮 **U**：给选定的文字加上或取消下画线。

⑤ "放弃"按钮 **↶**/ "重做"按钮 **↷**：放弃/重做最近一次操作。

⑥ "堆叠"按钮 **吊**：使选定的文字堆叠或取消堆叠。

选定包含堆叠字符的文字，单击此按钮可堆叠文字，堆叠符号左边的文字被堆叠到堆叠符号右边的文字的上面。如果选定堆叠文字，则取消堆叠。堆叠文字示例如图 6-14 所示。

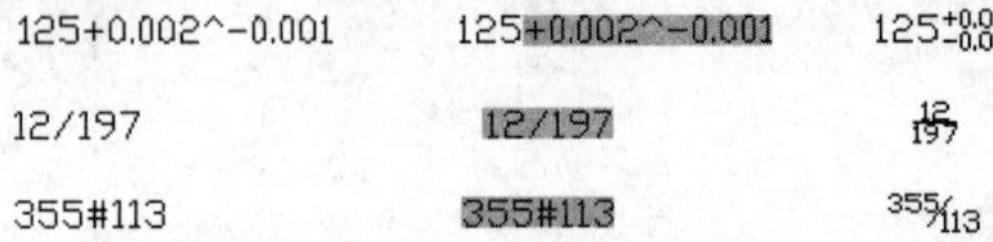

| 125+0.002^-0.001 | 125+0.002^-0.001 | $125^{+0.002}_{-0.001}$ |
| 12/197 | 12/197 | $\frac{12}{197}$ |
| 355#113 | 355#113 | $^{355}\!/_{113}$ |
| （a）堆叠前的形式 | （b）选择堆叠文字 | （c）堆叠后的形式 |

图 6-14　堆叠文字示例

堆叠字符有 3 个："^""/"和"#"。

- 默认情况下，包含"^"符号的文字转换为左对齐的公差值。
- 包含"/"符号的文字被转换为居中对正的分数值，"/"被转换为一条与"/"左边和右边中较长的文字串长度相同的水平线。
- 包含"#"的文字被转换为被斜线分开的分数。"#"被转换为一条斜线，斜线上方的文字右下对齐，斜线下方的文字左上对齐，如图 6-14（c）所示。

⑦ "颜色"下拉列表框：设置文字的颜色。

⑧ "选项"按钮：单击该按钮，选择"符号"，可以标注特殊字符的很多种类。

⑨ "确定"按钮：确定输入文字的结果，关闭"文字格式"工具栏和输入窗口。

（2）高度：输入 H，指定字高。

（3）对正：输入 J，提示行显示：

输入对正方式
[左上(TL)/中上(TC)/右上(TR)/左中(ML)/正中(MC)/右中(MR)/左下(BL)/中下(BC)/右下(BR)]<缺省>:

根据文字边界，确定新文字或选定文字的对齐方式和走向。当前的对正方式（默认是左上）被应用到新文字中。根据对正设置和矩形上的 9 个对正点之一将文字在指定矩形中对正。对正点由用来指定矩形的第一点决定。文字根据其左右边界居中对正、左对正或右对正。在一行的末尾输入的空格是文字的一部分，并会影响该行的对正。文字走向根据其上下边界控制文字是与段落中央、段落顶部还是与段落底部对齐。

（4）行距：输入 L，指定多行文字对象的行距。行距是一行文字的底部（或基线）与下一行文字底部之间的垂直距离。提示行显示：

输入行距类型 [至少(A)/精确(E)] <当前类型>:

① 至少：根据行中最大字符的高度自动调整文字行距。选定"至少"，包含更高字符的文字行会在行之间加大间距。输入 A，提示为：

输入行距比例或行距<1x>:

- 行距比例：将行距设置为单倍行距的倍数。单倍行距是文字字符高度的 1.66 倍。可以以数字后跟 x 的形式输入行距比例，表示单倍行距的倍数。例如，输入 1x 指定单倍行距，输入

2x 指定双倍行距。

- 行距：将行距设置为以图形单位测量的绝对值。有效值必须在 0.0833（0.25x）和 1.3333（4x）之间。

② 精确：强制多行文字对象中所有文字行之间的行距相等。间距由对象的文字高度或文字样式决定。输入 E，提示为：

输入行距比例或行距 <1x>：

含义同上。

（5）旋转：输入 R，指定文字边界（即矩形框）的旋转角度。

（6）样式：输入 S，指定用于多行文字的文字样式。

（7）宽度：输入 W，指定文字边界的宽度，即矩形框的宽度。

（8）栏：指定用于栏的选项。输入 C，提示：

输入栏类型 [动态(D)/静态(S)/不分栏(N)] <动态(D)>：

① 动态：将当前多行文字对象设定为动态栏模式。动态栏由文字驱动。调整栏将影响文字流，而文字流将导致添加或删除栏。"自动高度"或"手动高度"选项可用。

② 静态：将当前多行文字对象设置为静态栏模式。可以指定多行文字对象的总宽度和总高度及栏数。所有栏将具有相同的高度且两端对齐。

③ 不分栏：为当前多行文字对象指定"不分栏"。

【例 6-6】标注图 6-14（c）所示的文字。

**题目解释说明**：本例标注堆叠文字。字体为 isocp.shx，宽度因子为 1。先创建文字样式，再标注文字。下面只说明文字标注的步骤。

操作步骤如下：

第一步：启动 MTEXT 命令，指定第一角点和对角点，确定输入文字的矩形框。

第二步：在弹出的对话框中选定样式、字体，输入或选定字高，选定文字颜色。

第三步：在文字输入窗口中单击，确定输入位置。

第四步：输入 "125+0.002^-0.001"［见图 6-14（a）］，拖动鼠标选择 "+0.002^-0.001"［见图 6-14（b）］，单击"堆叠"按钮，完成一行［见图 6-14（c）］，按回车键；

输入 "12/197"［见图 6-14（a）］，拖动鼠标选择 "12/197"［见图 6-14（b）］，单击"堆叠"按钮，完成第二行［见图 6-14（c）］，按回车键；

输入 "355#113"［见图 6-14（a）］，拖动鼠标选择 "355#113"［见图 6-14（b）］，单击"堆叠"按钮，完成第三行［见图 6-14（c）］，按回车键。

第五步：单击"确定"按钮。

## 6.2.3 弧形文字标注

有的 AutoCAD 版本支持弧形文字标注，标注的弧形文字如图 6-15 所示。

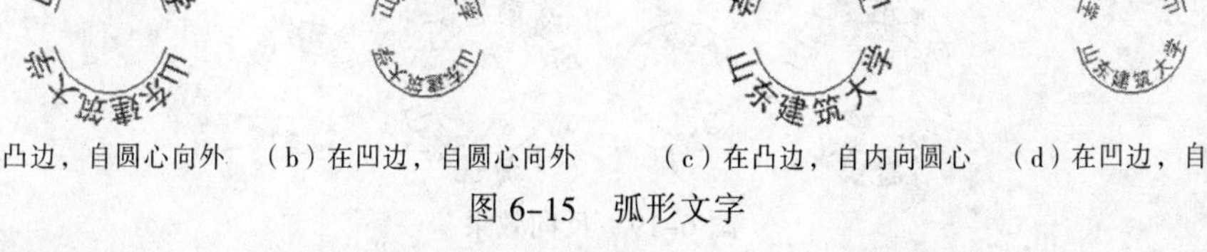

（a）在凸边，自圆心向外　（b）在凹边，自圆心向外　（c）在凸边，自内向圆心　（d）在凹边，自内向圆心

图 6-15　弧形文字

## 1．命令启动方法

- 工具按钮："快捷文字工具"工具栏→"圆弧对齐文字" 。
- 菜单："快捷工具"→"文字"→"圆弧对齐文字"。
- 键盘命令：ARCTEXT。

在 AutoCAD 窗口显示"快捷文字工具"工具栏的步骤是：右击一个工具栏，在弹出的快捷菜单上选择"快捷文字工具"命令。该工具栏如图 6-16 所示。

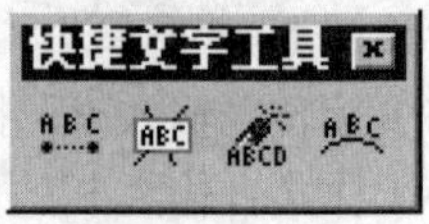

## 2．功能

沿一条弧线标注文字，或修改用该命令标注的文字。

## 3．操作

启动命令后，命令行提示：

图 6-16　"快捷文字工具"工具栏

命令：_.arctext

选择圆弧或圆弧对齐文字：

该提示行有两个选项。

（1）选择圆弧

选择要沿着标注文字的圆弧。选择圆弧后弹出图 6-17 所示的"圆弧对齐文字工具-创建"对话框。

① ba 按钮：控制弧形文字是否反向，选取该按钮文字必须反向才可读，它可在刻制印章时使用。

② L R F C 按钮：弧形文字与弧线左/右/匹配/中心对齐。

③ A A 按钮：弧形文字位于弧线之外/内（凸边/凹边）。

④ T T 按钮：弧形文字向外/内（自圆心向外/自内向圆心）。

⑤ "文"文本框：输入弧形文字。

⑥ "特性"区：控制文字高度、文字的宽度比例、弧形文字之间的间距、弧形文字与弧线之间的偏移距离、弧形文字与左端的偏移距离、弧形文字与右端的偏移距离。

图 6-15 是各种弧形文字的效果。

（2）选择圆弧对齐文字

选择弧形文字。选择弧形文字后弹出图 6-18 所示的"圆弧对齐文字工具—修改"对话框。可以利用该对话框对文字进行各种修改。

图 6-19 是对 6-15 所示的文字利用 ba 按钮修改为反向后的效果。

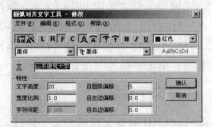

图 6-17　"圆弧对齐文字工具-创建"对话框　　图 6-18　"圆弧对齐文字工具-修改"对话框

图 6-19　反向效果

很明显，从左向右读的文字变成了从右向左读，从右向左读的文字变成了从左向右读。

# 6.3　修改文字

标注的文字可以进行内容和属性的修改。

修改文字的内容可以通过双击文字实现。

修改文字的内容和属性可以通过"特性"选项板、"特性"面板（见第 4 章）实现。

# 6.4　制作表格

明细表、详细索引等就是表格。这些表格可以用 AutoCAD 有关表格的命令来操作完成。

## 6.4.1　创建表格样式

### 1．命令启动方法
- 功能区："注释"选项卡→"表格"面板→ 按钮→"表格样式"。
- 工具按钮："样式"工具栏→"表格样式" 。
- 菜单："格式"→"表格样式" 。
- 键盘命令：TABLESTYLE。

### 2．功能
定义新表格样式。

### 3．操作
启动命令后，弹出"表格样式"对话框，如
图 6-20 所示。

图 6-20 "表格样式"对话框

单击"新建"按钮，弹出"创建新的表格样式"
对话框，如图 6-21 所示。输入新样式名，选择一种基础样式，单击"继续"按钮，弹出"新建
表格样式"对话框，如图 6-22 所示。

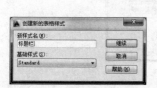

图 6-21 "创建新的表格样式"对话框

图 6-22 "新建表格样式"对话框

（1）"起始表格"区

使用户可以在图形中指定一个表格用作样例来创建此表格样式的格式。使用"删除表格"按
钮，可以将表格从当前指定的表格样式中删除。

（2）"常规"区

设置表格方向。"向下"将创建由上而下读取的表格，标题行和列标题行位于表的顶部。"向上"将创建由下而上读取的表格，标题行和列标题行位于表的底部。

（3）"预览"区

显示当前表格样式设置效果的样例。

（4）"单元样式"区

① "单元样式"下拉列表框：可从中选择标题、表头、数据等。

② 该区有"常规""文字""边框"3 个选项卡，用于设置三者的特性、页边距的外观。

③ "创建行/列时合并单元"复选框：将使用当前单元样式创建的所有新行或新列合并为一个单元。可以使用此选项在表格的顶部创建标题行。

④ "单元样式预览"区：显示当前表格样式设置效果的样例。

### 6.4.2　插入表格

#### 1．命令启动方法

- 功能区："注释"选项卡→"表格"面板→"表格" ⊞。
- 功能区："默认"选项卡→"注释"面板→"表格" ⊞。
- 工具按钮："绘图"工具栏→"表格" ⊞。
- 菜单："绘图"→"表格" ⊞。
- 键盘命令：TABLE。

#### 2．功能

插入表格。

#### 3．操作

启动命令后，弹出"插入表格"对话框，如图 6-23 所示。

在该对话框进行所有设置后，单击"确定"按钮。

双击单元格，可输入文字或数据。

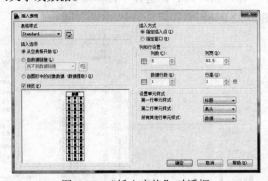

图 6-23　"插入表格"对话框

### 6.4.3　编辑表格

方法有：

（1）单击表格线，选定表格，在选中区右击，从弹出的快捷菜单中选取相应的命令（如"表格样式""均匀调整列大小""特性"等）。

（2）单击表格的表格线，选定单元格，功能区选项板中会弹出"表格单元"选项卡，在不同的面板中进行相应的操作。或单击表格线，选定单元格，在选中区右击，选择"特性"命令，在弹出的"特性"选项板中做修改（例如修改单元格宽度、高度等）。

（3）拖动鼠标选择多个相邻的单元格，右击，选择"合并"命令可合并单元格；选择"特性"命令，可在弹出的"特性"选项板中做修改（例如修改单元格宽度、高度等）。

表格还可以用 EXPLODE 命令分解。

**【例 6-7】** 绘制图 6-24 所示的表格（不包括尺寸和文字）。

**题目解释说明：** 本例的表格是机械图的标题栏，尺寸和边框粗细要符合要求。

操作步骤如下：

第一步：启动 TABLESTYLE 命令，弹出"表格样式"对话框，如图 6-20 所示。单击"新建"按钮，输入样式名。单击"继续"按钮，设置文字高度 4.5，水平、垂直的页边距都是 1。单击"确定"按钮、"置为当前"按钮和"关闭"按钮。

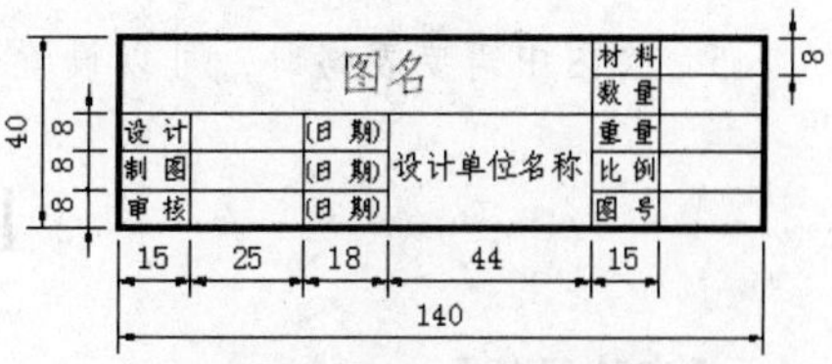

图 6-24　机械图的标题栏

第二步：启动 TABLE 命令，弹出"插入表格"对话框，如图 6-23 所示。

第三步：在"第一行单元样式""第二行单元样式""所有其他行单元样式"中均选择"数据"；设置"列数"为 6，"列宽"为 25，"数据行数"为 3，"行高"为 1；单击"确定"按钮，在绘图区指定插入点。插入的表格如图 6-25（a）所示。

第四步：修改各单元格的行高和列宽。

① 从左上角单元格的中部按住鼠标左键，向右下方拖动，直至右下角单元格，选定整个表格。在表格中右击，选择"选项"命令，在"特性"选项板中改变单元高度为 8。

② 单击列号 A，选定第 1 列。在第 1 列中右击，选择"选项"命令，在"特性"选项板中改变单元宽度为 15。

③ 用同样方法分别选定第 2～6 列，修改宽度为 25、18、44、15、23。

结果如图 6-25（b）所示。

第五步：合并单元格。

① 拖动鼠标，选定 A1:D2，右击，选择"合并"→"全部"命令。

② 拖动鼠标，选定 D3:D5，右击，选择"合并"→"全部"命令。

结果如图 6-25（c）所示。

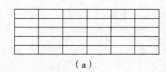
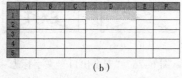
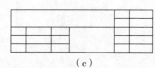

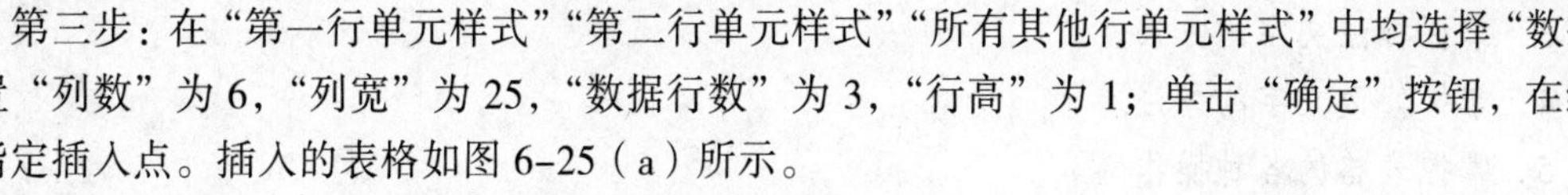

（a）　　　　　　　　　　（b）　　　　　　　　　　（c）

图 6-25　机械图标题栏的绘制过程

第六步：使用捕捉交点方式，用多段线命令重绘标题栏的线条为机械图应具有的宽度。例如外框线宽度 0.7 mm，内线宽度 0.35 mm。

第七步：在单元格内双击，输入文字。图名和设计单位名称适合于用单行文字标注。

# 小　结

1．确定单行文字位置有 4 条横线、2 条纵线和 13 个点。其中 M（中间）、MC（正中）特别有用，用于将文字正中放置。

2．文字标注有单行文字标注、多行文字标注，以及弧形文字标注。标注之前要先设置文字样式（字体等）。

3．AutoCAD 规定了一些控制码用于标注特殊字符。单行文字、多行文字都可以标注特殊字符。

4．修改文字的内容可以通过双击文字实现，修改文字的内容和属性可以通过"特性"选项板实现。

5．绘图中需要表格时，可以设置表格样式、插入表格和编辑表格。

# 上机实验及指导

**【实验目的】**

1．理解标注文字的有关概念。

2．掌握创建文字样式的方法。

3．掌握标注文字的方法。

4．掌握修改文字的方法。

5．掌握表格的各种操作。

**【实验内容】**

1．练习本章各命令的操作。

2．做本章的各个例题和标注各组例字。

3．利用本章的命令标注若干文字。

4．练习设置表格样式，插入表格和编辑表格。

**【实验步骤】**

1．启动 AutoCAD，练习本章各命令的操作。要求命令的各个选项都要练习到。

2．做本章的各个例题和标注各组例字。

3．绘制图 6-26（d）所示的"安全出口"文字标志。

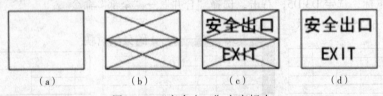

|     |     |     |     |
| :-: | :-: | :-: | :-: |
| （a） | （b） | （c） | （d） |

图 6-26　"安全出口"文字标志

　　**指导**：图形由矩形和文字组成，比较简单。先绘制矩形框，再标注文字。标注居中的汉字和大写英文用单行文字标注的正中（MC）方式比较准确，标注居中的小写英文用单行文字标注的中间（M）方式比较准确，因此这里要绘制辅助线形成作为正中（MC）和中间（M）的点。

4．标注图 6-27 所示的纵向文字"山东—山—水两圣人 谓之泰山黄河孔孙子""济南商业步行街”“济南舜耕山庄”“济南盛景——千佛山”“济南盛景——大明湖”“济南盛景——趵突泉”，字高为 10。

**指导**：本题的字体分别为隶书、华文彩云、黑体和魏碑，宽度因子均为 1。要先创建用于标注纵向文字的带 T@ 标记的隶书、华文彩云、黑体和魏碑字体的文字样式。由于字体较多，先用一种样式（字体）标注，再修改标注出的文字的样式（字体）。

操作步骤如下：

第一步：创建文字样式（四种）。

请参考【例 6-1】创建，此略。

第二步：标注文字。

```
命令：text
当前文字样式： 纵向隶书文字高度： XXXX 注释性： 否
指定文字的起点或 [对正(J)/样式(S)]：              （输入一点）
指定高度<XXX>：10                                （输入文字高度）
指定文字的旋转角度<270>：↙                        （默认 270°。如果是其他值，须输入 270）
输入文字：山东一山一水两圣人                      （输入第一列文字）
输入文字：谓之泰山黄河孔孙子                      （输入第二列文字）
……
输入文字：济南盛景——趵突泉                        （输入第七列文字）
输入文字：↙                                      （输入完毕，按回车键）
```

第三步：修改文字样式。

（1）启动、弹出“特性”选项板。

（2）单击一列文字。

（3）单击“特性”选项板中的“样式”，单击“样式”右侧的下拉按钮，选取所需样式。

（4）按【Esc】键，取消文字选择状态。

（5）重复（2）～（5），直到把所有文字都修改为要求的样式。结果如图 6-27 所示。

5．标注图 6-28 所示的横向文字。

**指导**：先创建字体，再标注文字。

山东一山一水两圣人
谓之泰山黄河孔孙子
济南商业步行街
济南舜耕山庄
济南盛景——千佛山
济南盛景——大明湖
济南盛景——趵突泉

图 6-27　纵向文字

千佛山对联：
暮鼓晨钟警醒世间名利客
经声佛号唤回苦海梦迷人
大明湖对联：
四面荷花三面柳
一城山色半城湖
趵突泉对联：
云蒸霞蔚华不注
波涛声震大明湖

图 6-28　横向文字

6．利用单行文本标注命令标注字高为 20 的图 6-29 所示的文字。

**指导**：本题的文字是长仿宋体。因此，首先需要创建文字样式，然后再标注文字。

这是上画线，这是下画线。这是度°。
60.0° C±0.15° C
4-R80深95±0.3

图 6-29　仿宋体文字

操作步骤：

第一步：创建文字样式，样式名为"长仿宋字"，字体为 **T** 仿宋，宽度因子为 0.707。请参考【例 6-1】创建，此略。

第二步：标注文字。

7. 利用多行文本标注命令标注字高为 30 的图 6-30 所示的文字，字体为 isocp.shx。

**指导**：先创建文字样式，再标注文字。

操作步骤如下：

第一步：创建文字样式。

请参考【例 6-2】创建，此处略。

第二步：标注文字。

8. 绘制图 6-31 所示的表格（不包括尺寸），写上文字。

**指导**：本题的表格是建筑图的标题栏，尺寸和边框粗细要符合要求。可参考【例 6-7】完成。

图 6-30　特殊格式的文字　　　　图 6-31　建筑图的标题栏

# 思　考　题

1. 利用"文字样式"对话框创建文字样式时，"高度"文本框为什么一般设置为 0？

2. 选取"文字样式"对话框"效果"区中的"颠倒""反向""垂直"后，文字会分别呈现什么效果？

3. 国家标准规定图纸中的汉字用什么字体？对应于 AutoCAD 中的什么字体？宽度比例是多少？倾斜角度呢？

4. 标注文字时字高是哪两条水平线之间的距离？汉字的字高遵循这一点吗？

**提示**：参考图 6-8 和图 6-11。

5. 国家标准规定西文字（拉丁字母和数字）用什么字体？对应于 AutoCAD 中的什么字体？宽度比例为多少？倾斜角度多大？

6. 标注单行文字时如何标注特殊字符，如直径 $\phi$、度°、正负公差±、百分号%？

7. 如何创建和标注纵向文字（如对联和书脊上的文字）？

8. 文字能分解吗？如果能，如何操作？

9. 如何使用表格绘制符合工程图纸要求的标题栏？

10. 如何进行文字缩放？

# 第 7 章

## 绘制非专业二维图形

### 学习目标

- 分析、掌握绘制非专业二维图形的一般方法、步骤。
- 体会、总结非专业二维图形绘制的特点和规律，熟练进行非专业二维图形的绘制。

本章绘制非专业二维图形。这里所说的非专业二维图形，是指国家、政府、组织机构和企事业单位等的标志，例如：国旗、国徽、军徽、党徽、团徽、会标、交通标志、工厂厂标、银行行标、学校徽标、产品商标以及其他标志性图形。这些二维图形的共同特征是，一般没有尺寸要求，只有各尺寸之间的比例问题，它们既不是机械、电子专业的图形，也不是建筑、冶金、造船、航天、石油化工、地质、纺织和轻工等专业的图形（即它们不是机械图、电路图，也不是建筑图、冶金图、船舶图……）。

## 7.1  绘制标志图形的步骤

根据标志的组成要素和设计要求，可以很容易确定标志的绘制步骤。一般步骤如下：

（1）分析图形的构成要素、绘图的顺序。

（2）设置颜色。当然，颜色也可以绘制完图形后再修改。

（3）绘制图形，包括绘制必要的辅助线，最后删除辅助线。绘图工程中要实时设置和使用栅格、捕捉、对象捕捉、对象追踪、正交等绘图辅助工具。

（4）标注必要的文字和设计说明。

（5）保存图形文件。

（6）打印图形。

## 7.2  绘制标志图形

### 7.2.1  绘制五角星

在第 2 章曾经绘制过五角星，绘制方法是先绘制一个正五边形，再用直线连接正五边形的 5 个顶点，然后修剪掉多余的线段，最后删除正五边形。

这里再给出一种绘制五角星的方法。

【例 7-1】绘制红五角星。其过程如图 7-1 所示。

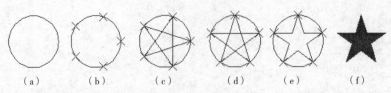

图 7-1　五角星的绘制过程

**题目解释说明**：本例绘制五角星的步骤是：画圆→5 等分圆→连接等分点→旋转图形→修剪线段→填充图案→删除辅助圆和多余的点符号。

操作步骤如下：

第一步：设置颜色——红色。

可以利用如图 5-39 所示的"特性"（"对象特性"）工具栏的"颜色"下拉列表框设置，也可以单击"格式"→"颜色"命令来设置。

第二步：绘制圆。

圆的位置和半径没有要求，随意绘制。

命令：_circle

指定圆的圆心或 [三点(3P)/两点(2P)/相切、相切、半径(T)]：（在绘图区随意单击给定一点，捕捉栅格或不捕捉栅格皆可，也可用键盘输入坐标给定一点）

指定圆的半径或 [直径(D)]：　　　　　　　　（在绘图区随意单击一点，也可输入数值）

如图 7-1（a）所示。

第三步：设置点的样式，把圆 5 等分。

单击"格式"→"点样式"命令，设置点的样式。这里设置为图 3-24 所示的第一行第四种⊠。

单击"绘图"→"点"→"定数等分"命令等分圆，命令行提示如下：

命令：_divide

选择要定数等分的对象：　　　　　　　　　　（选取圆）

输入线段数目或 [块(B)]：5　　　　　　　　　（输入等分的数目）

结果如图 7-1（b）所示。

第四步：设置固定对象捕捉的"节点"模式，并单击状态栏中的"对象捕捉"按钮；连接各节点绘制直线。

命令：_line 指定第一点：　　　　　　　　　　（捕捉第一个节点）

指定下一点或 [放弃(U)]：　　　　　　　　　　（捕捉第二个节点）

指定下一点或 [放弃(U)]：　　　　　　　　　　（捕捉第三个节点）

指定下一点或 [闭合(C)/放弃(U)]：　　　　　　（捕捉第四个节点）

指定下一点或 [闭合(C)/放弃(U)]：　　　　　　（捕捉第五个节点）

指定下一点或 [闭合(C)/放弃(U)]：　　　　　　（捕捉第一个节点）

指定下一点或 [闭合(C)/放弃(U)]：↙　　　　　（连接完毕，按回车键）

结果如图 7-1（c）所示。

第五步：整个图形绕圆心旋转，使五角星的一个顶点位于圆心的正上方。

方法有两种：

第一种，利用 ROTATE（旋转）命令将图形旋转 90°（即圆心正右方的顶点转到正上方）。

首先设置固定对象捕捉的"圆心"模式并把状态栏中的"对象捕捉"按钮按下，或在要求输入旋转基点时，使用单点捕捉方式捕捉圆心。

然后进行旋转。

命令：_rotate
UCS 当前的正角方向：ANGDIR=逆时针　ANGBASE=0
选择对象：指定对角点：找到 11 个　　　　　（用窗口方式选取所有图形对象，包括点符号）
选择对象：↙　　　　　　　　　　　　　　　（按回车键）
指定基点：　　　　　　　　　　　　　　　　（捕捉圆心）
指定旋转角度或 [复制(C)/参照(R)]：90

第二种，利用 ALIGN（对齐）命令使一个顶点位于正上方。

首先设置固定对象捕捉的"圆心"和"象限点"模式（"节点"模式仍然需要）并把状态栏中的"对象捕捉"按钮按下，或使用单点捕捉方式捕捉圆心和节点。然后进行对齐操作。

命令：_align
选择对象：指定对角点：找到 11 个　　　　　（用窗口方式选取所有图形对象）
选择对象：↙
指定第一个源点：　　　　　　　　　　　　　（捕捉圆心）
指定第一个目标点：　　　　　　　　　　　　（捕捉圆心，源点和目标点相同，即该点不动）
指定第二个源点：　　　　　　　　　　　　　（捕捉任意一个节点）
指定第二个目标点：　　　　　　　　　　　　（捕捉正上方的象限点）
指定第三个源点或 <继续>：↙
是否基于对齐点缩放对象? [是(Y)/否(N)] <否>：↙

结果如图 7-1（d）所示。

第六步：利用 TRIM（修剪）命令剪去 5 条直线的中间段。

命令：_trim
当前设置：投影=UCS，边=无
选择剪切边...
选择对象或<全部选择>：找到 1 个　　　　　（单击组成五角星的边，下同）
选择对象：找到 1 个，总计 2 个
选择对象：找到 1 个，总计 3 个
选择对象：找到 1 个，总计 4 个
选择对象：找到 1 个，总计 5 个
选择对象：↙
选择要修剪的对象，或按住 Shift 键选择要延伸的对象，或[栏选(F)/窗交(C)/投影(P)/边(E)/删
除(R)/放弃(U)]：　　　　　　　　　　　　（单击要剪去的线段，下同）
……

结果如图 7-1（e）所示。

第七步：填充 SOLID 图案。

第八步：利用 ERASE（删除）命令删除圆和 5 个点符号。

命令：_erase
选择对象：找到 1 个　　　　　　　　　　　（选取圆）
选择对象：找到 1 个，总计 2 个　　　　　　（选取第一个点符号）
选择对象：找到 1 个，总计 3 个　　　　　　（选取第二个点符号）
选择对象：找到 1 个，总计 4 个　　　　　　（选取第三个点符号）
选择对象：找到 1 个，总计 5 个　　　　　　（选取第四个点符号）
选择对象：找到 1 个，总计 6 个　　　　　　（选取第五个点符号）
选择对象：↙

结果如图 7-1（f）所示。

第九步：保存图形。

## 7.2.2　绘制太极图

【例 7-2】绘制图 7-2（f）所示的太极图。

**题目解释说明：**这是我们的祖先创造的图形，表明阴阳转换的辩证关系。该图形由圆和圆弧组成，颜色可使用黑色。要实时使用对象捕捉。

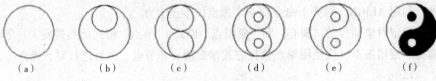

（a）　　　　（b）　　　　（c）　　　　（d）　　　　（e）　　　　（f）

图 7-2　绘制太极图

操作步骤如下：

第一步：设置颜色——黑色。

第二步：绘制大圆。

命令：_circle 指定圆的圆心或 [三点(3P)/两点(2P)/相切、相切、半径(T)]：　（指定圆心）
指定圆的半径或 [直径(D)] <缺省值>：　　（给定半径值）

如图 7-2（a）所示。

第三步：绘制中圆。

用"两点"方法绘制中圆，一个点是大圆的圆心，另一个点是大圆的象限点。所以先设置固定对象捕捉的"圆心"和"象限点"模式，并把状态栏中的"对象捕捉"按钮按下；再绘制中圆：

命令：_circle 指定圆的圆心或 [三点(3P)/两点(2P)/相切、相切、半径(T)]：_2p
指定圆直径的第一个端点：　　　　（捕捉大圆的圆心）
指定圆直径的第二个端点：　　　　（捕捉大圆的象限点）

如图 7-2（b）所示。

同法绘制另一个中圆，如图 7-2（c）所示。

第四步：绘制小圆。

小圆与中圆具有相同的圆心。用"圆心、半径"方法绘制小圆。捕捉中圆的圆心作为小圆的圆心。

命令：_circle 指定圆的圆心或 [三点(3P)/两点(2P)/相切、相切、半径(T)]：（捕捉中圆的圆心）
指定圆的半径或 [直径(D)] <缺省值>：　　　　（给定小圆的半径，半径小于中圆的半径即可）

同法绘制另一个小圆（注意两个小圆半径相等），也可以复制小圆得到第二个小圆，如图 7-2（d）所示。

第五步：修剪掉两个中圆的一半。

命令：_trim
当前设置:投影=UCS，边=无
选择剪切边...
选择对象或<全部选择>：找到 5 个　　　（选取整个图形）
选择对象:✓
选择要修剪的对象，或按住 Shift 键选择要延伸的对象，或[栏选(F)/窗交(C)/投影(P)/边(E)/删除(R)/放弃(U)]：　　　　（选取中圆的一侧）
选择要修剪的对象，或按住 Shift 键选择要延伸的对象，或[栏选(F)/窗交(C)/投影(P)/边(E)/删除(R)/放弃(U)]：　　　　（选取另一个中圆的对侧）
选择要修剪的对象，或按住 Shift 键选择要延伸的对象，或[投影(P)/边(E)/放弃(U)]：✓

如图 7-2（e）所示。

第六步：填充 SOLID 图案。

结果如图 7-2（f）所示。

## 7.2.3 绘制济南商业银行行标

绘制图 7-3（f）所示的济南商业银行的行标。

**题目解释说明：** 本例图形的绘制思路和上述图形的绘制思路相同，也是先绘制图形轮廓，再填充图案。本例绘制图形轮廓的思路为：绘制圆和正方形→绘制水平线→镜像水平线→修剪→绘制小圆→删除辅助线。标注文字时为了使文字水平居中，要绘制一条过大圆圆心的铅直线，文字以铅直线上的一点为基准点进行标注。本题的图形为蓝色。

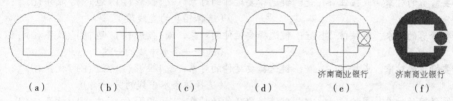

|       |       |       |       |       |       |
| :---: | :---: | :---: | :---: | :---: | :---: |
| （a）  | （b）  | （c）  | （d）  | （e）  | （f）  |

图 7-3　绘制济南商业银行行标

操作步骤：

第一步：设置颜色——蓝色。

第二步：绘制圆和正方形。

绘制圆：

命令：_circle 指定圆的圆心或 [三点(3P)/两点(2P)/相切、相切、半径(T)]： （在绘图区单击给定圆心，捕捉栅格与否均可；也可用键盘输入坐标给定一点）

指定圆的半径或 [直径(D)] <缺省值>： （给定一个半径值，单击一点或输入数值均可）

绘制正方形：

命令：_polygon 输入边的数目 <4>：✓

指定正多边形的中心点或 [边(E)]： （捕捉圆心）

输入选项 [内接于圆(I)/外切于圆(C)] <I>：✓

指定圆的半径： （给定一个半径值）

如图 7-3（a）所示。

第三步：绘制一条水平线。

将状态栏的"正交"按钮按下，绘制水平线：

命令：_line 指定第一点： （单击或输入坐标，给定一点）

指定下一点或 [放弃(U)]： （光标水平移动，单击给定另一点）

指定下一点或 [放弃(U)]：✓

如图 7-3（b）所示。

第四步：镜像水平线，镜像线的第一点是圆心，第二点是与圆心持平的另一点（使用正交）。

命令：_mirror

选择对象：找到 1 个 （选择水平线）

选择对象：✓

指定镜像线的第一点： （捕捉圆心）

指定镜像线的第二点： （使用正交，单击与圆心持平的另一点）

是否删除源对象？[是(Y)/否(N)] <N>:✓

如图 7-3（c）所示。

再次单击"正交"按钮，使状态栏中的"正交"按钮弹起，取消"正交"。

第五步：修剪图形，将多余的线条剪去。

命令：_trim
当前设置：投影=UCS，边=无
选择剪切边…
选择对象：指定对角点：找到 4 个　　　　　　　（用窗口方式或交叉窗口方式选择整个图形）
选择对象：✓
选择要修剪的对象，或按住 Shift 键选择要延伸的对象，或[投影(P)/边(E)/放弃(U)]:
　　　　　　　　　　　　　　　　　　　　　　（选择弧段）
选择要修剪的对象，或按住 Shift 键选择要延伸的对象，或[投影(P)/边(E)/放弃(U)]:
　　　　　　　　　　　　　　　　　　　　　　（选择铅直的直线段）
选择要修剪的对象，或按住 Shift 键选择要延伸的对象，或[投影(P)/边(E)/放弃(U)]:
　　　　　　　　　　　　　　　　　　　　　　（选择一条水平线的一端）
选择要修剪的对象，或按住 Shift 键选择要延伸的对象，或[投影(P)/边(E)/放弃(U)]:
　　　　　　　　　　　　　　　　　　　　　　（选择该条水平线的另一端）
选择要修剪的对象，或按住 Shift 键选择要延伸的对象，或[投影(P)/边(E)/放弃(U)]:
　　　　　　　　　　　　　　　　　　　　　　（选择另一条水平线的一端）
选择要修剪的对象，或按住 Shift 键选择要延伸的对象，或[投影(P)/边(E)/放弃(U)]:
　　　　　　　　　　　　　　　　　　　　　　（选择这条水平线的另一端）
选择要修剪的对象，或按住 Shift 键选择要延伸的对象，或[投影(P)/边(E)/放弃(U)]:✓

如图 7-3（d）所示。

第六步：捕捉端点绘制两条斜线，作为辅助线；然后以两条斜线的交点为圆心绘制小圆。

绘制两条斜线：

命令：_line 指定第一点：　　　　　　　（捕捉上一条水平线的左端点）
指定下一点或 [放弃(U)]:　　　　　　　（捕捉下一条水平线的右端点）
指定下一点或 [放弃(U)]:✓
命令：_line 指定第一点：　　　　　　　（捕捉上一条水平线的右端点）
指定下一点或 [放弃(U)]:　　　　　　　（捕捉下一条水平线的左端点）
指定下一点或 [放弃(U)]:✓

绘制小圆：

命令：_circle 指定圆的圆心或 [三点(3P)/两点(2P)/相切、相切、半径(T)]:
　　　　　　　　　　　　　　　　　　（捕捉两条斜线的交点）
指定圆的半径或 [直径(D)] <缺省值>:　　　（给定小圆的半径值）

如图 7-3（e）所示。

第七步：使用"正交"和捕捉圆心绘制一条铅直线，作为标注文字的辅助线。

命令：_line 指定第一点：　　　　　　　（捕捉大圆的圆心）
指定下一点或 [放弃(U)]:　　　　　　　（使用"正交"给定垂直方向上的另一点）
指定下一点或 [放弃(U)]:✓

如图 7-3（e）所示。

第八步：设置一种汉字文字样式，准备标注文字。过程此略。

第九步：标注文字。

命令：text

当前文字样式： 仿宋字 文字高度： XXXX 注释性： 否

指定文字的起点或 [对正(J)/样式(S)]： j

输入选项

[对齐(A)/调整(F)/中心(C)/中间(M)/右(R)/左上(TL)/中上(TC)/右上(TR)/左中(ML)/正中(MC)/右中(MR)/左下(BL)/中下(BC)/右下(BR)]： mc

指定文字的中间点： （用"最近点"模式捕捉铅直线上的一点）

指定高度 <XXX>： （输入一个值作为文字的高度）

指定文字的旋转角度 <0>：✓

输入文字：济南商业银行

输入文字：✓

如图 7-3（e）所示。如果文字过大或过小，可将其缩放（SCALE），缩放的基点为铅直线上的一点。

第十步：删除辅助线，填充 SOLID 图案。

结果如图 7-3（f）所示。

## 7.2.4　绘制艺术图形

图 7-4 所示的图形是一组艺术图形，可以用 AutoCAD 绘制出来。它们的图案构成很有特点。受篇幅所限，绘图步骤略去。

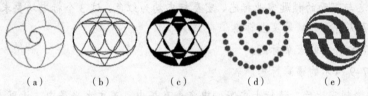

(a)　　　　(b)　　　　(c)　　　　(d)　　　　(e)

图 7-4　一组艺术图形

# 小　结

1．绘制非专业二维图形首先要分析图形的构成要素，例如外轮廓是什么图形，内部是什么图形，是圆、椭圆还是正多边形等。然后，分析绘图的顺序，顺序恰当则绘图会很顺利，否则可能会困难重重，甚至根本绘制不出来。最后，选择和使用绘图命令、修改命令和绘图辅助工具等，绘制图形。

2．当绘制几个图形之后，就能熟能生巧，总结出非专业二维图形绘制的特点和规律，比较熟练地从事这类图形的绘制工作。自己也可以应征社会上经常出现的标志图案的征集，尝试设计新颖的标志图形，这既能锻炼自己，又可能会获奖，当然设计这类图形需要深厚的文化素养，特别是中国古文化的底蕴。

# 上机实验及指导

【实验目的】

1．掌握非专业二维图形的绘制方法、步骤。

2．体会、总结非专业二维图形绘制的特点和规律，熟练进行非专业二维图形的绘制。

【实验内容】

1．做本章的例题。

2．绘制若干个非专业二维图形。

【实验步骤】

1．做本章的例题。

2．绘制图 7-5（i）所示的商标。

**指导：** 这是一个对称性的图形，只需绘制四分之一或八分之一，然后镜像即可。对于右上部图形而言，它由水平线、铅直线和与 X 轴正方向成 135° 的直线构成，图形颜色为红色。

（a）　　（b）　　（c）　　（d）　　（e）　　（f）　　（g）　　（h）　　（i）

图 7-5　绘制商标

3．绘制图 7-6 所示的林星标志。

**指导：** 本标志与下面的锁匙实业标志、宏泰标志均为红色。这 3 个标志均要求文字水平居中。

4．绘制图 7-7 所示的锁匙实业标志。

5．绘制图 7-8 所示的宏泰标志。

6．绘制图 7-9 所示的福彩标志。

**指导：** 图案绘制完毕后，请标上文字，中文垂直居中，英文水平居中。请思考如何使之严格垂直居中或水平居中。

图 7-6　林星标志　　图 7-7　锁匙实业标志　　图 7-8　宏泰标志　　图 7-9　福彩标志

7．绘制图 7-10 所示的中国邮政标志。

**指导：** 本标志由一系列的平行线组成，其横线的宽度相同，纵线的宽度相同，且横线的宽度均大于纵线的宽度，图形为绿色。

8．绘制图 7-11 所示的中国农业银行行标。

**指导：** 本行标为绿色。

9．绘制图 7-12 所示的山东建工标志。

**指导：** 本标志为红色。文字水平居中。

10．绘制图 7-13 所示的山东建筑大学校徽。

**指导：** 校徽颜色为建大红（配色方案为 R255,G80,B10）。弧形外文用 ARCTEXT 命令绘制。

图 7-10  中国邮政标志  图 7-11  中国农业银行行标  图 7-12  山东建工标志  图 7-13  山东建筑大学校徽

11．绘制图 7-14 所示的一组艺术图形（不包括尺寸）。

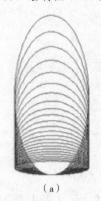 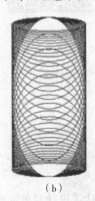  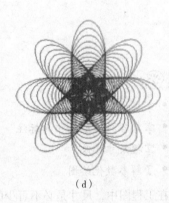

（a）          （b）          （c）          （d）

图 7-14  一组艺术图形

12．绘制图 7-15 所示的几何图形（尺寸除外）。

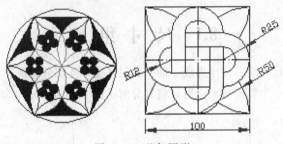

图 7-15  几何图形

# 思  考  题

1．绘制太极图时，你有与第 2 个例题不同的方法吗？

2．绘制非专业二维图形时，如果一幅图多于一种颜色，如何处理比较方便？

3．实时设置和使用栅格、捕捉、对象捕捉、对象追踪、正交等绘图辅助工具，对于绘图大有帮助，有时甚至必不可少。对此，你是否有同感？设置和使用时能否做到得心应手？

4．上网搜索"国旗制作说明"，按此说明绘制一幅标准的国旗图案。

5．用 AutoCAD 绘制非专业二维图形后，你有什么收获和感想？

# 第 **8** 章 — 标注尺寸

- 掌握设置尺寸标注样式。
- 掌握各种类型尺寸的标注。
- 掌握尺寸修改。
- 了解参数化绘图。

在工程图中，尺寸是必不可少的组成部分，图形表达了设计对象的形状，尺寸表达了设计对象的大小，没有尺寸的设计对象无法进行生产、施工。本章讲解标注尺寸的有关问题，另外还讲解参数化绘图的问题。

## 8.1 尺 寸 组 成

一个完整的尺寸由尺寸线、尺寸界线、箭头和尺寸文字 4 部分组成，如图 8-1 所示。这 4 部分以块的形式存在，是一个整体对象，可以将其分解（EXPLODE）成 4 部分。

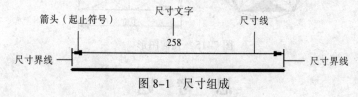

图 8-1　尺寸组成

## 8.2 尺寸标注类型

尺寸的类型有线性、对齐、角度、基线、连续、直径、半径、引线、坐标、圆心、公差标注和弧长、折弯线性、折弯标注等，一些尺寸如图 8-2 所示。

## 8.3 创建标注样式

图形所属的专业不同，尺寸标注样式可能就会不同。例如机械图和建筑图的标注样式就不同，机械图的尺寸起止符号是实心箭头，建筑图的尺寸起止符号多数情况下是短斜线。

AutoCAD 的默认尺寸标注样式是 ISO-25，它基本适合于我国机械图的尺寸标注，而对于建筑等专业则需重新创建。

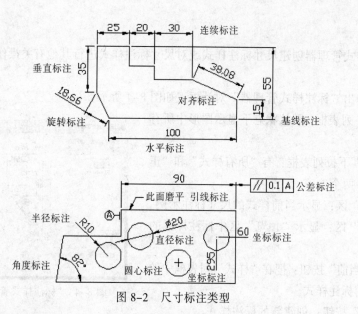

图 8-2  尺寸标注类型

## 8.3.1  标注样式管理器

### 1. 标注样式管理器的启动方法

- 功能区："注释"选项卡→"标注"面板→▣按钮→"标注样式"。"标注"面板如图 8-3（a）所示。
- 工具按钮："标注"工具栏→"标注样式" ⬚。"标注"工具栏如图 8-3（b）所示。
- 菜单："格式"→"标注样式" ⬚。"标注"菜单如图 8-3（b）所示。
- 键盘命令：DDIM / DIMSTYLE。

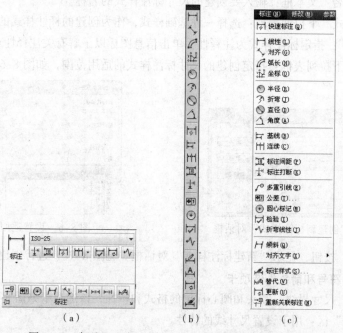

图 8-3  "标注"面板、"标注"工具栏和"标注"菜单

### 2．功能

通过标注样式管理器创建尺寸标注样式或对尺寸标注样式进行其他有关操作。

### 3．操作

启动后，弹出"标注样式管理器"对话框，如图 8-4 所示。

（1）"样式"列表框：默认状态下显示图形中所有的标注样式。

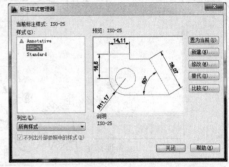

（2）"列出"下拉列表框：有"所有样式"和"正在使用的样式"两个选项。

（3）"预览"区：显示当前样式的尺寸标注示例。

（4）"说明"区：显示"预览"区中标注样式的说明。

（5）"置为当前"按钮：把在"样式"列表框中的选择设置为当前标注样式。

图 8-4　"标注样式管理器"对话框

（6）"新建"按钮：创建新的标注样式。

（7）"修改"按钮：对"样式"列表框中存在的标注样式进行修改。

（8）"替代"按钮：设置标注样式的临时替代。

（9）"比较"按钮：比较两种标注样式的特性或列出一种样式的所有特性。

## 8.3.2　创建标注样式

单击"标注样式管理器"对话框中的"新建"按钮，显示"创建新标注样式"对话框，如图 8-5 所示。

（1）"新样式名"文本框：输入要创建的尺寸标注样式的名称。

（2）"基础样式"下拉列表框：选择一种基础样式，作为创建的标注样式的基础。

（3）"注释性"：指定标注样式为注释性。单击信息图标以了解有关注释性对象的详细信息。

（4）"用于"下拉列表框：指定创建的尺寸标注样式的适用范围，如图 8-6 所示。

图 8-5　"创建新标注样式"对话框

图 8-6　设置适用范围

单击"继续"按钮，显示"新建标注样式"对话框（见图 8-7），进行创建。

### 1．"线""符号和箭头"选项卡

设置尺寸线、尺寸界线、箭头和圆心标记的格式和特性，该选项卡如图 8-7 所示。

（1）"尺寸线"区：用于设置尺寸线的特性。

①"颜色"下拉列表框：设置尺寸线的颜色。一般设为随层。

② "线型"下拉列表框：设置尺寸线的线型。一般设为随层。

③ "线宽"下拉列表框：设置尺寸线的线宽。一般设为随层。

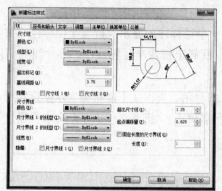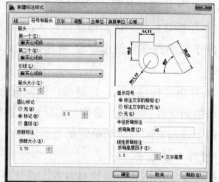

图 8-7 "线"选项卡和"符号和箭头"选项卡

④ "超出标记"文本框：指定当箭头使用倾斜、建筑标记、积分和无标记时尺寸线超过尺寸界线的距离，超出部分如图 8-8（a）所示。

⑤ "基线间距"文本框：设置基线型尺寸标注的两条尺寸线之间的距离（单位为 mm），如图 8-8（b）所示。

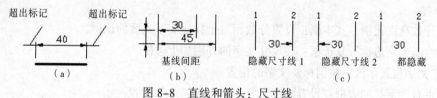

图 8-8 直线和箭头：尺寸线

⑥ "隐藏"复选框：不显示尺寸线，如图 8-8（c）所示。

（2）"尺寸界线"区：用于控制尺寸界线的外观。

① "颜色""线型"和"线宽"下拉列表框：设置尺寸界线的颜色、线型和线宽。一般设为随层。

② "超出尺寸线"文本框：指定尺寸界线超出尺寸线的距离。国家制图标准规定此值为 2～3 mm。

③ "起点偏移量"文本框：设置自图形中定义标注的点到尺寸界线的偏移距离。

④ "固定长度的尺寸界线"复选框：设置各尺寸界线长度相同。

⑤ "隐藏"复选框：不显示尺寸界线。

（3）"箭头"区：控制箭头外观。制图标准规定箭头大小为 3～4 mm。

说明：

工程中常用的箭头有下面 5 种：■实心闭合，▨建筑标记，▨倾斜，◆小点，▨无。

（4）"圆心标记"区：控制圆心标记和中心线的外观。选择"无"，则不标记圆心；选择"标记"，则在圆心位置以短十字线标记圆心，该十字线的长度可在文本框中设置；选择"直线"，则圆心标记的标记线将延伸到圆外，其后的文本框用于设置圆心的十字标记和长标记线延伸到圆外的尺寸。

（5）"折断标注"区：控制折断标注的间隙宽度。"折断大小"文本框显示和设置用于折断标注的间隙大小。

（6）弧长符号区：控制弧长标注中圆弧符号的显示。

① 标注文字的前缀：将弧长符号放置在标注文字之前。

② 标注文字的上方：将弧长符号放置在标注文字的上方。

③ 无：不显示弧长符号。

（7）"半径折弯标注"区：控制折弯（Z 字形）半径标注的显示。折弯半径标注通常在圆或圆弧的圆心位于页面外部时创建。"折弯角度"文本框确定折弯半径标注中，尺寸线的横向线段的角度。

（8）"线性折弯标注"区：控制线性标注折弯的显示。当标注不能精确表示实际尺寸时，通常将折弯线添加到线性标注中。通常，实际尺寸比所需值小。"折弯高度因子"文本框通过形成折弯的角度的两个顶点之间的距离确定折弯高度。

**2．"文字"选项卡**

设置标注文字的格式、位置和对齐。该选项卡如图 8-9 所示。

（1）"文字外观"区：设置标注文字的格式和大小。

① "文字样式"下拉列表框：可从列表中选择一种样式。要创建和修改标注文字样式，可单击列表旁边的 ▢▢▢ 按钮，打开"文字样式"对话框。

② "文字颜色""填充颜色"下拉列表框：设置文字的颜色和填充色。一般设为随层。

③ "文字高度"文本框：制图标准规定可为 20，14，10，7，5，3.5，2.5，单位为 mm，一般为 3.5 mm。

④ "分数高度比例"文本框：设置分数相对于标注文字高度的比例。

⑤ "绘制文字边框"复选框：在尺寸文字的外围加上边框。

（2）"文字位置"区：控制标注文字的位置。

① "垂直"下拉列表框：设置标注文字在垂直方向上的位置。

② "水平"下拉列表框：控制标注文字相对于尺寸线和尺寸界线的水平位置。

③ "从尺寸线偏移"文本框：设置文字底部与尺寸线的空白距离。

（3）"文字对齐"区：控制标注文字是保持水平还是与尺寸界线平行。

**3．"调整"选项卡**

控制标注文字、箭头、引线和尺寸线的放置，如图 8-10 所示。

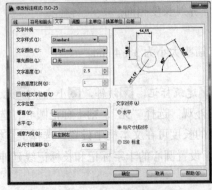

图 8-9 "文字"选项卡

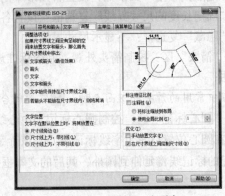

图 8-10 "调整"选项卡

（1）"调整选项"区：用于控制基于尺寸界线之间可用空间的文字和箭头的位置。

① "文字或箭头（最佳效果）"单选按钮：当足够放置文字和箭头时，两者都放在尺寸界线内，

否则，AutoCAD 将按最佳布局移动文字或箭头；当尺寸界线间的距离仅够容纳文字时，将文字放在尺寸界线内，而箭头放在尺寸界线外；当尺寸界线间的距离仅够容纳箭头时，将箭头放在尺寸界线内，而文字放在尺寸界线外；当尺寸界线间的距离既不够放文字又不够放箭头时，两者都放在尺寸界线外。

②"箭头"单选按钮：当足够放置文字和箭头时，两者都放在尺寸界线内；当尺寸界线间距离仅够放下文字时，将文字放在尺寸界线内，而箭头放在尺寸界线外；当尺寸界线间距离不足以放下文字时，两者都放在尺寸界线外。

③"文字"单选按钮：当足够放置文字和箭头时，两者都放在尺寸界线内；当尺寸界线间的距离仅能容纳箭头时，将箭头放在尺寸界线内，而文字放在尺寸界线外；当尺寸界线间距离不足以放下箭头时，两者都放在尺寸界线外。

④"文字和箭头"单选按钮：当不足以放下文字和箭头时，两者都放在尺寸界线外。

⑤"文字始终保持在尺寸界线之间"单选框：始终将文字放在尺寸界线之间。

⑥"若箭头不能放在尺寸界线内，则将其消除尺寸界线"复选框：含义自明。

（2）"文字位置"区：设置标注文字从默认位置移动时的位置。

①"尺寸线旁边"单选按钮：将标注文字放在尺寸线旁边。

②"尺寸线上方，带引线"单选按钮：若文字移动到远离尺寸线处，则加一条引线。

③"尺寸线上方，不带引线"单选按钮：远离尺寸线的文字不加引线。

（3）"标注特征比例"区：设置全局标注比例值或图纸空间比例。

①"注释性"复选按钮：指定标注为注释性。单击信息图标，以了解有关注释性对象的详细信息。

②"将标注缩放到布局"单选按钮：根据当前模型空间视口和图纸空间之间的比例确定比例因子。选中该项，则比例因子也适用于图纸空间，否则只用于模型空间。

③"使用全局比例"单选按钮：为所有标注样式（距离、间距、文字高度和箭头大小等）设置一个缩放比例（该缩放比例并不更改标注的测量值）。例如：如果"文字"选项卡中文字高度设置为 3.5 mm，这里全局比例设置为 2，则标注时文字高度为 7 mm。

（4）"优化"区：提供用于放置标注文字的其他选项。

① 手动放置文字：忽略所有水平对正设置，并把文字放在"尺寸线位置"提示下指定的位置。

② 在尺寸界线之间绘制尺寸线：即使箭头放在测量点之外，也在测量点之间绘制尺寸线。

### 4．"主单位"选项卡

设置主标注单位的格式和精度，并设置标注文字的前缀和后缀，如图 8-11 所示。

（1）"线性标注"区：设置线性标注的格式和精度。"前缀""后缀"设置标注文字的前缀和后缀。前缀如"Φ100"的"Φ"，后缀如"100mm"的"mm"。

（2）"测量单位比例"区

①"比例因子"文本框：设置线性标注测量值的比例因子。AutoCAD 将标注测量值与此处输入的值相乘。

例如，如果图形是用 1:100 绘制的，则应在该文本

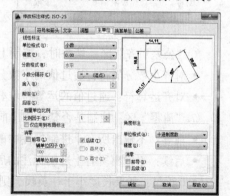

图 8-11　"主单位"选项卡

框中输入 100，标注尺寸时 AutoCAD 会把测量值为 1 的长度标注为 100 等。该值不用于舍入值或者正负公差值。

②"仅应用到布局标注"复选框："比例因子"文本框输入的线性比例值只用于图纸空间（即"布局"）。

（3）"消零"区：控制不输出前导零和后续零，以及零英尺和零英寸部分。

（4）"角度标注"区：设置角度标注的当前角度格式。

### 5．"换算单位"选项卡

指定标注测量值中换算单位的显示并设置其格式和精度，如图 8-12 所示。

### 6．"公差"选项卡

控制标注文字中公差的格式及显示，如图 8-13 所示。公差主要用于机械图。

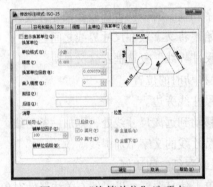

图 8-12 "换算单位"选项卡

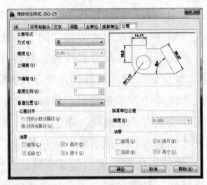

图 8-13 "公差"选项卡

（1）"公差格式"区：控制公差标注的格式。

①"方式"下拉列表框：设置计算公差的方式。其标注如图 8-14 所示。

②"精度"下拉列表框：设置小数位数。

③"上偏差""下偏差"文本框：设置最大公差或上偏差，最小公差或下偏差。

④"高度比例"文本框：设置公差文字高度与主标注文字高度的比例。

⑤"垂直位置"下拉列表框：控制对称公差和极限公差的文字对正，如图 8-15 所示。

| 对称 | 极限偏差 | 极限尺寸 | 基本尺寸 | 上 | 中 | 下 |

图 8-14 公差：方式　　　　　　　　　　图 8-15 公差：垂直位置

⑥"公差对齐"区：堆叠时，控制上偏差值和下偏差值的对齐。

- 对齐小数分隔符：通过值的小数分割符堆叠值。
- 对齐运算符：通过值的运算符堆叠值。

⑦"消零"区：控制是否禁止输出前导零和后续零以及零英尺和零英寸部分。

- 前导：不输出所有十进制标注中的前导零。例如，0.5000 变成.5000。
- 后续：不输出所有十进制标注的后续零。例如，12.5000 变成 12.5，30.0000 变成 30。
- 0 英尺：如果长度小于一英尺，则消除英尺-英寸标注中的英尺部分。例如，0'-6 1/2"变成 6 1/2"。

● 0 英寸：如果长度为整英尺数，则消除英尺-英寸标注中的英寸部分。例如，1'-0"变为 1'。

（2）"换算单位公差"区：设定换算公差单位的格式。"精度"下拉列表框用于显示和设置小数位数。

【例 8-1】创建建筑图的尺寸标注样式。

题目解释说明：AutoCAD 的默认尺寸标注样式 ISO-25，基本适合于我国机械图的尺寸标注。对于建筑图的尺寸标注，它是不适合的，因而需要用户自己建立尺寸标注样式。建筑图中标注长度用短斜线作为尺寸起止符号；标注直径、半径和角度用箭头作为尺寸起止符号；且角度数字一律水平书写，并位于尺寸线外部。

操作步骤如下：

第一步：启动"标注样式管理器"，弹出如图 8-4 所示的对话框。

第二步：单击"新建"按钮，弹出"创建新标注样式"对话框，如图 8-5 所示。

在"新样式名"文本框中输入"建筑"作为尺寸标注样式的名称。

在"基础样式"下拉列表框中选择"ISO-25"作为基础样式。

在"用于"下拉列表框中选择"所有标注"。

第三步：单击"继续"按钮，弹出"新建标注样式"对话框，如图 8-7 所示，进行各选项卡的设置：

"线""符号和箭头"选项卡：在"基线间距"文本框中输入 6；在"超出尺寸线"文本框中输入 2；在"起点偏移量"文本框中输入 3；在"第一个"和"第二个"下拉列表框中选择"建筑标记"；在"箭头大小"文本框中输入 3；其他不变。

"文字"选项卡：按第 6 章创建文字样式；在"文字高度"文本框中输入 3.5；其他不变。

"调整"选项卡：不变。

"主单位"选项卡：在"精度"下拉列表框中选择 0；在"比例因子"文本框中输入一个数值，如果图形是用 1:100 绘制的，则在该文本框中输入 100，如果图形是用 1:1000 绘制的，则在该文本框中输入 1000，以此类推；其他不变。

"换算单位"选项卡：不变（建筑图一般用不到该选项卡）。

"公差"选项卡：不变（建筑图一般用不到该选项卡）。

单击"确定"按钮，返回"标注样式管理器"对话框，如图 8-16 所示。

第四步：附加直径的标注样式。

在"样式"列表框中选择"建筑"，单击"新建"按钮，弹出"创建新标注样式"对话框。

在"新样式名"文本框中输入"直径"。

在"用于"下拉列表框中选择"直径标注"。

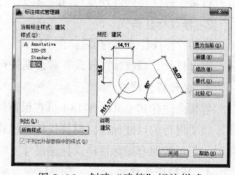

图 8-16　创建"建筑"标注样式

单击"继续"按钮，弹出"新建标注样式"对话框，进行各选项卡的设置：

"线""符号和箭头"选项卡：在"第一个"和"第二个"下拉列表框中选择"实心闭合"；在"箭头大小"文本框中输入 3；其他不变。

"调整"选项卡：选择"文字或箭头（最佳效果）"。

单击"确定"按钮，返回"标注样式管理器"对话框。

第五步：附加半径的标注样式。

在"样式"列表框中选择"建筑"，单击"新建"按钮，弹出"创建新标注样式"对话框，在"新样式名"文本框中输入"半径"，在"用于"下拉列表框选择"半径标注"，其他与附加直径的标注样式的设置方法相同。

第六步：附加角度的标注样式。

在"样式"列表框中选择"建筑"，单击"新建"按钮，弹出"创建新标注样式"对话框。

在"新样式名"文本框中输入"角度"。

在"用于"下拉列表框中选择"角度标注"。

单击"继续"按钮，弹出"新建标注样式"对话框，进行各选项卡的设置：

"线"、"符号和箭头"选项卡：在"第二个"下拉列表框选择"实心闭合"；在"箭头大小"文本框中输入 3；其他不变。

"文字"选项卡：在"文字对齐"区选择"水平"；在"文字位置"区选择"垂直：外部"；其他不变。

单击"确定"按钮，返回"标注样式管理器"对话框，如图 8-17 所示。

单击"关闭"按钮，完成"建筑"标注样式的建立。

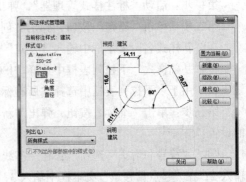

图 8-17　附加标注样式

## 8.3.3　将标注样式置为当前和修改、替代、比较、删除标注样式

**1. 标注样式设为当前**

启动"标注样式管理器"，在"样式"列表框中选择一种样式，然后单击"置为当前"按钮。

**2. 修改标注样式**

启动"标注样式管理器"，在"样式"列表框中选择要修改的标注样式，然后单击"修改"按钮，即可打开"修改标注样式"对话框进行修改。

**3. 替代标注样式**

替代标注样式（见图 8-18）可在保留原有标注样式的前提下对原有标注样式作局部修改，并用于将要进行的尺寸标注，但替代标注样式不会保存在原有标注样式的系统文件中。在下一次使用时，仍可按原有的标注样式标注尺寸。

**4. 比较标注样式**

比较标注样式用于比较两种标注样式的标注系统变量的不同之处，或列出一种标注样式的所有标注系统变量，如图 8-19 所示。

**5. 删除标注样式**

启动"标注样式管理器"，在"样式"列表框中选择要删除的标注样式，在其名称上右击，在弹出的快捷菜单中选择"删除"命令。

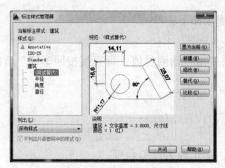
图 8-18　替代标注样式

图 8-19　比较标注样式

# 8.4　标 注 尺 寸

## 8.4.1　线性标注、对齐标注、角度标注

### 1. 线性标注

1）命令启动方法

- 功能区："注释"选项卡→"标注"面板→"标注"下拉按钮→"线性" ⊢ 。
- 工具按钮："标注"工具栏→"线性" ⊢ 。
- 菜单："标注"→"线性" ⊢ 。
- 键盘命令：**DIMLINEAR**。

2）功能

标注水平尺寸、垂直尺寸、转角尺寸。

3）操作

启动命令后，命令行提示如下：

命令：_dimlinear
指定第一条尺寸界线原点或<选择对象>：

（1）指定第一条尺寸界线原点：指定（一般用捕捉）第一条尺寸界线的起点。后续提示为：

指定第二条尺寸界线原点：（指定（一般用捕捉）第二条尺寸界线的起点）
指定尺寸线位置或
[多行文字(M)/文字(T)/角度(A)/水平(H)/垂直(V)/旋转(R)]：（指定尺寸线位置，或输入M、T、A、H、V、R）
标注文字 = 尺寸测量值

① 指定尺寸线位置：移动鼠标，单击指定尺寸线所在的位置，并标注出尺寸。

② 多行文字：输入 M，弹出"文字格式"工具栏和文字输入窗口，如图 8-20 所示。窗口中有"□"符号，"□"内代表自动测量值，可在其前后输入尺寸文字的前缀或后缀，也可删除该符号，重新输入新的尺寸文字。

图 8-20　多行文字输入窗口

③ 文字：输入尺寸文字。输入 T，AutoCAD 提示如下：

输入标注文字<尺寸测量值>：

在此输入尺寸文字，以替换自动测量值；如果使用自动测量值，可直接按回车键。后续提示如下：

指定尺寸线位置或
[多行文字(M)/文字(T)/角度(A)/水平(H)/垂直(V)/旋转(R)]：
标注文字 = 尺寸测量值

④ 旋转：输入尺寸文字的倾斜角度。输入 A，提示输入倾斜角度。

⑤ 水平：标注水平尺寸，如图 8-21（a）所示。输入 H，提示：

指定尺寸线位置或 [多行文字(M)/文字(T)/角度(A)]：

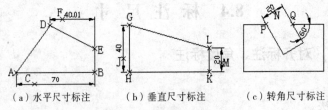

（a）水平尺寸标注　　　（b）垂直尺寸标注　　　（c）转角尺寸标注

图 8-21　线性尺寸标注

⑥ 垂直：标注垂直尺寸，如图 8-21（b）所示。输入 V，提示：

指定尺寸线位置或 [多行文字(M)/文字(T)/角度(A)]：

⑦ 旋转：标注转角尺寸，如图 8-21（c）所示。输入 R，提示输入尺寸线的旋转角度。

（2）选择对象：在"指定第一条尺寸界线原点或<选择对象>："提示下直接按回车键，提示：

选择标注对象：

在此选择要标注尺寸的对象，AutoCAD 自动把所选择对象的两端点作为两尺寸界线的起点。继续提示。

【例 8-2】标注图 8-21（a）所示的水平尺寸。

**题目解释说明：**本例是进行水平尺寸标注，是线性标注其中的一种。可用指定尺寸界线的起点和选择对象两种方法之一进行标注。指定起点要用捕捉。下面用两种方法分别进行标注。

操作步骤如下：

方法一：指定尺寸界线的起点进行标注。

标注尺寸 70。

```
命令: _dimlinear
指定第一条尺寸界线原点或<选择对象>：                        （捕捉 A 点）
指定第二条尺寸界线原点：                                    （捕捉 B 点）
指定尺寸线位置或
[多行文字(M)/文字(T)/角度(A)/水平(H)/垂直(V)/旋转(R)]：      （向下移动鼠标，单击一点 C）
标注文字 = 70
```

尺寸 70 标注完毕。这里没有输入 M 或 T，直接采用了 AutoCAD 的测量值 70。

下面标注尺寸 40.01。

```
命令: _dimlinear
指定第一条尺寸界线原点或<选择对象>：                        （捕捉 D 点）
指定第二条尺寸界线原点：                                    （捕捉 E 点）
指定尺寸线位置或
```

[多行文字(M)/文字(T)/角度(A)/水平(H)/垂直(V)/旋转(R)]：t（输入 T，重新给定尺寸）

输入标注文字<40>：40.01

指定尺寸线位置或

[多行文字(M)/文字(T)/角度(A)/水平(H)/垂直(V)/旋转(R)]：　　　　（向上移动鼠标，单击一点 F）

标注文字 = 40

尺寸 40.01 标注完毕。这里输入了 T，不用 AutoCAD 的测量值 40，而输入新值 40.01。

方法二：选择对象进行标注。

标注尺寸 70。

命令：_dimlinear

指定第一条尺寸界线原点或<选择对象>：✓　　　　　　　　（按回车键）

选择标注对象：　　　　　　　　　　　　　　　　　　　（选择直线 AB）

指定尺寸线位置或

[多行文字(M)/文字(T)/角度(A)/水平(H)/垂直(V)/旋转(R)]：　　（向下移动鼠标，单击一点 C）

标注文字 = 70

下面标注尺寸 40.01。

命令：_dimlinear

指定第一条尺寸界线原点或<选择对象>：　　　　　　　　　（按回车键）

选择标注对象：　　　　　　　　　　　　　　　　　　　（选择直线 DE）

指定尺寸线位置或

[多行文字(M)/文字(T)/角度(A)/水平(H)/垂直(V)/旋转(R)]：t（输入 T，重新给定尺寸）

输入标注文字<40>：40.01

指定尺寸线位置或

[多行文字(M)/文字(T)/角度(A)/水平(H)/垂直(V)/旋转(R)]：　　（向上移动鼠标，单击一点 F）

标注文字 = 40

标注完毕。

**【例 8-3】** 标注图 8-21（b）所示的垂直尺寸。

**题目解释说明：** 本例标注垂直尺寸。指定尺寸界线的起点、选择对象这两种方法都可以标注。要用捕捉指定起点。请参考上例进行标注。注意指定尺寸线的位置时要左右移动鼠标。请自行完成。

**【例 8-4】** 标注图 8-21（c）所示的转角尺寸。

**题目解释说明：** 本例进行转角尺寸标注。倾斜角度为 30°。请自行完成。

**2．对齐标注**

1）命令启动方法

● 功能区："注释"选项卡→"标注"面板→"标注"下拉按钮→"对齐" 。

● 工具按钮："标注"工具栏→"对齐" 。

● 菜单："标注"→"对齐" 。

● 键盘命令：DIMALIGNED。

2）功能

进行对齐标注，标注尺寸线平行于尺寸界线原点连成的直线，如图 8-22 所示。

3）操作

启动命令后，命令行提示：

命令：_dimaligned

指定第一条尺寸界线原点或<选择对象>：

（1）指定第一条尺寸界线原点：指定（一般用捕捉）第一条尺寸界线的起点。后续提示为：

指定第二条尺寸界线原点：　　　　　　（指定（一般用捕捉）第二条尺寸界线的起点）
指定尺寸线位置或

[多行文字(M)/文字(T)/角度(A)]：　　（各项含义同线性标注）

标注文字 = 尺寸测量值

（2）选择对象：在"指定第一条尺寸界线原点或<选择对象>："提示下直接按回车键，提示：

选择标注对象：

在此选择要标注尺寸的对象，AutoCAD 自动把所选择对象的两端点作为两尺寸界线的起点。继续提示。

**【例 8-5】** 标注图 8-22 所示的对齐尺寸。

**题目解释说明：** 本例进行对齐标注。可用指定尺寸界线的起点和选择对象两种方法进行标注。这里用选择对象的方法标注，单击 P 点选择对象，单击 N 点确定尺寸线位置。请自行完成。

 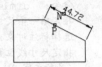

图 8-22　对齐尺寸标注

**3．角度标注**

**1）命令启动方法**

● 功能区："注释"选项卡→"标注"面板→"标注"下拉按钮→"角度" 。

● 工具按钮："标注"工具栏→"角度" 。

● 菜单："标注"→"角度" 。

● 键盘命令：DIM ANGULAR。

**2）功能**

标注角度。角度标注用于不平行的两直线之间的夹角、圆和圆弧的圆心角、指定的 3 个点形成的夹角的标注，如图 8-23 所示。

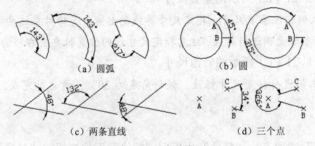

(a) 圆弧　　　　　　　(b) 圆

(c) 两条直线　　　　　(d) 三个点

图 8-23　角度标注

**3）操作**

启动命令后，命令行提示如下：

命令：_dimangular

选择圆弧、圆、直线或<指定顶点>：

选择圆弧、圆、直线指定顶点。

### 8.4.2　基线标注、连续标注

**1．基线标注**

**1）命令启动方法**

● 功能区："注释"选项卡→"标注"面板→"连续"下拉按钮→"基线" 。

- 工具按钮："标注"工具栏→"基线"⊟。
- 下拉菜单："标注"→"基线"⊟。
- 键盘命令：DIMBASELINE。

2）功能

进行基线标注。基线标注是在已存在一个尺寸标注的前提下，以同一条尺寸界线为共同尺寸界线，作多个尺寸线平行的尺寸标注，如图 8-23 所示。基线是指所有尺寸标注的共同尺寸界线。

3）操作

启动命令后，命令行提示如下：

命令：_dimbaseline
指定第二条尺寸界线原点或 [放弃(U)/选择(S)] <选择>：

（1）指定第二条尺寸界线原点：指定（一般用捕捉）第二条尺寸界线的起点（上一个标注的起点用作新基线标注的第一尺寸界线）。继续提示标注基线尺寸。

（2）放弃：取消上一个基线尺寸。

（3）选择：重新指定基线尺寸的第一条尺寸界线，作为要标注尺寸的共同尺寸界线。

说明：

（1）如果标注的基线尺寸，尺寸文字互相叠压，应加大尺寸标注样式中的基线间距。

（2）在基线标注中，尺寸文字只能使用 AutoCAD 的尺寸测量值，不能更改。因此绘图应准确。

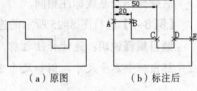

（a）原图　　（b）标注后

图 8-24　基线标注

【例 8-6】进行图 8-24 所示的基线尺寸标注。

题目解释说明：基线标注之前，必须先标注出一个相应的尺寸，本例是标注水平尺寸，所以应先标出一个水平尺寸，例如：尺寸 20。

操作步骤如下：

第一步：先标注出一个水平尺寸 20。可以用指定尺寸界线的起点进行标注，也可以选择对象进行标注。这里选择对象进行标注。

命令：_dimlinear
指定第一条尺寸界线原点或<选择对象>：↙
选择标注对象：　　　　　　　　（在靠近 A 点处单击直线 AB，A 点为第一条尺寸界线的起点）
指定尺寸线位置或
[多行文字(M)/文字(T)/角度(A)/水平(H)/垂直(V)/旋转(R)]：　　（向上移动鼠标，单击一点）
标注文字=20

第二步：进行基线标注。

命令：_dimbaseline
指定第二条尺寸界线原点或 [放弃(U)/选择(S)] <选择>：　　　　（捕捉 C 点）
标注文字=50
指定第二条尺寸界线原点或 [放弃(U)/选择(S)] <选择>：　　　　（捕捉 D 点）
标注文字=70
指定第二条尺寸界线原点或 [放弃(U)/选择(S)] <选择>：　　　　（捕捉 E 点）
标注文字=90
指定第二条尺寸界线原点或 [放弃(U)/选择(S)] <选择>：↙
选择基准标注：↙
标注完毕。

**2．连续标注**

1）命令启动方法

- 功能区："注释"选项卡→"标注"面板→"连续"下拉按钮→"连续" ▐▌▌。
- 工具按钮："标注"工具栏→"连续" ▐▌▌。
- 菜单："标注"→"连续" ▐▌▌。
- 键盘命令：DIM CONTINUE。

2）功能

进行连续标注。连续标注是在已存在一个尺寸标注的前提下，进行尺寸线首尾相接的连续尺寸标注，前一个尺寸标注的第二条尺寸界线作为后一个尺寸标注的第一条尺寸界线，如图 8-25 所示。

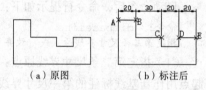

（a）原图　　　　（b）标注后

图 8-25　连续标注

3）操作

启动命令后，命令行提示：

命令：_dimcontinue
指定第二条尺寸界线原点或 [放弃(U)/选择(S)] <选择>：

后续操作与基线标注相同。

**【例 8-7】** 进行图 8-25 所示的连续尺寸标注。

**题目解释说明：** 连续标注之前，必须先标注出一个相应的尺寸，本例是标注水平尺寸，所以应先标出一个水平尺寸，例如尺寸 20。连续标注时顺次捕捉 C、D、E 点。请自行完成。

### 8.4.3　坐标标注

**1．命令启动方法**

- 功能区："注释"选项卡→"标注"面板→"标注"下拉按钮→"坐标" ▐▌。
- 工具按钮："标注"工具栏→"坐标" ▐▌。
- 菜单："标注"→"坐标" ▐▌。
- 键盘命令：DIMORDINATE。

**2．功能**

标注当前用户坐标系（UCS）中点的坐标（X 坐标和 Y 坐标）。坐标标注由 X 值或 Y 值和引线组成，如图 8-26 所示。

**3．操作**

启动命令后，命令行提示如下：

命令：_dimordinate
指定点坐标：　　　　　　　　　　　　　　　（捕捉要标注坐标的点）
指定引线端点或 [X 基准(X)/Y 基准(Y)/多行文字(M)/文字(T)/角度(A)]：

（1）指定引线端点：鼠标上下或左右移动，到适当位置单击，确定引线端点（终止点）的位置。

（2）X 基准：测量并标注 X 坐标。

（3）Y 基准：测量并标注 Y 坐标。

（4）多行文字、文字、角度：含义同线性标注。

（a）原图（不包括文字）

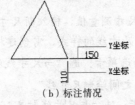
（b）标注情况

（c）标注结果

图 8-26  坐标标注

**说明：**

（1）标注的 X 坐标，引线和文字排列平行于 Y 轴；标注的 Y 坐标，引线和文字排列平行于 X 轴，如图 8-26 所示。

（2）如果标注时，未选择"X基准"和"Y基准"选项，而直接上下或左右移动鼠标来指定引线端点，则 AutoCAD 自动确定是标注 X 坐标还是 Y 坐标，如果引线端点与标注点的 Y 坐标差较大，那么标注 X 坐标，如果 X 坐标差较大，那么标注 Y 坐标。

（3）如果标注时，选择"X（Y）基准"选项，则不管鼠标如何移动，不管引线端点与标注点的 Y 坐标差较大还是 X 坐标差较大，一律标注 X（Y）坐标。

## 8.4.4  半径标注、直径标注、弧长标注、圆心标注

### 1. 半径标注

1）命令启动方法

- 功能区："注释"选项卡→"标注"面板→"标注"下拉按钮→"半径" 。
- 工具按钮："标注"工具栏→"半径" 。
- 菜单："标注" → "半径" 。
- 键盘命令：DIMRADIUS。

2）功能

标注圆和圆弧的半径，如图 8-27 所示。该命令不能对椭圆进行标注。

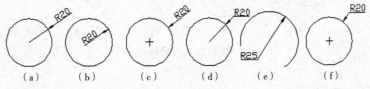

图 8-27  半径标注

3）操作

启动命令后，命令行提示如下：

```
命令：_dimradius
选择圆弧或圆：                              （选择圆弧或圆）
标注文字 = 尺寸测量值
指定尺寸线位置或 [多行文字(M)/文字(T)/角度(A)]：
```

（1）指定尺寸线位置：移动鼠标，在适当位置单击，确定尺寸线位置。

（2）多行文字、文字、角度：含义同线性标注。

**说明：**

（1）如果要改变 AutoCAD 的尺寸测量值，输入新尺寸时要在尺寸前加入前缀"R"。

（2）要改变半径标注的文字和尺寸线的样式，需创建标注样式。图 8-27 的设置情况分别是：

图 8-27（a）、（b）的"文字"选项卡：选"与尺寸线对齐"；"调整"选项卡：选"文字和箭头（最佳效果）"，选"在尺寸界线之间绘制尺寸线"。

图 8-27（c）的"文字"选项卡：选"与尺寸线对齐"；"调整"选项卡：选"文字和箭头（最佳效果）"，不选"在尺寸界线之间绘制尺寸线"。

图 8-27（d）、（e）的"文字"选项卡：选"水平"；"调整"选项卡：选"文字和箭头（最佳效果）"，选"在尺寸界线之间绘制尺寸线"。

图 8-27（f）的"文字"选项卡：选"水平"；"调整"选项卡：选"文字和箭头（最佳效果）"，不选"在尺寸界线之间绘制尺寸线"。

**2．直径标注**

1）命令启动方法

- 功能区："注释"选项卡→"标注"面板→"标注"下拉按钮→"直径" 🚫。
- 工具按钮："标注"工具栏→"直径" 🚫。
- 下拉菜单："标注"→"直径" 🚫。
- 键盘命令：DIM DIAMETER。

2）功能

对圆和圆弧标注直径，如图 8-28 所示。该命令不能对椭圆进行标注。

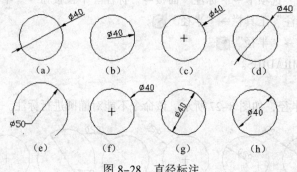

图 8-28　直径标注

3）操作

启动命令后，命令行提示如下：

命令：_dimdiameter
选择圆弧或圆：　　　　　　　　　　　　　　　（选择圆弧或圆）
标注文字 = 尺寸测量值
指定尺寸线位置或 [多行文字(M)/文字(T)/角度(A)]：

**说明：**

（1）如果要改变 AutoCAD 的尺寸测量值，输入新尺寸时要在尺寸前加入前缀"%%c"。

（2）要改变直径标注的文字和尺寸线的样式，需进行标注样式创建。

图 8-28（a）、（b）的"文字"选项卡：选"与尺寸线对齐"；"调整"选项卡：选"文字和箭头（最佳效果）"，选"在尺寸界线之间绘制尺寸线"。

图 8-28（c）的"文字"选项卡：选"与尺寸线对齐"；"调整"选项卡：选"文字和箭头（最佳效果）"，不选"在尺寸界线之间绘制尺寸线"。

图 8-28（d）、（e）中的"文字"选项卡：选"水平"；"调整"选项卡：选"文字和箭头（最佳效果）"，选"在尺寸界线之间绘制尺寸线"。

图 8-28（f）的"文字"选项卡：选"水平"；"调整"选项卡：选"文字和箭头（最佳效果）"，不选"在尺寸界线之间绘制尺寸线"。

图 8-28（g）的"文字"选项卡：选"与尺寸线对齐"；"调整"选项卡：选"箭头""文字""文字和箭头"三者之一，而"在尺寸界线之间绘制尺寸线"选与不选均可。

图 8-28（h）的"文字"选项卡：选"水平"；"调整"选项卡：选"箭头""文字""文字和箭头"三者之一，而"在尺寸界线之间绘制尺寸线"选与不选均可。

### 3. 弧长标注

1）命令启动方法

- 功能区："注释"选项卡→"标注"面板→"标注"下拉按钮→"弧长" 。
- 工具按钮："标注"工具栏→"弧长" 。
- 菜单："标注"→"弧长" 。
- 键盘命令：DIMARC。

2）功能

标注弧的长度，如图 8-29 所示。

图 8-29 弧长标注

3）操作

启动命令后，命令行提示如下。

命令：_dimarc
选择弧线段或多段线弧线段：
指定弧长标注位置或 [多行文字(M)/文字(T)/角度(A)/部分(P)/引线(L)]：
标注文字 = 55

### 4. 圆心标注

1）命令启动方法

- 功能区："注释"选项卡→"标注"面板→▼按钮→"圆心标记" 。
- 工具按钮："标注"工具栏→"圆心标记" 。
- 菜单："标注"→"圆心标记" 。
- 键盘命令：DIMCENTER。

2）功能

标注圆和圆弧的圆心，如图 8-27（c）和图 8-27（f）所示。

3）操作

启动命令后，命令行提示如下：

命令：_dimcenter
选择圆弧或圆：                                    （单击圆或圆弧，即可标注完成）

## 8.4.5 引线标注

### 1. 命令启动方法

- 功能区："注释"选项卡→"引线"面板→"多重引线" 。

- "多重引线"工具栏→"多重引线"。
- 菜单："标注"→"多重引线"。
- 键盘命令：MLEADER。

**2. 功能**

进行引线标注。引线标注是引导一个注释文本，指示对象的一个辅助信息。其引线可以有箭头，也可以没有箭头；可以是直线，也可以是折线或样条曲线，如图 8-30 所示。

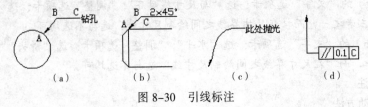

图 8-30　引线标注

**3. 操作**

启动命令后，命令行提示如下：

命令：_qleader
指定引线箭头的位置或 [引线基线优先(L)/内容优先(C)/选项(O)] <选项>：

（1）指定引线箭头的位置

指定引线箭头的位置，则提示：

指定引线基线的位置：　　　（移动鼠标，指定引线尾部的位置）

接着弹出"文字格式"工具栏和文字输入窗口，可输入文字。

（2）引线基线优先

指定多重引线对象的基线的位置。

（3）内容优先

指定与多重引线对象相关联的文字或块的位置。

（4）选项

指定用于放置多重引线对象的选项。

### 8.4.6　公差标注

**1. 命令启动方法**

- 功能区："注释"选项卡→"标注"面板→▼按钮→"公差"。
- 工具按钮："标注"工具栏→"公差"。
- 菜单："标注"→"公差"。
- 键盘命令：TOLERANCE。

**2. 功能**

标注形位公差（形状公差和位置公差），如图 8-31 所示。公差一般用于机械图中。可以标注带引线或不带引线的公差，如果用引线标注（QLEADER），则标注的公差带引线；如果用公差标注（TOLERANCE），则标注的公差不带引线。

说明：

AutoCAD 的公差与我国的公差有些不同，使用时要注意。

图 8-31　公差标注

### 3. 操作

命令：tolerance

启动命令后，弹出图 8-32 所示的"形位公差"对话框。

（1）"符号"区：单击黑色框，弹出"特征符号"框，如图 8-33 所示。在"特征符号"框中单击所需的一个公差符号，"特征符号"框将消失，并将公差符号填到黑色框中。

单击"特征符号"框右下角的空白框，"特征符号"框将消失，并清空"形位公差"对话框"符号"区黑色框内的公差符号。

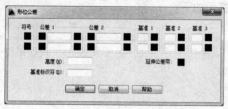

图 8-32　"形位公差"对话框

图 8-33　"特征符号"框

图 8-32 中各公差符号的含义如表 8-1 所示。

表 8-1　公差符号的含义

| | 位置度 | | 同轴度 | | 对称度 | | 平行度 | | 垂直度 |
|---|---|---|---|---|---|---|---|---|---|
| | 倾斜度 | | 圆柱度 | | 平面度 | | 圆度 | | 直线度 |
| | 面轮廓度 | | 线轮廓度 | | 圆跳动 | | 全跳动 | | |

（2）"公差 1"区：创建第一个公差值。公差值指明了几何特征相对于精确形状的允许偏差量。可在公差值前插入直径符号，在其后插入材料条件符号。

① 第一个框（黑框）：单击该框，插入一个直径符号 $\phi$。

② 第二个框（白框）：单击该框，输入公差值。

③ 第三个框（黑框）：单击该框，弹出"附加符号"框，如图 8-34

图 8-34　"附加符号"框

所示。在"附加符号"框中单击所需的一个材料条件符号，"附加符号"框将消失，并将材料条件符号填到黑色框中。

单击"附加符号"框中右边的空白框，"附加符号"框将消失，并清空"形位公差"对话框"公差 1"区中的黑色框内的材料条件符号。

Ⓜ：最大包容条件，材料取最大公差值。

Ⓛ：最小包容条件，材料取最小公差值。

Ⓢ：忽略形位公差，材料取公差范围内任意尺寸。

（3）"公差 2"区：创建第一个公差值。

（4）"基准 1"框、"基准 2"框、"基准 3"框：指定基准和附加符号（材料条件符号）。

（5）"高度"文本框：确定投影公差带（延伸公差带）的高度值。投影公差带控制固定垂直部分延伸区的高度变化，并以位置公差控制公差精度。

（6）"延伸公差带"框：单击该框，添加投影公差带符号。

（7）"基准标识符"文本框：输入基准标识符号。

当"形位公差"对话框设置完成后，单击"确定"按钮，命令行提示：

输入公差位置：

在绘图区单击，指定位置。

【例 8-8】标注图 8-31（a）所示的公差。

**题目解释说明：**该公差无引线，用公差标注（TOLERANCE）命令来标注。

操作步骤如下：

启动公差标注（TOLERANCE）命令，在"形位公差"对话框进行设置，如图 8-35 所示。

设置完成后，单击"确定"按钮，命令行提示如下：

输入公差位置：

在绘图区单击，指定位置。

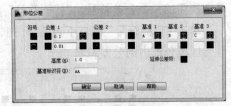

图 8-35　设置形位公差

## 8.4.7　快速标注

### 1．命令启动方法

● 功能区："注释"选项卡→"标注"面板→"快速标注" ⨌。

● 工具按钮："标注"工具栏→"快速标注" ⨌。

● 菜单："标注"→"快速标注" ⨌。

● 键盘命令：QDIM。

### 2．功能

选择多个标注对象，快速完成一系列基线、连续、坐标、半径、直径等尺寸标注。它可以快速方便地一次性完成一批标注。

### 3．操作

启动命令后，命令行提示如下：

命令：_qdim

关联标注优先级 = 端点

选择要标注的几何图形：　　　　　　　　　　（选取要标注的对象或要编辑的标注）

　　　　　　　　　　　　　　　　　　　　　（可继续选取对象）

选择要标注的几何图形：✓　　　　　　　　　（选取完毕后，按回车键）

指定尺寸线位置或 [连续(C)/并列(S)/基线(B)/坐标(O)/半径(R)/直径(D)/基准点(P)/编辑(E)/设置(T)] <当前>：

指定一种尺寸标注类型、基准点、编辑点、设置默认对象捕捉方式或指定尺寸线位置。

## 8.4.8　折弯线性标注

### 1．命令启动方法

● 功能区："注释"选项卡→"标注"面板→"标注，折弯线性" ⤴。

● 工具按钮："标注"工具栏→"折弯线性" ⩘。

- 菜单："标注" → "折弯线性" 〰。
- 键盘命令：DIMJOGLINE。

**2. 功能**

折弯标注线性长度，如图 8-36 所示。

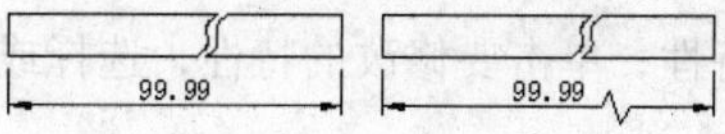

图 8-36　折弯线性标注

**3. 操作**

启动命令后，命令行提示如下：

命令：_DIMJOGLINE

选择要添加折弯的标注或 [删除(R)]：　　　(选择要添加折弯的已经标注了的线性标注，输入 R 则删除折弯的线性标注)

指定折弯位置 (或按 ENTER 键)：　　　(单击折弯位置)

说明：

（1）只有已经进行了线性标注 [见图 8-36（a）]，才可以改为折弯线性标注 [见图 8-36（b）]。

（2）标注中的折弯线表示所标注的对象折断。标注值表示真实距离，不是 AutoCAD 测量的图形中的距离。

### 8.4.9　折弯标注

**1. 命令启动方法**

- 功能区："注释" 选项卡→ "标注" 面板→ "标注" 下拉按钮→ "折弯" 〽。
- 工具按钮："标注" 工具栏→ "折弯线性" 〽。
- 菜单："标注" → "折弯线性" 〽。
- 键盘命令：DIMJOGLINE。

**2. 功能**

折弯标注圆和圆弧。

**3. 操作**

根据命令行的提示操作即可，很简单。

# 8.5　修改尺寸标注

修改尺寸是指对已标注的尺寸进行修改，如修改尺寸文字的内容、位置、倾斜角和尺寸界线的倾斜角等。

## 8.5.1　利用"特性"选项板修改

**1. 命令启动方法**

- 功能区："视图" 选项卡→ "选项板" 面板→ "特性" ▦。
- 工具按钮："标准" 工具栏→ "特性" ▣。
- 菜单："修改" → "特性" ▣。
- 键盘命令：PROPERTIES。

**2. 功能**

修改尺寸标注的有关特性。有的特性只能查看，不能修改。

**3. 操作**

启动命令后，将弹出"特性"选项板。选择尺寸标注后，"特性"选项板显示尺寸标注的有关特性，单击要修改的特性，选择或输入新的特性值即可。

## 8.5.2　编辑尺寸标注

**1. 命令启动方法**

- 功能区："注释"选项卡→"标注"面板→▼→"倾斜" Ｈ。
- 工具按钮："标注"工具栏→"编辑标注" ✍。
- 下拉菜单："标注"→"倾斜" Ｈ。
- 键盘命令：DIMEDIT。

**2. 功能**

修改、旋转尺寸标注文字，调整尺寸界线的倾斜角。

**3. 操作**

启动命令后，命令行提示如下：

命令：_dimedit

输入标注编辑类型 [默认(H)/新建(N)/旋转(R)/倾斜(O)] <默认>：

（1）默认：把选中的尺寸标注文字移回到由标注样式指定的默认位置和旋转角。

（2）新建：修改尺寸标注文字。

（3）旋转：将尺寸文字逆时针旋转一个角度。图 8-37（b）为文字逆时针旋转 20°。

（4）倾斜：调整尺寸界线的倾斜角。图 8-37（c）是倾斜角为 60° 的情况。

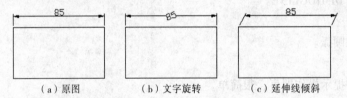

（a）原图　　　　　　（b）文字旋转　　　　　　（c）延伸线倾斜

图 8-37　编辑尺寸标注

## 8.5.3　修改尺寸标注的文字位置

**1. 命令启动方法**

- 功能区："注释"选项卡→"标注"面板→▼按钮→"文字角度" ⟍。
- 工具按钮："标注"工具栏→"编辑标注文字" Ａ。
- 菜单："标注"→"对齐文字"→……。
- 键盘命令：DIMTEDIT。

**2. 功能**

修改尺寸标注文字的位置或对尺寸标注文字进行旋转。

**3. 操作**

启动命令后，命令行提示如下：

命令：_dimtedit

选择标注：

指定标注文字的新位置或 [左(L)/右(R)/中心(C)/默认(H)/角度(A)]:

（1）指定标注文字的新位置：这是默认项，将标注文字移动到一个新位置。

（2）左/右/中心/默认：将标注文字移动到尺寸界线的左界线/右界线/尺寸线中心/标注样式指定的默认位置，如图 8-38 所示。

（3）角度：将标注文字按逆时针旋转一个角度，如图 8-37（b）所示。

　　（a）左　　　　　　　（b）中心　　　　　　　（c）右

图 8-38　修改尺寸标注的文字位置

### 8.5.4　更新尺寸标注

**1．命令启动方法**
- 功能区："注释"选项卡→"标注"面板→"更新" 📐。
- 工具按钮："标注"工具栏→"标注更新" 📐。
- 菜单："标注"→"更新"。

**2．功能**
应用新标注样式修改已作的尺寸标注。

**3．操作**
在"标注样式管理器"对话框中选择一种新标注样式或创建一种标注样式，置为当前。然后启动该命令，选择要更新的尺寸标注。

### 8.5.5　分解尺寸标注

标注的尺寸是一个整体，如果要单独修改尺寸线、尺寸界线、箭头和尺寸文字中的某个对象，可以将标注的尺寸用 EXPLODE（分解）命令进行分解。

# 8.6　尺寸标注的关联性

AutoCAD 尺寸标注的关联性有两种：图形驱动关联标注和转换空间关联标注。

图形驱动关联标注是指对图形进行尺寸标注后，如果改变图形的长度、角度、位置等，尺寸标注将自动更新。图 8-39 是将图形缩小 1/2 时，其尺寸自动修改的情形。

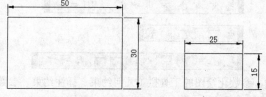

图 8-39　缩小矩形前后显示的尺寸标注

AutoCAD 提供了 3 种图形对象和标注之间的关联性。

（1）关联标注。当与其关联的图形对象被修改时，关联标注将自动调整其位置、方向和测量值。关联标注时，DIMASSOC 系统变量设置为 2。该项也可以这样设置：

- 单击菜单浏览器，选择最下部的"选项"命令，打开"选项"对话框。
- 单击"工具"→"选项"命令，打开"选项"对话框。

然后，单击"用户系统配置"选项卡，在"关联标注"区选择"使新标注可关联"。

（2）无关联标注。无关联标注在其测量的图形对象被修改时不发生改变。标注变量 DIMASSOC 设置为 1。

（3）分解的标注。尺寸标注不是一个整体，它由尺寸线、尺寸界线、箭头（尺寸起止符号）和尺寸文字 4 个独立的部分组成。DIMASSOC 系统变量设置为 0。

AutoCAD 不但可以在模型空间标注尺寸，也可以在图纸空间（布局）标注尺寸，在图纸空间标注的尺寸不会显示在模型空间中。转换空间关联标注是指图纸空间中的标注与模型空间中的图形具有关联性，即如果模型空间中的图形发生改变，则图纸空间中的标注也会自动更新。

# 8.7　参数化绘图

参数化绘图是应用约束进行绘图。约束是应用于二维几何图形的关联和限制。参数化绘图绘制的图形，当改变图形的某尺寸参数后，图形由于被约束会自动发生符合约束要求的变化。约束通常在工程的设计阶段使用，可在保留指定关系和距离的情况下尝试各种创意，从而高效率地对设计进行修改。约束在设计系列产品（如螺栓、灯泡、同一种样式的鞋子等）时也非常有用。

约束有两种类型：几何约束和标注约束（尺寸约束）。几何约束控制对象相对于彼此的关系，标注约束控制对象的距离、长度、角度和半径值。

在设计中应用几何约束以确定设计的形状，然后应用标注约束（即尺寸驱动）以确定对象的大小。

参数化绘图的功能区、菜单和工具栏如图 8-40～图 8-42 所示。

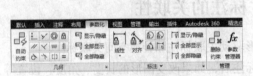

图 8-40　参数化绘图的功能区　　　　　　　　　图 8-41　参数绘图的菜单

图 8-42　参数化绘图的工具栏（几何约束、标注约束、参数化）

下面给出一个实例。

【例 8-9】用参数化绘图方法绘制图 8-43（h）所示的太极图。

**题目解释说明**：参数化绘图的一般步骤是：大致绘制图形→添加几何约束确定形状→添加标注约束确定尺寸大小。

操作步骤如下：

第一步，大致绘制图形。本图的两个小圆近似绘制，大小不同，且与外围的大圆无尺寸比例关系，如图8-43（a）所示。

第二步，添加几何约束。

① 添加自动约束：单击图8-40中的"自动约束"按钮🔲，选择全部图形，如图8-43（b）所示。

② 添加相等约束：单击图8-40中的"相等"按钮=，选择两个小圆（先选下部的小圆），如图8-43（c）所示。

③ 修剪掉两个半圆，删除直线，如图8-43（d）所示。

④ 再次执行"自动约束"命令，选择全部图形，如图8-43（e）所示。

第三步，添加标注约束。

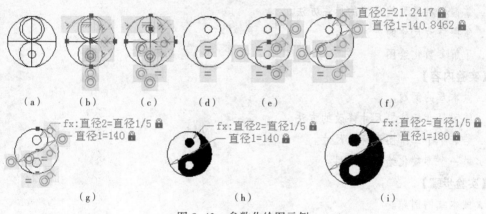

（a） （b） （c） （d） （e） （f）

（g） （h） （i）

图8-43 参数化绘图示例

① 为大圆添加直径约束：单击图8-40中的"直径"按钮🔘，选择大圆。

② 为小圆添加直径约束：单击图8-40中的"直径"按钮🔘，选择小圆，如图8-43（f）所示。

③ 修改小圆的直径标注约束：单击图8-40中的$fx$按钮、打开"参数管理器"选项板，将直径2的表达式改为"直径1/5"（见图8-44），并将直径1的表达式改为140，如图8-43（g）所示。这样，直径1和直径2就建立了尺寸约束，固定了尺寸比例关系。

第四步，填充图案。如图8-43（h）所示。该图中全部隐藏了几何约束（单击"几何"面板的"全部隐藏"按钮🔲 全部隐藏即可）。

双击图8-43（h）中的直径1，将数值改为180，则图中小圆、两个半圆和填充的图案均随之发生了所希望的变化［见图8-43（i）］——大圆、两个半圆仍然互相相切，小圆和大圆的直径仍保持五分之一的关系，各圆心的相互关系也仍然保持。这就是参数化绘图的优势。

图8-44 "参数管理器"选项板

# 小　结

1．各个行业的尺寸标注样式都有差别，因此要设置适合于某行业的尺寸标注样式。设置尺寸标注样式有 7 个选项卡，需分别进行设置。

2．尺寸标注类型主要有线性标注、对齐标注、基线标注、连续标注、直径标注、半径标注、角度标注、引线标注、坐标标注、圆心标注以及公差标注等，标注操作各有特点。

3．尺寸标注后，可以进行修改，例如修改文字和延伸线的角度、文字的位置和更新尺寸标注等。

4．还可以进行参数化绘图。

# 上机实验及指导

【实验目的】

1．掌握创建尺寸标注样式的方法。

2．掌握各种类型的尺寸的标注方法。

3．掌握修改尺寸的方法。

4．了解参数化绘图。

【实验内容】

1．做本章的例题。

2．练习尺寸标注、尺寸修改的方法。

3．给若干个二维图形标注尺寸。

4．做一个参数化绘图的题目。

【实验步骤】

1．做本章的例题。

2．练习标注尺寸、修改尺寸的各种方法。

3．给图 8-2 标注尺寸。

指导：基线标注之前，需要先标注一个作为开始的尺寸。连续标注也是如此。第一个图旋转尺寸 18.66 的旋转角度为 30°。

4．给图 5-35、图 5-49、图 6-24（或图 6-31）标注尺寸。

指导：图 5-35 需要先参考例 8-1 创建建筑图的标注样式，再标注尺寸。

5．绘制图 8-45 所示的一组图形并标注尺寸。

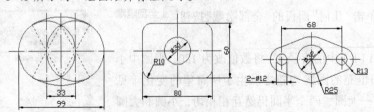

图 8-45　一组二维图形

指导：设置线型还没有学习。因此，第一个图的虚线和点画线可暂绘制成实线。

6．绘制几个你所学专业的典型图形，给它们标上尺寸。

7．随便绘制 3 条直线［见图 8-46（a）］，然后通过参数化绘图，将 3 条直线驱动成底边水平、底边长度为 30、顶角为 45° 的等腰三角形。

**指导：**本题需要先应用几何约束以控制对象彼此间的关系，确定图形的形状，再应用标注约束（即尺寸驱动）以确定对象的大小。

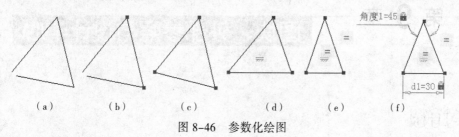

图 8-46　参数化绘图

操作步骤：

第一，随便绘制 3 条直线，如图 8-46（a）所示。

第二，添加几何约束。

① 添加自动约束：单击图 8-40 中的"自动约束"按钮，选择全部图形，结果如图 8-43（b）所示。

② 添加重合约束：单击图 8-40 中的"重合"按钮，选择左侧直线的下端点和下部直线的左端点，结果如图 8-43（c）所示。

③ 添加水平约束：单击图 8-40 中的"水平"按钮，选择下部的直线，结果如图 8-43（d）所示。再次执行"自动约束"命令，选择全部图形，结果如图 8-43（e）所示。

④ 添加相等约束：单击图 8-40 中的"相等"按钮，选择上边 2 条直线，结果如图 8-43（e）所示。

第三，添加标注约束。

① 为底边添加线性约束：单击图 8-40 中的"线性"按钮，输入长度值 30。

② 为顶角添加角度约束：单击图 8-40 中的"角度"按钮，输入角度值 45，如图 8-43（f）所示。完毕。

# 思　考　题

1．有哪几种常用的尺寸箭头？你所学的专业用什么样的尺寸箭头？一般多大？

2．AutoCAD 提供了哪几种标注尺寸的类型？

3．建立新的尺寸标注样式的一般过程是怎样的？

4．如何从创建的尺寸标注样式中选择一种样式应用于当前尺寸标注？

5．如何删除用户建立的标注样式？

6．标注尺寸时，如果不使用 AutoCAD 的自动测量值，如何输入新值（不修改图形）？

7．连续标注和基线标注以什么为前提？

8．半径 130、弦长 220 的圆弧的圆心角多大？请实验。

9．对某一点进行坐标标注时，能不能一次既标出 X 坐标又标出 Y 坐标？

10．能否对椭圆进行半径标注和直径标注？

# 第 9 章 图块、外部参照与设计中心

**学习目标**

- 掌握定义图块和插入图块。
- 掌握给图块定义属性的方法。
- 掌握动态块的使用。
- 掌握设计中心和工具选项板的使用。
- 了解外部参照。

工程制图中，常常包括一些常用的图形和符号，如机械标准件（螺栓、螺母、弹簧、轴承、蜗轮、蜗杆等）、建筑符号（标高、灯具、桌椅、橱卫洁具等）、电器符号等。AutoCAD 可以把它们创建为图块，创建以后就可以方便地在图形中插入它们。

还可以定义和使用动态块。

还可以在图形中使用外部参照。

还可以使用设计中心。

## 9.1 图块的概念和特点

图块又称为块，是一组对象的集合，可看成一个单一的对象。只要一组对象被组合成块，则这组对象就被赋予一个图块名，用户可根据绘图需要用这个图块名将这组对象插入到图中任何指定的位置，而且在插入时还可以指定不同的比例系数和旋转角度。

图块可以进行复制、移动、阵列、镜像等操作，可以分解，可以嵌套（嵌套时，图块不能与其内部嵌套的图块同名）。

图块具有下述特点：

（1）便于建立图形库。

（2）节省存储空间。原因是存盘时相同块的信息不重复保存。

（3）便于修改图形。修改时只需将图块进行修改，再插入即可。

（4）便于加入属性。

## 9.2 创 建 图 块

图块有两种，即内部图块和外部图块。

内部图块又叫附属图块，它只用于创建它的图形中。

外部图块又叫独立图块，它被保存为一个新的图形文件（*.DWG），它不仅可用于创建它的图形中，而且可用于其他图形文件中。

## 9.2.1 创建内部图块

### 1. 启动方法

- 功能区："默认"选项卡→"块"面板→"创建" 。
- 工具按钮："绘图"工具栏→"创建块" 。
- 菜单："绘图"→"块"→"创建" 。
- 键盘命令：BLOCK/BMAKE。

### 2. 功能

把已绘制的图形对象或其中一部分创建为内部图块。

### 3. 操作

命令启动后，弹出"块定义"对话框，如图 9-1 所示。

图 9-1 "块定义"对话框

（1）"名称"下拉列表框：指定块的名称。

（2）"基点"区：指定块的插入基点。单击"拾取点"按钮，在当前图形中拾取图块的插入基点；或在"X""Y""Z"文本框中输入坐标指定图块的插入基点。"在屏幕上指定"复选框：关闭对话框时，将提示用户指定基点。

（3）"对象"区：指定新块中要包含的对象，以及创建块之后如何处理这些对象。

① "选择对象"按钮：选择块对象。完成对象选择后，按回车键返回。

② "快速选择"按钮：显示"快速选择"对话框，定义选择集。

③ "保留"单选按钮：建立块后，选定的对象仍保留在图形中。

④ "转换为块"单选按钮：建立块后，选定的对象转换成图形中的块。

⑤ "删除"单选按钮：建立块后，删除选定的对象。

（4）"方式"区：指定块的特性。

① "注释性"复选框：指定块为注释性。

② "使块方向与布局匹配"复选框：指定在图纸空间中的块参照与布局的方向匹配。

③ "按统一比例缩放"复选框：指定是否阻止块参照不按统一比例缩放。

④ "允许分解"复选框：指定块参照是否可以分解。

（5）"设置"区：在"块单位"下拉列表框中指定使用 AutoCAD 设计中心将图块拖放到图形中时，块的缩放单位。如果希望不自动缩放图形，则选择"无单位"。

（6）"超链接"按钮：单击该按钮，打开"插入超链接"对话框，将块链接到文件或 Web 页。

（7）"说明"编辑框：输入块的文字说明。

【例 9-1】创建图 9-2 所示的内部图块。

**题目解释说明**：本例要先绘制组成图块的对象，再创建图块；用"拾取点"按钮指定插入点（要用捕捉）。

图 9-2 组成图块的对象

操作过程如下：

第一步：绘制组成图块的对象（直角三角形和垂直线）。

第二步：创建图块。

启动创建内部图块命令，弹出"块定义"对话框，进行以下操作：

① 在"名称"下拉列表框中输入块的名字，如"小旗"；

② 单击"拾取点"按钮，利用捕捉指定插入点——垂直线的下端点；

③ 单击"选择对象"按钮，选择直角三角形和垂直线；

④ 选择"对象"区的"保留"或"转换为块"单选按钮；

⑤ 在"块单位"下拉列表框中选择"无单位"选项；

⑥ 单击"确定"按钮，图块创建完毕。

### 9.2.2　创建外部图块

**1．启动方法**

- 功能区："插入"选项卡→"块定义"面板→"创建块"下拉按钮→"写块 "。

- 键盘命令：WBLOCK/W。

**2．功能**

把已绘制的图形对象或其中一部分创建为外部图块，保存到文件。

**3．操作**

启动后，弹出"写块"对话框，如图 9-3 所示。

图 9-3　"写块"对话框

（1）"源"区：指定块和对象，将其保存为文件并指定插入点。

① "块"单选按钮：将已创建的内部块作为外部块对象。从右边的下拉列表框中选择内部块名称。

② "整个图形"单选按钮：选择当前全部图形作为块对象。

③ "对象"单选按钮：指定要保存为外部块的对象。

④ "基点""对象"区：与"块定义"对话框相同。

（2）"目标"区：指定文件的新名称和新位置以及插入块时所用的测量单位。

① "文件名和路径"下拉列表框：输入文件名称和该文件的路径。外部块文件名一般与内部块名相同。

② ···按钮：单击该按钮，显示"标准文件选择"对话框，指定文件名和路径。

③ "插入单位"下拉列表框：单击下拉箭头，指定使用 AutoCAD 设计中心将图块拖放到图形中时，块的缩放单位。如果希望不自动缩放图形，则选择"无单位"。

**说明：**

如果已经创建了内部图块，可选择"源"区中的"块"单选按钮，否则选择"整个图形"或"对象"单选按钮。

【例 9-2】创建图 9-2 所示的外部图块。

**题目解释说明：**由于该图块已经创建成内部块，可选择"源"区中的"块"单选按钮，然后选择块名"小旗"，以这种方式指定组成图块的对象。也可以选择"源"区中的"整个对象"或"对象"单选按钮，再指定组成图块的对象。

操作步骤如下：

启动创建外部图块命令，弹出"写块"对话框，如图 9-4 所示。

① 选择"块"单选按钮，在下拉列表框中选择块名"小旗"；

② 单击"文件名和路径"下拉列表框右边的按钮，指定保存外部图块的文件名和路径，例如"D:\小旗.dwg"；

③ 在"插入单位"下拉列表框中选择"无单位"；

④ 单击"确定"按钮，外部图块创建完毕。

图 9-4 定义外部块"小旗"

## 9.3 插 入 图 块

图块插入有插入单个图块，插入多个图块，从设计中心和工具选项板插入图块等。

### 9.3.1 插入单个图块

**1. 启动方法**

- 功能区："默认"选项卡→"块"面板→"插入"。
- 工具按钮："插入"工具栏→"块"。
- 下拉菜单："插入"→"块"。
- 键盘命令：INSERT。

**2. 功能**

将已创建的图块按指定的缩放比例和旋转角度插入到图中的指定位置。

**3. 操作**

采用对话框方式启动后，弹出"插入"对话框，如图 9-5 所示。

（1）"名称"下拉列表框：指定要插入块的名称或指定要作为块插入的文件名称。

（2）"浏览"按钮：单击该按钮，打开"选择图形文件"对话框，从中选择要插入的块或图形文件。

图 9-5 "插入"对话框

（3）"插入点"区：指定块的插入点。

（4）"比例"区：指定插入块的缩放比例。如选择"统一比例"复选框，则 X、Y、Z 方向按同一比例缩放。

（5）"旋转"区：指定插入块的旋转角度。

（6）"分解"复选框：分解图块并插入该块的各个组成部分，此时插入的不是单一对象，而是多个对象。选定"分解"时，只可以指定统一比例因子。

说明：

（1）缩放比例因子 X、Y、Z 可以为正，也可以为负。如果为负，则插入块的镜像图像，如图 9-6（a）～（d）所示。

（2）缩放比例因子 X、Y、Z 可以不等，如图 9-6（e）（f）所示。

【例 9-3】插入图 9-2 所示的图块，插入点为（100，50）。结果如图 9-6（e）所示。

**题目解释说明**：本例所用的图块"小旗"已经创建，因此可以直接插入该图块。

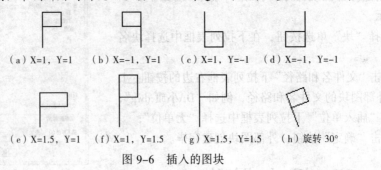

(a) X=1，Y=1　　(b) X=-1，Y=1　　(c) X=1，Y=-1　　(d) X=-1，Y=-1

(e) X=1.5，Y=1　　(f) X=1，Y=1.5　　(g) X=1.5，Y=1.5　　(h) 旋转 30°

图 9-6　插入的图块

操作步骤如下：

（1）启动插入图块命令，弹出"插入"对话框；

（2）在"名称"列表框中选择"小旗"，若没有，则单击"浏览"按钮，选择"小旗"文件；

（3）在"插入点"区，取消选择"在屏幕上指定"复选框，在其下方的"X""Y"文本框中分别输入 100 和 50；

（4）在"缩放比例"区的"X"文本框中输入 1.5，"Y"和"Z"保持 1 不变；

（5）"旋转"区的"角度"保持为 0；

（6）取消选择"分解"复选框；

（7）单击"确定"按钮，图块插入完毕。

## 9.3.2　插入多个图块

### 1．阵列方式插入图块

键盘命令：MINSERT。

如图 9-7 所示（2 行 3 列）。

### 2．等分方式插入图块

- 功能区："默认"选项卡→"绘图"面板→▼按钮→"定数等分" ⚐。
- 菜单："绘图"→"点"→"定数等分" ⚐。
- 键盘命令：DIVIDE。

如图 9-8 所示（操作中需选择"[块(B)]"选项，然后输入块名）。

### 3．等距方式插入图块

- 功能区："默认"选项卡→"绘图"面板→▼按钮→"定距等分" ⚐。
- 菜单："绘图"→"点"→"定距等分"。
- 键盘命令：MEASURE。

如图 9-9 所示（操作中需选择"[块(B)]"选项，然后输入块名）。

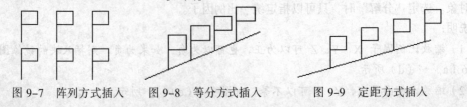

图 9-7　阵列方式插入　　　图 9-8　等分方式插入　　　图 9-9　定距方式插入

另外，还可从设计中心和工具选项板插入图块，见本章的 9.7 节。

# 9.4 图 块 属 性

图块属性是附属于块的非图形信息（图块的文本或参数说明），是块的组成部分。图块属性不能独立存在，也不能单独使用，只有在插入图块时，图块属性才会出现。带有属性的图块称为属性图块。一个属性图块可以带有一个或多个属性。

属性图块从创建到使用分为 4 步：绘制组成图块的图形；创建属性；创建属性图块；插入属性图块，确定属性值。

## 9.4.1 定义属性

### 1. 启动方法

- 功能区："默认"选项卡→"块"面板→ ▼按钮→"定义属性" 🏷。
- 菜单："绘图"→"块"→"定义属性" 🏷。
- 键盘命令：ATTDEF。

### 2. 功能

定义属性。

### 3. 操作

命令启动后，弹出"属性定义"对话框，如图 9–10
所示。

（1）"模式"区：在图形中插入块时，设置与块关联
的属性值选项。

① "不可见"复选框：选择该项，则插入块时不显
示属性值。

图 9–10 "属性定义"对话框

② "固定"复选框：选择该项，则插入块时赋予属性固定值（常量）。

③ "验证"复选框：选择该项，则插入块时提示验证属性值是否正确。

④ "预设"复选框：选择该项，则插入块时把默认值作为属性值。

（2）"属性"区：设置属性数据。

① "标记"文本框：标识图形中每次出现的属性。使用任何字符组合（空格除外）输入属性
标记。AutoCAD 将小写字符更改为大写字符。

② "提示"文本框：输入提示文字，在输入属性值时给出提示信息。如果不输入提示，属性
标记将用作提示。如果在"模式"区域选择"常数"模式，则"属性提示"选项不可用。

③ "默认"文本框：指定默认属性值。

（3）"插入点"区：指定属性位置。在文本框中输入坐标值或选择"在屏幕上指定"，并使用
鼠标等定点设备指定属性的位置。

（4）"文字设置"区：设置属性文字的对正、样式、高度和旋转。

① "对正"下拉列表框：指定属性文字的对正方式，单击下拉箭头从列表中选取。各种对正
方式参见第 6 章。

②"文字样式"文本框：指定属性文字的预定义样式。创建文字样式参见第 6 章。

③"文字高度"文本框和按钮：在文本框输入文字的高度，或单击"文字高度"按钮在绘图区指定文字的高度。如果选择有固定高度（任何非 0.0 值）的文字样式，或在"对正"下拉列表框中选择了"对齐"，则"高度"选项不可用。

④"旋转"文本框和按钮：指定属性文字的旋转角度。在文本框输入旋转角度，或单击"旋转"按钮在绘图区指定旋转角度。如果在"对正"下拉列表框中选择了"对齐"或"调整"，则"旋转"选项不可用。

（5）"在上一个属性定义下对齐"复选框：将属性标记直接置于定义的上一个属性的下面。如果之前没有创建属性定义，则此选项不可用。

【例 9-4】以构造标高符号为例定义属性，创建属性图块，插入图块，如图 9-11 所示。

**题目解释说明：本例是定义和使用属性的一个完整实例，整个过程分为 4 步。**

第一步：绘制图形。

图形如图 9-11（a）所示，绘制过程略。

第二步：定义属性。

启动定义属性命令，弹出"属性定义"对话框，在对话框中输入图 9-10 所示的内容，其中"插入点"指定在三角形右上端点的上方，最后单击"确定"按钮，结果如图 9-11（b）所示。

第三步：定义属性图块。

启动创建外部块命令 WBLOCK，弹出"写块"对话框，如图 9-12 所示。

在对话框中输入图 9-12 所示的内容，其中"基点"指定在三角形的下顶点，"选择对象"包括图形和文字标记 BIAOGAO，选择"保留"，最后单击"确定"按钮。

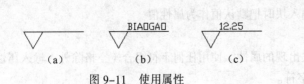

|  |  |  |
|---|---|---|
| （a） | （b） | （c） |

图 9-11　使用属性

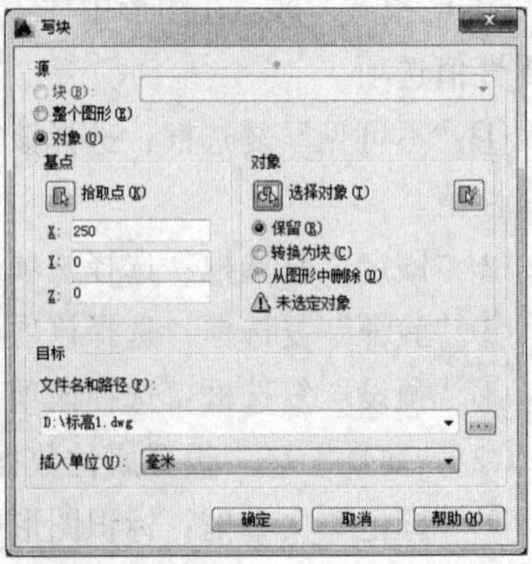

图 9-12　定义"标高 1"图块

第四步：插入图块。

命令：_insert

弹出图 9-13 所示的对话框，单击"浏览"按钮，找到文件"标高 1.dwg"，单击"确定"按钮，提示行如下：

```
指定插入点或 [基点(B)/比例(S)/X/Y/Z/旋转(R)]：                     (指定插入点)
输入属性值
标高<10>: 15.75                     (在弹出的图 9-14 的"编辑属性"对话框中输入标高值)
```

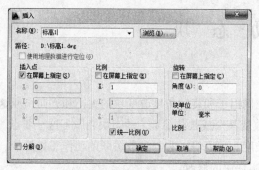

图 9-13 插入图块"标高 1"

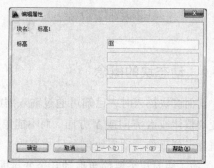

图 9-14 "编辑属性"对话框

## 9.4.2 改变属性值

### 1. 启动方法

• 功能区: "默认"选项卡→"块"面板→"编辑属性"下拉按钮→"单个" 。

• 下拉菜单: "修改"→"对象"→"属性"→"单个" 。

• 键盘命令: ATTEDIT/ DDATTE。

### 2. 功能

改变属性的值。

### 3. 操作

命令启动后,命令行提示如下:

命令: attedit

选择块参照:　　　　　　　　　(选择块参照,例如: 选择图 9-11 (c) 所示的属性图块)

弹出图 9-14 所示的"编辑属性"对话框,输入新的属性值,单击"确定"按钮。

## 9.4.3 修改块的属性

### 1. 启动方法

• 功能区: "默认"选项卡→"块"面板→▼按钮→"块属性管理器" 。

• 下拉菜单: "修改"→"对象"→"属性"→"块属性管理器" 。

• 键盘命令: BATTMAN。

### 2. 功能

修改块的属性。

### 3. 操作

命令启动后,弹出图 9-15 所示的"块属性管理器"对话框,单击各个按钮,修改要改的属性。

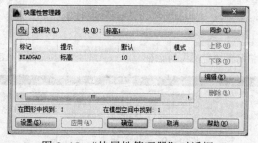

图 9-15 "块属性管理器"对话框

# 9.5 动 态 块

## 9.5.1 动态块的概念

前面讲块插入时，已知可通过输入缩放比例因子和旋转角度改变块的大小和方向，但这只能改变块整体或 X 方向或 Y 方向，而不能单独改变某个或某些参数。动态块克服了这一弱点，使块的概念得到延伸。动态块包含尺寸参数（如长度、角度等）和与参数关联的动作（如拉伸、旋转等）。插入块时仅需要简单拖动几个变量即可实现块的修改。

所以，动态块灵活性高，并可把形状相同、尺寸和规格不同的多个块做成一个动态块。

## 9.5.2 创建动态块

创建动态块大致有 5 步：绘制图形；添加参数；添加动作；定义自定义特性；测试块。

下面给出一个实例。

【例 9-5】创建一个 M10 的六角头螺栓（见图 9-16）的动态块，要求公称尺寸 L 是可变的，设其值为 30～180。

题目解释说明：本例采用指定数值范围的方式创建动态块。

第一步：绘制图形。如图 9-16 所示（不包括文字和尺寸）。

第二步：添加参数。

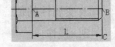

图 9-16  六角头螺栓

① 单击功能区"默认"选项卡"块"面板中的"块编辑器"按钮，打开"编辑块定义"对话框，如图 9-17 所示。

② 在"要创建或编辑的块"文本框中输入块名 LS10，单击"确定"按钮。弹出"块编写选项板选项板"和"块编辑器"选项卡，如图 9-18 和图 9-19 所示。

图 9-17  "编辑块定义"对话框

图 9-18  块编写选项板

图 9-19  "块编辑器"选项卡

③ 单击"块编写选项板""参数"选项卡上的"线性"按钮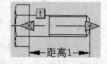，命令行提示：

命令：_BParameter 线性
指定起点或 [名称(N)/标签(L)/链(C)/说明(D)/基点(B)/选项板(P)/值集(V)]：
　　　　　　　　　　　　　　　　　　（单击图9-16的A点）
指定端点：　　　　　　　　　　　　　（指定图9-16的B点）
指定标签位置：　　　　　　　　　　　（指定图9-16的C点）

如图9-20所示。图中的感叹号警告标志表示现在的参数还未与动作相关联。

④ 选定"距离 1"参数，再右击"距离 1"，在弹出的快捷菜单中选择"特性"命令，打开"特性"选项板，如图9-21所示。在"距离名称"文本框中输入"公称长度"，在"最小距离""最大距离"数值框分别输入"30""180"，在"夹点数"下拉列表中选择"1"，如图9-21所示。然后关闭"特性"选项板。

⑤ 按【Esc】键，取消参数的选中状态。

第三步：添加动作。

单击"块编写选项板""动作"选项卡（见图9-22）上的"拉伸"按钮<!-- icon -->，命令行提示：

命令：_BActionTool 拉伸
选择参数：　　　　　　　　　　　　　（指定图9-23的"公称长度"）
指定要与动作关联的参数点或输入 [起点(T)/第二点(S)] <第二点>：　　（单击图9-16的B点）
指定拉伸框架的第一个角点或 [圈交(CP)]：（单击图9-23的E点）
指定对角点：　　　　　　　　　　　　（单击图9-23的F点）
指定要拉伸的对象　　　　　　　　　　（单击图9-23的E点附近）
选择对象：指定对角点：找到 13 个　　（单击图9-23的F点附近）
选择对象：✓

图9-21 "特性"选项板

图9-22 "动作"选项卡

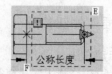

图9-23 添加动作

第四步：保存块。

① 单击"块编辑器"选项卡"打开/保存"面板的▼按钮，展开面板，单击"将块另存为"

按钮 ，弹出"将块另存为"对话框，如图 9-24 所示，选择块名"LS10"，选中下部的"将块定义保存到图形文件"复选框，单击"确定"按钮。

② 在弹出的"浏览图形文件"对话框中，指定保存到的文件位置和文件名，单击"确定"按钮。

③ 单击"块编辑器"选项卡"关闭"面板中的"关闭编辑器"按钮，完成块的创建。

第五步：插入块，测试能否动态拉伸。

① 启动插入块命令，插入创建的图块。然后单击块，显示右边的关键点（即图 9-16 的 B 点）。

② 单击该点，向左或右拖动改变长度尺寸（见图 9-25），到某个位置后单击，确定位置。

③ 右击该点，在弹出的快捷菜单中选择"特性"命令，打开"特性"选项板。在"公称长度"文本框中输入长度，如 50，关闭"特性"选项板，结果如图 9-26 所示，可见公称长度改变了。按【Esc】键，取消图形的选中状态。测试完毕。

图 9-24 "将块另存为"对话框

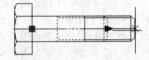

图 9-25 拖动改变长度尺寸

图 9-26 设置长度完毕

说明：

（1）本例还可以添加多个参数（如螺纹长度、公称直径）和动作。

（2）创建动态块，可添加的参数和动作很多，可参见图 9-18 和图 9-22。本例只添加了一个参数和它的动作。

（3）本例创建动态块，采用了指定数值范围的方式，还可以采用指定数值集的方式（即查寻方式）、不指定数值范围的方式等创建动态块。

# 9.6 外 部 参 照

外部参照可把其他图形链接到当前图形中（类似于网页中的超链接）。把图形作为块插入时，块定义和所有相关联的几何图形都将存储在当前图形中，修改原图形后，当前图形中的块不会随之更新。但是，如果把图形作为外部参照插入，它就会随着原图形的修改而自动更新。

## 9.6.1 插入外部参照

### 1. 启动方法

● 功能区："插入"选项卡→"参照"面板→"附着" 。

● 工具按钮："参照"工具栏→"附着外部参照" 。

● 菜单："插入"→"DWG 参照""DWF 参考底图"等。

● 键盘命令：XATTACH/XA。

**2．功能**

将一个外部图形文件附着到当前图形文件中。

**3．操作**

命令启动后，弹出"选择参照文件"对话框，在对话框中选择将被参照的图形文件，弹出"附着外部参照"对话框，如图 9-27 所示。

其中，"附加型"和"覆盖型"的含义是：外部参照为附加型时，所有嵌套的外部参照图形都链入。外部参照为覆盖型时，嵌套在该外部参照中的覆盖型外部参照图形不链入，不显示出来，即 AutoCAD 不读入嵌套的覆盖型外部参照。

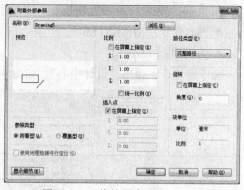

图 9-27　"将块另存为"对话框

### 9.6.2　绑定外部参照

**1．启动方法**

- 工具按钮："参照"工具栏→"外部参照绑定" 。
- 菜单："修改"→"对象"→"外部参照"→"绑定" 。
- 键盘命令：XBIND。

**2．功能**

将外部参照依赖符号（如块、图层、线型、标注样式和文字样式）绑定到当前图形中。它使绑定的依赖符号不随外部参照文件更新。注意：不是绑定全部外部参照到当前图形中。

**3．操作**

命令启动后，弹出"外部参照绑定"对话框，如图 9-28 所示。

注意：要使用该命令，当前图形中必须已经插入了外部参照。

图 9-28　"外部参照绑定"对话框

# 9.7　设　计　中　心

设计中心提供了管理、查看、复制和重复利用图形、共享图形内容的手段，可以浏览本地系统、网络驱动器，创建工具选项板等。

## 9.7.1　设计中心窗口

设计中心提供了管理、查看、复制和重复利用图形、共享图形内容的手段，可以浏览本地系统、网络驱动器，从 Internet 上下载文件，创建工具选项板等。

设计中心启动方法如下：

- 功能区："插入"选项卡→"选项板"面板→"设计中心" 。
- 工具按钮："标准"工具栏→"设计中心" 。

- 菜单："工具" → "选项板" → "设计中心" ▦。
- 键盘命令：ADCENTER。
- 快捷键：【Ctrl+2】。

命令启动后，弹出"设计中心"，如图 9–29 所示。

图 9–29　"设计中心"窗口

"文件夹"选项卡的窗口左边是树状图，右边是控制板（内容显示框）。控制板上部显示在树状图中选择的图形文件的内容，下部为预览区和说明区。

在树状图中，如果单击一个图形文件，控制板中将显示该图形文件的标注样式、表格样式、布局、多重引线样式、块、图层、外部参照、文字样式和线型。双击控制板中的某个图标，控制板将显示该图标中包含的全部内容，如双击"块"图标，控制板将显示全部图块，单击一个图块，将在其下部的预览区中显示该图块的图形，如图 9–30 所示。

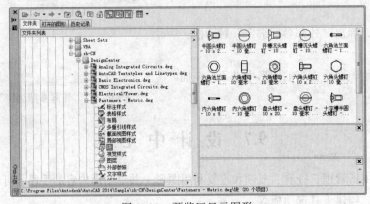

图 9–30　预览区显示图形

### 9.7.2　利用设计中心查找

命令启动方法：

- 工具按钮："设计中心"工具栏→搜索按钮 🔍。
- 在树状图中右击，选择"搜索"命令。
- 在控制板空白处右击，选择"搜索"命令。

命令启动后，弹出"搜索"对话框，如图 9–31 所示。

#### 1．查找图层、块、标注样式、文字样式、线型和布局等

利用"搜索"对话框可查找只知名称不知存放位置的图层、块、标注样式、文字样式、线型和布局等，并可将查到的内容拖放到当前图形中。

（1）在"搜索"对话框的"搜索"下拉列表框中选择某一项，如图层、块、标注样式、文字样式、线型和布局等，如选块。

（2）在"于"下拉列表框中指定搜索位置。可单击"浏览"按钮，指定搜索的目录。

（3）在出现的相应选项卡中的"搜索名称"中输入名称，如图层则是图层名称，块则是块名称，标注样式则是标注样式名称等。例如输入块名称"AHJ"。

图9-31　"搜索"对话框

（4）单击"立即搜索"按钮，AutoCAD将按用户的设置进行搜索。搜索出的图形文件显示在"搜索"对话框下面的列表中。如果在计算机搜索完成之前已经找到所需的内容，可单击"停止"按钮结束搜索。

（5）查到所需结果后，可直接将其拖动到绘图区中。

（6）单击设计中心右上角的"关闭"按钮，结束。

#### 2．查找图形文件

利用"搜索"对话框可根据图形文件名称查找存放位置；如果不知图形文件名称，可在"位于字段"下拉列表框中指定标题、主题、作者或关键字，查找图形文件名称和存放位置。可将查到的图形拖放到当前图形中。

在"修改日期"选项卡中可指定文件创建和修改的日期或日期段，默认是不指定日期。可在"高级"选项卡中指定其他搜索参数，如图9-32和图9-33所示。

图9-32　"修改日期"选项卡

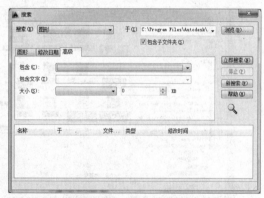

图9-33　"高级"选项卡

查到图形文件后，在图形文件名称上右击，将弹出图9-34所示的快捷菜单。可选择需要的命令进行操作。

图9-34　快捷菜单

### 9.7.3　利用设计中心插入

在设计中心的控制板中，找到所需的内容（例如图块，如图9-30所

示"设计中心"窗口的右侧内容显示框中的某个图块），然后选定，按住鼠标左键将其拖动到绘图区，则所选的内容被插入到当前图形中。

## 9.7.4 利用设计中心创建工具选项板

用户除使用 AutoCAD 默认的工具选项板外，还可以根据需要创建工具选项板。使用工具选项板，是使用 AutoCAD 符号和自定义的符号、图库等的一个重要途径。

### 1. 启动工具选项板的方法

- 工具按钮："标准"工具栏→"工具选项板"按钮。
- 菜单："工具"→"选项板"→"工具选项板"。
- 键盘命令：TOOLPALETTES。
- 快捷键：【Ctrl+3】。

### 2. 创建工具选项板

创建工具选项板的步骤如下：

（1）单击"视图"选项卡"选项板"面板上的"工具选项板"按钮（"注释与草图"工作空间），或单击"标准"工具栏的"工具选项板窗口"按钮（"AutoCAD 经典"工作空间），弹出 AutoCAD 默认的工具选项板，或上次创建使用的工具选项板。

（2）在图 9-29 所示的设计中心的"文件夹"选项卡的树状图中，选择 DesignCenter 文件夹（在 Sample 文件夹下），使设计中心控制板中显示 AutoCAD 各符号库的图形文件或自定义的符号、图库。

（3）在控制板中选择一个符号库并右击，在弹出的快捷菜单中选择"创建工具选项板"命令，如图 9-35 所示。这样，工具选项板上就增加了一个选项板，即一个符号库（见图 9-36），输入新建的工具选项板的名称即可。

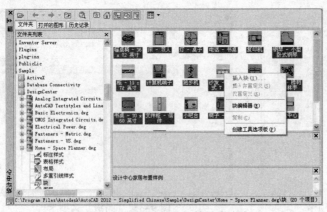

图 9-35 显示和选择符号库内容

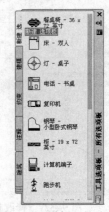

图 9-36 增加工具选项板

说明：

（1）把鼠标指针移到工具选项板的标题栏上，右击，在弹出的快捷菜单中可选择"新建""重命名""自定义"等进行操作。

（2）要创建自定义符号、图库的工具选项板，可选择"新建"命令，按提示操作，将控制板中显示的自定义符号、图库复制到工具选项板，即可完成。

（3）设计中心和工具选项板具有自隐藏功能。只要单击标题栏小三角符号，即开启自隐藏功能，再次单击标题栏小三角符号，将取消自隐藏改为显示。

### 9.7.5 利用工具选项板插入

在工具选项板中，找到所需的内容并选定，按住鼠标左键将其拖动到绘图区，则选定的内容被插入到当前图形中。

# 小　　结

1．图块又称为块，是一组对象的集合。它提供了重用图形等的手段。图块分为内部图块和外部图块。各有其定义方法。插入方法很多。

2．带有属性的图块称为属性图块。属性图块从定义到使用分为 4 步：绘制组成图块的图形；定义属性；定义属性图块；插入属性图块，确定属性值。

3．还有动态块。可以单独改变块的某个或某些参数。动态块包含尺寸参数（如长度、角度等）和与参数关联的动作（如拉伸、旋转等）。插入块时仅需简单拖动几个变量即可实现块的修改。创建动态块大致有 5 步：绘制图形；添加参数；添加动作；定义自定义特性；测试块。

4．设计中心和工具选项板也提供了重用图形等内容的手段，使用也很方便。

# 上机实验及指导

【实验目的】

1．掌握创建和插入图块的方法。

2．掌握创建和使用属性图块的方法。

3．了解或掌握动创建和使用动态块。

4．了解或掌握外部参照的基本操作方法。

5．了解或掌握设计中心。

【实验内容】

1．做本章的例题。

2．练习本章各命令的操作。

3．做若干个相关的题目。

【实验步骤】

1．做本章的例题。

2．练习本章各命令的操作。要求命令的各个选项都要练习到。

3．创建图 9-37（a）所示的外部图块——彩旗，再绘制一个矩形作为操场，将创建的图块以等分方式插入到矩形对象上，如图 9-37（b）所示。更新图块为图 9-37（c）的形式，将操场上的彩旗更换，如图 9-37（d）所示。

指导：本题体现了使用图块方便修改图形的特点。图形中插入了图块，如果要修改图形中的图块对象，只需修改图块本身，然后重新定义该图块即可。

4．使用内部图快重做上题。

5．定义图 9-38（a）所示的表面粗糙度的属性图块（CCD 为属性标记）。然后把该图块插入到零件图的不同位置，并输入相应的属性值，结果如图 9-38（b）所示。

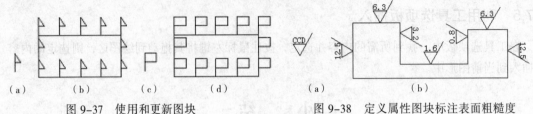

图 9-37　使用和更新图块　　　　　图 9-38　定义属性图块标注表面粗糙度

指导：本题与【例 9-4】类似，先绘制图形，再定义属性，然后定义属性图块，最后插入图块。插入图块时要注意指定旋转角度。请参考例 9-4 完成。

6．绘制几个你所学专业的基本图形和符号，把它们定义成图块或属性图块，绘图需要时将它们插入到图形中。

7．在【例 9-5】的基础上，再为螺纹长度这个参数建立拉伸动作。可以再为公称直径这个参数建立拉伸动作。

指导：参考例题即可完成。动态块的公称直径改变时，螺栓的头部尺寸要随之改变。

8．为门创建一个打开不同角度的动态块，如图 9-39（a）所示。

指导：可参照【例 9-5】操作。本题也可以采用指定数值集的方式（即查寻方式）创建动态块，如图 9-39（b）所示。

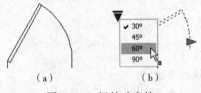

（a）　　　　（b）

图 9-39　门的动态块

9．练习利用设计中心和工具选项板插入图块。

# 思 考 题

1．图块有哪两种类型？哪一种既可用于定义它的图形中，也可用于其他图形文件中？为什么可用于其他图形文件中？

2．插入的图块可以进行复制、移动、阵列、镜像等操作吗？请实验。

3．插入图块时，如果缩放比例因子为负，则是插入怎样的图形？

4．以等分方式插入图块，等分的对象可以是曲线吗？

5．什么是属性图块？属性能否单独使用（即只使用属性，不使用图块）？一个图块只能带一个属性吗？插入属性图块时，AutoCAD 是如何保证插入某属性的不同值的？

6．非动态块插入时，也能通过输入缩放比例因子和旋转角度设定块的大小和方向，它能代替动态块吗？

7．外部参照与图块有什么区别？

8．如何利用设计中心创建 AutoCAD 各符号库的工具选项板？

# 第10章 设置二维绘图环境

学习目标

- 理解绘图环境设置的各项内容。
- 学会确定与所绘制的图形相适应的绘图环境参数。
- 掌握设置各种绘图环境参数。

对于广大的 AutoCAD 用户而言，由于所从事的行业各不相同，使用 AutoCAD 的侧重面可能会有明显的差别，所以 AutoCAD 的标准环境可能不能满足用户的要求，而需要进行改变、扩展和完善，从而使 AutoCAD 的绘图环境满足用户的实际需要。

本章介绍设置绘图环境的一系列问题。

## 10.1 设置图形界限和图形单位

### 10.1.1 设置图形界限

绘图时，要根据所绘图形的极限尺寸（外轮廓尺寸）确定 AutoCAD 的图形界限。例如：绘制 22 m × 11 m 的建筑平面图，其尺寸 22 m × 11 m 也就是 22000 mm × 11000 mm，如果按照常用的 1:100 的比例绘图，则图纸的大小至少应是 220 mm × 110 mm，如果使 AutoCAD 的 1 个绘图单位（图形单位）代表 1 mm，则 AutoCAD 的图形界限是 220 × 110。如果再考虑标注尺寸和标注文本等所占用的空间，则 AutoCAD 的图形界限可设置为 297 × 210 或 420 × 297。需要强调的是，绘图时，可以使 1 个绘图单位代表 1 mm，也可以使 1 个绘图单位代表 1 cm、1 dm、1 m、1 km 等。

说明：

设置的图形界限要向标准图纸尺寸靠拢，这样打印图形时易于控制打印参数。标准图纸尺寸为：A0 是 841 × 1189，A1 是 594 × 841，A2 是 420 × 594，A3 是 297 × 420，A4 是 210 × 297，A5 是 184 × 210，单位是 mm。

**1. 命令启动方法**

- 菜单："格式" → "图形界限"。
- 键盘命令：LIMITS。

**2. 功能**

设置图形界限（即绘图界限），等效于确定图幅。

### 3．操作

命令启动后，命令行提示如下：

命令：'_limits
重新设置模型空间界限：
指定左下角点或 [开(ON)/关(OFF)] <0.0000,0.0000>:

该提示行有 3 个选项。

（1）开 ON：打开图形界限检查，规定所绘图形对象不能超出图形界限，否则报错。

（2）关 OFF：关闭图形界限检查，所绘图形对象可以超出图形界限。这是默认项。

（3）指定左下角点：输入左下角坐标，例如 0,0。输入后，又提示：

指定右上角点<420.0000,297.0000>:

输入右上角坐标，例如 297,210。

说明：

设置图形界限后，执行"全部缩放"命令 ，AutoCAD 绘图区才显示设置的整个范围（只可能大于该范围，不可能小于该范围）。

【例 10-1】设置 A2 图幅 420×594。

题目解释说明：本例给出设置图形界限的通用步骤。

操作步骤：

命令：'_limits
重新设置模型空间界限：
指定左下角点或[开(ON)/关(OFF)]<0.0000,0.0000>: 0,0
指定右上角点<420.0000,297.0000>: 594,420
命令：zoom
指定窗口的角点，输入比例因子 (nX 或 nXP)，或者
[全部(A)/中心(C)/动态(D)/范围(E)/上一个(P)/比例(S)/窗口(W)/对象(O)]<实时>: all

## 10.1.2　设置图形单位

AutoCAD 默认的图形单位为：长度是小数，其精度是小数点后 4 位；角度是十进制度数，其精度是整数（个位）；角度测量的起始方向是东（即 X 轴的正方向）；角度测量的方向以逆时针为正。如果用户要改变这些单位和参数，就需要进行图形单位设置。

### 1．命令启动方法

● 菜单："格式"→"单位" 。

● 键盘命令：UNITS。

### 2．功能

确定绘图时的长度单位、角度单位及其精度，角度的起始方向和正方向。

### 3．操作

命令启动后，弹出图 10-1 所示的"图形单位"对话框。

（1）"长度"区：用于设置长度单位及其精度。默认单位类型是"小数"，精度是小数点后 4 位，即 0.0000。

① "类型"下拉列表框：用于设置测量单位的当前格式。

图 10-1 "图形单位"对话框

② "精度"下拉列表框：用于设置当前长度单位的精度。

（2）"角度"区：用于设置角度单位及其精度。默认单位类型是"十进制度数"，精度是整数，即 0。

（3）"插入时的缩放单位"区：选择插入块或图形时所使用的测量单位。

（4）"光源"区：含义自明。

（5）"方向"按钮：单击该按钮，弹出图 10-2 所示的"方向控制"对话框，用该对话框设置基准角度和角度方向。默认正东方向为 0°，逆时针方向为正方向。对话框中的"其他"也可用鼠标指定两个点确定。

图 10-2 "方向控制"对话框

【例 10-2】设置图形长度单位为小数，精度为小数点后 2 位，即 0.00；角度单位为十进制度数，精度为小数点后 2 位，即 0.00；角度起始方向为东，逆时针方向为正。

**题目解释说明：**本例很简单。下面给出设置图形单位的通用步骤。

（1）启动命令，在弹出的"图形单位"对话框中设置：

"长度"类型为小数，精度为 0.00；

"角度"类型为十进制度数，精度为 0.00，不选中"顺时针"复选框。

（2）单击"方向"按钮，在弹出的"方向控制"对话框中选择"东"，单击"确定"按钮，返回"图形单位"对话框。

（3）在"图形单位"对话框中，单击"确定"按钮。

## 10.2 设置栅格、栅格捕捉、正交、对象捕捉、追踪设置

栅格、栅格捕捉、正交、对象捕捉、追踪（极轴追踪、对象追踪）的设置，已作为绘图辅助工具列于第 4 章。

## 10.3 设置对象的颜色和线型、线宽

### 10.3.1 设置对象的颜色

**1. 命令启动方法**

- 功能区："默认"选项卡→"特性"面板→"对象颜色" ●。
- 从"特性"面板或"特性"工具栏中选择。
- 菜单："格式"→"颜色" ●。
- 键盘命令：COLOR，然后按回车键。

**2. 功能**

确定将要绘制的图元对象的颜色。

**3. 操作**

第一种方法从"特性"面板（见图 10-3），第二种方法从"特性"工具栏（见图 10-4）单击

"颜色"下拉列表框的下拉箭头，从中选择一种颜色，或选择"选择颜色"选项，从随后弹出的对话框（见图 10-5）中选择颜色。

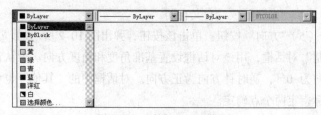

图 10-3　"特性"面板　　　　　　　　　　　图 10-4　"特性"工具栏

可从"索引颜色"选项卡、"真彩色"选项卡（见图 10-6）或"配色系统"选项卡（见图 10-7）中，单击选定所需要的颜色。

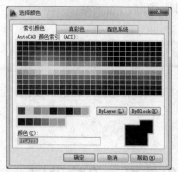　　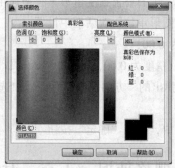　　

图 10-5　"选择颜色"对话框　　　图 10-6　"真彩色"选项卡　　　图 10-7　"配色系统"选项卡

该对话框中的个别选项含义如下：

- BYLAYER：颜色随层，即对象的颜色由对象所在图层的颜色决定，两者颜色一致。
- BYBLOCK：颜色随块，即对象的颜色由对象所在图块的颜色决定，两者颜色一致。如果对象不在插入块中，其颜色为系统默认的颜色值。

## 10.3.2　设置线型

**1. 启动方法**

- 功能区："默认"选项卡→"特性"面板→"线型"。
- 菜单："格式"→"线型"。
- 从"特性"面板或"特性"工具栏中选择。
- 键盘命令：LINETYPE。

**2. 功能**

加载线型，设置线型、全局比例因子、当前对象缩放比例、笔宽和删除线型等。

**3. 操作**

启动后，AutoCAD 弹出图 10-8 所示的"线型管理器"对话框。

（1）对话框右上部 4 个按钮

①"加载"按钮：单击会弹出图 10-9 所示的"加载或重载线型"对话框。从"可用线型"列表框中选取所需的线型，单击"确定"按钮，加载上选取的线型，返回"线型管理器"对话框。此时，"线型管理器"对话框中和"特性"工具栏的线型下拉列表框中即增加此线型。

图 10-8　"线型管理器"对话框　　　　　图 10-9　"加载或重载线型"对话框

②"当前"按钮：将选中的线型设设置为将要使用的线型（当前线型）。

③"删除"按钮：将选中的线型从"线型管理器"对话框中删除。此时，"特性"（"对象特性"）工具栏的线型下拉列表框中也删除了此线型。

④"隐藏细节"或"显示细节"按钮：隐藏或显示关于线型的详细信息。

说明：

按《技术制图标准》，工程绘图的常用线型有如下几种：

实线：CONTINUOUS；

虚线：ACAD_ISO02W100；

点画线：ACAD_ISO04W100；

双点画线：ACAD_ISO05W100。

（2）"线型过滤器"区

有"线型过滤器"下拉列表框和"反向过滤器"复选框。"反向过滤器"复选框用于显示未选定的线型范围。

（3）"详细信息"区

①"名称"和"说明"文本框：显示或更改选中的线型的名称和说明。注意：只能更改用户自己定义的线型的名称和说明。

②"缩放时使用图纸空间单位"复选框：选中该复选框则对图纸空间中不同比例的视口，用视口的比例调整线型的比例；反之，则由整体线型比例控制模型空间和图纸空间中的线型比例，即模型空间和图纸空间使用相同的线型比例。

③"ISO 笔宽"下拉列表框：设置 ISO 线型的笔宽。

④"全局比例因子"文本框：设置已绘出的和将要绘制的图线的比例因子。

⑤"当前对象缩放比例"文本框：设置将要绘制的图线的比例因子。

说明：

（1）全局比例因子在 A0～A3 图纸中可设成 0.4～1。一般使用默认值 1，出图时再调整。全局比例因子是 1 和 0.5 的两种情况，如图 10-10 所示。

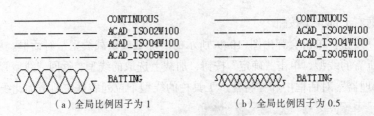

（a）全局比例因子为 1　　　　　（b）全局比例因子为 0.5

图 10-10　两种线型比例

（2）在绘图区画图的比例是全局比例因子和当前对象缩放比例的乘积。

（3）全局比例因子和当前对象缩放比例由变量 LTSCALE 和 CELTSCALE 控制。可在命令提示行的"键入命令"后，输入该变量，然后按回车键，再输入新值。

（4）如果所绘制的图线的长度比所定义的线型的一个循环序列要短，AutoCAD 就绘制出连续线。

【例 10-3】加载虚线线型 ACAD_ISO02W100，设定全局比例因子为 0.5，当前对象缩放比例为 1，选定缩放时使用图纸空间单位。

**题目解释说明：** 本例给出了设置线型的通用步骤。

（1）启动命令，在弹出的"线型管理器"（见图 10-8）中单击"加载"。

（2）在弹出的"加载或重载线型"对话框（见图 10-9）中单击 ACAD_ISO02W100 线型，单击"确定"按钮，返回"线型管理器"对话框。

（3）在"线型管理器"对话框中选定 ACAD_ISO02W100 线型，在"全局比例因子"文本框中输入 0.5，在"当前对象缩放比例"文本框中输入 1.0（可默认）。

（4）默认"缩放时使用图纸空间单位"，即选定（有"√"符号）。

（5）单击该线型，单击"线型管理器"对话框右上部的"当前"按钮。

（6）单击"线型管理器"对话框的"确定"按钮，设置完毕。

### 10.3.3　设置线宽

图纸中的图线都具有一定的线宽。设置了线宽的对象在出图时以设置的线宽绘出。

**1. 命令启动方法**

- 功能区："默认"选项卡→"特性"面板→"线宽" ≡。
- 从"特性"面板或"特性"工具栏中选择。
- 菜单："格式"→"线宽"。
- 右击状态栏的"线宽"按钮→"设置"。
- 键盘命令：LWEIGHT。

**2. 功能**

设置对象的线宽。

**3. 操作**

命令启动后，AutoCAD 弹出图 10-11 所示的"线宽设置"对话框。

图 10-11　"线宽设置"对话框

（1）"线宽"区：可从列表框中选择线宽。

（2）"列出单位"区：有毫米和英寸两种单位。

（3）"显示线宽"复选框：控制绘图区是否显示对象的线宽。

（4）"调整显示比例"滑块：拖动滑块，设置显示的比例，它不影响图线的实际宽度。它只调整图线在模型空间的显示比例，不调整在图形空间的显示比例。

说明：

（1）小于等于 0.25 mm 的线宽，在模型空间都显示为一个像素宽，出图时再按设置的线宽输出。

（2）显示线宽，也可通过单击状态栏的"线宽"按钮来确定。

# 10.4  设置和管理图层

图层设置和管理包括图层概念、图层特性、用"图层特性管理器"设置与管理图层和用"图层"工具栏管理图层。

## 10.4.1  图层的概念

图层是 AutoCAD 用来组织图形的重要工具。使用图层的目的是使图形清晰和方便图形管理，同时也节省存储空间。

可以将图层想象成没有厚度的透明纸，将具有不同特性（如线型、宽度、颜色等）的对象按相同的比例绘制在不同的图层上，然后将这些图层按同一基准点对齐，就得到一幅完整的图形。由于是透明的，因此不同图层上的各个对象无一遗漏地全部显示出来，集合而成的图形是完整统一的，就像绘制在同一图层上一样。

绘图、观察或打印图形时，不用的图层可以暂时关闭起来使之不可见，由于某些图形不可见了，剩余的图形看起来就更清楚，这就有效地方便了图形的管理。图 10-12 是具有道路、尺寸标注、标题栏、电气、图签、铺地等 33 个图层的建筑工程图，里面的对象成千上万，如果不建立图层，将难以管理。由于建立了图层，当绘制、观察、打印某图层时，把其余的图层都关闭，剩余的图形将十分清晰。例如，图 10-13 显示的是道路图层，显然图形很清晰。

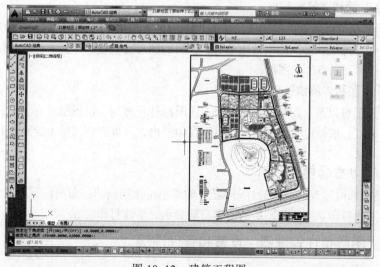

图 10-12  建筑工程图

实际上，使用 AutoCAD 绘图，图形总是绘制在某一个图层上。如果不建立新图层，AutoCAD 总是绘制在 0 层上，前面各章绘制的图形就是如此。

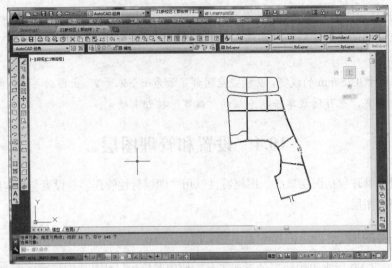

图 10-13　道路图层

## 10.4.2　图层特性

图层有以下 5 个特性。

**1. 名称**

每一个图层都有一个名称，各图层不能重名。AutoCAD 的默认图层是 0 层。

**2. 可见性**

可以控制图层是否可见。

单击灯泡图标💡可以打开或关闭图层。若灯泡为黄色💡，则表示图层是打开的，该层的图形可见；若灯泡为灰色💡，则表示图层被关闭，该层的图形被隐藏，不可见，且不能打印输出，但仍参加处理过程中的运算，如重生成图形。

**3. "冻结"❄和"解冻"☀**

单击☀·❄图标可以改变图层的冻结状态。图标为太阳☀时，该图层为解冻状态；图标为雪花❄时，图层处于冻结状态。图层被冻结时，该层的图形被隐藏，并且不能打印输出，也不参加处理过程中的运算，如重生成图形。

**4. "锁定"🔒和"解锁"🔓**

单击🔒🔓图标可以改变图层的锁定状态。锁图标打开🔓时，该图层没有锁定；锁图标关闭🔒时，该图层被锁定。被锁定的图层仍可显示和打印输出，可以在该图层上绘制新对象，但不能修改该图层上的对象。

**5. "打印"状态🖨🖨**

单击🖨🖨图标可以改变图层的打印状态。如果单击该图层的打印图标🖨，成为禁止符号🖨，则关闭打印。关闭打印状态，该图层的图形只能显示，不能打印。

## 10.4.3　用"图层特性管理器"设置和管理图层

**1. 启动方法**

- 功能区："默认"选项卡→"图层"面板→"图层特性"🔲。
- 菜单："格式"→"图层"🔲。

- 从“图层”工具栏单击按钮。
- 键盘命令：LAYER。

**2．功能**

设置与管理图层。

**3．操作**

启动后，AutoCAD 弹出图 10-14 所示的“图层特性管理器”选项板。

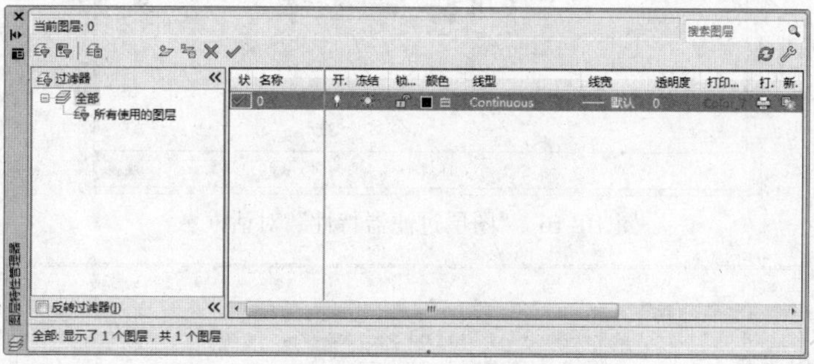


图 10-14　“图层特性管理器”选项板

（1）新建图层：单击“新建图层”按钮，可新建图层。在“图层 1”中输入图层名称，如图 10-15 所示。

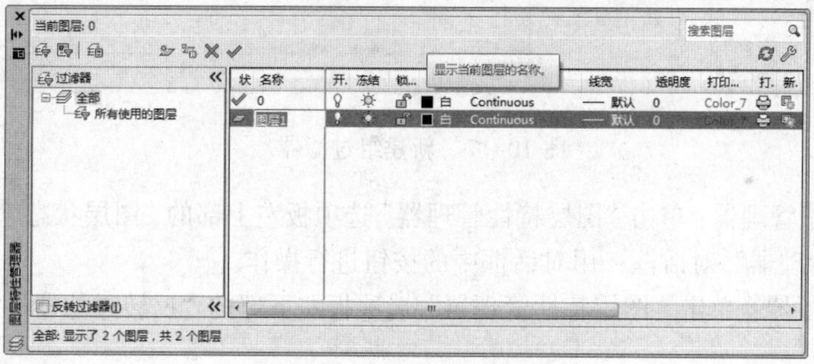


图 10-15　新建图层

（2）删除图层：选定要删除的图层，然后单击“删除图层”按钮，可删除图层。

不能删除 0 图层、Defpoints 图层、当前图层、包含对象的图层、依赖外部参照的图层。

（3）设置图层颜色：单击“颜色”图标，设置图层的颜色。

（4）设置图层线型：单击“线型”图标，再单击“加载”按钮设置图层的线型。

（5）设置线宽：单击“线宽”图标，设定图层的线宽。

（6）设置图层特性：在“图层特性管理器”选项板中，单击“开”“冻结”“锁定”“打印”图标，设置图层是否打开、冻结、锁定或打印。

（7）设置当前图层：选择某一图层，单击“置为当前”按钮，设置它为当前图层。

（8）新建特性过滤器：单击“图层特性管理器”选项板左上部的“新建特性过滤器”按钮，弹出“图层过滤器特性”对话框（见图 10-16），单击该对话框上部“过滤器定义”列表框内的单元格，指定某特性，可在“过滤器预览”列表框内过滤出符合指定特性的图层。

（9）新建组过滤器：单击“图层特性管理器”选项板左上部的“新建组过滤器”按钮，建立"组过滤器"，右击，从弹出的快捷菜单中进行操作，如图 10-17 所示。

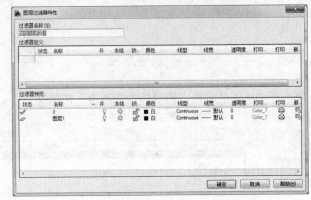

图 10-16　"图层过滤器特性"对话框

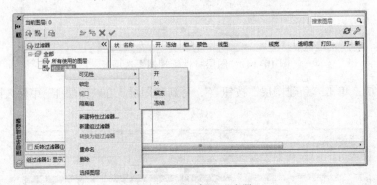

图 10-17　新建组过滤器

（10）图层状态管理器：单击"图层特性管理器"选项板左上部的"图层状态管理器"按钮，弹出"图层状态管理器"对话框，用对话框中的按钮进行操作。

（11）反转过滤器：单击"图层特性管理器"选项板左下部的"反转过滤器"复选框，可选取未指定的图层。

说明：

（1）虽然对每个图层都设置了线型、线宽、颜色，但仍然可以在该图层中设置不同的线型、颜色、线宽来绘制对象。

（2）虽然可以在该图层中设置不同于图层的线型、颜色、线宽来绘制对象，但还是应尽量使用随层的线型、线宽和颜色来绘制对象。

（3）"默认"选项卡的"图层"面板上有很多命令按钮，可随时使用。在此不再详述。

## 10.4.4　用"图层"工具栏管理图层

"AutoCAD 经典"工作空间上的"图层"工具栏如图 10-18 所示。可单击有关按钮和选项使用它。

图 10-18　"图层"工具栏

（1）设置当前图层：在"图层"工具栏的下拉列表框中选择图层名。

（2）设置图层特性：在"图层"工具栏的下拉列表框中单击开/关、冻结/解冻、锁定/解锁图标。

（3）单击"图层"工具栏右侧的 ![按钮图标] 按钮，可以将对象的图层置为当前、到上一个图层、打开图层状态管理器。

【例 10-4】设置下面两个图层，绘制一个简单图形，如图 10-19 所示。

（1）中心线层：线型为中心线，蓝色，线宽 0.09。

（2）实线层：线型为实线，红色，线宽 0.35。

**题目解释说明：** 先设置图层，再绘图。本例给出了设置图层并绘图的一个参考步骤。

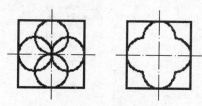

图 10-19 位于不同图层的图形

操作步骤如下：

第一步：新建中心线层，并设置图层特性。

（1）新建中心线层。启动图层命令，单击"图层特性管理器"选项板的"新建图层"按钮 ![图标]，在"图层 1"中输入图层名称"中心线"，建立新图层，如图 10-20 所示。

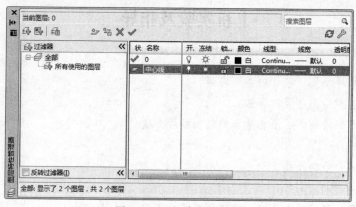

图 10-20 新建中心线层

（2）设置图层特性。在"图层特性管理器"选项板中，单击"线型"图标，弹出"选择线型"对话框，单击"加载"按钮，弹出图 10-9 所示的"加载或重载线型"对话框；选定 ACAD_ISO04W100 线型，单击"确定"按钮，中心线线型加载到"选择线型"对话框中；选定 ACAD_ISO04W100 线型，再单击"确定"按钮，实线线型设置完毕。

在"图层特性管理器"选项板中，单击"线宽"图标，弹出"线宽"对话框，选择线宽 0.09，单击"确定"按钮，线宽设置完毕。

再单击"颜色"图标，弹出"选择颜色"对话框，选择蓝色，单击"确定"按钮。

（3）用同样的方法，新建实线层并设置图层特性。结果如图 10-21 所示。

第二步：设置当前层、绘图。

（1）设置实线层为当前层。按下状态栏的"线宽"按钮。绘制实线图形。

（2）设置中心层为当前层，绘制中心线。

结果如图 10-19 所示。

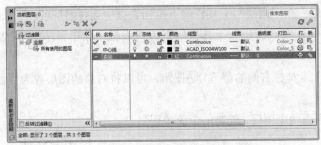

图 10-21　建立 2 个图层并设置完图层特性

# 小　结

1．绘图环境设置所包含的项目有图形界限、图形单位、对象颜色、线型、线宽、图层等。

2．所处的行业不同，使用的绘图环境参数也会不同。所处的行业一经确定，则绘图环境参数就显然可知了，行业标准和行业要求是确定 AutoCAD 绘图环境参数的依据。

3．本章介绍了设置绘图环境各项目、参数的方法。

# 上机实验及指导

【实验目的】

1．理解绘图环境设置所包含的各项内容。

2．掌握设置各种绘图环境的方法。

3．学会确定与所绘制的图形相适应的绘图环境参数。

【实验内容】

1．练习本章各命令的操作。

2．做本章的例题。

3．设置若干绘图环境并在此环境中绘制若干个图形。

【实验步骤】

1．启动 AutoCAD，练习本章各命令的操作。命令的各个选项都要练习到。

2．做本章的例题。

3．设置图形界限 420×297，左下角坐标为（-25，-5）。

指导：本题要求设置图形界限 420×297，是 A3 标准图纸。左下角坐标为（-25，-5），目的是使绘图实际区域的左下角坐标为（0，0）。

4．一个图形的极限尺寸（外轮廓尺寸）为 300×200，只需绘制一个视图，请设置合适的图形界限。

指导：标准图纸尺寸为：A0 是 841×1189，A1 是 594×841，A2 是 420×594，A3 是 297×420，A4 是 210×297，A5 是 184×210。由于图形的外轮廓尺寸为 300×200，并且只需绘制一个视图，考虑到还需要标注文本和尺寸，如果采用 1:1 绘图，则本题的图形界限可设置为 420×297，即 A4 或 A3 标准图纸。设置左下角坐标为（0，0）。这里采用 A4 标准图纸，图形界限为（420，297）。

5．按下列要求设置绘图环境，并绘图。

（1）图形界限：297×210。

（2）图形单位。长度：小数制，精度为小数 2 位；角度：十进制，精度为整数。

（3）栅格间距：X 轴、Y 轴均为 10；栅格捕捉间距：X 轴、Y 轴均为 5。

（4）图层设置如下：

图层：0，线型 CONTINUOUS，线宽默认，颜色白；

图层：wall，线型 CONTINUOUS，线宽 0.3 mm，颜色红；

图层：center，线型 ACAD_ISO04W100，线宽 0.09 mm，颜色蓝。

（5）在图层 wall 和图层 center 上绘制图 5-32。墙身用 MLINE（多线）命令绘制。

**指导**：本题的要求已经接近于实际工程绘图了。根据图 5-35 的尺寸和本题的图形界限，绘图比例可定为 1:100。

操作步骤如下：

第一步：设置图形界限。

第二步：执行 ZOOM 命令，使绘图区显示设置的整个图形界限。

第三步：设置图形单位，在图 10-1 中设置。

第四步：设置栅格间距、栅格捕捉间距，如图 4-3 所示。

第五步：设置图层，参考【例 10-4】进行。

第六步：绘图（略）。

# 思 考 题

1．小于等于 0.25 mm 的线宽，能否在绘图区显示出来？请实验。出图时能否打印出来？

2．线宽允许设置为任意的数值吗？

3．要使绘图区绘制的带宽度的图线显示线宽，如何操作？

4．设置图形界限后，怎样使 AutoCAD 绘图区显示图形界限的范围？

5．设置图形界限时，左下角坐标和右上角坐标能设置为负值吗？

6．设置的图形单位是指米、分米、厘米或毫米吗？

7．全局比例因子和当前对象缩放比例分别用来控制什么？在绘图区绘图的比例与全局比例因子和当前对象缩放比例有什么关系？

8．如果所绘制的图线的长度比所定义的线型的一个循环序列要短，AutoCAD 会用什么线型表达该图线？

9．为什么要设置图层？

10．用 AutoCAD 绘制图形时，如果没有建立图层，是否就没有图层？

11．图层有哪些特性？有几种特性可使某个图层不可见？

# 第11章 绘制专业二维图形

- 分析、掌握专业二维图形的绘制方法、步骤。
- 总结各专业二维图形绘制的特点和规律，熟练进行专业二维图形的绘制。

学习到目前，可以应用 AutoCAD 绘制专业的二维图形了。

这一章将应用前面所学的知识来绘制专业的二维图形，包括机械图、建筑图、电气图等。其他专业领域里的图形可以参考机械图、建筑图、电气图的绘制方法、步骤进行绘制。

在专业图形的绘制上，读者可以大显身手了。

## 11.1 专业二维图形绘制步骤

根据专业二维图形的构成要素，确定专业二维图形的绘制步骤。其一般步骤如下：

（1）确定绘图比例，设置图形界限。

（2）设置图形单位、图层、线型、线宽、颜色。

（3）绘制图框和标题栏。如有合适的样板图，可以直接调出使用。

（4）分析、绘制图形，包括必要的辅助线，最后删除辅助线。

（5）标注尺寸和文字。

（6）保存图形文件。后面还有打印图形和会签等步骤，从而形成生产、施工的最终图纸。

## 11.2 图框和标题栏绘制

绘制专业的二维图形前要绘制图框和标题栏。图框和标题栏有国家标准，幅面和图框尺寸应符合表 11-1 和图 11-1（a）、图 11-1（b）的格式规定。

从表中可知，A1 幅面是 A0 幅面的对裁，A2 幅面是 A1 幅面的对裁，其余类推。表中代号的意义如图 11-1 所示。以短边作水平边的图纸称为立式幅面，如图 11-1（a）所示；以短边作垂直边的图纸称为横式幅面，如图 11-1（b）所示。

一般 A0～A3 图纸用横式幅面。

同一行业不同图纸的标题栏的格式也可能不同。图 11-2（a）是一种机械图标题栏的内容、格式和尺寸，图 11-2（b）是一种建筑图标题栏的内容、格式和尺寸。

表 11-1　图纸的幅面及图框尺寸

| 尺寸代号 ＼ 幅面代号 | A0 | A1 | A2 | A3 | A4 |
|---|---|---|---|---|---|
| B × L | 841 × 1189 | 594 × 841 | 420 × 594 | 297 × 420 | 210 × 297 |
| c | 10 | | | 5 | |
| a | 25 | | | | |

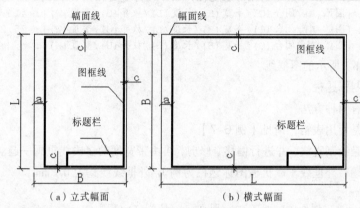

（a）立式幅面　　　　　　（b）横式幅面

图 11-1　幅面代号的意义

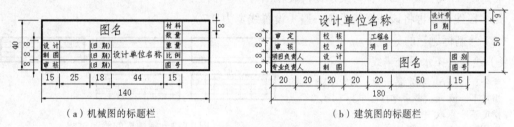

（a）机械图的标题栏　　　　　　　　　　（b）建筑图的标题栏

图 11-2　两种标题栏的内容、格式和尺寸

图框线、标题栏外框线、标题栏分格线的宽度可采用表 11-2 中的数值，但各行业有差异。

表 11-2　图框线、标题栏外框线、标题栏分格线的宽度（mm）

| 幅面代号 | 图框线 | 标题栏外框线 | 标题栏分格线 |
|---|---|---|---|
| A0、A1 | 1.4 | 0.7 | 0.35 |
| A2、A3、A4 | 1.0 | 0.7 | 0.35 |

绘图的基本线宽 b 的值各行业有差别，一般都从以下线宽系列中选取，即 0.18、0.25、0.35、0.5、0.7、1.0、1.4、2.0，单位为 mm，常用 0.35～1 mm。粗实线线宽为 b，中实线线宽为 0.5b，细实线线宽为 0.35b，虚线线宽为 0.5b，点画线、双点画线、波浪线和折断线线宽为 0.35b。

下面是 A3 横式幅面图纸的幅面线、图框线、标题栏的绘制步骤。

第一步：绘制幅面线。线宽为零（随层）。

```
命令：_rectang
指定第一个角点或 [倒角(C)/标高(E)/圆角(F)/厚度(T)/宽度(W)]：0,0
指定另一个角点或 [面积(A)/尺寸(D)/旋转(R)]：420,297
```

如图 11-1（b）所示的幅面线。

第二步：绘制图框线。可以使线宽为 1 mm，用多段线绘制。

命令：_pline
指定起点：25,5
当前线宽为 0.0000
指定下一个点或 [圆弧(A)/半宽(H)/长度(L)/放弃(U)/宽度(W)]：w
指定起点宽度 <0.0000>：1
指定端点宽度 <1.0000>：1
指定下一个点或 [圆弧(A)/半宽(H)/长度(L)/放弃(U)/宽度(W)]：415,5
指定下一点或 [圆弧(A)/闭合(C)/半宽(H)/长度(L)/放弃(U)/宽度(W)]：415,292
指定下一点或 [圆弧(A)/闭合(C)/半宽(H)/长度(L)/放弃(U)/宽度(W)]：25,292
指定下一点或 [圆弧(A)/闭合(C)/半宽(H)/长度(L)/放弃(U)/宽度(W)]：c

如图 11-1（b）所示的图框线。

第三步：绘制标题栏。

绘制标题栏有两种方法。

第一种方法是使用表格，请见【例6-7】。

第二种方法是绘制直线，并进行偏移、修剪，再由带宽度的多段线重画一遍。具体如下所述。

（1）绘制标题栏外框线（以机械图标题栏为例），外框线线宽为 0.7 mm：

命令：_rectang
指定第一个角点或 [倒角(C)/标高(E)/圆角(F)/厚度(T)/宽度(W)]：415,5
指定另一个角点或 [面积(A)/尺寸(D)/旋转(R)]：@-140,-40

用多段线命令再将该外框线重画一遍（设置线宽为 0.7）。

（2）绘制标题栏的分格线。

① 绘制一条水平分格线。

命令：_line 指定第一点：415,13
指定下一点或 [放弃(U)]：@-140,0
指定下一点或 [放弃(U)]：↙

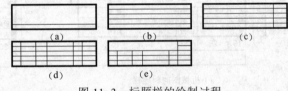
(a)　(b)　(c)
(d)　(e)
图 11-3　标题栏的绘制过程

如图 11-3（a）所示。

② 用 OFFSET（偏移）命令偏移出其余的 3 条水平直线，偏移距离是 8。

如图 11-3（b）所示。

③ 绘制一条垂直分格线。

命令：_line 指定第一点：392,5
指定下一点或[放弃(U)]：@0,40
指定下一点或[放弃(U)]：↙

如图 11-3（c）所示。

④ 用 OFFSET（偏移）命令偏移出其余的 4 条垂直直线，如图 11-3（d）所示。

⑤ 用 TRIM（修剪）命令修剪水平直线和垂直直线，获得最终的分格线，如图 11-3（e）所示。

⑥ 用多段线命令再将修剪后的水平分格线和垂直分格线重画一遍（设置线宽为 0.35），因为水平分格线线宽和垂直分格线线宽均为 0.35 mm。

本例的最后结果如图 11-4 所示。可以保存成样板图以备用。

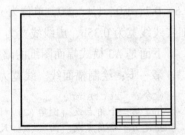
图 11-4　A3 幅面、图框、标题栏

# 11.3 机械图绘制

绘制专业二维图形，不同的人可能有不同的绘制思路和操作方法，但基本要求是相同的，那就是每个点、每条线都不能随意绘制，其位置和尺寸都要正确和准确。

因此，栅格显示、栅格捕捉、对象捕捉、对象追踪、正交等精确绘图工具和图形显示（ZOOM、PAN 等）、图形信息查询等辅助功能都会不同程度的用到；辅助线一般总会用到。

## 11.3.1 单一视图绘制

【例 11-1】绘制图 11-5 所示的固定片图形。

题目解释说明：该图形按 11.1 节给出的绘制专业二维图形的步骤进行绘制。本例可以用连续画直线的方法绘出图形的外轮廓，但这里不用这种方法，而是用绘制一般图形的通用方法完成。

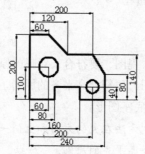

图 11-5 固定片冲压零件

操作步骤如下：

第一步：确定绘图比例，设置图形界限。

本图使用绘图比例 1:1，使用 AutoCAD 图形界限（0，0）～（841，594）。

第二步：设置图形单位、图层、线型、线宽、颜色。

新建两个图层：一个是"图形"层，一个是"尺寸"层。0 层上是图框和标题栏，并标注文字。

第三步：绘制图框和标题栏，或调出样板图。

第四步：绘制基准线。

打开"正交""栅格显示""捕捉栅格"和"对象捕捉"（对象捕捉模式要实时设置），在"图形"层用 LINE（直线）命令绘制适当长度的水平基准线和垂直基准线，也可以用 XLINE（构造线）命令绘制，如图 11-6（a）所示。

第五步：绘制图形。

（1）用 OFFSET（偏移）命令偏移出若干条水平线和垂直线，这些图线是图形轮廓所在的（所经过的）线，如图 11-6（b）所示。

（2）绘制圆孔和斜线，如图 11-6（c）所示。

（3）用 ERASE（删除）命令删除和用 TRIM（修剪）命令剪掉多余的图线（基准线、偏移出的水平线、垂直线上的多余部分），如图 11-6（d）所示。也可以用 BREAK（打断）命令代替 TRIM（修剪）命令完成，但工作量大，效率低。

第六步：标注尺寸。

在"尺寸"层，设置标注样式，标注尺寸，如图 11-7 所示。

第七步：添加技术要求、填写标题栏。

在 0 层设置文字样式，添加技术要求、填写标题栏，如图 11-7 所示。

第八步：存盘，出图（打印输出）等。

绘制完毕。

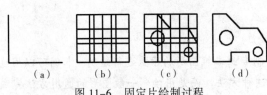

图 11-6　固定片绘制过程

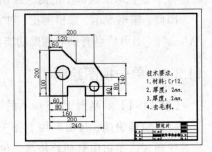

图 11-7　固定片图纸

## 11.3.2　二视图绘制

如果二视图是主视图和俯（仰）视图，要符合长对正的原则；如果二视图是主视图和左（右）视图，要符合高平齐的原则。

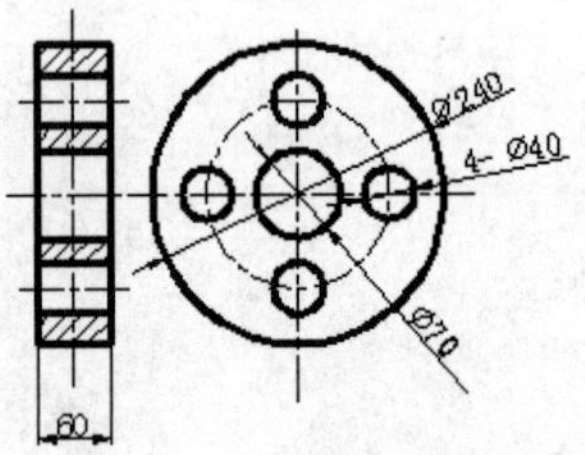

**【例 11-2】** 绘制图 11-8 所示的底座图形。

**题目解释说明：** 本题图形的绘制方法在大的方面和上例一样。主视图和左视图这两个视图，要符合高平齐的原则。

操作步骤如下：

第一步：确定绘图比例，设置图形界限。

本图使用绘图比例 1:1，使用 AutoCAD 图形界限（0，0）~（841，594）。

图 11-8　底座铸造件

第二步：设置图形单位、图层、线型、线宽、颜色。

新建 3 个图层：一个"实线图形"层、一个"虚线图形"层和一个"尺寸"层。0 层上是图框和标题栏，并标注文字。

第三步：绘制图框和标题栏，或调出样板图。

第四步：绘制基准线。

打开"正交""栅格显示""捕捉栅格"和"对象捕捉"（对象捕捉模式要实时设置），在"虚线图形"层用 LINE（直线）命令绘制适当长度的水平基准线和垂直基准线，绘制圆，如图 11-9（a）所示。

第五步：绘制图形。

（1）在"实线图形"层绘制圆，作为左视图，如图 11-9（b）所示。

（2）在"虚线图形"层偏移水平虚线和垂直虚线，在"实线图形"层绘制主视图的上半部分，如图 11-9（c）所示。

（3）在"实线图形"层用 MIRROR（镜像）命令生成主视图的下半部分，如图 11-9（d）所示。

（4）用 ERASE（删除）命令删除和用 TRIM（修剪）命令剪掉多余的图线（基准线，偏移出的水平线、垂直线等辅助线），并画上剖面线，如图 11-9（e）所示。

第六步：标注尺寸。

在"尺寸"层，设置标注样式，标注尺寸，如图 11-9（f）所示。

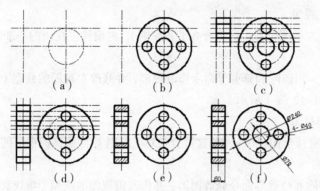

图 11-9　底座绘制过程

第七步：添加技术要求，填写标题栏。

在 0 层设置文字样式，添加技术要求、填写标题栏，如图 11-10 所示。

第八步：存盘，出图（打印输出）等。

绘制完毕。

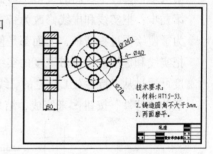

图 11-10　底座图纸

### 11.3.3　三视图绘制

三视图要符合长对正、宽相等、高平齐三原则。

【例 11-3】绘制图 11-11 所示的 L 形支架图形。

题目解释说明：该图形的绘制方法在大的方面和上面两例相同。应注意必须符合长对正、宽相等、高平齐三原则。

操作步骤如下：

第一步：确定绘图比例，设置图形界限。

本图使用绘图比例 1:1，使用 Auto CAD 的图形界限（0,0）～（297，210）。

第二步：设置图形单位、图层、线型、线宽、颜色。

新建 3 个图层：一个"实线图形"层、一个"虚线中心线图形"层和一个"尺寸"层。0 层上是图框和标题栏，并标注文字。

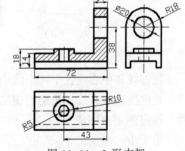

图 11-11　L 形支架

第三步：绘制图框和标题栏，或调出样板图。

第四步：绘制基准线。

打开"正交""栅格显示""捕捉栅格"和"对象捕捉"（对象捕捉模式要实时设置），在"实线图形"层用 LINE（直线）命令绘制适当长度的水平基准线和垂直基准线如图 11-12（a）所示。

第五步：绘制主视图。

在"实线图形"层绘制实线图形。

（1）偏移基准线，如图 11-12（b）所示。

（2）用直线绘制命令补足直线，用删除和修剪等命令修改图形，绘制出主视图，如图 11-12（c）所示。

第六步：绘制左视图。

（1）拉长直线至左视图位置（这符合高平齐原则），再偏移左视图的基准线。如图 11-12（d）所示。

（2）画圆、圆弧，用删除和修剪等命令修改图形，并修改左视图的线型（虚线和中心线），绘制出左视图，如图 11-12（e）所示。

第七步：绘制俯视图。

（1）拉长主视图直线至俯视图位置（这符合长对正原则），再偏移俯视图的基准线，如图 11-12（f）所示。

（2）画圆，用删除和修剪等命令修改图形，并修改俯视图的线型（虚线和中心线），绘制出俯视图，如图 11-12（g）所示。

第八步：修改主视图的线型（虚线和中心线）。这也可在第五步进行。

第九步：把实线和虚线修改为带宽度的实线和虚线。

为了使绘图过程清晰，上面都是使用的宽度为 0 的线条。

把实线和虚线修改为带宽度的实线和虚线的方法是：先选取实线或虚线，再修改其宽度。修改宽度可通过从"特性"工具栏的"线宽控制"下拉列表框中选择宽度来完成，也可使用"标准"工具栏的"特性"按钮 🔲 来完成，结果如图 11-12（h）所示。

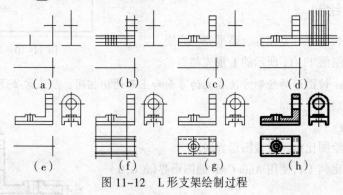

图 11-12　L形支架绘制过程

把虚线和中心线置于"虚线中心线图形"图层。

把虚线和中心线置于别的图层的方法是：先选取虚线和中心线，再用"标准"工具栏的"特性"按钮 🔲 等来完成。

第十步：标注尺寸。

在"尺寸"层，设置标注样式，标注尺寸，如图 11-11 所示。

第十一步：添加技术要求、填写标题栏。

在 0 层设置文字样式，添加技术要求、填写标题栏。

绘制完毕。

## 11.3.4　装配图绘制

装配图的绘制不是从零开始，而是充分利用已经绘制的零件图，从复制零件图开始。

其方法和步骤如下：

（1）建立一张新图，绘制图框和标题栏，作为装配图。如果有合适的样板图，则直接调用即可。

（2）确定绘图范围——图形界限；建立新图层，零件图上具有的图层、线型、颜色都要建立。还可以建立新的图层用于标注零件号等。

（3）打开一张零件图，单击菜单"编辑"→"复制"命令，选择欲复制的对象，按回车键，将装配图需要的一个零件的一个或几个视图复制到剪贴板。

（4）进入装配图，单击菜单"编辑"→"粘贴"命令，指定插入点，将剪贴板上的一个零件的一个或几个视图复制到装配图中。

（5）重复步骤（3）、（4），将装配图需要的该零件的其他视图复制到装配图中。

（6）不断重复步骤（3）～（5），将装配图需要的其他零件的各个视图复制到装配图中。

说明：

由于粘贴时，插入点不易准确确定，所以粘贴时可先将其粘贴到装配图的空白区域，然后进行旋转、缩放等，再移动视图使其固定在装配图的准确位置。定位后，用删除、修剪等命令去除多余的图线，并根据零件图补足它们在装配图中缺少的部分。

（7）如果装配图中有螺栓、螺钉等标准件，可将其图块插入其中。请注意插入的比例和角度要正确。

（8）在"尺寸"层上标注尺寸。

（9）在 0 层标注文字，包括装配说明等。

（10）标注零件号和填写明细表等。可标注在"尺寸"层、0 层或一个新层上。

至此绘制完毕。

# 11.4 建筑图绘制

建筑图一般比较复杂，图线、图层、线型都很多（图 11-13 是山东建筑大学的总平面图），这对绘图提出了更高的要求：绘图比例，幅面，位置布局，图层个数和线型、线宽、颜色，文字和尺寸的标注位置和内容等都要在绘图前周密思考，合理安排。

## 11.4.1 建筑平面图绘制

下面通过例题说明绘制建筑平面图的方法、步骤。对于建筑平面图中大多涉及的建筑墙身，有两种绘制方法。

一是用偏移的方法绘制墙身。

二是用多线（MLINE）绘制墙身。

**1. 偏移法绘制**

【例 11-4】绘制图 11-14 所示的建筑平面图。

**题目解释说明**：本例给出了绘制建筑平面图的一个通用步骤。

操作步骤如下：

第一步：确定绘图比例，设置图形界限。

根据建筑的尺寸和绘图比例，确定 AutoCAD 的图形界限。

图 11-13 山东建筑大学总平面图

常用比例为 1:50、1:100、1:150、1:200 或 1:300，最常用为 1:100。本例选取比例为 1:100，图形界限为（0，0）～（420，297）。

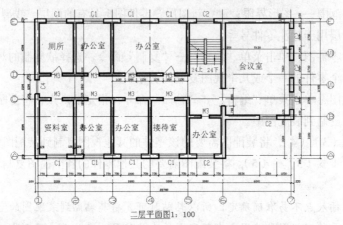

图 11-14　建筑平面图

第二步：设置图形单位、图层、线型、线宽、颜色。

新建若干个图层，其中一个是"尺寸"层。0 层上是图框和标题栏，并标注文字。

第三步：绘制图框和标题栏，或调出样板图。

第四步：绘制图形。

图形在各自对应的图层上绘制。

（1）画轴线：用点画线画最左面的一条轴线和最下面的一条轴线。轴线应画得比墙的长度略长。

（2）根据尺寸和比例偏移这两条轴线，绘出其他轴线，如图 11-15 所示。

（3）根据尺寸和比例将轴线偏移，画墙身和柱，以及门窗所在的直线。再将墙身和柱的线型修改为实线。外墙的外侧线离轴线的距离一般大于外墙的内侧线离轴线的距离，如图 11-16 所示。

说明：

画墙身和柱，以及门窗所处于的直线时，要不失时机地多利用复制命令，这样可以加快绘图速度。例如：绘制出水平的一条内轴线上的墙身（墙身有两条，该轴线之上、之下各一条）后，其他水平的内轴线上的墙身可以通过复制绘出；绘制出垂直的一条内轴线上的墙身（墙身有两条，该轴线之左、之右各一条）后，其他垂直的内轴线上的墙身可以通过复制绘出；绘出门窗所位于的一组直线后，其他相同的门窗所位于的直线可以通过复制绘出，如此等等。

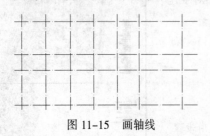

图 11-15　画轴线　　　　　　　　图 11-16　画墙身和柱

（4）确定门窗位置，画门窗洞。并加粗图线（加粗图线也可以到第六步再做。这里为了使图形清晰，提前加粗），如图 11-17 所示。

（5）画楼梯、台阶、卫生间、散水、门和窗等细部。楼梯、门和窗等可以直接插入 AutoCAD

已有的图块，或插入自己定义的图块，如图 11-18 所示。

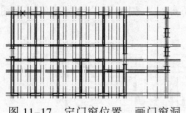 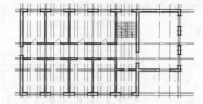

图 11-17　定门窗位置，画门窗洞　　　图 11-18　画楼梯、台阶、卫生间、散水等细部

第五步：标注尺寸和标高等符号。

在"尺寸"层，设置标注样式，标注尺寸、门窗编号、轴线号、剖切符号和标高符号等，可以直接插入其图块，如图 11-19 所示。

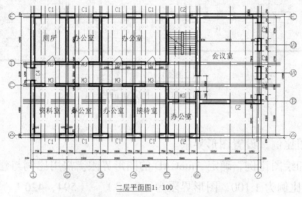

图 11-19　标注尺寸和标高等符号

说明：

尺寸和标高等符号的标注要规范、整齐。尺寸标注之前，先绘制一条平行于轴线的辅助线（直线），然后由墙角等标注特征点向该辅助线引垂线（要用对象捕捉）。尺寸标注时，垂足作为延伸线的起始点，这样标注的尺寸整齐、美观、准确、规范。标注完毕后，删除辅助线和所引的垂线。

第六步：去除多余图线，加粗图线。

检查无误后，用删除、修剪等命令去除多余图线，在相应图层上对尚未加粗的图线加粗，如图 11-14 所示。

第七步：把图线置于属于它们的图层。

第八步：标注文字，填写标题栏等。

在 0 层设置文字样式，标注文字（比例、设计说明和详细索引等），填写标题栏。

绘制完毕。

**2．多线法绘制**

多线法绘制在第 5 章曾用过。

其基本思路是：绘制纵横各一条轴线→偏移除其他轴线→依据轴线用 MLINE（多线）命令绘制墙身→用 MLEDIT 命令修改墙身（包括确定门窗位置、画门窗洞等）。

## 11.4.2　建筑立面图绘制

下面通过例题说明绘制建筑立面图的方法、步骤。

【**例 11-5**】绘制图 11-20 所示的建筑立面图。

**题目解释说明**：这个立面图是一个大建筑立面图的局部。本例给出了绘制建筑立面图的一个通用步骤。

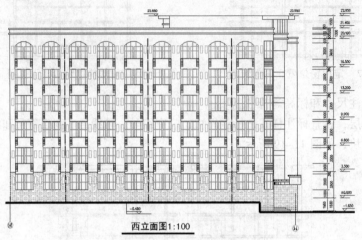

图 11-20　建筑立面图

操作步骤如下：

第一步：确定绘图比例，设置图形界限。

根据建筑的尺寸和绘图比例，确定 AutoCAD 的图形界限。常用比例与建筑平面图一样，最常用为 1:100。本例选取比例为 1:100，图形界限为（0，0）～（594，420）。

第二步：设置图形单位、图层、线型、线宽、颜色。

新建若干个图层：其中一个是"标注"层。0层上是图框和标题栏，并标注文字。

第三步：绘制图框和标题栏，或调出样板图。

第四步：绘制图形。

在各自对应的图层上绘制。

（1）确定室外地平线，画轴线，根据平面图定外墙轮廓线及楼面线，如图 11-21 所示。

（2）确定门窗等位置，如图 11-22 所示。

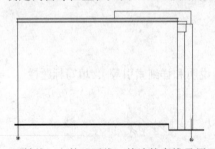

图 11-21　画轴线、室外地平线、外墙轮廓线及屋面线

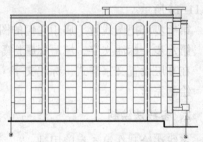

图 11-22　粗定门窗等位置

（3）画细部，如檐口、门窗洞、窗台、阳台、雨篷和雨水管等。如有图块可直接插入，如图 11-23 所示。

第五步：标注轴号、标高、尺寸和外装修作法等。

设置文字样式，在"标注"层标注轴号、墙面分格线、标高、尺寸和外装修作法等。

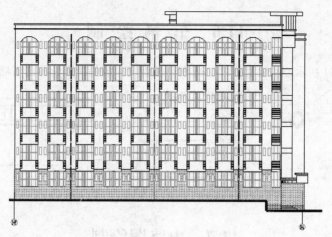

图 11-23　画细部

第六步：去除多余图线，加粗图线。

检查，无误后，用删除、修剪等命令去除多余图线，在相应图层上对尚未加粗的图线加粗，如图 11-15（a）所示。

第七步：如果有的图线不在属于它们的图层上，把这些图线置于属于它们的图层。

第八步：在 0 层，标注其他文字，填写标题栏等。

# 11.5　房间用具绘制

房间用具很多，有橱柜、沙发、盆景、卫生设备等，如图 11-24～图 11-30 所示。受篇幅所限，具体画法省略。

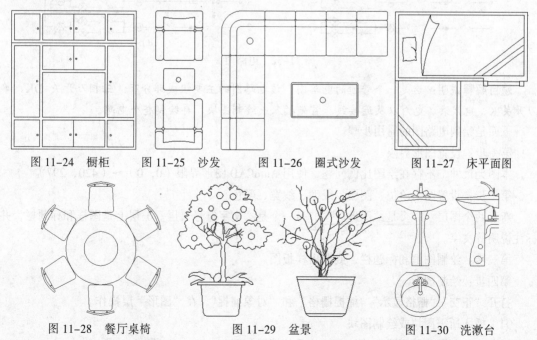

图 11-24　橱柜　　图 11-25　沙发　　图 11-26　圈式沙发　　图 11-27　床平面图

图 11-28　餐厅桌椅　　　　图 11-29　盆景　　　　图 11-30　洗漱台

# 11.6　车辆绘制

车辆如图 11-31 所示，主要有直线、圆和圆弧组成，篇幅所限，画法省略。

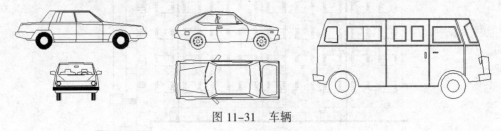

图 11-31　车辆

# 11.7　电路图绘制

电路图的主体是连接线和电气元件，电路图大多是符号化的简图。相对于尺寸严格、位置准确的机械图和建筑图来说，电路图的绘制相对比较容易。

电路图的绘制可以参照机械图的绘制方法。

【例 11-6】绘制图 11-32（d）所示的电路图。

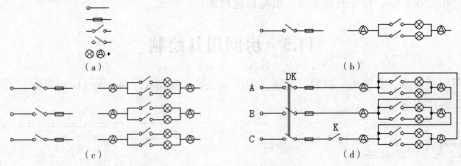

图 11-32　电路图

题目解释说明：这是一个普通的电路图。该电路图的主要组成部分有：三相刀开关 DK、单刀开关 K、电流表、电灯以及连接线。首先插入或绘制图块，再绘制整个电路。

下面是绘制电路图的通用步骤。

第一步：设置图形界限。

本图无尺寸，不存在绘图比例问题，使用 AutoCAD 图形界限（0，0）～（420，297）。

第二步：设置图形单位、图层、线型、线宽、颜色。

新建两个图层：一个是"图形"层，另一个是"文字符号"层。0 层上是图框和标题栏，并标注说明等文字。

第三步：绘制图框和标题栏，或调出样板图。

第四步：绘制图形。

打开"正交""栅格显示""捕捉栅格"和"对象捕捉"，在"图形"层操作。

（1）插入所需图块或绘制图块。

插入或绘制图块并删除、旋转、缩放后的情况如图 11-32（a）所示。

（2）复制、移动图块，绘出一路。

复制、移动图块，绘制连接线，绘出一路，如图 11-32（b）所示。

（3）复制绘出的一路，绘出三路。

把上面绘出的一路进行复制，绘出三路，如图 11-32（c）所示。

（4）绘制电路中的其他图形。

绘制电路中的其他图形，如连接线、单刀开关、三相刀开关的两条竖线、连接处的小圆点（实心圆环）等，如图 11-32（d）所示。

第五步：标注文字符号。

在"文字符号"层，设置文字样式，标注文字符号，如图 11-32（d）所示。

第六步：添加说明、填写标题栏。

在 0 层添加说明，填写标题栏。

第七步：存盘，出图（打印输出）等。

## 11.8　绘制服装图

图 11-33 所示是服装结构图与样板图，以及服装效果图，它们主要由直线、圆弧、椭圆、多段线、样条曲线等组成。受篇幅所限，画法省略。

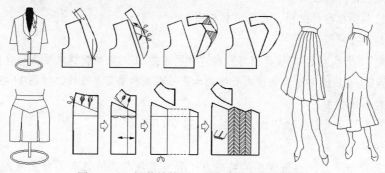

图 11-33　服装结构图、样板图及服装效果图

## 小　　结

1. 本章绘制了机械图、建筑图、电气图、房间用具图、车辆图、服装图等，其他专业的图形可以参考它们进行绘制。绘制时需要确定绘图比例，设置图形界限，设置图形单位、图层、线型、线宽、颜色等。文字必不可少。多数图形需要准确尺寸。

2. 绘制专业图形需要专业知识。必要时请查阅专业书。

## 上机实验及指导

【实验目的】

1. 掌握专业二维图形的绘制方法、步骤。

2. 总结各专业二维图形绘制的特点和规律，熟练进行专业二维图形的绘制。

**【实验内容】**

1．做本章的例题。

2．绘制若干个专业二维图形。

3．绘制自己所属专业的其他图形。

**【实验步骤】**

1．做本章的例题。

2．绘制图 11–34（g）所示的 T 形支架图形。

**指导：**本题的图形和图 11–8、图 11–11 所示的图形一样，同属机械图形。它的绘制方法可以参考图 11–8、图 11–11 两个图形的绘制方法。绘制过程中，除了要保证视图符合长对正、宽相等、高平齐三原则之外，要实时地运用"正交""栅格显示""捕捉栅格"和"对象捕捉"等绘图辅助工具。

操作步骤如下：

第一步：确定绘图比例，设置图形界限。

本图使用绘图比例 1:1，使用 AutoCAD 图形界限（0，0）～（297，210）。

第二步：设置图形单位、图层、线型、线宽、颜色。

新建 3 个图层：一个"实线图形"层、一个"虚线中心线图形"层和一个"尺寸"层。0 层上是图框和标题栏，并标注文字。

第三步：绘制图框和标题栏，或调出样板图。

第四步：绘制基准线。

打开"正交""栅格显示""捕捉栅格"和"对象捕捉"（对象捕捉模式要实时设置），在"实线图形"层用 LINE（直线）命令绘制适当长度的水平基准线和垂直基准线，如图 11–34（a）所示。

第五步：绘制俯视图。

在"实线图形"层绘制圆和切线，如图 11–34（b）所示。

第六步：绘制主视图。

（1）按照长对正原则，由俯视图的特殊点（包括直线与圆的切点）向主视图作垂直线，如图 11–34（c）所示。

（2）绘制主视图的水平线，用删除和修剪等命令修改主视图和俯视图，去除多余的图线，如图 11–34（d）所示。

第七步：修改线型和图层。

（1）修改两视图的线型（虚线和中心线），包括实线的粗细。

（2）将虚线和中心线置于"虚线中心线图形"层，如图 11–34（e）所示。

第八步：对两视图的图形进行镜像，如图 11–34（f）所示。

第九步：标注尺寸。

在"尺寸"层，设置标注样式，标注尺寸。

第十步：添加技术要求、填写标题栏。

在 0 层设置文字样式，添加技术要求、填写标题栏。

3．绘制图 11–35 所示的条形基础详图。

**指导：**本题的图形属于结构施工图里的基础图。条形基础详图按照机械图的绘制方法完成。

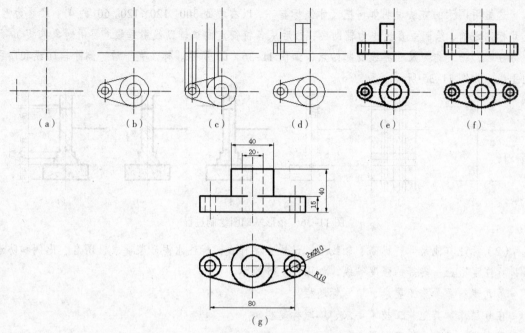

（a）　　　（b）　　　（c）　　　（d）　　　（e）　　　（f）

（g）

图 11-34　T 形支架绘制过程

操作步骤如下：

第一步：确定绘图比例，设置图形界限。

本图使用绘图比例 1:1，使用 AutoCAD 图形界限（0，0）～（297，210）。

第二步：设置图形单位、图层、线型、线宽、颜色。

新建 3 个图层：一个是"实线图形"层，一个是"虚线中心线图形"层，另一个是"尺寸"层。0 层上是图框和标题栏，并标注文字。

第三步：绘制图框和标题栏，或调出样板图。

第四步：绘制中心线、基础底面线、室内外地面标高线。

打开"正交""栅格显示""捕捉栅格"和"对象捕捉"（对象捕捉模式要实时设置），在"实线图形"层用 LINE（直线）命令绘制基础底面线、室内外地面标高线；在"虚线中心线图形"层绘制垂直的中心线，如图 11-36（a）所示。

第五步：绘制基础墙、垫层等。

（1）用偏移命令偏移生成各条水平线和垂直线，如图 11-36（b）所示。

（2）用删除和修剪等命令去除多余图线，绘制折断线，如图 11-36（c）所示。

第六步：修改线型和图层。

（1）将应当是粗实线，但却是细实线或点画线的图线，修改为粗实线，如图 11-36（d）所示。

（2）如果有的图线不在属于它们的图层上，把这些图线置于属于它们的图层。

第七步：填充砖墙和混凝土图案，如图 11-36（e）所示。

第八步：标注尺寸、标高等。

（1）在"尺寸"层，设置标注样式，标注尺寸、标高等。

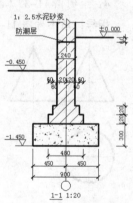

图 11-35　条形基础图

这里用图示的方法说明如何把尺寸线标整齐，以右端的 300、120、120、60 的 4 个尺寸为例。尺寸标注之前，绘制垂直线作为辅助线，然后从各特征点向该辅助线引垂线（要用对象捕捉）。尺寸标注时，垂足作为尺寸界线的起始点，如图 11-36（f）所示。标注完毕后，删除辅助线和所引的垂线，如图 11-35 所示。

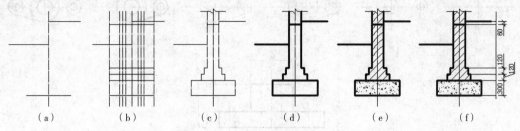

（a）　　　　（b）　　　　（c）　　　　（d）　　　　（e）　　　　（f）

图 11-36　条形基础图绘制过程

（2）标注其他尺寸、标高、轴线圆；设置文字样式，标注水泥砂浆要求、图名、比例和防潮层，标注混凝土、砖等的强度等级，如图 11-35 所示。

第九步：添加施工要求、填写标题栏。

在 0 层添加其他施工技术要求、填写标题栏。

第十步：存盘，保存图形文件。

4．绘制图 11-37（d）所示的三视图。

**指导：**请参考图 11-37 完成。

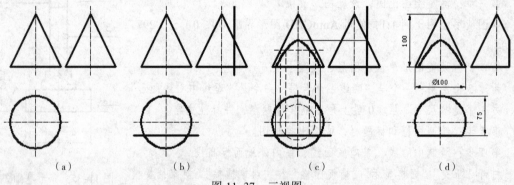

（a）　　　　　（b）　　　　　（c）　　　　　（d）

图 11-37　三视图

5．绘制图 11-38（d）所示的三视图与局部视图。

**指导：**请参考图 11-38 完成。

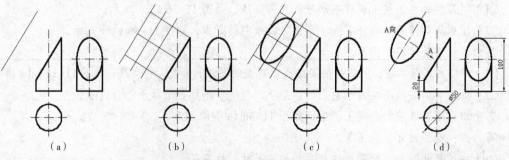

（a）　　　　　（b）　　　　　（c）　　　　　（d）

图 11-38　三视图与局部视图

6．绘制图 11-39 所示的建筑平面图。

**指导：** 本题与以下各题请自行分析完成。

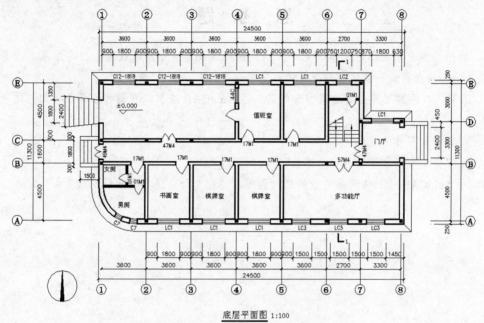

底层平面图 1:100

图 11-39　建筑平面图

7．绘制图 11-40 所示的曲柄图。

8．绘制图 11-41 所示的笼型异步定子串电阻降压起动控制电路图。

9．绘制图 11-42 所示的卫生设备图。

10．绘制图 11-43 所示的人体轮廓图（建筑等行业用）。

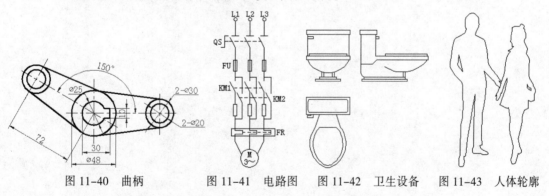

图 11-40　曲柄　　　图 11-41　电路图　　图 11-42　卫生设备　　图 11-43　人体轮廓

11．绘制图 11-44 所示的服装效果图、服装结构图与样板图。

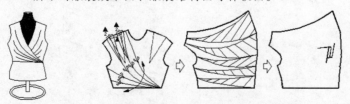

图 11-44　服装效果图、服装结构图与样板图

12．绘制自己所属专业的经典图形。

# 思 考 题

1．你所学专业中绘图的基本线宽是多少？粗实线线宽、中实线线宽、细实线线宽、虚线线宽、点画线、双点画线、波浪线和折断线线宽各是多少？

2．绘制二视图和三视图要遵循什么原则？用 AutoCAD 绘制二视图和三视图时如何体现这些原则？

3．如何修改图线的宽度？

4．如何将某些图线置于另一个图层？

5．用 AutoCAD 绘制你所属专业的二维图形后，你有什么感想和收获？

# 第12章

## 绘制等轴测图形

📖 学习目标

- 掌握设置等轴测平面的方法。
- 掌握设置等轴测平面后在各面上绘制等轴测图的方法。
- 掌握等轴测图文字标注和尺寸标注的方法。

本章介绍 AutoCAD 绘制等轴测图的有关问题，包括等轴测图的概念、等轴测图的绘制步骤、绘制等轴测图的注意事项和等轴测图的绘制实例。

## 12.1　等轴测图的概念

在工程制图中，轴测图在表达实体的立体形状方面具有自己的优势。轴测投影的特点是轴测投影轴与轴测投影面在空间有一定的夹角，因此产生各种不同的轴测图，如正等轴测图、正二测轴测图、斜二测轴测图等。其中正等轴测图最为常见，它的三条轴测投影轴均与轴测投影面成相同的夹角，三条轴的变形系数相等，AutoCAD 给出的"等轴测捕捉"环境绘制的等轴测图便是正等轴测图。

AutoCAD 绘制的等轴测图的 X、Y、Z 轴与世界坐标系 X 轴的夹角分别为 30°、150°、90°，如图 12-1 所示。平行于 YZ 平面的等轴测平面为左面（Left），平行于 XY 平面的等轴测平面为上面（Top），平行于 XZ 平面的等轴测平面为右面（Right）。

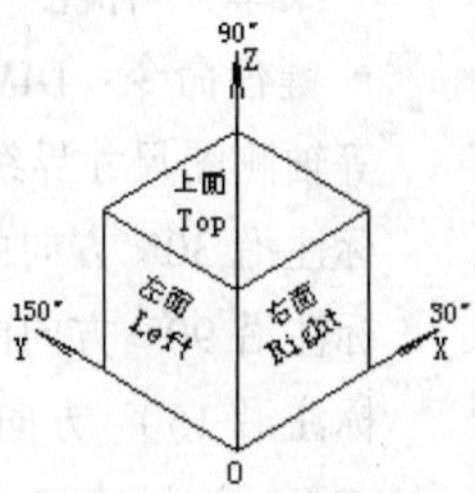

左面：捕捉和栅格沿 90°和 150°轴对齐。

上面：捕捉和栅格沿 30°和 150°轴对齐。

右面：捕捉和栅格沿 30°和 90°轴对齐。

图 12-1　等轴测平面

需要强调的是，AutoCAD 绘制的等轴测图，是在二维平面中绘制的具有立体感的图形，它虽然具有立体感，但不是三维图形，其本质上仍然属于二维图形。

## 12.2　等轴测图的绘制

下面介绍等轴测图绘制步骤和注意事项，给出绘制实例。

### 12.2.1 等轴测图绘制步骤

**1．设置"等轴测图捕捉"方式**

有两种设置方法：

- 状态栏：右击状态栏中的"捕捉"或"栅格"按钮→"设置"→选择"捕捉和栅格"选项卡中的"等轴测捕捉"。
- 菜单："工具"→"草图设置"→选择"捕捉和栅格"选项卡中的"等轴测捕捉"。

**2．设置绘图的工作面**（左面、上面或右面）

有 3 种设置方法：

- 按【Ctrl+E】组合键可在左面、上面或右面之间切换。
- 按【F5】键也可在左面、上面或右面之间切换。
- 在命令行输入 ISOPLANE 也可设置左面、上面或右面。

**3．在相应的工作面上绘图**

**4．标注文字**

位于左面的文字行倾斜-30°，位于上面的文字行倾斜 0°（即不倾斜），位于右面的文字行倾斜 30°，如图 12-1 所示。用 TEXT 或 DTEXT 标注文字时，倾斜角度在"指定文字的旋转角度"提示下输入。

**5．标注尺寸**

（1）标注尺寸时，使用对齐标注（DIM ALIGNED）命令进行线性尺寸和直径标注，尺寸线平行于所标注的直线和直径；然后修改尺寸，将尺寸界线倾斜，使尺寸界线平行于轴测轴。有 4 种启动倾斜命令的方法：

- 功能区："注释"选项卡→"标注"面板→▼按钮→"倾斜" ↦。
- 工具按钮："标注"工具栏→"编辑标注" ↙。
- 菜单："标注"→"倾斜" ↦。
- 键盘命令：DIMEDIT。

等轴测图尺寸界线倾斜的角度为：

标注沿 30°方向的尺寸倾斜-30°；

标注沿 90°方向的尺寸一般倾斜 30°（标注在右面），有时倾斜-30°（标注在左面）；

标注沿 150°方向的尺寸倾斜 30°。

（2）标注尺寸时，用引线标注（QLEADER）命令标注半径尺寸，引线平行于所在轴测平面的轴测轴，然后修改尺寸，将尺寸文字倾斜 30°。

（3）注意直径和半径尺寸要标注在圆或圆弧所在的平面内。

### 12.2.2 等轴测图绘制注意事项

（1）绘制等轴测图时，首先要指定绘制的工作面：左面、上面或右面，每次只能画其中的一个面。

（2）绘制等轴测图时，画圆不能用 CIRCLE（圆）命令，要用 ELLISPE（椭圆）命令。等轴测图绘制状态下，ELLISPE 命令会自动增加"等轴测圆(I)"选项。命令执行过程为：

```
命令：_ellipse
指定椭圆轴的端点或 [圆弧(A)/中心点(C)/等轴测圆(I)]：i
```

| 指定等轴测的圆心： | （指定圆心） |
|---|---|
| 指定等轴测圆的半径或 [直径(D)]： | （输入半径） |

（3）画圆弧不能用 ARC（圆弧）命令或 FILLET（圆角）命令，必须先用 ELLISPE（椭圆）命令的 "等轴测圆(I)" 选项绘出圆，再用 TRIM（修剪）命令剪掉多余的弧段。

（4）复制对象要用 COPY（复制）命令，不能用 OFFSET（偏移）命令。

（5）要绘制同心圆，应绘制中心相同的椭圆，而不是绘制一个椭圆后再偏移这个椭圆得到其他同心椭圆。偏移可以产生椭圆形的样条曲线，但不能得到所希望的缩放距离。

### 12.2.3 等轴测图绘制实例

【例】绘制图 12-2（h）所示的等轴测图。

**题目解释说明：** 图 12-2（h）所示的等轴测图比较简单。尽管如此，它的绘制过程仍然包含了绘制等轴测图的全部步骤。

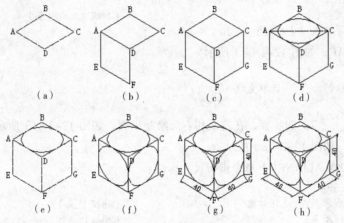

图 12-2 绘制等轴测图

操作步骤如下：

（1）设置 "等轴测图捕捉" 方式，并单击状态栏中的 "栅格显示" 和 "捕捉模式" 按钮。

（2）通过按【F5】键、【Ctrl+E】组合键或在命令行输入 ISOPLANE，将等轴测平面设置为上面。用 LINE（直线）命令绘制上面的四条直线 AB、BC、CD、DA，如图 12-2（a）所示。

| 命令：_line 指定第一点： | （任意捕捉一栅格点 A） |
|---|---|
| 指定下一点或 [放弃(U)]：@40<30 | （至 B 点） |
| 指定下一点或 [放弃(U)]：@40<330 | （至 C 点） |
| 指定下一点或 [闭合(C)/放弃(U)]：@40<210 | （至 D 点） |
| 指定下一点或 [闭合(C)/放弃(U)]：@40<150 | （至 A 点） |
| 指定下一点或 [闭合(C)/放弃(U)]：↙ | |

（3）通过按【F5】键、【Ctrl+E】组合键或在命令行输入 ISOPLANE，将等轴测平面设置为左面。用 LINE（直线）命令绘制左面的三条直线 AE、EF、FD，如图 12-2（b）所示。

| 命令：_line 指定第一点： | （捕捉 A 点） |
|---|---|
| 指定下一点或 [放弃(U)]：@40<270 | （至 E 点） |
| 指定下一点或 [放弃(U)]：@40<330 | （至 F 点） |
| 指定下一点或 [闭合(C)/放弃(U)]：@40<90 | （至 D 点） |
| 指定下一点或 [闭合(C)/放弃(U)]：↙ | |

（4）通过按【F5】键、【Ctrl+E】组合键或在命令行输入 ISOPLANE，将等轴测平面设置为右面。用 LINE（直线）命令绘制右面的两条直线，如图 12-2（c）所示。

```
命令: _line 指定第一点:                          (捕捉 F 点)
指定下一点或 [放弃(U)]: @40<30                    (至 G 点)
指定下一点或 [放弃(U)]:                           (捕捉 C 点)
指定下一点或 [闭合(C)/放弃(U)]: ✓
```

（5）用 LINE（直线）命令绘制上面的对角线 AC，如图 12-2（d）所示。

```
命令: _line 指定第一点:                          (捕捉 A 点)
指定下一点或 [放弃(U)]:                           (捕捉 C 点)
指定下一点或 [放弃(U)]: ✓
```

（6）通过按【F5】键、【Ctrl+E】组合键或在命令行输入 ISOPLANE，将等轴测平面设置为上面。用 ELLIPSE（椭圆）命令绘制上面的圆，如图 12-2（d）所示。

```
命令: _ellipse
指定椭圆轴的端点或 [圆弧(A)/中心点(C)/等轴测圆(I)]: i
指定等轴测圆的圆心:                               (捕捉 AC 的中点)
指定等轴测圆的半径或 [直径(D)]: 20
```

（7）删除直线 AC，如图 12-2（e）所示。

```
命令: _erase
选择对象:找到 1 个         (选取直线 AC)
选择对象: ✓
```

（8）按照（5）～（7）的步骤，在左面和右面绘制出圆，如图 12-2（f）所示。

（9）标注尺寸，如图 12-2（g）所示。

用对齐标注（DIM ALIGNED）命令进行尺寸标注。

```
命令: _dimaligned
指定第一条延伸线原点或<选择对象>:                 (捕捉 F 点)
指定第二条延伸线原点:                            (捕捉 G 点)
创建了无关联的标注。
指定尺寸线位置或[多行文字(M)/文字(T)/角度(A)]:   (单击一点，指定尺寸线位置)
标注文字 = 40
```

直线 FG 的尺寸标注完毕，直线 EF、CG 的尺寸也如此标注。

（10）修改尺寸标注，倾斜延伸线，如图 12-2（h）所示。

将直线 FG 的尺寸倾斜-30°。

```
命令: _dimedit
输入标注编辑类型 [默认(H)/新建(N)/旋转(R)/倾斜(O)] <默认>: _o
选择对象: 找到 1 个                              (选择直线 FG 的尺寸)
选择对象: ✓
输入倾斜角度(按 ENTER 键表示无): -30
```

将直线 EF 的尺寸倾斜30°。

```
命令: _dimedit
输入标注编辑类型 [默认(H)/新建(N)/旋转(R)/倾斜(O)] <默认>: _o
选择对象: 找到 1 个                              (选择直线 EF 的尺寸)
选择对象: ✓
输入倾斜角度(按 ENTER 键表示无): 30
```

将直线 CG 的尺寸倾斜30°。

命令：_dimedit

输入标注编辑类型 [默认(H)/新建(N)/旋转(R)/倾斜(O)] <默认>：_o

选择对象：找到1个　　　　　　　（选择直线CG的尺寸）

选择对象：✓

输入倾斜角度(按ENTER键表示无)：30

# 小　结

1．绘制等轴测图之前要设置"等轴测图捕捉"方式和等轴测平面，使用【Ctrl+E】组合键、【F5】键或在命令行输入 ISOPLANE 可以在左面、上面或右面之间切换，从而可在各个面上绘图。

2．在等轴测图绘制中，画圆不能用 CIRCLE（圆）命令，画圆弧不能用 ARC（圆弧）命令，都要用 ELLIPSE（椭圆）命令。

3．标注文字和尺寸要将文字和尺寸线倾斜。

# 上机实验及指导

【实验目的】

1．掌握设置等轴测平面。

2．掌握绘制等轴测图。

3．掌握等轴测图尺寸标注。

【实验内容】

1．做本章的例题。

2．再绘制一个轴测图。

【实验步骤】

1．做本章的例题。

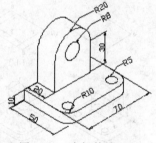

图 12-3　支架等轴测图

2．绘制图 12-3 所示的支架的等轴测图。其中不包括尺寸的等轴测图如图 12-4（k）所示。

指导：

（1）这个图形比图 12-2 复杂，但绘制的宏观过程仍然与图 12-2 相同。

（2）为图形清晰，图 12-4 未显示出栅格。

操作步骤如下：

（1）设置"等轴测图捕捉"方式，并单击状态栏的"栅格显示"和"捕捉模式"按钮。

（2）通过按【F5】键、【Ctrl+E】组合键或在命令行输入 ISOPLANE，将等轴测平面设置为上面。用 LINE（直线）命令绘制上面的四条直线 AB、BC、CD、DA，如图 12-4（a）所示。

命令：_line 指定第一点：　　　　　　　　　（任意捕捉一栅格点A）

指定下一点或 [放弃(U)]：@70<30　　　　　　（至B点）

指定下一点或 [放弃(U)]：@50<330　　　　　　（至C点）

指定下一点或 [闭合(C)/放弃(U)]：@70<210　　（至D点）

指定下一点或 [闭合(C)/放弃(U)]：c　　　　　（闭合，至A点）

（3）复制三条直线，以其交点作为底板上圆的圆心，如图 12-4（b）所示。

复制直线 AD 得到直线 1。

命令：_copy
选择对象：找到 1 个　　　　(选取直线 AD)
选择对象：✓
指定基点或 [位移(D)/模式(O)] <位移>：　　　　　　　(捕捉 A 点)
指定位移的第二点或<用第一点作位移>：@10<30
指定位移的第二点或 [退出(E)/放弃(U)] <退出>：✓

复制直线 BC 得到直线 2。

命令：_copy
选择对象：找到 1 个　　　　(选取直线 BC)
选择对象：✓
指定基点或 [位移(D)/模式(O)] <位移>：　　　　　　　(捕捉 B 点)
指定位移的第二点或<用第一点作位移>：@10<210
指定位移的第二点或 [退出(E)/放弃(U)] <退出>：✓

复制直线 DC 得到直线 3。

命令：_copy
选择对象：找到 1 个　　　　(选取直线 DC)
选择对象：✓
指定基点或 [位移(D)/模式(O)] <位移>：　　　　　　　(捕捉 D 点)
指定位移的第二点或<用第一点作位移>：@10<150
指定位移的第二点或 [退出(E)/放弃(U)] <退出>：✓

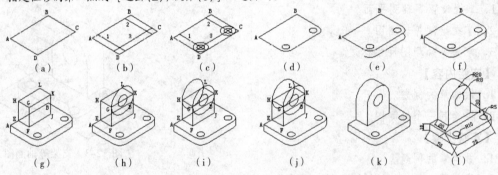

图 12-4　绘制支架等轴测图

（4）绘制底板上的圆。如图 12-4（c）所示。

命令：_ellipse
指定椭圆轴的端点或 [圆弧(A)/中心点(C)/等轴测圆(I)]：i
指定等轴测圆的圆心：　　　　　　　　　　(捕捉直线 1 和直线 3 的交点)
指定等轴测圆的半径或 [直径(D)]：10
命令：_ellipse
指定椭圆轴的端点或 [圆弧(A)/中心点(C)/等轴测圆(I)]：i
指定等轴测圆的圆心：　　　　　　　　　　(捕捉直线 1 和直线 3 的交点)
指定等轴测圆的半径或 [直径(D)]：5

复制这两个圆：

命令：_copy
选择对象：找到 1 个　　　　　　　　　　(选取大圆)
选择对象：找到 1 个，总计 2 个　　　　　(选取小圆)
选择对象：✓
指定基点或 [位移(D)/模式(O)] <位移>：　　　(捕捉直线 1 和直线 3 的交点)
指定位移的第二点或<用第一点作位移>：　　　(捕捉直线 2 和直线 3 的交点)

指定位移的第二点或 [退出(E)/放弃(U)] <退出>:✓

（5）用 TRIM（修剪）命令去除多余的图线，结果如图 12-4（d）所示。

（6）将等轴测平面设置为右面，复制直线和弧，如图 12-4（e）所示。

命令：_copy
选择对象：找到 1 个　　　　（选取直线）
选择对象：找到 1 个，总计 2 个　　（选取弧）
选择对象：找到 1 个，总计 3 个　　（选取弧）
选择对象：✓
指定基点或 [位移(D)/模式(O)] <位移>:　　　　　　（捕捉 A 点）
指定位移的第二点或<用第一点作位移>: @10<270
指定位移的第二点或 [退出(E)/放弃(U)] <退出>:✓

（7）绘制与右边圆角相切的竖线，再用 TRIM（修剪）命令将右下部圆角中多余的弧段去除。
如图 12-4（f）所示。

绘制竖线：

命令：_line 指定第一点：　　　　　　　　　（捕捉右上部圆弧的象限点）
指定下一点或 [放弃(U)]：　　　　　　　　　（捕捉右下部圆弧的象限点）
指定下一点或 [放弃(U)]：✓

然后用 TRIM（修剪）命令将右下部圆角中多余的弧段去除。

（8）将等轴测平面设置为左面。绘制左面的两条直线，如图 12-4（f）所示。

命令：_line 指定第一点：　　　　　　　　　　（捕捉 A 点）
指定下一点或 [放弃(U)]: @10<270
指定下一点或 [放弃(U)]：　　　　　　　　　（捕捉左下部圆弧的左端点）
指定下一点或 [闭合(C)/放弃(U)]：✓

（9）绘制立板的左面，如图 12-4（g）所示。

命令：_line 指定第一点：　　　　　　　　　　（捕捉 A 点）
指定下一点或 [放弃(U)]: @15<30　　　　　　　（至 E 点）
指定下一点或 [放弃(U)]: @20<330　　　　　　（至 F 点）
指定下一点或 [闭合(C)/放弃(U)]: @30<90　　　（至 G 点）
指定下一点或 [闭合(C)/放弃(U)]: @20<150　　（至 H 点）
指定下一点或 [闭合(C)/放弃(U)]: @30<270　　（至 E 点）
指定下一点或 [闭合(C)/放弃(U)]：✓

（10）将等轴测平面设置为右面。绘制立板的右面，如图 12-4（g）所示。

命令：_line 指定第一点：　　　　　　　　　　（捕捉 F 点）
指定下一点或 [放弃(U)]: @40<30　　　　　　　（至 J 点）
指定下一点或 [放弃(U)]: @30<90　　　　　　　（至 K 点）
指定下一点或 [闭合(C)/放弃(U)]：　　　　　　（捕捉 G 点）
指定下一点或 [闭合(C)/放弃(U)]：✓

（11）将等轴测平面设置为上面。绘制立板的上面，如图 12-4（g）所示。

命令：_line 指定第一点：　　　　　　　　　　（捕捉 H 点）
指定下一点或 [放弃(U)]: @40<30　　　　　　　（至 L 点）
指定下一点或 [放弃(U)]：　　　　　　　　　　（捕捉 K 点）
指定下一点或 [闭合(C)/放弃(U)]：✓

（12）将等轴测平面设置为右面。绘制立板上的两个圆，如图 12-4（h）所示。

命令：_ellipse
指定椭圆轴的端点或 [圆弧(A)/中心点(C)/等轴测圆(I)]: i
指定等轴测圆的圆心：　　　　　　　　　　　　（捕捉直线 GK 的中点）

指定等轴测圆的半径或 [直径(D)]: 20
命令: _ellipse
指定椭圆轴的端点或 [圆弧(A)/中心点(C)/等轴测圆(I)]: i
指定等轴测圆的圆心:　　　　　　　　　　　　　　（捕捉直线 GK 的中点）
指定等轴测圆的半径或 [直径(D)]: 8

（13）复制上一步绘制的大圆，如图 12-4（i）所示。

命令: _copy
选择对象: 找到 1 个　　　　　　（选择大圆）
选择对象: ✓
指定基点或 [位移(D)/模式(O)] <位移>:　　　　　　（捕捉 G 点）
指定位移的第二点或<用第一点作位移>:　　　　　　（捕捉 H 点）
指定位移的第二点或 [退出(E)/放弃(U)] <退出>:✓

（14）绘制两个大圆的切线，如图 12-4（j）所示。

命令: _line 指定第一点:　　　　　　（捕捉一个大圆右上方的象限点）
指定下一点或 [放弃(U)]:　　　　　　（捕捉另一个大圆右上方的象限点）
指定下一点或 [放弃(U)]: ✓

（15）用 TRIM（修剪）命令和 ERASE（删除）命令去除多余的图线，如图 12-4（k）所示。

（16）用对齐标注（DIM ALIGNED）命令标注线性尺寸，用引线标注（QLEADER）命令标注半径尺寸，如图 12-4（l）所示。

标注尺寸 70 时，在等轴测平面的上面作一条辅助线，该辅助线与底板上表面的两条边线的交点作为尺寸 70 的延伸线的起点，标注后删除该辅助线。

标注尺寸 50 时，先找出底板下表面的左、右两条边线的交点，在此交点处绘制一个点，该点作为尺寸 50 的延伸线的一个起点。

用引线标注半径的操作如下（以标注半径 R5 为例）:

命令: _qleader
指定第一个引线点或 [设置(S)] <设置>:　　　（用最近点捕捉方式捕捉半径为 5 的圆上的一点）
指定下一点:　　　　　　（移动鼠标指定第二点）
指定下一点:　　　　　　（移动鼠标指定第三点，要使第二点到第三点的直线沿该圆所在的轴测平面的一个轴测轴的方向）
指定文字宽度<6>: 6　　　　　　（输入文字宽度）
输入注释文字的第一行<多行文字(M)>: R5
输入注释文字的下一行: ✓

（17）修改尺寸标注。

参照上例，倾斜线性尺寸的延伸线。

再倾斜半径标注（以倾斜半径 R5 为例）:

选取文字 R5，然后单击"标准"工具栏中的"特性"按钮，弹出"特性"选项板，在"旋转"文本框中输入 30 按回车键，关闭"特性"选项板，按【Esc】键取消文字的选定状态。

最终结果如图 12-3 所示。

从上面的实例可以看出，在等轴测图的绘制过程中大量地用相对极坐标方式指定点，而且不管是在等轴测平面的左面、上面还是右面，极坐标中的角度都是以 X 轴的正方向（水平向右）为基准来测量。

3. 绘制自己所属专业的经典的等轴测图。

# 思 考 题

1．轴测图有正等轴测图、正二测轴测图、斜二测轴测图等多种。AutoCAD 给出的"等轴测捕捉"环境绘制的等轴测图属于哪一种？

2．AutoCAD 绘制的等轴测图具有立体感，实质上它是二维图形还是三维图形？

3．AutoCAD 设置等轴测平面按什么顺序进行循环？

4．AutoCAD 绘制的等轴测图的 X、Y、Z 轴与世界坐标系 X 轴的夹角分别多大？

5．AutoCAD 三个等轴测平面的捕捉和栅格各沿哪条轴对齐？

6．等轴测图标注尺寸时，使用什么命令进行线性尺寸、半径、直径标注，标注的完整过程分别是什么？

# 第13章 显示与渲染三维图形

🗒️学习目标

- 了解输入视点坐标设置视点显示图形；掌握设置特殊视点显示图形；掌握自由动态观察，了解其他动态观察；了解漫游和飞行。
- 掌握消隐和使用视觉样式。
- 了解或掌握有关渲染的各个项目。

第4章曾对二维图形显示作过介绍,本章介绍三维图形的显示。

为了全面、有效地显示和观察三维图形, 必须有不同于二维图形的手段,例如:特殊视图显示图形,动态观察( 投影分类见表 1-1 ),使用相机,漫游和飞行等 ( 见图 13-1 )。

此外,本章还介绍三维图形的消隐、视觉样式和渲染 ( 其理论基础见第 1 章 )。

图 13-1 "视图"下拉菜单

## 13.1 特殊视图观察三维模型

### 1. 命令启动方法

- 功能区:"视图"选项卡→"视图"面板→"视图"下拉按钮◇→"俯视"/"仰视"/"左视"/……/"西北等轴测"( 共 10 项 ), 如图 13-2 ( a ) 所示。
- 工具按钮:"视图"工具栏→"俯视"/"仰视"/"左视"/……/"西北等轴测"( 共 10 项 )。
- 绘图区左上角的视图控件[俯视]→"俯视"/"仰视"/"左视"/……/"西北等轴测"( 共 10 项 ), 如图 13-2 ( b ) 所示。如图 13-2 ( c ) 所示。
- 下拉菜单:"视图"→"三维视图"→"俯视"/"仰视"/"左视"/……/"西北等轴测"( 共 10 项 ), 如图 13-1 所示。
- 键盘命令: VPOINT。

### 2. 功能

设置特殊视点,显示标准视图。

### 3. 操作

启动命令后,即可显示相应的视图。

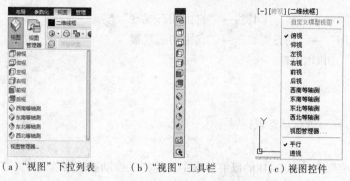

（a）"视图"下拉列表　　　　（b）"视图"工具栏　　　　（c）视图控件

图 13-2　特殊视图观察三维模型的工具

# 13.2　动态观察三维模型

　　特殊视图观察三维模型是按固定的位置和方向来观察视图，AutoCAD 还提供了灵活观察视图的动态方式，如受约束的动态观察、自由动态观察、连续动态观察等。动态观察时，观察的目标静止，视点围绕目标移动。

## 13.2.1　受约束的动态观察

### 1．命令启动方法

- 功能区："视图"选项卡→"导航"面板→"动态观察"下拉按钮◈→"动态观察"。
- 工具按钮："动态观察"工具栏→"受约束的动态观察"⊕。
- 菜单："视图"→"动态观察"→"受约束的动态观察"。
- 键盘命令：3DORBIT。

如图 13-3 所示。

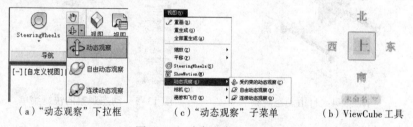

（a）"动态观察"下拉框　　　　（c）"动态观察"子菜单　　　　（b）ViewCube 工具

图 13-3　动态观察的工具

### 2．功能

沿 XY 平面或 Z 轴约束，进行三维动态观察。

### 3．操作

命令启动后，若水平拖动鼠标，则沿 XY 平面移动观察；若垂直拖动鼠标，则沿 Z 轴移动观察；若按住【Shift】键并拖动鼠标，则沿 XY 平面和 Z 轴进行不受约束的动态观察。

## 13.2.2　自由动态观察

### 1．命令启动方法

- 功能区："视图"选项卡→"导航"面板→"动态观察"下拉按钮◈→"自由动态观察"。

- 工具按钮："动态观察"工具栏→"自由动态观察" 🔘。
- 菜单："视图"→"动态观察"→"自由动态观察"。
- 键盘命令：3DFORBIT。

如图 13-3 所示。

### 2．功能

在三维任意方向上进行动态观察。

### 3．操作

"自由动态观察"在 AutoCAD 的以前版本中，是"三维动态观察器"。

启动命令后，绘图区显示三维动态观察器——一个转盘（4 个小圆平分的一个大圆），4 个小圆位于大圆的象限点上，如图 13-4 所示。此时，观察的目标不动，视点的位置围绕目标移动。目标点不是被观察对象的中心，而是转盘的中心。

拖动鼠标使光标在左右两个小圆之间移动，三维图形将绕铅直轴旋转。

拖动鼠标使光标在上下两个小圆之间移动，三维图形将绕水平轴旋转。

拖动鼠标使光标在转盘的外侧移动，三维图形将绕过转盘的中心且垂直于屏幕的轴线旋转。

拖动鼠标使光标在转盘的内侧移动，三维图形将绕过转盘的中心并沿鼠标拖动的方向旋转。

按【Esc】键或按回车键结束命令。

说明：

在动态观察三维模型时，在绘图区右击，AutoCAD 将弹出一个快捷菜单，可从中选择相应的命令进行操作，如图 13-5 所示。

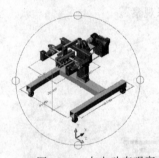

图 13-4　自由动态观察

图 13-5　动态观察的快捷菜单

## 13.2.3　连续动态观察

### 1．命令启动方法

- 功能区："视图"选项卡→"导航"面板→"动态观察"下拉按钮◇→"连续动态观察"。
- 绘图区右上角的 ViewCube 工具。
- 菜单："视图"→"动态观察"→"受约束的动态观察"/"自由动态观察"/"连续动态观察"。
- 键盘命令：3DCORBIT。

如图 13-3 所示。

### 2．功能

连续地进行动态观察。

**3．操作**

启动命令后，在绘图区单击并沿某个方向拖动，则对象沿拖动的方向连续运动，再单击鼠标即停止运动。

### 13.2.4 设置投影模式

三维动态观察既可以获得平行投影，也可以获得透视投影。

平行投影将显示平行投影（正投影），透视投影将反映三维物体近大远小的特征。

可以使用下面两种方法设置投影模式。

（1）在动态观察三维模型进行过程中，右击绘图区，在弹出的快捷菜单中选择"平行模式"或"透视模式"命令，如图 13-5 所示。

（2）右击绘图区右上角的 ViewCube 工具，从弹出的快捷菜单中选择"平行"或"透视"命令，如图 13-6 所示。

图 13-6 ViewCube 工具
的快捷菜单

# 13.3 使用相机

AutoCAD 可以将相机放置到绘图区来观察三维图形。动态观察是视点相对于对象位置不断发生变化，而相机观察是视点相对于对象位置不发生变化。

### 13.3.1 创建相机

**1．命令启动方法**

- 功能区："渲染"选项卡→"相机"面板→"创建相机" 。
- 菜单："视图"→"创建相机"。
- 键盘命令：CAMERA。

**说明：**

"渲染"选项卡是隐藏的，如果要显示它，可在任意一个面板上右击，在弹出的快捷菜单中选择"选择选项卡"→"渲染"命令。如果"相机"面板是隐藏的，要显示它，可在"渲染"选项卡上的任意位置右击，然后选择"显示面板"→"相机"命令。

**2．功能**

创建相机和目标的位置，以创建并保存对象的三维透视图。

**3．操作**

启动命令后，命令行提示：

```
命令：_camera
当前相机设置：高度=31'-0 13/16" 焦距=50.0000 毫米
指定相机位置：            （指定位置，例如 900,100,100）
指定目标位置：            （指定位置，例如 200,0,0）
输入选项 [?/名称(N)/位置(LO)/高度(H)/目标(T)/镜头(LE)/剪裁(C)/视图(V)/退出(X)] <退出>：
```

（1）?：显示当前已定义相机的列表。

（2）名称：给相机命名。

（3）位置：指定相机的位置。

（4）高度：更改相机高度。

（5）目标：指定相机的目标。

（6）镜头：更改相机的焦距。

（7）剪裁：定义前后剪裁平面并设置它们的值。选择该项后，命令行提示：

是否启用前向剪裁平面？[是(Y)/否(N)] <否>：　　　（指定"是"启用前向剪裁）

指定从目标平面的前向剪裁平面偏移<当前>：　　　　（输入距离）

是否启用后向剪裁平面？[是(Y)/否(N)] <否>：　　　（指定"是"启用后向剪裁）

指定从目标平面的后向剪裁平面偏移<当前>：　　　　（输入距离）

（8）视图：设置当前视图以匹配相机设置。

（9）退出：取消该命令。

创建的相机如图 13-7 所示。

图 13-7　创建相机

### 13.3.2　相机预览

创建相机后，单击相机，将打开"相机预览"窗口，如图 13-8 所示。

### 13.3.3　调整视距

**1．命令启动方法**

- 工具按钮："相机调整"工具栏→"调整视距"。
- 菜单："视图"→"相机"→"调整视距"。
- 键盘命令：3DDISTANCE。

**2．功能**

启用交互式三维视图并使对象看起来更近或更远。

图 13-8　相机预览

**3．操作**

启动命令后，光标将更改为具有上箭头和下箭头的直线。单击并向屏幕顶部（底部）垂直拖动光标使相机靠近对象，可使对象显示得更大（更小）。

### 13.3.4　回旋

**1．命令启动方法**

- 工具按钮："相机调整"工具栏→"回旋"。
- 菜单："视图"→"相机"→"回旋"。
- 键盘命令：3DSWIVEL。

**2．功能**

沿拖动的方向更改视图的目标。

**3．操作**

启动命令后，在拖动方向上模拟平移相机，查看的目标将更改。可以沿 XY 平面或 Z 轴回旋视图。

### 13.3.5 运动路径动画

使用运动路径动画功能可以形象地演示模型，以动态效果表达设计意图。路径可以是直线、圆弧、椭圆弧、多段线、三维多段线或样条曲线。路径在动画中不可见。

**1. 命令启动方法**

- 功能区："渲染"选项卡→"动画"面板→"动画运动路径" ▥ 。
- 菜单："视图"→"运动路径动画" ▥ 。
- 键盘命令：ANIPATH。

**2. 功能**

指定运动路径动画的设置并创建动画文件。

**3. 操作**

启动命令后，弹出"运动路径动画"对话框，如图 13-9 所示。

操作步骤如下：

（1）在"相机"区，选择"点"或"路径"单选按钮，以指定相机起始位置的点或路径。若选择"点"，则单击右边的按钮 ⬚ ，并在图形中指定点，输入点的名称，单击"确定"按钮；若选择"路径"，则单击右边的按钮 ⬚ ，并在图形中指定路径，输入路径的名称，单击"确定"按钮。

（2）在"目标"区，指定相机目标位置的点或路径。若选择"点"，则单击右边的按钮 ⬚ ，并在图形中指定点，输入点的名称，单击"确定"按钮；若选择"路径"，则单击右边的按钮 ⬚ ，并在图形中指定路径，输入路径的名称，单击"确定"按钮。

（3）在"动画设置"区，"角减速"指相机转弯时，以较低的速率移动相机；"反向"指反转动画的方向。

（4）单击"预览"按钮查看动画，或单击"确定"按钮保存动画。预览动画的效果如图 13-10 所示（这里"相机"区指定"路径"，路径为右方的多段线，"目标"区指定"点"，点为屋顶底部的中点）。

图 13-9 "运动路径动画"对话框

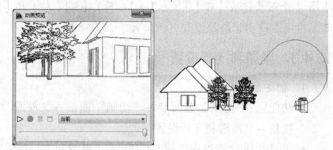

图 13-10 预览动画

## 13.4 漫游和飞行

用户可以模拟在三维图形中漫游和飞行。漫游模型时，将沿 XY 平面行进；飞越模型时，将不受 XY 平面的约束，所以看起来像"飞"过模型中的区域。

### 13.4.1 漫游

**1. 命令启动方法**

- 功能区："渲染"选项卡→"动画"面板→"漫游" 👣

- 工具按钮："漫游和飞行"工具栏→"漫游" 👣。
- 菜单："视图"→"漫游和飞行"→"漫游"。
- 键盘命令：3DWALK。

**2．功能**

交互式更改三维图形的视图，使用户沿 XY 平面行进，像在模型中漫游一样。

**3．操作**

启动命令后，显示一个绿色的十字形表示当前漫游位置，同时打开"定位器"选项板，如图 13-11 所示。在键盘上，使用 4 个箭头键或【W】（上）、【A】（下）、【S】（左）和【D】（右）键或鼠标拖动来确定漫游方向。也可以使用定位器设置漫游位置。

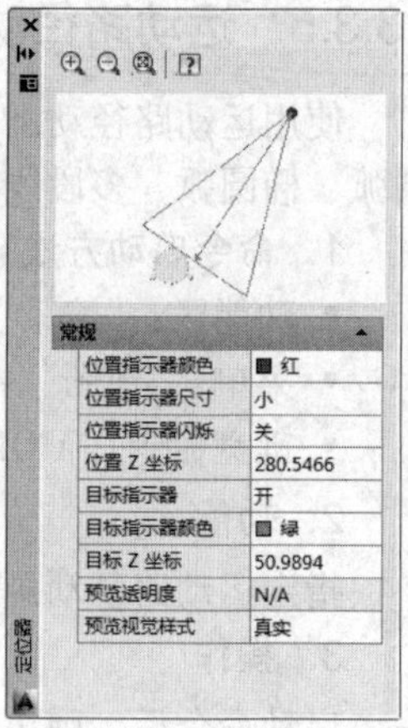

图 13-11　"定位器"
选项板

### 13.4.2　飞行

**1．命令启动方法**

- 功能区："渲染"选项卡→"动画"面板→"漫游"下拉按钮 ·→"飞行" ✈。
- 工具按钮："漫游和飞行"工具栏→"飞行" ✈。
- 菜单："视图"→"漫游和飞行"→"飞行" ✈。
- 键盘命令：3DFLY。

**2．功能**

交互式更改三维图形的视图，使用户离开 XY 平面，像飞行一样，"飞"过模型中的区域。

**3．操作**

启动命令后，显示一个绿色的十字形表示当前位置，同时打开"定位器"选项板。在键盘上，使用 4 个箭头键或【W】（上）、【A】（下）、【S】（左）和【D】（右）键或鼠标拖动来确定漫游方向。也可以使用定位器设置飞行位置。

### 13.4.3　漫游和飞行设置

**1．命令启动方法**

- 功能区："渲染"选项卡→"动画"面板→"漫游"下拉按钮→"漫游和飞行设置" 🔧。
- 工具按钮："漫游和飞行"工具栏→"漫游和飞行设置" 🔧。
- 菜单："视图"→"漫游和飞行"→"漫游和飞行设置" 🔧。
- 键盘命令：WALKFLYSETTINGS。

**2．功能**

指定漫游和飞行设置。

**3．操作**

启动命令后，弹出"漫游和飞行设置"对话框（见图 13-12），从中设置有关参数。

图 13-12　"漫游和飞行设置"
对话框

# 13.5　消　　隐

三维图形中，可能显示了不可见的图线（隐藏线），致使图形的三维特征不够明显。AutoCAD 提供了 HIDE 命令对三维图形进行消隐处理，以增强图形的真实感。消隐的原理见第 1 章。

**1. 命令启动方法**

- 功能区："视图"选项卡→"视觉样式"面板→"隐藏" 。
- 工具按钮："渲染"工具栏→"隐藏" 。
- 菜单："视图"→"消隐"。
- 键盘命令：HIDE。

**2. 功能**

重生成三维模型，不显示隐藏线。

**3. 操作**

启动命令后，稍等片刻，AutoCAD 将重生成三维模型，而不显示图形的隐藏线。图 13-13 是一个长方体消隐前后的情形。

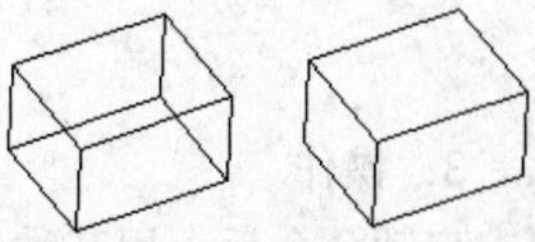

图 13-13　消隐前后的长方体

**说明：**

（1）消隐后，隐藏线并没有被删除，只是不显示出来。

（2）消隐后，如果再让隐藏线显示出来，可进行如下操作：

- 功能区："视图"选项卡→"视觉样式"面板→"视觉样式"下拉列表框 ▣线框 → "二维线框" / "线框"选项。
- 下拉菜单："视图"→"重生成"或"视图"→"视觉样式"→"二维线框" / "线框"命令。
- 键盘命令：REGEN。

# 13.6　使用视觉样式

视觉样式控制边的显示和视口的着色。

**1. 命令启动方法**

- 功能区："视图"选项卡→"视觉样式"面板→"二维线框"下拉列表，如图 13-14（a）所示。
- 功能区："视图"选项卡→"视觉样式"面板→▣按钮→"视觉样式管理器"，如图 13-14（b）所示。
- 绘图区左上角的视觉样式控件[二维线框]→……。
- 菜单："视图"→"视觉样式"→……。
- 键盘命令：VSCURRENT。

**2. 功能**

用某种视觉样式显示三维模型。

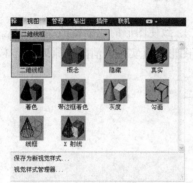
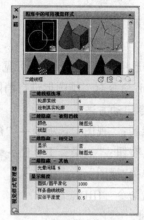

（a）"视觉样式"面板的"二维线框"下拉列表　　　　　　（b）视觉样式管理器

图 13-14　使用视觉样式

### 3．操作

启动命令后，用某种视觉样式显示三维模型。

（1）二维线框、线框：显示用直线和曲线表示边界的对象，线型和线宽均可见，如图 13-15 所示。

（2）三维隐藏：显示用三维线框表示的对象并隐藏表示后向面的直线，如图 13-16 所示。

（3）真实：着色多边形平面间的对象，使对象的边平滑化。将显示已附着到对象的材质，如图 13-17 所示。

（4）概念：着色多边形平面间的对象，并使对象的边平滑化。着色使用古氏面样式，是一种冷色和暖色之间的过渡而不是从深色到浅色的过渡，效果缺乏真实感，但是可以更方便地查看模型的细节。效果如图 13-18 所示。

图 13-15　三维线框　　　图 13-16　三维隐藏　　　图 13-17　真实　　　图 13-18　概念

## 13.7　渲　染

AutoCAD 建立实体模型后，对象是以三维线框形式表示的，不具有 100% 的真实感。AutoCAD 的渲染是指创建三维线框或实体模型后添加光源、材质、渲染环境，以及控制实体的反射性和透明性等，生成具有真实感的实体。

### 13.7.1　渲染概述

#### 1．命令启动方法

● 功能区："渲染"选项卡 → "渲染"面板 → "渲染"下拉按钮 → "渲染" 🫖。

● 工具按钮："渲染"工具栏 → "渲染" 🫖。

● 菜单："视图" → "渲染" → "渲染" 🫖。

- 键盘命令：RENDER。

**2．功能**

创建三维实体或曲面模型的真实照片级图像或真实着色图像。

**3．操作**

启动命令后，进行渲染，结果如图 13-19 所示。

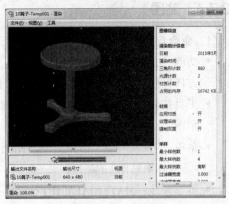

图 13-19　渲染

## 13.7.2　设置光源

设置光源进行渲染能够增强实体模型真实感，可以根据需要设置影响实体表面明暗程度的光源和光的强度，以产生阴影效果。

设置光源有创建点光源、创建聚光灯、创建平行光、查看光源列表、设置阳光特性、设置地理位置。

**1．命令启动方法**

- 功能区："渲染"选项卡→"光源"面板／"阳光和位置"面板→……。
- 工具按钮："渲染"工具栏→……。
- 菜单："视图"→"渲染"→"光源"→……；"工具"→"地理位置"。
- 键盘命令：POINTLIGHT / SPORTLIGHT / DISTANTLIGHT / LIGHTLIST / SUNPROPERTIES / GRAPHICLOCATION。

**2．功能**

创建点光源、创建聚光灯、创建平行光、查看光源列表、设置阳光特性或设置地理位置。

**3．操作**

启动命令后，或按命令行的提示操作，或在对话框中进行设置。

## 13.7.3　材质

**1．命令启动方法**

- 功能区："渲染"选项卡→"材质"面板→"材质浏览器"。
- 工具按钮："渲染"工具栏→"材质浏览器"。
- 菜单："视图"→"渲染"→"材质浏览器"。
- 键盘命令：MATERIALS。

**2．功能**

为图形附着材质，增加真实感。

**3．操作**

启动命令后，弹出"材质浏览器"选项板，先选取绘图区的三维对象，再在"材质浏览器"选项板中选取一种材质。

**说明：**

附着材质后，需要渲染以显示效果。

### 13.7.4　贴图

**1．命令启动方法**
- 功能区："渲染"选项卡→"材质"面板→"材质贴图"下拉按钮→"平面贴图" ◁/ "长方体贴图" ▨/ "柱面贴图" ▨/ "球面贴图" ◈。
- 工具按钮："渲染"工具栏→"平面贴图" ◁/ "长方体贴图" ▨/ "柱面贴图" ▨/ "球面贴图" ◈。
- 菜单："视图"→"渲染"→"贴图"→"平面贴图" ◁/ "长方体贴图" ▨/ "柱面贴图" ▨/ "球面贴图" ◈。
- 键盘命令：MATERIALMAP。

**2．功能**
为实体附着带纹理的材质后，调整纹理贴图的方向。

**3．操作**
启动命令后，命令行提示：

命令条目：_materialmap
选择选项[长方体(B)/平面(P)/球体(S)/圆柱体(C)/复制贴图至(Y)/重置贴图(R)]<长方体>：
选择面或对象：

选择贴图类型或指定要贴图的面或对象。

**说明：**

附着材质后，才能贴图。贴图后，需要渲染。

### 13.7.5　设置背景

**1．命令启动方法**
键盘命令：BACKGROUND。

**2．功能**
定义图形背景的类型、颜色、效果和位置。

**3．操作**
启动命令后，弹出"背景"对话框，进行设置。

### 13.7.6　渲染环境

**1．命令启动方法**
- 功能区："渲染"选项卡→"渲染"面板→▾按钮→"环境" ▨。
- 工具按钮："渲染"工具栏→"渲染环境" ▨。
- 菜单："视图"→"渲染"→"渲染环境" ▨。
- 键盘命令：RENDERENVIRONMENT。

**2．功能**
改变雾化或深度效果，设置大气效果。

**3．操作**
启动命令后，弹出"渲染环境"对话框，进行设置。

## 13.7.7 高级渲染设置

### 1. 命令启动方法

- 功能区："渲染"选项卡 → "渲染"面板 → "高级渲染设置" ⊿。
- 工具按钮："渲染"工具栏 → "高级渲染设置" ⬚。
- 菜单："视图" → "渲染" → "高级渲染设置"。
- 键盘命令：RPREF。

### 2. 功能

进行高级渲染设置。

### 3. 操作

启动命令后，弹出"高级渲染设置"选项板，有"常规""光线跟踪""间接发光""诊断"和"处理"5 个区，可对其参数进行设置。

**说明：**

如果要使渲染图形时不打开渲染窗口而在绘图区渲染，可在"高级渲染设置"选项板"常规"面板的"目标"下拉列表中选择"视口"。

# 小　　结

1. AutoCAD 提供的三维图形显示方式有很多，有特殊视图观察三维模型、动态观察、使用相机、漫游和飞行等。其中，特殊视图观察三维模型是静态的，动态观察是动态的，使用相机既有静态的也有动态的；漫游和飞行是动态的。

2. 消隐和视觉样式可以多层次地显示图形。视觉样式有二维线框、线框、隐藏、真实和概念。

3. 渲染项目很多。创建渲染图形的过程一般包括设置光源、打开阴影、附着材质和贴图、设置背景，渲染。

# 上机实验及指导

**【实验目的】**

1. 掌握特殊视图观察三维模型的方法；掌握自由动态观察的方法，了解其他动态观察的方法；了解漫游和飞行。

2. 掌握消隐和使用视觉样式的方法。

3. 了解或掌握有关渲染的各个项目。

**【实验内容】**

1. 练习各命令的操作。

2. 再做一个大题目。

**【实验步骤】**

1. 练习各命令的操作。

2. 打开 AutoCAD 安装目录下 SAMPLE 文件夹中的一个三维图形文件 Visualization-Aerial.dwg

或 Oil Module.dwg，分别进行下述操作。

（1）设置视点（-1，-1，2）和（1，-1，0.5）显示和观察图形。

（2）设置特殊视点显示和观察 AutoCAD 定义的 10 种标准视图。

（3）动态观察图形，特别是自由动态观察。

（4）给图形消隐。

（5）对图形使用二维线框、三维线框、三维隐藏、真实和概念视觉样式。

（6）渲染图形：设置光源，打开阴影，附着材质和贴图，渲染。

（7）给图形设置一个背景，再次渲染。

**指导：**本题均可按照本章的有关内容完成操作。

# 思 考 题

1．观察三维模型有哪些手段？

2．观察三维图形时，怎样设置为平行投影或透视投影？

3．消隐后，隐藏线被删除了。这样说对不对？如果再恢复显示隐藏线，怎样操作？

4．可设置哪几种光源？

5．如何设置和删除光源？

6．设置光源后，AutoCAD 立即显示设置的光源效果吗？附着材质、设置背景、雾化呢？请试验。

# 第14章

## 绘制三维图形对象

**学习目标**

- 掌握用 UCS 命令建立用户坐标系的方法。
- 掌握用 UCSICON 命令设置坐标系图标的显示方式。
- 掌握三维线框模型、二维半图形、各种三维网格面的绘制。
- 掌握各种三维基本实体、各种三维基本形体表面的绘制。
- 掌握二维对象拉伸、旋转、扫掠、放样成三维实体或曲面。

在三维绘图中只使用世界坐标系往往不能满足绘图的要求，需要建立用户坐标系辅助绘图。本章介绍建立用户坐标系和三维图形对象。

这里，使用"三维建模"工作界面或"AutoCAD 经典"工作界面。

## 14.1 用户坐标系

下面介绍坐标系右手定则、建立用户坐标系和设置坐标系图标的显示方式。

### 14.1.1 坐标系右手定则

在 AutoCAD 中，用右手定则来定义三维坐标系中 Z 轴的正方向和旋转角的正方向。

（1）Z 轴正方向的定义

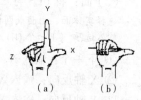

图 14-1 坐标系右手定则

在三维坐标系中，使用右手定则确定 Z 轴的正方向：如图 14-1（a）所示，伸开右手，将右手手背靠近屏幕，让大拇指、食指和中指互相垂直，使大拇指指向 X 轴的正方向，食指指向 Y 轴的正方向，则中指所指的方向即 Z 轴的正方向。

（2）旋转角正方向的定义

使用右手定则确定三维空间中旋转角的正方向：如图 14-1（b）所示，将右手拇指指向坐标轴的正方向，右手握住该坐标轴弯曲其余四指，弯曲方向即坐标轴旋转的正方向。

### 14.1.2 建立用户坐标系

为便于绘制三维图形和在三维图形对象的各表面上绘制二维图形，用户需要建立自己的用户坐标系（User Coordinate System，UCS）。AutoCAD 默认二维图形总是绘制在 XY 平面上。

### 1．命令启动方法

• （"三维建模"工作界面）功能区："视图"选项卡→"坐标"面板→"UCS" ⌐。

**说明**：默认情况下，"坐标"面板在"草图与注释"工作空间处于隐藏状态。要显示"坐标"面板，可单击"视图"选项卡，然后右击并选择"显示面板"，然后单击"坐标"。在"三维基础"工作空间中，"坐标"面板位于"默认"选项卡上。

• 菜单："工具"→"新建 UCS"→"原点" ⌐。

• 工具按钮："UCS"工具栏→"UCS" ⌐。

• 键盘命令：UCS。

"UCS"工具栏和"UCS II"工具栏如图 14-2 所示。

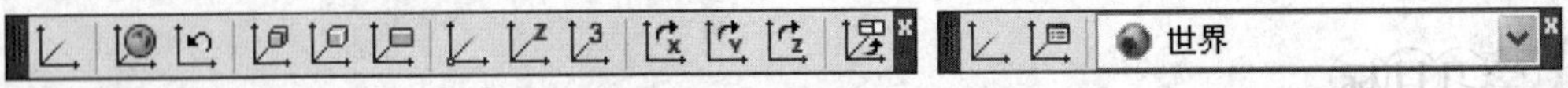

图 14-2　"UCS"工具栏和"UCS II"工具栏

### 2．功能

建立用户坐标系。

### 3．操作

启动命令后，命令行提示如下：

命令：ucs

指定 UCS 的原点或 [面 (F) /命名 (NA) /对象 (OB) /上一个 (P) /视图 (V) /世界 (W) /X/Y/Z/Z 轴 (ZA) ] <世界>：

（1）指定 UCS 的原点：使用一点、两点或三点定义一个新的 UCS。

指定单个点，当前 UCS 的原点将移动到指定点，X、Y 和 Z 轴的方向不变。指定原点位置后，提示如下：

指定 X 轴上的点或<接受>：　　　　（指定第二点作为 X 轴正半轴上的点或按回车键接受）

指定 XY 平面上的点或<接受>：　（指定第三点使 XY 平面的 Y 轴正半轴包含该点或按回车键接受）

（2）面：将 UCS 与三维实体的选定面对齐。输入 F，提示如下：

选择实体面、曲面或网格：　　　　（选择三维实体的面）

输入选项 [下一个 (N) /X 轴反向 (X) /Y 轴反向 (Y) ] <接受>：　　（输入 N、X、Y 或回车）

① 下一个：输入 N，将相邻面作为新 UCS 的 XY 平面。

② X 轴反向：输入 X，将新 UCS 的 XY 平面绕 X 轴旋转 180°。

③ Y 轴反向：输入 Y，将新 UCS 的 XY 平面绕 Y 轴旋转 180°。

④ 接受：按回车键，接受该设置。

（3）对象：根据选择的对象定义新的 UCS。输入 OB，提示：

选择对齐 UCS 的对象：　　　（单击以选择对象）

**说明**：

选择的对象不同，建立的 UCS 的原点和方向也不同，如表 14-1 所示。

表 14-1　不同对象 UCS 原点和 X 轴方向的取法

| 对　象 | 新 UCS 的原点和 X 轴方向 |
| --- | --- |
| 圆弧 | 圆心为新 UCS 的原点，X 轴通过距离选择点近的圆弧端点 |
| 圆 | 圆心为新 UCS 的原点，X 轴通过选择点 |
| 直线 | 离选择点近的端点为新 UCS 的原点，X 轴与直线方向一致，指向另一端点 |

续表

| 对　象 | 新 UCS 的原点和 X 轴方向 |
|---|---|
| 点 | 选择点为新 UCS 的原点，X 轴方向任意 |
| 二维多段线 | 多段线的起点为新 UCS 的原点，X 轴沿从起点到下一顶点的线段延伸 |
| 三维面 | 第一点为新 UCS 的原点，X 轴沿前两点的连线方向，Y 轴的正方向取自第一点和第四点，Z 轴由右手定则确定 |
| 二维填充域 | 第一点确定新 UCS 的原点，新 X 轴沿前两点之间的连线方向 |
| 标注 | 标注文字的中点为新 UCS 的原点，新 X 轴的方向平行于绘制该标注时 UCS 的 X 轴 |
| 实体 | 二维实体的第一点作为新 UCS 的原点，新 X 轴沿前两点之间的连线方向 |
| 形、文字、块参照、属性定义 | 对象的插入点为新 UCS 的原点，新 X 轴由对象绕其拉伸方向旋转定义，用于建立新 UCS 的对象在新 UCS 中的旋转角度为零 |

（4）上一个：输入 P，恢复前一个 UCS。

（5）视图：输入 V，以垂直于观察方向、平行于屏幕的平面为 XY 平面，原点不动，建立新的 UCS。

（6）X/Y/Z：绕指定轴旋转当前 UCS。输入 X、Y 或 Z，提示如下：

指定绕 n 轴的旋转角度<90>:　　　　　　　（输入角度）

（7）Z 轴：指定新原点和位于新建 Z 轴方向上的一点，定义新的 UCS。

（8）世界：输入 W，将当前 UCS 设置为世界坐标系（WCS）。WCS 是 AutoCAD 默认的坐标系，不能更改。

说明：

UCS 命令的选项很多，比较常用的选项有：指定 UCS 的原点，世界（W），对象（OB），/X/Y/Z。

【例 14-1】在正方体的顶面和前面各绘制一个半径最大的圆。

题目解释说明：当前坐标系的 XY 平面在正方体的底面上，由于 AutoCAD 总是把二维图形绘制在 XY 平面上，所以要在正方体的顶面和前面绘制圆，必须建立新的 UCS。半径最大的圆与顶面和前面的 4 条边都相切。

操作步骤如下：

第一步：绘制一个正方体，并消隐，如图 14-3（a）所示。

命令：box
指定长方体的角点或 [中心点(CE)] <0,0,0>:↙
指定角点或 [立方体(C)/长度(L)]：c
指定长度：50

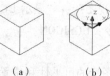

(a)　　　　(b)　　　　(c)

图 14-3　建立 UCS 画圆

第二步：建立新的 UCS，使新的 UCS 位于正方体的顶面。

命令：ucs
当前 UCS 名称：*世界*
指定 UCS 的原点或[面(F)/命名(NA)/对象(OB)/上一个(P)/视图(V)/世界(W)/X/Y/Z/Z 轴
(ZA)]<世界>:　　　　　　　　　　（捕捉正方体顶面的左下角点）
指定 X 轴上的点或<接受>:　　　　　　　（捕捉正方体顶面的右下角点）
指定 XY 平面上的点或 [接受]:　　　　　　（捕捉正方体顶面的左上角点）

第三步：在正方体的顶面用"相切、相切、相切"方法画圆。

单击"绘图"→"圆"→"相切、相切、相切"命令画圆，命令行提示如下：

命令：_circle 指定圆的圆心或 [三点(3P)/两点(2P)/相切、相切、半径(T)]：_3p
指定圆上的第一个点：_tan 到 (指定正方体顶面的第一条边)
指定圆上的第二个点：_tan 到 (指定正方体顶面的第二条边)
指定圆上的第三个点：_tan 到 (指定正方体顶面的第三条边)

结果如图 14-3（b）所示。

第四步：建立新的 UCS，使新的 UCS 位于正方体的前面。

命令：ucs
当前 UCS 名称：*世界*
指定 UCS 的原点或[面(F)/命名(NA)/对象(OB)/上一个(P)/视图(V)/世界(W)/X/Y/Z/Z 轴
(ZA)]<世界>：　　　　　　　　　(捕捉正方体前面的左下角点)
指定 X 轴上的点或<接受>：　　　(捕捉正方体前面的右下角点)
指定 XY 平面上的点或<接受>：　　(捕捉正方体前面的左上角点)

第五步：在正方体的前面用"相切、相切、相切"方法画圆。

单击"绘图"→"圆"→"相切、相切、相切"画圆命令，命令行提示如下：

命令：_circle 指定圆的圆心或 [三点(3P)/两点(2P)/相切、相切、半径(T)]：_3p
指定圆上的第一个点：_tan 到 (指定正方体前面的第一条边)
指定圆上的第二个点：_tan 到 (指定正方体前面的第二条边)
指定圆上的第三个点：_tan 到 (指定正方体前面的第三条边)

结果如图 14-3（c）所示。

第六步：恢复世界坐标系。

命令：ucs
当前 UCS 名称：*世界*
指定 UCS 的原点或[面(F)/命名(NA)/对象(OB)/上一个(P)/视图(V)/世界(W)/X/Y/Z/Z 轴
(ZA)]<世界>：w

### 14.1.3　设置坐标系图标的显示方式

#### 1．命令启动方法
- 功能区："视图"选项卡→"坐标"面板→"UCS 图标"。
- 菜单："视图"→"显示 UCS"→"UCS 图标"。
- 键盘命令：UCSICON。

#### 2．功能
设置 UCS 图标的可见性和位置。

#### 3．操作
用键盘命令启动后，命令行提示如下：

命令：ucsicon
输入选项 [开(ON)/关(OFF)/全部(A)/非原点(N)/原点(OR)/特性(P)] <当前>：

各选项的含义如下：

（1）开：输入 ON，显示 UCS 图标。

（2）关：输入 OFF，不显示 UCS 图标。

（3）全部：输入 A，对图标的修改应用到所有活动视口。否则，只影响当前视口。

（4）非原点：输入 N，在视口的左下角显示 UCS 图标。

（5）原点：输入 OR，在当前坐标系的原点处显示 UCS 图标。

（6）特性：输入 P，显示对话框，控制 UCS 图标的样式、可见性和位置。

# 14.2 绘制三维线框模型

计算机图形学有 3 种模型：线框模型、表面模型和实体模型。

### 1．线框模型

线框模型由直线和曲线表示对象的边界组成，线框模型可以想象成由描绘三维对象的骨架组成，例如想象成由一条条的直线或曲线的金属丝构成。

线框模型中没有面和体，只有描绘对象边界的点、直线和曲线。线框模型不能作出剖面图，不能检查物体间的碰撞、干涉，不能计算物性，不能消隐、着色和渲染。

### 2．表面模型

若把线框模型中的边包围的部分定义为面，则所形成的模型就是表面模型，其在线框模型的基础上增加了面的信息。由于它是面，所以不具有质量或体积。

### 3．实体模型

要想处理完整的三维形体，必须使用实体模型。

实体模型是由许多具有一定形状和体积的基本体素通过布尔运算组合而成的。基本体素由表面来定义，并定义实体位于面的哪一侧。

实体模型既包含了实体的全部几何信息，也包含了完备的拓扑信息（如面、边、连接关系等）。由于它具有形体的各种信息（例如质量、体积、重心和惯性矩等），可用来求剖面图，检测干涉，消除隐藏线，着色和渲染等。

本节介绍三维线框模型的绘制。

## 14.2.1 用二维绘图命令绘制三维线框模型

在二维绘图中，只有 X、Y 两个坐标（Z 坐标为 0）。有些二维绘图命令，可以通过给定 X、Y、Z 三个坐标而实现三维图形的绘制（当然，绘出的是三维线框模型）。例如：下面的操作就绘制了两条三维直线。

```
命令：_line 指定第一点：10,20,25
指定下一点或 [放弃(U)]：30,70,10
指定下一点或 [放弃(U)]：-20,100,72
指定下一点或 [闭合(C)/放弃(U)]：
```

这样的二维绘图命令有：POINT（点）、LINE（直线）、RAY（射线）、XLINE（构造线）、SPLINE（样条曲线）等。

注意输入点的坐标时，不要遗漏 Z 坐标。

## 14.2.2 用三维多段线命令绘制三维线框模型

### 1．命令启动方法

● 功能区："默认"选项卡→"绘图"面板→"绘图"下拉按钮 | 绘图 ▼ | →"三维多段线" 。

- 菜单："绘图" → "三维多段线"。
- 键盘命令：3DPOLY。

**2．功能**

绘制三维多段线。

**3．操作**

启动命令后，命令行提示如下：

```
命令：_3dpoly
指定多段线的起点：                              (指定起点)
指定直线的端点或 [放弃(U)]：                     (指定直线的下一个端点)
指定直线的端点或 [放弃(U)]：                     (指定直线的下一个端点)
指定直线的端点或 [闭合(C)/放弃(U)]：             (指定下一个端点、C 或 U)
```

（1）指定直线的端点：指定下一个三维点。

（2）闭合：输入 C，封闭三维多段线。

（3）放弃：输入 U，取消上一段三维多段线。

说明：

（1）该命令只能绘制直线段，不能绘制圆弧。该命令也不能绘制带宽度的线。

（2）三维多段线可以不共面，即各顶点可以不位于同一个平面上。

（3）该命令绘制的三维多段线可以用 PEDIT 命令进行修改，例如编辑顶点、样条曲线化、非曲线化等。

### 14.2.3　绘制螺旋线

**1．命令启动方法**

- 功能区："默认"选项卡 → "绘图"面板 → ▼按钮 → "螺旋" ▆。
- 工具按钮："建模"工具栏 → "螺旋" ▆。
- 菜单："绘图" → "螺旋" ▆。
- 键盘命令：HELIX。

**2．功能**

绘制二维螺旋或三维弹簧。

**3．操作**

启动命令后，命令行提示如下：

```
命令：_Helix
圈数 = 3.0000     扭曲=CCW
指定底面的中心点：                          (指定螺旋线底面的圆心)
指定底面半径或 [直径(D)] <默认值>：
指定顶面半径或 [直径(D)] <默认值>：
指定螺旋高度或 [轴端点(A)/圈数(T)/圈高(H)/扭曲(W)] <1.0000>：50
```

（1）螺旋高度：螺旋线的高度。螺旋高度为 0，则是二维螺旋线。

（2）轴端点：指定螺旋轴的端点（终点）位置。轴端点可以位于三维空间的任意位置。轴端点定义了螺旋的长度和方向。

（3）圈数：指定螺旋线的圈（旋转）数。AutoCAD 规定螺旋线的圈数不能超过 500。

（4）圈高：指定螺旋线一个完整圈的高度。

（5）扭曲：指定以顺时针（CW）方向还是逆时针方向（CCW）绘制螺旋线。螺旋扭曲的默认值是逆时针。

**【例 14-2】** 绘制两条螺旋线，第一条底面半径和顶面半径都是 60，5 圈，螺旋线高度 80；第二条底面半径 100，顶面半径 50，4 圈，每圈高 20，如图 14-4 所示。

**题目解释说明：** 第一条螺旋线是螺旋线是圆柱螺旋线，第二条圆锥螺旋线（底面和顶面的半径不相等）。

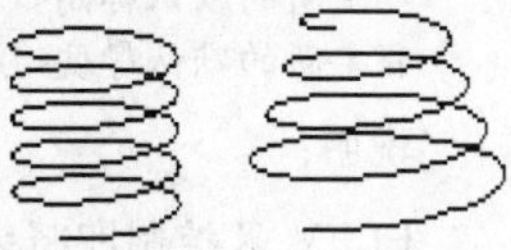

操作步骤如下：

```
命令：_Helix
圈数 = 3.0000      扭曲=CCW
指定底面的中心点：0,0,0
指定底面半径或 [直径(D)] <100.0000>：60
指定顶面半径或 [直径(D)] <50.0000>：60
指定螺旋高度或 [轴端点(A)/圈数(T)/圈高(H)/扭曲(W)] <100.0000>：t
输入圈数<3.0000>：5
指定螺旋高度或 [轴端点(A)/圈数(T)/圈高(H)/扭曲(W)] <100.0000>：80
```

图 14-4　螺旋线

如图 14-4（a）所示。下面绘制第二条螺旋线。

```
命令：_Helix
圈数 = 3.0000      扭曲=CCW
指定底面的中心点：300,0,0
指定底面半径或 [直径(D)] <273.0547>：100
指定顶面半径或 [直径(D)] <100.0000>：50
指定螺旋高度或 [轴端点(A)/圈数(T)/圈高(H)/扭曲(W)] <100.0000>：t
输入圈数<3.0000>：4
指定螺旋高度或 [轴端点(A)/圈数(T)/圈高(H)/扭曲(W)] <100.0000>：h
指定圈间距<33.3333>：20
```

如图 14-4（b）所示。

# 14.3　绘制二维半图形

二维半图形（形体）是二维图形沿厚度方向延伸形成的，延伸时二维图形的形状和大小都不变。厚度是二维图形在当前 UCS 的 Z 轴方向上延伸的距离，类似于放置在水平桌面上的长方体的高，长方体可看成是长方体的底面沿高度方向延伸而成。

平行于 XY 平面的平面称为构造平面，也称为基面或标高。通常在构造平面上绘制二维图形。标高是二维图形在当前 UCS 的 Z 轴方向上与 XY 平面的垂直距离，类似于放置在水平桌面上的长方体的底面与地面的垂直距离，即桌子的高（桌子放在地面上，UCS 的 XY 平面在地面上，Z 轴向上）。

二维半图形具有不透明的面，可以消隐、着色和渲染。

## 14.3.1　设置二维半图形的标高和厚度

### 1. 命令启动方法

键盘命令：ELEV。

**2．功能**

设置标高和延伸厚度。正的厚度按 Z 轴正向延伸，负的厚度按 Z 轴负向延伸。

**3．操作**

启动命令后，命令行提示如下：

命令：ELEV
指定新的默认标高<0.0000>：                                （输入标高）
指定新的默认厚度<0.0000>：                                （输入厚度）

说明：

ELEV 只控制即将绘制的新对象，而不影响已有的对象。

### 14.3.2　绘制二维半图形

绘制二维半图形一般先用 ELEV 命令设置标高和延伸厚度，然后再绘图。

【例 14-3】绘制一个长方形空盒子，内部放置与空盒子等高的圆柱筒和正六棱柱筒（尺寸自定）。再三维动态观察，并消隐和着色。

**题目解释说明：**本例是绘制二维半图形的一个例子。这三个对象都没有顶和底。

操作步骤如下所述：

第一步：设置二维半图形的标高和厚度。

命令：ELEV
指定新的默认标高<0.0000>：10
指定新的默认厚度<0.0000>：50

第二步：绘图。

（1）绘长方形。

命令：PLINE
指定起点：90,110
当前线宽为 0.0000
指定下一个点或 [圆弧(A)/半宽(H)/长度(L)/放弃(U)/宽度(W)]：170,110
指定下一点或 [圆弧(A)/闭合(C)/半宽(H)/长度(L)/放弃(U)/宽度(W)]：170,170
指定下一点或 [圆弧(A)/闭合(C)/半宽(H)/长度(L)/放弃(U)/宽度(W)]：90,170
指定下一点或 [圆弧(A)/闭合(C)/半宽(H)/长度(L)/放弃(U)/宽度(W)]：c

（2）绘圆。

命令：_circle 指定圆的圆心或 [三点(3P)/两点(2P)/相切、相切、半径(T)]：110,140
指定圆的半径或 [直径(D)] <默认>：15

（3）绘正六边形。

命令：_polygon
输入边的数目<4>：6
指定正多边形的中心点或 [边(E)]：150,140
输入选项 [内接于圆(I)/外切于圆(C)]<I>：✓
指定圆的半径：20

（a）　　　　　（b）　　　　　（c）

图 14-5　绘制二维半图形

如图 14-5（a）所示。

第三步：三维动态观察，并消隐和着色，如图 14-5（b）和图 14-5（c）所示。

说明：

（1）二维半图形属于表面模型。

（2）能够绘制二维半图形的绘图命令有：二维填充域、圆、圆弧、直线、点、多段线（包括样条曲线拟合多段线）、文字（仅限于用 SHX 字体创建为单行文字的对象）、正多边形、边界和圆环。

（3）二维半图形除了二维填充域有顶和底外，都没有顶和底。

# 14.4　绘制三维实体

三维实体属于实体模型，是实心体，可以消隐、着色和渲染。其工具栏（"建模"）和子菜单如图 14-6 和图 14-7 所示。

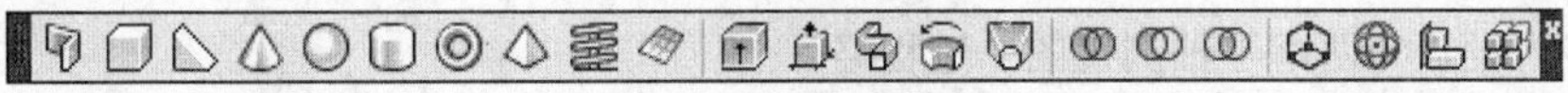

图 14-6　"建模"工具栏

本节先介绍绘制三维基本实体：长方体、楔体、圆锥体、球、圆柱体、圆环体、棱锥和多段体（用这些三维基本实体可以组成复杂的三维图形的实体模型）。再介绍由二维对象形成三维实体或曲面。

图 14-7　"建模"子菜单

## 14.4.1　长方体

### 1．命令启动方法
- 功能区："默认"选项卡→"建模"面板→"长方体" 🗔。
- 工具按钮："建模"工具栏→"长方体" 🗔。
- 菜单："绘图"→"建模"→"长方体"。
- 键盘命令：BOX。

### 2．功能
在指定位置绘制长方体。

### 3．操作
启动命令后，命令行提示如下：

命令：_box
指定第一个角点或 [中心(C)]：

（1）指定第一个角点：指定底面长方形对角线的第一个角点，提示如下：

指定其他角点或 [立方体(C)/长度(L)]：

① 指定其他角点：指定底面长方形对角线的另一个角点，提示如下：

指定高度或 [两点(2P)] <默认值>：　　（指定长方体的高度，或用两个点指定高度）

② 立方体：绘制长、宽、高相同的正方体。要求输入长度。

③ 长度：指定长方体的长度。后续要求输入宽度和高度。

（2）中心：使用指定的中心创建长方体。该中心是长方体主对角线（最长的对角线）的中点。

说明：

高度与 Z 轴平行。其值为正，则在 Z 轴的正方向绘制长方体；值为负，则在 Z 轴的负方向绘制长方体。

【例 14-4】绘制图 14-8 所示的由两个长方体组成的三维图形。大长方

图 14-8　长方体组成的三维图形

体的长、宽、高分别为 200、150、50，小长方体的长、宽、高分别为 150、30、50，大长方体底面左下角的坐标为（100，0，0）。

题目解释说明：

（1）这是一个形似床的三维图形。

（2）先绘制大长方体，由大长方体定位小长方体。

（3）为观察方便，先设置为西南等轴测视图。

（4）要注意长方体的长宽高分别沿着 X、Y、Z 轴的正方向。

操作步骤如下：

第一步：设置为西南等轴测视图。过程略。

第二步：绘制大长方体。

```
命令：_box
指定第一个角点或 [中心(C)]：100,0,0
指定其他角点或 [立方体(C)/长度(L)]:1
指定长度：200
指定宽度：150
指定高度或 [两点(2P)]：50
```

第三步：绘制小长方体。

```
命令：_box
指定第一个角点或 [中心(C)]：270,0,50
指定其他角点或 [立方体(C)/长度(L)]:1
指定长度：30
指定宽度：150
指定高度或 [两点(2P)]：50
```

第四步：消隐。

## 14.4.2 楔体

### 1. 命令启动方法

- 功能区："默认"选项卡→"建模"面板→"楔体" ◺。
- 工具按钮："建模"工具栏→"楔体" ◺。
- 菜单："绘图"→"建模"→"楔体"。
- 键盘命令：WEDGE。

### 2. 功能

在指定位置绘制楔体，在形状上是长方体的一半，如图 14-9 所示。

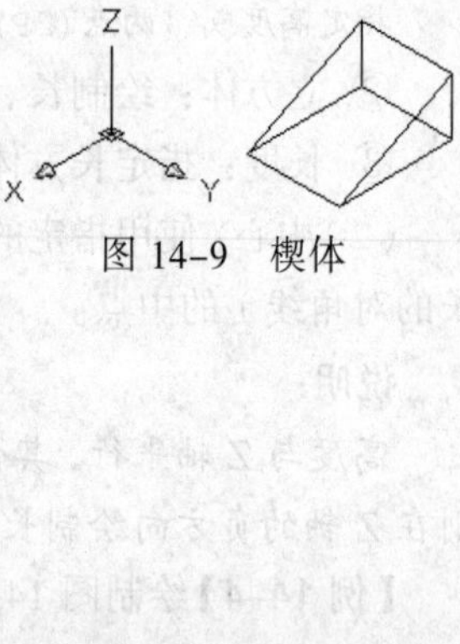

### 3. 操作

启动命令后，提示和操作与绘制长方体相同。

图 14-9　楔体

## 14.4.3 圆锥体

### 1. 命令启动方法

- 功能区："默认"选项卡→"建模"面板→"圆锥体" △。

- 工具按钮："建模"工具栏→"圆锥体" 。
- 下拉菜单："绘图"→"建模"→"圆锥体"。
- 键盘命令：CONE。

图14-10 圆锥体、圆台体

### 2. 功能

在指定位置绘制圆锥体或圆台体，如图14-10所示。

### 3. 操作

启动命令后，命令行提示如下：

命令：_cone
指定底面的中心点或 [三点(3P)/两点(2P)/切点、切点、半径(T)/椭圆(E)]：

"指定底面的中心点"是指定底面圆的圆心；"三点"是指定三个点画底面圆周（三个点在圆周上）；"两点"是指定两个点画底面圆周（两个点是直径的两个端点）；"切点、切点、半径"是用这种方式绘制底面圆；"椭圆"是画一个椭圆作为底面。然后提示：

指定高度或 [两点(2P)/轴端点(A)/顶面半径(T)]：

"指定高度"是指定圆锥体的高度；"两点"是输入两个点，圆锥体的高是这两点之间的距离；"轴端点"是圆锥体轴的顶点，或圆台顶面的中心点；"顶面半径"指绘制圆台的顶面半径。

说明：

圆柱体、圆锥体、球体和圆环体的母线数由系统变量ISOLINES控制，默认值为4。

## 14.4.4 球体

### 1. 命令启动方法

- 功能区："默认"选项卡→"建模"面板→"球体" 。
- 工具按钮："建模"工具栏→"球体" ○。
- 菜单："绘图"→"建模"→"球体"。
- 键盘命令：SPHERE。

图14-11 球体

### 2. 功能

在指定的球心位置绘制球体，如图14-11所示。

### 3. 操作

启动命令后，命令行提示如下：

命令：_sphere
指定中心点或 [三点(3P)/两点(2P)/切点、切点、半径(T)]：

指定中心点是指定求心，然后输入半径或直径。其他选项的含义与绘制圆锥体的含义类似。

## 14.4.5 圆柱体

### 1. 命令启动方法

- 功能区："默认"选项卡→"建模"面板→"圆柱体" ▯。
- 工具按钮："建模"工具栏→"圆柱体" ▯。
- 菜单："绘图"→"建模"→"圆柱体"。
- 键盘命令：CYLINDER。

**2. 功能**

绘制圆柱体。

**3. 操作**

启动命令后，提示和操作与绘制圆锥体类似。

### 14.4.6 圆环体

**1. 命令启动方法**

- 功能区："默认"选项卡→"建模"面板→"圆环体" 。
- 工具按钮："建模"工具栏→"圆环体" 。
- 菜单："绘图"→"建模"→"圆环体"。
- 键盘命令：TORUS。

**2. 功能**

在指定位置绘制圆环面，如图 14-12 所示。

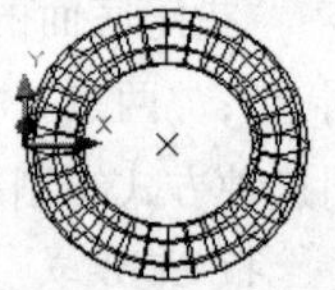

图 14-12 圆环体

**3. 操作**

启动命令后，命令行提示如下：

命令：_torus
指定中心点或 [三点(3P)/两点(2P)/切点、切点、半径(T)]：

指定中心点后，提示如下。

指定半径或 [直径(D)] <默认值>：          （指定圆环的半径或直径）
指定圆管半径或 [两点(2P)/直径(D)]：     （这里两点是以输入的两点的距离作为圆管的半径）

**说明：**

（1）圆环体半径是从圆环体的中心到最外边的距离，而不是到圆管中心的距离。

（2）圆管半径是从圆管的中心到其最外边的距离。

**【例 14-5】** 绘制图 14-13 所示的珠环联合体，圆环体半径为 100，圆管半径为 20，圆环中心点的坐标为（100，0，0），球体半径为 20。

**题目解释说明：** 珠环联合体由九个对象组成，一个圆环体，八个球体。

操作步骤如下：

第一步：绘制圆环体。

命令：_torus
指定中心点或 [三点(3P)/两点(2P)/切点、切点、
半径(T)]：100,0,0
指定半径或 [直径(D)] <默认值>：100
指定圆管半径或 [两点(2P)/直径(D)]：10

第二步：绘制球体。

（a）          （b）          （c）

图 14-13　珠环联合体

命令：_sphere
指定中心点或 [三点(3P)/两点(2P)/切点、切点、半径(T)]：100,90,0
指定半径或 [直径(D)]：20

第三步：阵列球体。

结果如图 14-13（a）所示。

着色后的情况如图 14-13（b）所示；西南等轴测视图如图 14-13（c）所示。

### 14.4.7 棱锥体

#### 1．命令启动方法
- 功能区："默认"选项卡→"建模"面板→"棱锥体" ⬥。
- 工具按钮："建模"工具栏→"棱锥体" ⬥。
- 菜单："绘图"→"建模"→"棱锥体"。
- 键盘命令：PYRAMID。

#### 2．功能
在指定位置绘制棱锥体，或棱台体，如图 14-14 所示。

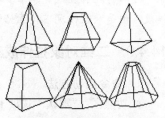

#### 3．操作
启动命令后，命令行提示如下：

```
命令：_pyramid
    4 个侧面外切
```

图 14-14　棱锥体、棱台体

```
指定底面的中心点或 [边(E)/侧面(S)]：
```

（1）边：指定棱锥体底面一条边的长度（用指定两点的方式，长度等于两点间的距离）。

（2）侧面：指定棱柱体的侧面数（在 3～32 之间）。

（3）指定底面的中心点：指定后提示如下：

```
指定底面半径或 [内接(I)] <默认值>：
```

内接：棱锥体底面内接于圆。默认是外切于圆。指定内接后，提示如下：

```
指定底面半径或 [外切(C)] <默认值>：
```

指定底面半径后，提示如下：

```
指定高度或 [两点(2P)/轴端点(A)/顶面半径(T)] <默认值>：
```

此行含义与圆锥体类似。

### 14.4.8 多段体

#### 1．命令启动方法
- 功能区："默认"选项卡→"建模"面板→"多段体" 🗊。
- 工具按钮："建模"工具栏→"多段体" 🗊。
- 菜单："绘图"→"建模"→"多段体"。
- 键盘命令：POLYSOLID。

#### 2．功能
绘制由具有固定高度和宽度的直线段和曲线段组成的三维墙状多段体，如图 14-15 所示。

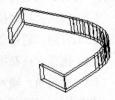

图 14-15　多段体

#### 3．操作
启动命令后，命令行提示如下：

```
命令：_Polysolid 高度 = 80.0000, 宽度 = 5.0000, 对正 = 居中
    指定起点或 [对象(O)/高度(H)/宽度(W)/对正(J)] <对象>：
```

"对象"选项指定要转换为实体的对象；"高度"和"宽度"指定实体的高度和宽度；"对正"是使用命令定义轮廓时，可以将实体的宽度和高度设置为左对正、右对正或居中。"对正"方式由轮廓的第一条线段的起始方向决定。指定起点后，提示如下：

指定下一个点或 [圆弧(A)/放弃(U)]:A　　　　　　　（若下一段绘制圆弧，输入 A；否则输入下一点）
指定下一个点或 [圆弧(A)/闭合(C)/放弃(U)]:　　　（指定下一点）
指定圆弧的端点或 [闭合(C)/方向(D)/直线(L)/第二个点(S)/放弃(U)]:

该行提示与多段线命令（PLINE）相同。

图 14-15 既有直线段也有曲线段。

说明：

可以将现有直线、二维多段线、圆弧或圆转换为具有矩形轮廓的实体。多段体可以包含曲线
线段，但是默认情况下轮廓始终为矩形。

### 14.4.9　二维对象拉伸成三维实体或曲面

**1．命令启动方法**

- 功能区："默认"选项卡→"建模"面板→"拉伸"下拉按钮→"拉伸" 📤。
- 工具按钮："建模"工具栏→"拉伸" 📤。
- 菜单："绘图"→"建模"→"拉伸" 📤。
- 键盘命令：EXTRUDE。

**2．功能**

通过延伸对象的尺寸创建三维实体或曲面，如图 14-16
所示。

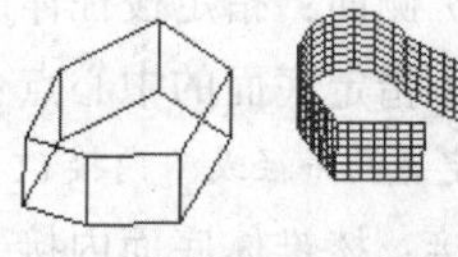

图 14-16　拉伸成三维实体或曲面

**3．操作**

启动命令后，命令行提示如下：

命令：_extrude
当前线框密度： ISOLINES=4，闭合轮廓创建模式 = 实体
选择要拉伸的对象或 [模式(MO)]:找到 X 个　　　（选择要拉伸的对象）
选择要拉伸的对象或 [模式(MO)]:　　　　　　　（可以继续选择要拉伸的对象）
选择要拉伸的对象或 [模式(MO)]:✓　　　　　　（选择完毕，按回车键）
指定拉伸的高度或 [方向(D)/路径(P)/倾斜角(T)/表达式(E)] <默认值>:

（1）指定拉伸的高度：输入拉伸高度。如果输入正值，将沿 Z 轴正方向拉伸对象；如果输入
负值，将沿 Z 轴负方向拉伸对象。

（2）模式：控制拉伸对象是实体还是曲面。

（3）方向：通过指定的两点指定拉伸的长度和方向。

（4）路径：选择拉伸路径。路径将移动到轮廓的质心，然后沿选定路径拉伸。

（5）倾斜角：输入 T，提示如下：

指定拉伸的倾斜角度<0>:　　　　　　　　　　　（指定-90°到+90°之间的角度）

角度为正则对象越拉伸越细，角度为负则对象越拉伸越粗，角度为 0 则在与二维对象所在平
面垂直的方向上拉伸。输入的正角度较大或拉伸高度较长，有可能会使对象在达到拉伸高度之前
就已汇聚为一点。

（6）表达式：输入公式或方程式，以指定拉伸高度。

说明：

（1）如果拉伸的对象是闭合的且是一个整体对象，则拉伸成三维实体；如果拉伸的对象是闭
合的但不是一个整体对象，或拉伸的对象是不闭合的，则拉伸成曲面。

（2）要拉伸的对象可以是直线、圆弧、椭圆弧、二维多段线、二维和三维样条曲线、圆、椭圆、二维实体、面域、螺旋、三维多段线、三维面、平面曲面和实体上的平面。可以通过按住【Ctrl】键，然后选择这些对象来选择实体上的面。

（3）不能拉伸包含在块中的对象，也不能拉伸具有相交或自交线段的多段线。

（4）作为路径的对象可以是直线、圆、圆弧、椭圆、椭圆弧、二维多段线、三维多段线、二维和三维样条曲线、实体的边、曲面的边和螺旋。路径可以垂直于也可以倾斜于拉伸对象所在的平面，如图 14-17 所示。

（5）路径不能与对象处于同一平面，也不能具有高曲率的部分。

（6）拉伸实体始于对象所在平面并保持其方向相对于路径。

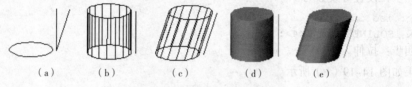

（a）　　　　（b）　　　　（c）　　　　（d）　　　　（e）

图 14-17　沿路径拉伸

【例 14-6】用绘制一个正五边形，其外接圆半径是 100，然后将其拉伸。拉伸高度为 100，倾斜角度分别为 20°、0° 和-30°。

**题目解释说明**：本例旨在说明倾斜角度为正则封闭对象越拉伸越细，为负则封闭对象越拉伸越粗，为 0 则在与二维对象所在平面垂直的方向上拉伸。

操作步骤如下所述。

第一步：绘制正五边形，外接圆半径为 100。

过程略。如图 14-18（a）所示。

第二步：拉伸，倾斜角度为 30°。

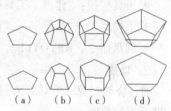

（a）　（b）　（c）　（d）

图 14-18　倾斜角度不同的拉伸

```
命令：_extrude
当前线框密度：ISOLINES=4，闭合轮廓创建模式 = 实体
选择要拉伸的对象或 [模式(MO)]：_MO 闭合轮廓创建模式
[实体(SO)/曲面(SU)] <实体>：_SO
选择要拉伸的对象或 [模式(MO)]：找到 1 个（选择正五边形）
选择要拉伸的对象或 [模式(MO)]：
指定拉伸的高度或 [方向(D)/路径(P)/倾斜角(T)/表达式(E)] <默认值>：t
指定拉伸的倾斜角度或 [表达式(E)] <0>：20
指定拉伸的高度或 [方向(D)/路径(P)/倾斜角(T)/表达式(E)] <默认值>：100
```

如图 14-18（b）所示。

第三步：拉伸，倾斜角度为 0°。如图 14-18（c）所示。

第四步：拉伸，倾斜角度为-30°。如图 14-18（d）所示。

【例 14-7】将一个圆分别沿三维多段线（100，0，0）—（100，0，100）—（160，0，100）—（190，-80，150）拉伸。圆的圆心坐标是（100，0），半径是 10。

**题目解释说明**：本题说明了路径可以是折线。路径和折线必须是一个整体对象。

操作步骤如下所述。

第一步：绘制圆。

命令：_circle 指定圆的圆心或 [三点(3P)/两点(2P)/相切、相切、半径(T)]：100,0
指定圆的半径或 [直径(D)] <默认值>：10

第二步：用三维多段线命令 3DPOLY 绘制折线。

命令：_3dpoly
指定多段线的起点：100,0,0
指定直线的端点或 [放弃(U)]：100,0,100
指定直线的端点或 [放弃(U)]：160,0,100
指定直线的端点或 [闭合(C)/放弃(U)]：190,-80,150
指定直线的端点或 [闭合(C)/放弃(U)]：↙

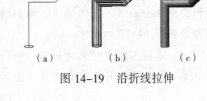

图 14-19　沿折线拉伸

如图 14-19（a）所示。

第三步：设置母线数为 16。

命令：isolines
输入 ISOLINES 的新值<4>：16

第四步：拉伸。

结果如图 14-19（b）所示。

说明：圆不能与路径（三维多段线）处于同一平面，否则不能拉伸。

## 14.4.10　二维对象旋转成三维实体或曲面

### 1. 命令启动方法

- 功能区："默认"选项卡→"建模"面板→"拉伸"下拉按钮"旋转"。
- 工具按钮："建模"工具栏→"旋转"。
- 下拉菜单："绘图"→"建模"→"旋转"。
- 键盘命令：REVOVLE。

### 2. 功能

通过绕轴扫掠二维对象来创建三维实体或曲面（如图 14-20 所示）。可以旋转 360°，也可以旋转其他的角度。

图 14-20　旋转成三维实体或曲面

### 3. 操作

启动命令后，命令行提示如下。

命令：_revolve
当前线框密度：ISOLINES=4，闭合轮廓创建模式 = 实体
选择要旋转的对象或 [模式(MO)]：_MO 闭合轮廓创建模式 [实体(SO)/曲面(SU)] <实体>：_SO
选择要旋转的对象或 [模式(MO)]：　　　　（选择要旋转的对象）
选择要旋转的对象或 [模式(MO)]：……　　（可以继续选择要旋转的对象）
选择要旋转的对象或 [模式(MO)]：↙　　　（选择完毕，按回车键）
指定轴起点或根据以下选项之一定义轴 [对象(O)/X/Y/Z] <对象>：

（1）指定轴起点：指定旋转轴的起点，系统提示如下。

指定轴端点：　　　　　　　　　　　　　　　（指定旋转轴的终点）
指定旋转角度或 [起点角度(ST)/反转(R)/表达式(EX)] <360>：（指定旋转角度）

反转：类似于属于负的角度。

表达式：输入公式或方程式以指定旋转角度。

（2）对象：指定对象作为旋转轴。输入 O，提示如下：

选择对象：　　　　　　　　　　　　　　　　（指定作为旋转轴的对象）

指定旋转角度或 [起点角度(ST)/反转(R)/表达式(EX)] <360>：　（指定旋转角度）

（3）X/Y/Z 轴：使用当前 UCS 的 X，Y 或 Z 轴作为旋转轴。

**说明：**

（1）如果旋转的对象是闭合的且是一个整体对象，则旋转成三维实体；如果旋转的对象是闭合的但不是一个整体对象，或旋转的对象是不闭合的，则旋转成曲面。

（2）要旋转的对象可以是直线、圆弧、椭圆弧、二维多段线、二维样条曲线、圆、椭圆、三维平面、二维实体、宽线、面域、实体或曲面上的平整面。可以通过按住【Ctrl】键然后选择这些对象来选择实体上的面。

（3）不能旋转包含在块中的对象，也不能旋转具有相交或自交线段的多段线。

（4）用作轴的对象可以是直线、线性多段线线段、实体或曲面的线性边。

（5）母线数由系统变量 ISOLINES 控制。

（6）旋转的二维对象必须位于旋转轴的同一侧。

（7）根据右手定则判定旋转的正方向。

**【例 14-8】** 将图 14-21（a）所示的封闭多段线绕旁边的直线分别旋转 360° 和 270°。

**题目解释说明：** 本例说明可以旋转 360°，也可以旋转其他度数。图 14-21（a）所示的封闭多段线和旁边的直线绘制在俯视图（XY 平面）上。先设置母线数，再旋转。

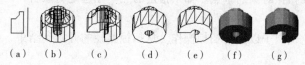

（a）　（b）　（c）　（d）　（e）　（f）　（g）

图 14-21　旋转成三维实体

操作步骤如下：

第一步：设置母线数。

命令：isolines
输入 ISOLINES 的新值<4>：16

第二步：旋转 360°。

命令：_revolve
当前线框密度：ISOLINES=16
选择对象：找到 1 个
选择对象：↙
指定轴起点或根据以下选项之一定义轴 [对象(O)/X/Y/Z] <对象>：。
选择对象：　　　　　　　　（选择作旋转轴的直线）
指定旋转角度或 [起点角度(ST)] <360>：

如图 14-21（b）所示。

第二步：旋转 270°，如图 14-21（c）所示。

## 14.4.11　二维对象扫掠成三维实体或曲面

### 1. 命令启动方法

● 功能区："默认"选项卡→"建模"面板→"拉伸"下拉按钮→"扫掠" 。

● 工具按钮："建模"工具栏→"扫掠" 。

- 菜单："绘图" → "建模" → "扫掠" 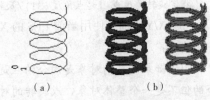。
- 键盘命令：SWEEP。

**2．功能**

通过沿路径扫掠二维对象或者三维对象或子对象来创建三维实体或曲面，如图 14-22 所示。

图 14-22　扫掠成三维实体

**3．操作**

扫掠与拉伸不同，沿路径扫掠轮廓时，轮廓将被移动并与路径垂直对齐。然后，沿路径扫掠该轮廓。

启动命令后，命令行提示如下：

```
命令：_sweep
当前线框密度：ISOLINES=16，闭合轮廓创建模式 = 实体
选择要扫掠的对象或 [模式(MO)]：_MO 闭合轮廓创建模式 [实体(SO)/曲面(SU)]<实体>：_SO
选择要扫掠的对象或 [模式(MO)]：　　　　　　（选择要旋转的对象）
选择要扫掠的对象或 [模式(MO)]：……　　　　（可以继续选择要旋转的对象）
选择要扫掠的对象或 [模式(MO)]：↙　　　　　（选择完毕，按回车键）
选择扫掠路径或 [对齐(A)/基点(B)/比例(S)/扭曲(T)]：
```

（1）对齐：指定是否对齐轮廓以使其作为扫掠路径切向的法向。默认轮廓是对齐的。

（2）基点：指定要扫掠对象的基点。如果指定的点不在选定对象所在的平面上，则该点将被投影到该平面上。

（3）比例：指定比例因子以进行扫掠操作。从扫掠路径的开始到结束，比例因子将统一应用到扫掠的对象。

（4）扭曲：设置正被扫掠的对象的扭曲角度（要小于 360°）。扭曲角度指定沿扫掠路径全部长度的旋转量。输入 T，提示如下：

```
输入扭曲角度或允许非平面扫掠路径倾斜 [倾斜(B)/表达式(EX)]<0.0000>：（指定小于 360 的角度
值、输入 b 打开倾斜或回车指定默认角度值）
选择扫掠路径或 [对齐(A)/基点(B)/比例(S)/扭曲(T)]：
```

倾斜指定被扫掠的曲线是否沿三维扫掠路径（三维多段线、三维样条曲线或螺旋）自然倾斜（旋转）。

**说明：**

（1）如果扫掠的对象是闭合的且是一个整体对象，则扫掠成三维实体；如果扫掠的对象是闭合的但不是一个整体对象，或扫掠的对象是不闭合的，则扫掠成曲面。

（2）可以扫掠多个对象，但是这些对象必须位于同一平面中。

（3）选择要扫掠的对象时，该对象将自动与用作路径的对象对齐。

（4）要扫掠的对象可以是直线、圆、圆弧、椭圆、椭圆弧、二维多段线、二维和三维样条曲线、三维平面、二维实体、面域、实体的边、曲面的边和网格的边。

（5）作为路径的对象可以是直线、圆、圆弧、椭圆、椭圆弧、二维和三维多段线、二维和三维样条曲线、螺旋、实体的边、曲面的边和网格的边。

图 14-23　扫掠时扭曲

图 14-23（b）是图 14-23（a）的矩形沿圆弧扫掠不扭曲的情况，图 14-23（c）是扭曲 45° 的情况。

## 14.4.12 二维对象放样成三维实体或曲面

### 1. 命令启动方法

- 功能区："默认"选项卡→"建模"面板→"拉伸"下拉按钮→"放样" 。
- 工具按钮："建模"工具栏→"放样" 。
- 菜单："绘图"→"建模"→"放样"。
- 键盘命令：LOFT。

### 2. 功能

在若干横截面之间的空间中创建三维实体或曲面，如图 14-24 所示。

图 14-24 放样

### 3. 操作

放样是通过指定一系列横截面来创建新的实体或曲面。横截面定义了结果实体或曲面的轮廓（形状）。横截面（通常为曲线或直线）可以是开放的（如圆弧），也可以是闭合的（如圆）。至少指定两个横截面。

启动命令后，命令行提示如下：

```
命令: _loft
当前线框密度: ISOLINES=4，闭合轮廓创建模式 = 实体
按放样次序选择横截面或 [点(PO)/合并多条边(J)/模式(MO)]:_MO 闭合轮廓创建模式[实体(SO)/
曲面(SU)]<实体>:_SO
按放样次序选择横截面或 [点(PO)/合并多条边(J)/模式(MO)]:          (选择横截面)
按放样次序选择横截面或 [点(PO)/合并多条边(J)/模式(MO)]:……      (继续选择横截面)
按放样次序选择横截面或 [点(PO)/合并多条边(J)/模式(MO)]:✓        (选择完毕，按回车键)
输入选项 [导向(G)/路径(P)/仅横截面(C)/设置(S)/连续性(CO)/凸度幅值(B)]<仅横截面>:
```

（1）导向：指定控制放样实体或曲面形状的导向曲线。导向曲线是直线或曲线，可通过将其他线框信息添加至对象来进一步定义实体或曲面的形状。

每条导向曲线必须满足以下条件才能放样：

① 与每个横截面相交；

② 始于第一个横截面；

③ 止于最后一个横截面。

可以为放样曲面或实体选择任意数目的导向曲线。

（2）路径：指定放样实体或曲面的单一路径。路径曲线必须与横截面的所有平面相交。

（3）仅横截面：在不使用导向或路径的情况下，创建放样对象。

（4）设置：显示"放样设置"对话框，如图 14-25 所示。

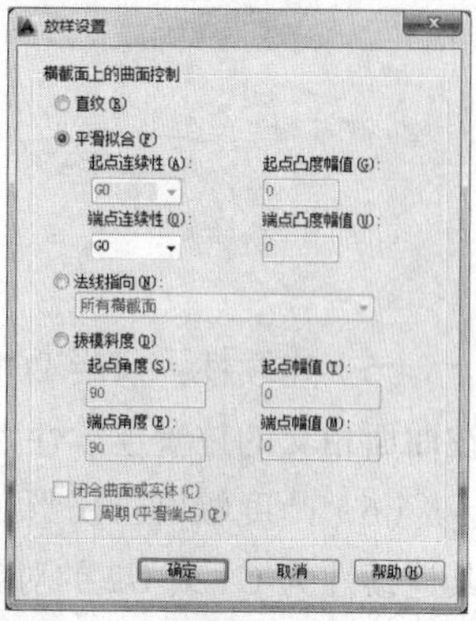

图 14-25 "放样设置"对话框

① 直纹：指定实体或曲面在横截面之间是直纹（直的），并且横截面处具有鲜明边界。

② 平滑拟合：指定在横截面之间绘制平滑实体或曲面，并且在起点和终点横截面处具有鲜明边界。包括：

- 起点连续性：设置第一个横截面的切线和曲率。
- 起点凸度幅值：设置第一个横截面的曲线的大小。
- 端点连续性：设置最后一个横截面的切线和曲率。

- 端点凸度幅值：设置最后一个横截面的曲线大小。

③ 法线指向：控制实体或曲面在其通过横截面处的曲面法线。包括：

- 起点横截面：指定曲面法线为起点横截面的法向。
- 端点横截面：指定曲面法线为端点横截面的法向。
- 起点和端点横截面：指定曲面法线为起点和端点横截面的法向。
- 所有横截面：指定曲面法线为所有横截面的法向。

④ 拔模斜度：控制放样实体或曲面的第一个和最后一个横截面的拔模斜度和幅值。拔模斜度为曲面的开始方向。0 定义为从曲线所在平面向外。包括：

- 起点角度：指定起点横截面的拔模斜度。
- 起点幅值：在曲面开始弯向下一个横截面之前，控制曲面到起点横截面在拔模斜度方向上的相对距离。
- 终点角度：指定终点横截面拔模斜度。
- 端点幅值：在曲面开始弯向上一个横截面之前，控制曲面到端点横截面在拔模斜度方向上的相对距离。

⑤ 闭合曲面或实体：闭合和开放曲面或实体。使用该选项时，横截面应该形成圆环形图案，以便放样曲面或实体可以形成闭合的圆管。

⑥ 周期（平滑端点）：创建平滑的闭合曲面，在重塑该曲面时其接缝不会扭折。仅当放样为直纹或平滑拟合且选择了"闭合曲面或实体"选项时，此选项才可用。

图 14-26（b）是将图 14-26（a）"直纹"放样的情况，图 14-26（c）是"平滑拟合"放样的情况，图 14-26（d）是"法线指向"且"所有横截面"放样的情况，图 14-26（e）是"拔模斜度"放样的情况（起点角度和端点角度都是 90°）。

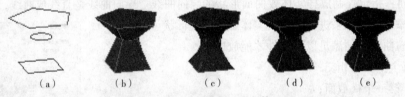

（a）　　　　（b）　　　　（c）　　　　（d）　　　　（e）

图 14-26　放样成三维实体

（5）连续性：仅当 LOFTNORMALS 系统变量设置为 1（平滑拟合）时，此选项才显示。指定在曲面相交的位置连续性为 G0、G1 还是 G2。

（6）凸度幅值：仅当 LOFTNORMALS 系统变量设置为 1（平滑拟合）时，此选项才显示。为其连续性为 G1 或 G2 的对象指定凸度幅值。

说明：

（1）如果放样的对象是闭合的且是一个整体对象，则放样成三维实体；如果放样的对象是闭合的但不是一个整体对象，或放样的对象是不闭合的，则放样成曲面。

（2）要放样的横截面可以是直线、圆、圆弧、椭圆、椭圆弧、二维多段线、二维样条曲线、点（仅第一个和最后一个横截面）、面域、螺旋、二维实体、平面或非平面实体的面、平面或非平面曲面、边子对象。

（3）作为路径的对象可以是直线、圆、圆弧、椭圆、椭圆弧、样条曲线、螺旋、二维多段线、三维多段线和边子对象。

（4）可以用作导向的对象可以是直线、圆弧、椭圆弧、二维样条曲线、二维多段线（如果二维多段线只包含一个线段，则可以用作导向）、边子对象和三维多段线。

（5）使用"路径"选项，可以选择单一路径曲线以定义实体或曲面的形状。使用"导向"选项，可以选择多条曲线以定义实体或曲面的轮廓。

【例 14-9】将图 14-24（a）和图 14-24（c）放样。

**题目解释说明**：图 14-24（a）的横截面底面是正六边形，顶面是圆，导向曲线是六条圆弧；图 14-24（c）的路径是圆弧，横截面是三个圆（都垂直于路径），外加右端的点。

操作步骤如下：

首先，对图 14-24（a）放样。

```
命令：_loft
当前线框密度：ISOLINES=4，闭合轮廓创建模式 = 实体
按放样次序选择横截面或 [点(PO)/合并多条边(J)/模式(MO)]：_MO 闭合轮廓创建模式[实体(SO)/
曲面(SU)]<实体>：_SO
按放样次序选择横截面或 [点(PO)/合并多条边(J)/模式(MO)]：     （选择底面的正六边形）
按放样次序选择横截面或 [点(PO)/合并多条边(J)/模式(MO)]：     （选择顶面的圆）
按放样次序选择横截面或 [点(PO)/合并多条边(J)/模式(MO)]：✓  （选择完毕，按回车键）
选中了 2 个横截面
输入选项 [导向(G)/路径(P)/仅横截面(C)/设置(S)/连续性(CO)/凸度幅值(B)] <仅横截面>：g
选择导向轮廓或 [合并多条边(J)]：                 （选择一条圆弧）
选择导向轮廓或 [合并多条边(J)]：……              （继续选择其他五条圆弧）
选择导向轮廓或 [合并多条边(J)]：✓                （选择完毕，按回车键）
```

再对图 14-24（c）放样。

```
命令：_loft
当前线框密度：ISOLINES=4，闭合轮廓创建模式 = 实体
按放样次序选择横截面或 [点(PO)/合并多条边(J)/模式(MO)]：_MO 闭合轮廓创建模式 [实体
(SO)/曲面(SU)] <实体>：_SO
按放样次序选择横截面或 [点(PO)/合并多条边(J)/模式(MO)]：     （选择底面的圆）
按放样次序选择横截面或 [点(PO)/合并多条边(J)/模式(MO)]：……
                                  （继续选择其他两个圆和右端的一个点）
按放样次序选择横截面或 [点(PO)/合并多条边(J)/模式(MO)]：✓  （选择完毕，按回车键）
选中了 4 个横截面
输入选项 [导向(G)/路径(P)/仅横截面(C)/设置(S)/连续性(CO)/凸度幅值(B)] <仅横截面>：p
选择路径轮廓：
                                          （选择圆弧）
```

执行"视觉样式"的"带边缘着色"，结果如图 14-24（b）和（d）所示。

# 14.5 从对象创建三维实体

可以通过多种方法将图形中的对象转换为三维实体。

## 14.5.1 将具有一定厚度的曲面和对象转换为三维实体

可以使用 CONVTOSOLID 命令将不同类型的对象转换为拉伸三维实体。这些对象包括具有一定厚度的闭合多段线和圆，以及无间隙网格和曲面。

- 功能区："默认"选项卡→"实体编辑"面板→▼按钮→"转换为实体" 🗔。

- 菜单："修改" → "三维操作" → "转换为实体" ⬚。
- 键盘命令：CONVTOSOLID。

### 14.5.2　将一组曲面转换为一个三维实体

使用 SURFSCULPT 命令将围成一个无间隙面域的一组曲面转换为三维实体。
- 功能区："曲面" 选项卡→ "编辑" 面板→ "造型" ⬚。
- 菜单："修改" → "曲面编辑" → "造型" ⬚。
- 键盘命令：SURFSCULPT。

### 14.5.3　将网格转换为三维实体

例如，将网格长方体转换为实体对象。将网格对象转换为三维实体时，新实体对象的形状近似，但并非精确复制原网格对象。可以通过指定结果为平滑面还是镶嵌面以在一定程度上控制差异（SMOOTHMESHCONVERT）。还可以指定结果面是否为合并的面（经优化的面）。
- 功能区："网格" 选项卡→ "转换网格" 面板→ ▾按钮→ "平滑优化" 下拉按钮，选定 "平滑，优化" / "平滑，未优化" / "镶嵌面，优化" / "镶嵌面，未优化" 四者之一；然后 "默认" 选项卡→ "实体编辑" 面板→ ▾按钮→ "转换为实体" ⬚。
- 菜单：先设定系统变量 SMOOTHMESHCONVERT 的值，再选择 "修改" → "三维操作" → "转换为实体" 命令 ⬚。

说明：

平滑，优化: 模型经过平滑处理，面已合并（SMOOTHMESHCONVERT=0）。

平滑，未优化: 模型经过平滑处理，面数与原始网格对象的面数相同（SMOOTHMESHCONVERT=1）。

镶嵌面，优化: 模型呈一定角度，平面已合并（SMOOTHMESHCONVERT=2）。

镶嵌面，未优化: 模型呈一定角度，面数与原始网格对象的面数相同（SMOOTHMESHCONVERT= 3）。

### 14.5.4　加厚曲面以将其转换为三维实体

可以使用 THICKEN 命令将三维曲面对象（例如 Planesurf）转换为三维实体。
- 功能区："默认" 选项卡→ "实体编辑" 面板→ "加厚" ◇。
- 菜单："修改" → "三维操作" → "加厚" ◇。
- 键盘命令：THICKEN。

# 14.6　绘制 7 种基本网格面

在形状上，它们和 14.4 节的前 7 种是相同的，但 14.4 节的前 7 种是实体模型，而这里的 7 种是表面模型（网格面）。

### 1. 命令启动方法
- 功能区："网格" 选项卡→ "图元" 面板→ "网格长方体" 下拉按钮→ "网格长方体" ⊞/ "网格楔体" ◣/ "网格圆锥体" △/ "网格球体" ⊕/ "网格圆柱" ▥/ "网格圆环体" ◎/ "网格棱锥体" △。

- 工具按钮："平滑网格图元"工具栏/"平滑网格"工具栏。
- 菜单："绘图"→"建模"→"网格"→"图元"→"网格长方体" ⊞/"网格楔体" ◿/"网格圆锥体" ▲/"网格球体" ⊕/"网格圆柱" ⬚/"网格圆环体" ◉/"网格棱锥体" ▲。
- 键盘命令：MASH。

**2．功能**

创建 7 种基本网格面。

**3．操作**

启动命令后，按照命令行的提示操作即可，很简单。

说明：

在命令行输入 MASH 后，选择"设置（SE）"→"镶嵌（T）"，弹出"网格图元选项"对话框（见图 14-27），可以设置沿轴向和高度分成几等分等。

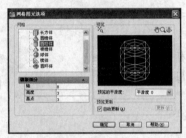

图 14-27　"网格图元选项"对话框

# 14.7　绘制 4 种特殊网格面

4 种特殊网格面是旋转网格面、平移网格面、直纹网格面、边界网格面，如图 14-28 所示。

（a）平移网格面　　　（b）直纹网格面　　　（c）旋转网格面　　　（d）边界网格面

图 14-28　几种特殊网格面

## 14.7.1　平移网格面

**1．命令启动方法**

- 功能区："网格"选项卡→"图元"面板→"平移网格" 🔲。
- 菜单：下拉菜单："绘图"→"建模"→"网格"→"平移网格" 🔲。
- 键盘命令：TABSURF。

**2．功能**

轮廓曲线沿方向矢量生成平移网格面。

**3．操作**

启动命令后，命令行提示如下：

命令：_tabsurf
当前线框密度：SURFTAB1=6
选择用作轮廓曲线的对象：　　　　　　　　　　　　　（选择轮廓曲线）
选择用作方向矢量的对象：　　　　　　　　　　　　　（选择作为方向矢量的对象）

说明：

（1）轮廓曲线可以是直线、圆、圆弧、椭圆、二维多段线和三维多段线，方向矢量可以是直线和不封闭的二维多段线或三维多段线。

（2）平移网格面沿方向矢量生成，方向矢量从离选择点近的端点指向直线和不封闭的二维多段线、三维多段线的另一个端点。

（3）平移网格面的母线数由系统变量 SURFTAB1 确定，默认值为 6。

【例 14-10】以椭圆和多段线为轨迹线，直线为方向矢量，绘制图 14-29 所示的平移网格面。

题目解释说明：先绘出椭圆、多段线和直线，再生成平移网格面。如果要设置平移网格面的母线数，也要在生成平移网格面之前进行。

操作步骤如下：

第一步：绘制椭圆、多段线和直线。过程略。

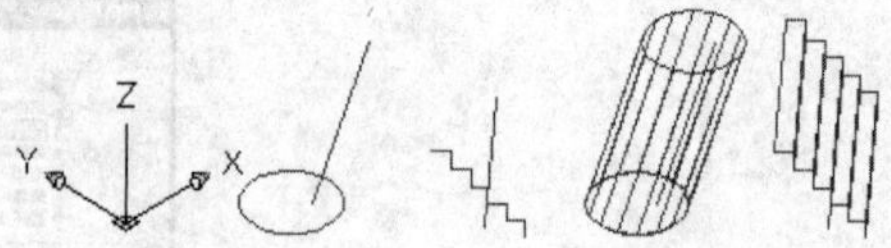

第二步：设置平移网格面的母线数。

图 14-29　绘制平移曲面

命令：surftab1
输入 SURFTAB1 的新值<6>：16

第三步：绘制平移网格面。

命令：_tabsurf
当前线框密度：SURFTAB1=16
选择用作轮廓曲线的对象：　　　　　　　　　　　　　（选择椭圆）
选择用作方向矢量的对象：　　　　　　　　　　　　　（选择椭圆内的直线）
命令：_tabsurf
当前线框密度：SURFTAB1=16
选择用作轮廓曲线的对象：　　　　　　　　　　　　　（选择多段线）
选择用作方向矢量的对象：　　　　　　　　　　　　　（选择多段线处的直线）

## 14.7.2　直纹网格面

### 1．命令启动方法

- 功能区："网格"选项卡→"图元"面板→"直纹网格" ◿。
- 菜单："绘图" → "建模" → "网格" → "直纹网格" ◿。
- 键盘命令：RULESURF。

### 2．功能

在两条曲线之间生成直纹网格面。

### 3．操作

启动命令后，命令行提示如下：

命令：_rulesurf
当前线框密度：SURFTAB1=6
选择第一条定义曲线：　　　　　　　　　　（选择第一条曲线）
选择第二条定义曲线：　　　　　　　　　　（选择第二条曲线）

说明：

（1）选定的曲线用于定义直纹网格的边界。曲线可以是点、直线、样条曲线、圆、圆弧或多段线。

（2）可以将一点作为一条边界，但只能有一条边界可以是一点，如图 14-30（a）所示。

（3）如果一条边界是闭合的，另一条也必须是闭合的或是一点，如图 14-30（b）所示。

（4）如果边界不闭合，则从离选择点近的一端开始绘制母线，如图 14-30（c）、（d）所示。

（5）直纹网格面的母线数由系统变量 SURFTAB1 确定，默认值为 6。

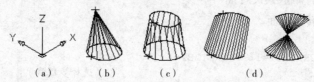

（a）　　　　（b）　　　　（c）　　　　（d）

图 14-30　绘制直纹网格面

## 14.7.3　旋转网格面

### 1．命令启动方法

- 功能区："网格"选项卡→"图元"面板→"旋转网格" 😊 。
- 菜单："绘图"→"建模"→"网格"→"旋转网格" 😊 。
- 键盘命令：REVSURF。

### 2．功能

直线或曲线绕一指定轴旋转生成旋转网格面。

### 3．操作

启动命令后，命令行提示如下：

```
命令：_revsurf
当前线框密度：SURFTAB1=6  SURFTAB2=6
选择要旋转的对象：                  （选择要旋转的对象）
选择定义旋转轴的对象：              （选择定义旋转轴）
指定起点角度<0>：                   （输入起始角）
指定包含角（+=逆时针，-=顺时针）<360>：   （输入旋转角）
```

说明：

（1）要旋转的对象可以是直线、圆、圆弧、椭圆、椭圆弧、二维多段线、三维多段线、多边形、样条曲线或圆环。旋转轴可以是直线或开放的二维、三维多段线。

（2）旋转角可以是 360°，也可以是其他值。

（3）旋转方向为 M 方向，轴线方向为 N 方向，M 方向和 N 方向的分段数由系统变量 SURFTAB1 和 SURFTAB2 确定，默认值为 6。

【例 14-11】绘制图 14-31 所示的旋转网格面。

题目解释说明：先绘出要旋转的对象和旋转轴，设置 M 方向和 N 方向的分段数，再旋转。

图 14-31　绘制旋转网格面

操作步骤如下：

第一步：绘制要旋转的对象和旋转轴。要旋转的对象用多段线绘制。过程略。

第二步：设置 M 方向和 N 方向的分段数。

命令：surftab1
输入 SURFTAB1 的新值<6>: 16
命令：surftab2
输入 SURFTAB2 的新值<默认>: 6

第三步：绘制旋转网格面。

命令：_revsurf
当前线框密度：SURFTAB1=16  SURFTAB2=6
选择要旋转的对象：                                   （选择多段线）
选择定义旋转轴的对象：                              （选择旋转轴）
指定起点角度<0>: 0                                  （输入起始角）
指定包含角 (+=逆时针，-=顺时针) <360>: 360    （输入旋转角）

第二个旋转网格面的绘制方法与此相同，过程略。

### 14.7.4 边界网格面

**1. 命令启动方法**

- 功能区："网格"选项卡→"图元"面板→"边界网格"   。
- 菜单："绘图"→"建模"→"网格"→"边界网格"   。
- 键盘命令：EDGESURF。

**2. 功能**

用 4 条首尾相连的边为边界，生成一个由 M×N 个三维网格组成的边界网格面，如图 14-32 所示。

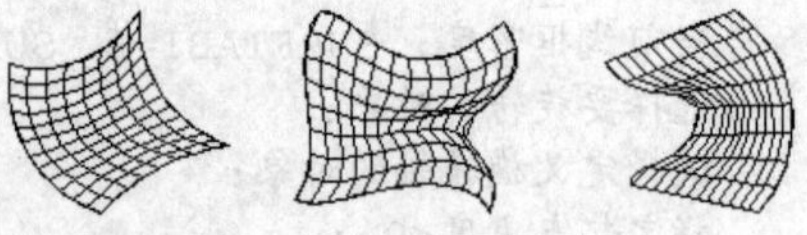

**3. 操作**

启动命令后，命令行提示：

命令：_edgesurf
当前线框密度：SURFTAB1=6  SURFTAB2=6
选择用作曲面边界的对象 1：                     （选择第一条边）
选择用作曲面边界的对象 2：                     （选择第二条边）
选择用作曲面边界的对象 3：                     （选择第三条边）
选择用作曲面边界的对象 4：                     （选择第四条边）

图 14-32　绘制边界网格面

**说明：**

（1）边界可以是直线、圆弧、样条曲线或不封闭的二维或三维多段线。四条边必须闭合。

（2）先选择的边为 M 方向，邻边为 N 方向。M 方向和 N 方向的分段数由系统变量 SURFTAB1 和 SURFTAB2 确定，默认值为 6。

# 14.8　绘制三维面、三维网格面和平面曲面

## 14.8.1　三维面

**1. 命令启动方法**

- 菜单："绘图"→"建模"→"网格"→"三维面"。
- 键盘命令：3DFACE。

### 2．功能

构造三维空间任意位置的平面，每个平面由 3 个点或 4 个点确定。

### 3．操作

启动命令后，命令行提示如下。

命令：_3dface 指定第一点或 [不可见(I)]：　　　　　（输入第一点或 I）
指定第二点或 [不可见(I)]：　　　　　　　　　　　（输入第二点或 I）
指定第三点或 [不可见(I)] <退出>：　　　　　　　　（输入第三点、I 或按回车键）
指定第四点或 [不可见(I)] <创建三侧面>：　　　　　（输入第四点、I 或按回车键）
指定第三点或 [不可见(I)] <退出>：　　　　　　　　（输入第三点、I 或按回车键）
指定第四点或 [不可见(I)] <创建三侧面>：　　　　　（输入第四点、I 或按回车键）
……

说明：

（1）"不可见"选项可使某边不显示。在输入该边的开始点前输入"I"，再输入点。

（2）三维平面由 3 个点或 4 个点确定，即各平面是三角形或四边形。

（3）在"指定第四点或[不可见（I）]<创建三侧面>:"提示下按回车键，则绘制三角形平面。

（4）每个平面的点按顺时针或逆时针方向输入。

（5）前一个平面的第三、四点作为后一平面的第一、二点。

【例 14-12】绘制图 14-33 所示的四棱台，各点坐标分别为 A（30，20，0）、B（90，20，0）、
C（90，70，0）、D（30，70，0）、E（40，60，50）、F（80，60，50）、G（80，30，50）、H（40，30，50）。

题目解释说明：四棱台由六个表面组成（内部是空的）。要用 3DFACE
命令一个表面一个表面地绘制，注意点的坐标不要输错。为了便于观察，设
置为西南等轴测视图。

图 14-33　四棱台

操作步骤如下：

命令：_3dface 指定第一点或 [不可见(I)]：30,20,0　　　　　　　（A 点）
指定第二点或 [不可见(I)]：90,20,0　　　　　　　　　　　　　　（B 点）
指定第三点或 [不可见(I)] <退出>：90,70,0　　　　　　　　　　（C 点）
指定第四点或 [不可见(I)] <创建三侧面>：30,70,0　　　　　　　（D 点，绘制出 ABCD 平面）
指定第三点或 [不可见(I)] <退出>：40,60,50　　　　　　　　　　（E 点）
指定第四点或 [不可见(I)] <创建三侧面>：80,60,50　　　　　　　（F 点，绘制出 CDEF 平面）
指定第三点或 [不可见(I)] <退出>：80,30,50　　　　　　　　　　（G 点）
指定第四点或 [不可见(I)] <创建三侧面>：40,30,50　　　　　　　（H 点，绘制出 EFGH 平面）
指定第三点或 [不可见(I)] <退出>：30,20,0　　　　　　　　　　（A 点）
指定第四点或 [不可见(I)] <创建三侧面>：90,20,0　　　　　　　（B 点，绘制出 GHAB 平面）
指定第三点或 [不可见(I)] <退出>：↙
命令：_3dface 指定第一点或 [不可见(I)]：30,20,0　　　　　　　（A 点）
指定第二点或 [不可见(I)]：30,70,0　　　　　　　　　　　　　　（D 点）
指定第三点或 [不可见(I)] <退出>：40,60,50　　　　　　　　　　（E 点）
指定第四点或 [不可见(I)] <创建三侧面>：40,30,50　　　　　　　（H 点，绘制出 ADEH 平面）
指定第三点或 [不可见(I)] <退出>：↙
命令：_3dface 指定第一点或 [不可见(I)]：90,20,0　　　　　　　（B 点）
指定第二点或 [不可见(I)]：90,70,0　　　　　　　　　　　　　　（C 点）
指定第三点或 [不可见(I)] <退出>：80,60,50　　　　　　　　　　（F 点）
指定第四点或 [不可见(I)] <创建三侧面>：80,30,50　　　　　　　（G 点，绘制出 BCFG 平面）
指定第三点或 [不可见(I)] <退出>：↙

### 14.8.2　三维网格面

#### 1．命令启动方法

键盘命令：3DMESH。

#### 2．功能

根据指定的 M 行 × N 列个顶点生成三维网格面，如图 14-34 所示。

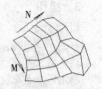

图 14-34　三维网格面

#### 3．操作

启动命令后，命令行提示：

```
命令：_3dmesh
输入 M 方向上的网格数量：                （输入行数）
输入 N 方向上的网格数量：                （输入列数）
指定顶点 (0, 0) 的位置：                 （输入第 1 行第 1 列的顶点坐标）
指定顶点 (0, 1) 的位置：                 （输入第 1 行第 2 列的顶点坐标）
……
指定顶点 (M-1, N-1) 的位置：            （输入第 M 行第 N 列的顶点坐标）
```

说明：

（1）行数在 2～256 之间，列数在 2～256 之间。

（2）顶点坐标可以是二维的，也可以是三维的。

### 14.8.3　平面曲面

#### 1．命令启动方法

- 功能区："曲面"选项卡→"创建"面板→"平面" 。
- 工具按钮："建模"工具栏→"曲面"→"平面" 。
- 菜单："绘图"→"建模"→"平面曲面" 。
- 键盘命令：PLANESURF。

#### 2．功能

绘制矩形形状平面式曲面，或通过指定平面对象绘制平面式曲面。如图 14-35 所示。

#### 3．操作

启动命令后，命令行提示：

```
命令：_planesurf
指定第一个角点或[对象(o)]<对象>：
```

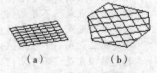

（a）　　　　（b）

图 14-35　绘制平面曲面

前一个选项指定两个角点绘制平面曲面，如图 14-35（a）所示；后一个选项指定封闭的对象绘制平面曲面，如图 14-35（b）所示，这里封闭的对象是任意六边形。

# 小　　结

1．绘制三维图形，要用到建立用户坐标系的 UCS 命令和设置坐标系图标显示方式的 UCSICON 命令。因为要在三维图形的某个平面上绘制平面图形，坐标系的 XY 平面必须位于该平面上。

2．三维图形有线框模型、表面模型和实体模型。本章的大量命令用来绘制这些模型。特别重要的是将二维对象拉伸、旋转、扫掠、放样成三维实体或曲面。

3．三维基本实体、三维基本形体表面在操作上大都类似。可以相互参照。

# 上机实验及指导

【实验目的】

1．掌握建立用户坐标系的命令 UCS。

2．掌握设置坐标系图标显示方式的命令 UCSICON。

3．掌握三维线框模型、二维半图形、各种三维网格面的绘制。

4．掌握各种三维基本实体、各种三维基本形体表面的绘制。

5．掌握二维对象拉伸、旋转、扫掠、放样成三维实体或曲面。

【实验内容】

1．练习本章各个命令的操作。

2．做本章的各个例题。

3．绘制若干个三维图形。

【实验步骤】

1．启动 AutoCAD，练习各个命令。要求命令的各个选项都要练习到。

2．做本章的各个例题和绘制各个例图。

3．绘制一个正方体，在正方体的顶面和前面各绘制一个半径最大的圆。

**指导：** 当前坐标系的 XY 平面在正方体的底面上，由于 AutoCAD 总是把二维图形绘制在 XY 平面上，所以要在正方体的顶面和前面绘制圆，必须建立新的 UCS。半径最大的圆与顶面和前面的 4 条边都相切。

4．绘制一个三维图形，用各种方法观察它。

**指导：** 方法有特殊视图观察三维模型、动态观察三维模型、设置视图投影模式、消隐、使用视觉样式、渲染等。

5．绘制一个哑铃的三维模型，如图 14-36（c）所示。

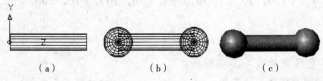

（a）　　　　　　　　（b）　　　　　　　　（c）

图 14-36　哑铃

**指导：** 哑铃中间是圆柱，两端各是一个球体。最好绘制成三维实体，而不是表面模型，这样可以用下面一章介绍的布尔运算对三者进行并集运算。由于圆柱的高度方向沿着坐标系的 Z 轴方向，所以要绘制高度沿水平方向的圆柱，需要建立用户坐标系。

操作步骤如下：

第一步：建立 UCS，使 UCS 的 Z 轴沿水平方向。

命令：ucs

当前 UCS 名称：*世界*

指定 UCS 的原点或 [面(F)/命名(NA)/对象(OB)/上一个(P)/视图(V)/世界(W)/X/Y/Z/Z 轴(ZA)] <世界>:y

指定绕 Y 轴的旋转角度<90>:↙

第二步：设置母线数。

命令：isolines

输入 ISOLINES 的新值<4>：16

第三步：绘制圆柱。

命令：_cylinder

当前线框密度：ISOLINES=16

指定底面的中心点或 [三点(3P)/两点(2P)/切点、切点、半径(T)/椭圆(E)]：0,0,0

指定底面半径或 [直径(D)] <默认值>:25

指定高度或 [两点(2P)/轴端点(A)] <默认值>：240

如图 14-36（a）所示。

第四步：恢复为世界坐标系。

第五步：绘制两个球。球心分别是（0，0，0）和（240，0，0），半径都是 45，如图 14-36（b）所示。图 14-36（c）为着色后的情形。

6．绘制图 14-37（b）～（d）所示的工字钢。

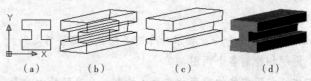

（a）　　　　　（b）　　　　　（c）　　　　　（d）

图 14-37　工字钢

**指导**：工字钢由图 14-37（a）所示的工字形平面图形拉伸（EXTRUDE）而成。图 14-37（a）所示的图形宜用多段线命令 PLINE 绘制，这样绘制出来的图形是实体而不是表面。如果用直线命令 LINE 绘制，则需要用修改多段线命令 PEDIT 将这些直线合并成一条多段线。这里介绍后一种方法，展示将多条首尾相连的直线合并成一条多段线的方法。

操作步骤如下：

第一步：用 LINE 命令绘制工字形平面图形。点的坐标（70，0），（130，10），（130，30），（110，30），（110，50），（130，50），（130，70），（70，70），（70，50），（90，50），（90，30），（70，30）。

如图 14-37（a）所示。

第二步：把各条直线合并成一条多段线。

命令：_pedit 选择多段线或 [多条(M)]：　　　　　　　　（选择一条直线）

选定的对象不是多段线

是否将其转换为多段线？<Y>↙

输入选项

[闭合(C)/合并(J)/宽度(W)/编辑顶点(E)/拟合(F)/样条曲线(S)/非曲线化(D)/线型生成(L)/放弃(U)]：j

选择对象：　　　　　　　　　　　　　　　（用窗口方式选择所有直线）

选择对象：↙

11 条线段已添加到多段线

输入选项

[打开(O)/合并(J)/宽度(W)/编辑顶点(E)/拟合(F)/样条曲线(S)/非曲线化(D)/线型生成(L)/放弃(U)]: ✓✓

第三步：拉伸平面图形。

命令: _extrude
当前线框密度: ISOLINES=16
选择对象：找到 1 个 　　　　　　　　　　　　　　　　　（选择多段线）
选择对象：✓✓
指定拉伸的高度或 [方向(D)/路径(P)/倾斜角(T)] <默认值>: 200

用三维动态观察器观察，如图 14-37（b）所示。图 14-37（c）是消隐后的情形，图 14-37（d）是着色后的情形。

7．绘制图 14-38（b）～（d）所示的底座，底座的边长都是 60，厚度为 20，正六边形的外接圆半径为 15，圆的半径为 5。

（a）　　　　　（b）　　　　　（c）　　　　　（d）

图 14-38　底座

**指导**：底座是由图 14-38（a）所示的平面图形拉伸而成。在拉伸之前需要对正四边形、正六边形和圆进行面域，并对面域进行差集运算。本题对面域进行拉伸。

操作步骤如下所述。

第一步：绘制图 14-38(a)所示的平面图形。正四边形、正六边形用正多边形命令 POLYGON 绘制。过程略。

第二步：对正四边形、正六边形和圆进行面域（REGION）。

命令: region
选择对象： 　　　　　　　　　　　　　　　（用窗口方式选择所有对象）
选择对象：✓
已提取 6 个环。
已创建 6 个面域。

第三步：对面域进行差集运算。

命令: _subtract 选择要从中减去的实体或面域...
选择对象：找到 1 个 　　　　　　　　　　　（选择正四边形）
选择对象：✓✓
选择要减去的实体或面域 ..
选择对象： 　　　　　　　　　　　　（用窗口方式选择正六边形和四个圆）
选择对象：✓

第四步：设置母线数。

命令: isolines
输入 ISOLINES 的新值<16>: 4

第五步：对面域进行拉伸。

命令: _extrude
当前线框密度: ISOLINES=4
选择对象：找到 1 个 　　　　　　　　　　（选择多段线）
选择对象：✓

指定拉伸的高度或 [方向(D)/路径(P)/倾斜角(T)] <默认值>：20

用三维动态观察器观察，如图 14-38（b）所示。图 14-38（c）是消隐后的情形，图 14-38（d）是着色后的情形。

8．绘制图 14-39（c）所示的片状扳手，尺寸自定。

**指导：**本题只给出绘制思路，具体的操作请大家自行完成。

操作步骤如下：

第一步：绘制图 14-39（a）所示的平面图形。

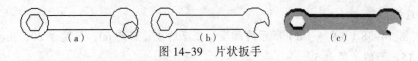

图 14-39　片状扳手

第二步：修剪，形成图 14-39（b）所示的图形。

第三步：参考实验第 4 题的第二步，把图形外围的直线和圆弧合并成一条多段线。

第四步：对扳手左边的正六边形和外围图线进行面域。

第五步：对面域进行差集运算。

第六步：拉伸。

着色后的结果如图 14-39（c）所示。

9．绘制图 14-40（b）和图 14-40（c）所示的台灯，尺寸自定。

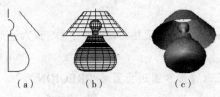

图 14-40　台灯

**指导：**灯罩和灯泡宜用 REVSURF 命令生成旋转曲面（表面模型），灯座宜用 REVOVLE 命令生成旋转实体（实体模型）。灯罩由一条倾斜直线旋转一周而成；灯泡由不封闭的多段线旋转一周而成；灯座由封闭的多段线旋转一周而成；旋转轴是图 14-40（a）中上部的垂直直线。

10．绘制图 14-41（b）～（d）所示的酒杯。

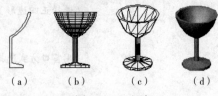

图 14-41　酒杯

**指导：**酒杯宜用 REVOVLE 命令生成旋转实体（实体模型）。它由图 14-41（a）所示的封闭多段线旋转一周而成。如果图 14-41（a）所示的平面图形是由独立的直线和圆弧组成的，需用 PEDIT 命令将它们合并成多段线。旋转结果如图 14-41（b）所示。图 14-41（c）是消隐后的情形，图 14-41（d）是着色后的情形。

11．绘制图 14-42（b）～（d）所示的铆钉。

**指导：**本题及后面的题请自己分析、完成。

12．绘制图 14-43（b）～（d）所示的支座。

13．绘制图 14-44 所示的陀螺。

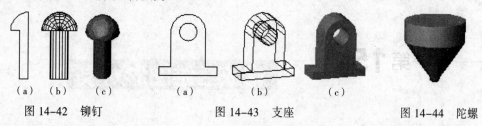

（a）（b）（c）　　　　　（a）　　　（b）　　　（c）

图 14-42　铆钉　　　　　图 14-43　支座　　　　　图 14-44　陀螺

14．绘制图 14-45（b）～（d）所示的瓶子。图 14-45（c）是消隐后的情形，图 14-45（d）是着色后的情形。

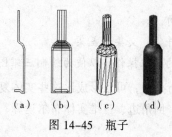

（a）　（b）　（c）　（d）

图 14-45　瓶子

# 思　考　题

1．为什么建立用户坐标系？

2．计算机图形学有哪 3 种模型？

3．用线框模型、表面模型、实体模型都可以绘制正方体。它们有什么不同？哪一种包含的信息最全？

4．三维多段线与二维多段线有哪些异同？

5．符合什么条件，才能拉伸、旋转、扫掠、放样出三维实体，否则产生曲面？

6．图 14-24 放样成的两个图形是实体模型还是表面模型？为什么？

7．拉伸和扫掠有何不同？

8．如何绘制二维螺旋线？

9．二维半图形可以消隐、着色和渲染吗？

- 掌握三维实体倒角和倒圆角。
- 掌握三维实体布尔运算：并集、交集和差集。
- 掌握与用户所处行业有关的三维操作，以便为绘制三维图形做准备。

对上一章绘出的三维实体进行处理，可以形成比这些实体复杂的三维实体。本章主要介绍修改三维实体的命令，包括圆角边、倒角边、三维实体布尔运算、三维操作和编辑实体的面、边、体等。

## 15.1　圆角边和倒角边

将三维实体的边倒圆角，将三维实体和曲面倒角，使实体或曲面显得光滑圆润。

### 15.1.1　圆角边

**1. 命令启动方法**

- （"三维建模"工作界面）功能区："实体"选项卡→"实体编辑"面板→"圆角边" 🔲。
- 工具按钮："实体编辑"工具栏→"圆角边" 🔲。
- 菜单："修改"→"实体编辑"→"圆角边" 🔲。
- 键盘命令：FILLETEDGE。

**2. 功能**

为选定的三维实体的边建立圆角，使实体显得柔和丰润。

**3. 操作**

启动命令后，命令行提示如下：

```
命令: _FILLETEDGE
半径 = 1.0000
选择边或 [链(C)/环(L)/半径(R)]: r
输入圆角半径或 [表达式(E)] <1.0000>:        (输入倒圆角的半径)
选择边或 [链(C)/环(L)/半径(R)]:
```

（1）选择边

选择要倒圆角的边。可以连续选择，直到按回车键为止。

（2）链

从选择单条边切换到选择连续相切的边。输入 C，系统提示如下：

选择边链或 [边(E)/半径(R)]：

选择一条起始边，则从这条边起，首尾相连的一些边都被选中，即链形选择。

（3）半径

输入新的倒圆角半径。

【例 15-1】为图 15-1（a）和图 15-1（b）所示的棱柱体和圆柱体顶面的边倒圆角，如图 15-21（c）、（d）所示。使用"视觉样式"为"真实"（着色）后如图 15-1（e）、（f）所示。

（a）　　　（b）　　　（c）　　　（d）　　　（e）　　　（f）

图 15-1　倒圆角边

**题目解释说明：** 棱柱体是由一个正六边形拉伸而成的。

操作步骤如下：

第一步：为棱柱体顶面的边倒圆角。

命令：_FILLETEDGE
半径 = 1.0000
选择边或 [链(C)/环(L)/半径(R)]：r
输入圆角半径或 [表达式(E)] <1.0000>:10　（输入倒圆角的半径）
选择边或 [链(C)/环(L)/半径(R)]：
选择边或 [链(C)/半径(R)]：　　　　　　（选择顶面上的边）
选择边或 [链(C)/半径(R)]：……　　　　（继续选择顶面上的边）
选择边或 [链(C)/半径(R)]：✓　　　　　（选完顶面上的六条边后，按回车键）
已选定 6 个边用于圆角。

结果如图 15-2（c）所示。

第二步：为圆柱顶面的圆周倒圆角。

命令：_FILLETEDGE
半径 = 1.0000
选择边或 [链(C)/环(L)/半径(R)]：r
输入圆角半径或 [表达式(E)] <1.0000>:10　　（输入倒圆角的半径）
选择边或 [链(C)/环(L)/半径(R)]：　　　　　（选择顶面上的圆周）
选择边或 [链(C)/半径(R)]：✓　　　　　　　（选选择完毕，按回车键）
已选定 1 个边用于圆角。

结果如图 15-1（d）所示。图 15-1（e）和图 15-1（f）为使用"视觉样式"为"真实"（着色）后的情形。

## 15.1.2　倒角边

### 1. 命令启动方法

● （"三维建模"工作界面）功能区："实体"选项卡→"实体编辑"面板→"倒角边" 。

● 工具按钮："实体编辑"工具栏→"倒角角边" 。

● 菜单："修改"→"实体编辑"→"倒角边" 。

- 键盘命令：CHAMFEREDGE。

### 2. 功能

为选定的三维实体的边或曲面的边建立倒角，使实体或曲面显得光滑圆润。

### 3. 操作

启动命令后，命令行提示：

```
命令：_CHAMFEREDGE 距离 1 = 1.0000，距离 2 = 1.0000
选择一条边或 [环(L)/距离(D)]：d
指定距离 1 或 [表达式(E)] <1.0000>：            （输入基面的倒角距离）
指定距离 2 或 [表达式(E)] <1.0000>：            （输入相邻面的倒角距离）
选择一条边或 [环(L)/距离(D)]：
```

（1）选择一条边

选择要倒角的边。可以连续选择，直到按回车键为止。

（2）环

对一个面上的所有边建立倒角。输入 L，系统提示如下：

```
选择环边或 [边(E)/距离(D)]：
```

选择一条起始边，则从这条边起，首尾相连的一些边都被选中，即链形选择。

```
输入选项 [接受(A)/下一个(N)] <接受>：
```

如果选择的环边正确，则按回车键接受它。如果选择的环边不正确，则输入 N，转换为另一面的环边。

（3）半径

输入新的倒圆角半径。

【例 15-2】为图 15-2（a）、（b）所示的棱柱体和圆柱体顶面的边倒角，如图 15-2（c）、（d）所示。使用"视觉样式"为"真实"（着色）后如图 15-2（e）、（f）所示。

**题目解释说明**：本例仍采用上例的实体，大家可以对倒角和倒圆角的效果进行比较。

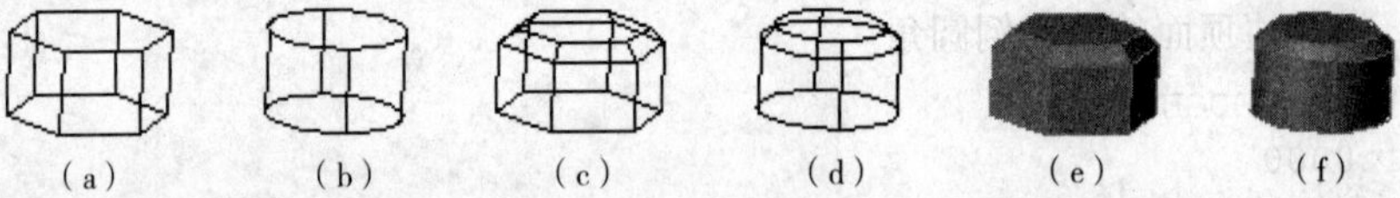

（a）　　　（b）　　　（c）　　　（d）　　　（e）　　　（f）

图 15-2　倒角

操作步骤如下：

第一步：为棱柱体顶面的边倒角。

```
命令：_CHAMFEREDGE 距离 1 = 1.0000，距离 2 = 1.0000
选择一条边或 [环(L)/距离(D)]：d
指定距离 1 或 [表达式(E)] <10.0000>：10
指定距离 2 或 [表达式(E)] <10.0000>：10
选择一条边或 [环(L)/距离(D)]：l
选择环边或 [边(E)/距离(D)]：                  （选择顶面上的边）
输入选项 [接受(A)/下一个(N)] <接受>：n         （选择下一面上的边）
输入选项 [接受(A)/下一个(N)] <接受>：✓         （接受顶面，按回车键）
选择环边或 [边(E)/距离(D)]：✓
按 Enter 键接受倒角或 [距离(D)]：✓
```

结果如图 15-1（c）所示。

第二步：为圆柱顶面的圆周倒角。

命令：_CHAMFEREDGE 距离 1 = 1.0000，距离 2 = 1.0000
选择一条边或 [环(L)/距离(D)]：d
指定距离 1 或 [表达式(E)] <10.0000>:10
指定距离 2 或 [表达式(E)] <10.0000>:10
选择一条边或 [环(L)/距离(D)]：　　　　　　　（选择顶面上的圆周）
选择同一个面上的其他边或 [环(L)/距离(D)]：✓　（倒角完毕，按回车键）
按 Enter 键接受倒角或 [距离(D)]：✓

结果如图 15-2（d）所示。图 15-2（e）和（f）为使用"视觉样式"为"真实"（着色）后的情形。

# 15.2　三维实体布尔运算

布尔运算可以对简单实体进行组合，形成复杂实体（AutoCAD 称之为复合实体或组合实体）。布尔运算有并集运算、差集运算、交集运算。

布尔运算适合于三维实体模型和面域，对线框模型和表面模型无效。

## 15.2.1　并集

**1. 命令启动方法**

- 功能区："常用"选项卡→"实体编辑"面板→"并集" ⓞ。
- 工具按钮："实体编辑"工具栏→"并集" ⓞ。
- 菜单："修改"→"实体编辑"→"并集" ⓞ。
- 键盘命令：UNION。

**2. 功能**

将两个或多个三维实体、曲面或二维面域合并为一个复合三维实体、曲面或面域。选取的三维实体可以是不接触或不相交的。

**3. 操作**

启动命令后，命令行提示如下：

命令：_union
选择对象：　　　　　　　　　　　　　　　　　（选择一个三维实体）
选择对象：　　　　　　　　　　　　　　　　　（选择另一个三维实体）
选择对象：……　　　　　　　　　　　　　　　（可以继续选择三维实体）
选择对象：✓　　　　　　　　　　　　　　　　（选择完毕，按回车键）

【例 15-3】对两个圆柱体进行并集运算。

**题目解释说明**：先绘制两个圆柱，再进行并集运算。并集运算后将形成一个统一的实体。

操作步骤如下：

第一步：绘制两个有重合部分的圆柱。

如图 15-3（a）所示。

第二步：并集运算。

命令：_union
选择对象：　　　　　　　　　　　　　　　　　（选择一个圆柱）

选择对象：           （选择另一个圆柱）

选择对象： ↙

使用"视觉样式"为"真实"（着色）后的结果如图 15-3（b）所示。

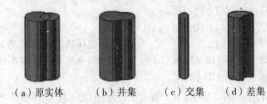

（a）原实体    （b）并集    （c）交集    （d）差集

图 15-3 三维实体布尔运算

### 15.2.2 交集

**1. 命令启动方法**

- 能区："常用"选项卡→"实体编辑"面板→"交集"○○。
- 工具按钮："实体编辑"工具栏→"交集"○○。
- 菜单："修改"→"实体编辑"→"交集"○○。
- 键盘命令：INTERSECT。

**2. 功能**

求出两个或多个三维实体、曲面或面域的公共部分，作为创建的三维实体、曲面或二维面域。

**3. 操作**

启动命令后，命令行提示：

```
命令：_intersect
```

选择对象：           （选择一个三维实体）

选择对象：           （选择另一个三维实体）

选择对象：……           （可以继续选择三维实体）

选择对象： ↙           （选择完毕，按回车键）

对上例中绘制的两个圆柱进行交集运算，使用"视觉样式"为"真实"（着色）后的结果如图 15-3（c）所示。

### 15.2.3 差集

**1. 命令启动方法**

- 功能区："常用"选项卡→"实体编辑"面板→"差集"○○。
- 工具按钮："实体编辑"工具栏→"差集"○○。
- 菜单："修改"→"实体编辑"→"差集"○○。
- 键盘命令：SUBTRACT。

**2. 功能**

第一个选择集中的三维实体或面域减去第二个选择集中的三维实体或面域，创建一个新的三维实体或面域。

**3. 操作**

启动命令后，命令行提示如下：

```
命令：_subtract
```

选择要从中减去的实体或面域...

| | |
|---|---|
| 选择对象: | （选择一个三维实体） |
| 选择对象：…… | （可以继续选择三维实体） |
| 选择对象：✓ | （第一个选择集选择完毕，按回车键） |

选择要减去的实体或面域 ..

| | |
|---|---|
| 选择对象: | （选择一个三维实体） |
| 选择对象：…… | （可以继续选择三维实体） |
| 选择对象：✓ | （选择完毕，按回车键） |

对【例 15-3】绘制的两个圆柱进行差集运算（左边的圆柱减去右边的圆柱），使用"视觉样式"为"真实"（着色）后的结果如图 15-3（d）所示。

说明：

（1）不能对线框模型对象和表面模型（网格）对象使用这 3 个命令。

（2）差集运算时选择对象时，选择被减数对象后，必须按回车键，才能选择减数对象。

# 15.3 三 维 操 作

三维操作包括三维移动、三维旋转、对齐、三维对齐、三维镜像、三维阵列、剖切、截面等，如图 15-4 所示。

图 15-4 "三维操作"子菜单

## 15.3.1 三维移动

**1．命令启动方法**

• 功能区："常用"选项卡→"修改"面板→"三维移动" 。

• 工具按钮："建模"工具栏→"三维移动" 。

• 菜单："修改"→"三维操作"→"三维移动"。

• 键盘命令：3DMOVE。

**2．功能**

对实体进行三维移动。

**3．操作**

启动命令后，其操作与二维移动完全一样。

## 15.3.2 三维旋转

**1．命令启动方法**

• 功能区："常用"选项卡→"修改"面板→"三维旋转" 。

• 工具按钮："建模"工具栏→"三维旋转" 。

• 菜单："修改"→"三维操作"→"三维旋转"。

• 键盘命令：3DROTATE。

**2．功能**

在三维空间中，显示旋转夹点工具并围绕基点旋转对象。

**3．操作**

启动命令后，命令行提示如下：

```
命令: _3drotate
当前正向角度: ANGDIR=逆时针 ANGBASE=0
选择对象:                    (选择要旋转的实体)
选择对象:……                 (可以继续选择要旋转的实体)
选择对象: ✓
指定基点:                    (出现旋转夹点工具, 单击指定基点, 则旋转夹点工具的中心框定位于基点)
拾取旋转轴:                  (将光标停止到夹点工具的轴上, 直到轴变为黄色, 并且矢量显示为与旋转
                             轴对齐, 单击轴)
指定角的起点或键入角度:
```

**【例 15-4】**绘制一个长、宽、高分别为 50、80、100 的楔形体（楔形体的长、宽、高分别沿着 X、Y、Z 轴方向），绕其铅直矩形平面上靠近读者的一条铅直边旋转 45°。

**题目解释说明：**本例的关键是正确选择旋转轴。

操作步骤如下：

第一步：绘制楔形体。

```
命令: _wedge
指定楔体的第一个角点或 [中心点(CE)]<0,0,0>:
指定角点或 [立方体(C)/长度(L)]: L
指定长度: 50
指定宽度: 80
指定高度或[两点(2P)]: 100
```

如图 15-5（a）所示。

 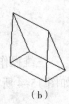

（a）　　　　　（b）

图 15-5　三维旋转

第二步：三维旋转。

```
命令: _rotate3d
当前正向角度: ANGDIR=逆时针 ANGBASE=0
选择对象:                    (选择图 15-11(a)所示的楔形体)
选择对象: ✓
指定基点:                    (出现旋转夹点工具, 单击铅直边的下端点而指定基点, 则旋转夹点工具中
                             心框定位于基点)
拾取旋转轴:                  (将光标停止到夹点工具的轴上, 直到轴变为黄色, 并且矢量显示为与铅直
                             边对齐, 单击轴)
指定角的起点或键入角度: 45
```

结果如图 15-5（b）所示。

### 15.3.3　对齐

**1. 命令启动方法**

- 功能区："常用"选项卡→"修改"面板→"对齐" 🔲。
- 工具按钮："建模"工具栏→"对齐" 🔲。
- 菜单："修改"→"三维操作"→"对齐"。
- 键盘命令：ALIGN。

**2. 功能**

在二维和三维空间中将对象与其他对象对齐。

**3. 操作**

该命令在第 5 章曾使用过。第 5 章由于是在二维空间中对齐，所以只需要指定两对点。在三

维空间中则需要指定三对点。

启动命令后，命令行提示如下：

命令：_align
选择对象：　　　　　　　　　　　　　　　　（选择要移动的对象）
选择对象：……　　　　　　　　　　　　　　（可继续选择要移动的对象）
选择对象：✓
指定第一个源点：　　　　　　　　　　　　　（指定源对象上的第 1 个源点）
指定第一个目标点：　　　　　　　　　　　　（指定目标对象上的第 1 个目标点）
指定第二个源点：　　　　　　　　　　　　　（指定源对象上的第 2 个源点）
指定第二个目标点：　　　　　　　　　　　　（指定目标对象上的第 2 个目标点）
指定第三个源点或<继续>：　　　　　　　　　（指定源对象上的第 3 个源点）
指定第三个目标点：　　　　　　　　　　　　（指定目标对象上的第 3 个目标点）

**【例 15-5】**把图 15-6（a）的小长方体放到大长方体顶面的左下角，且边对齐，如图 15-6（b）所示。

**题目解释说明：**本例对齐两个长方体需要指定三对点。

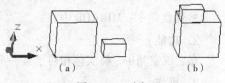

图 15-6　对齐

操作步骤如下：

命令：_align
选择对象：　　　　　　　　　　　　　　　　（选择小长方体）
选择对象：✓
指定第一个源点：　　　　　　　　　　　　　（选择小长方体底面的左下角点）
指定第一个目标点：　　　　　　　　　　　　（选择大长方体顶面的左下角点）
指定第二个源点：　　　　　　　　　　　　　（选择小长方体底面的右下角点）
指定第二个目标点：　　　　　　　　　　　　（选择大长方体顶面的右下角点）
指定第三个源点或<继续>：　　　　　　　　　（选择小长方体底面的左上角点）
指定第三个目标点：　　　　　　　　　　　　（选择大长方体顶面的左上角点）

## 15.3.4　三维对齐

### 1．命令启动方法

- 功能区："常用"选项卡→"修改"面板→"三维对齐" 
- 工具按钮："建模"工具栏→"三维对齐" 。
- 菜单："修改"→"三维操作"→"三维对齐"。
- 键盘命令：3DALIGN。

### 2．功能

在二维和三维空间中将对象与其他对象对齐。

### 3．操作

启动命令后，命令行提示如下：

命令：_3dalign
选择对象：　　　　　　　　　　　　　　　　（选择要移动的对象）
选择对象：✓
指定源平面和方向 ...
指定基点或 [复制(C)]：　　　　　　　　　　（指定源对象上的第 1 个源点）
指定第二个点或 [继续(C)] <C>：　　　　　　 （指定源对象上的第 2 个源点）
指定第三个点或 [继续(C)] <C>：　　　　　　 （指定源对象上的第 3 个源点）

指定目标平面和方向 ...
指定第一个目标点：　　　　　　　　　　　　（指定目标对象上的第 1 个目标点）
指定第二个目标点或 [退出(X)] <X>：　　　　（指定目标对象上的第 1 个目标点）
指定第三个目标点或 [退出(X)] <X>：　　　　（指定目标对象上的第 1 个目标点）

若指定基点，则先问三个源点，再问三个对应的目标点；若输入 C，则对齐且复制，原要对齐的对象仍在原处。

## 15.3.5　三维镜像

### 1．命令启动方法

- 功能区："常用"选项卡→"修改"面板→"三维镜像" ％。
- 菜单："修改" → "三维操作" → "三维镜像"。
- 键盘命令：MIRROR3D。

### 2．功能

在三维空间中，将实体相对于某一个平面进行镜像。

### 3．操作

启动命令后，命令行提示如下。

命令：_mirror3d
选择对象：　　　　　　　　　　　　　　（选择要镜像的实体）
选择对象：……（可以继续选择要镜像的实体）
选择对象：✓
指定镜像平面（三点）的第一个点或[对象(O)/最近的(L)/Z 轴(Z)/视图(V)/XY 平面(XY)/YZ 平面(YZ)/ZX 平面(ZX)/三点(3)] <三点>：

该提示行有多个选项，都是要求指定一个镜像的平面。

（1）对象：选定平面对象作为镜像平面。输入 O，提示如下：

选择圆、圆弧或二维多段线线段：　　　　（选择圆、圆弧或二维多段线作为镜像平面）
是否删除源对象？[是(Y)/否(N)] <否>：

（2）最近的：使用最近使用过的镜像平面进行镜像。输入 L，提示如下：

是否删除源对象？[是(Y)/否(N)] <否>：

（3）Z 轴：根据 Z 轴方向确定镜像平面进行镜像。输入 Z，提示如下：

在镜像平面上指定点：　　　　　　　　（输入镜像平面上的一点）
在镜像平面的 Z 轴（法向）上指定点：　　（输入与镜像平面垂直的直线上的任一点确定 Z 轴方向）
是否删除源对象？[是(Y)/否(N)] <否>：

（4）视图：将与当前视图平行的平面作为镜像平面。输入 V，提示如下：

在视图平面上指定点<0,0,0>：　　　　（在视图平面上指定一点）
是否删除源对象？[是(Y)/否(N)] <否>：

（5）XY/YZ/ZX 平面：输入 XY、YZ、ZX，将当前 UCS 的 XY、YZ 或 ZX 平面作为镜像平面。提示如下：

指定 XY（或 YZ、ZX）平面上的点<0,0,0>：　（在镜像平面上指定一点）
是否删除源对象？[是(Y)/否(N)] <否>：

（6）三点：根据指定的三点确定镜像平面。输入 3，提示如下：

在镜像平面上指定第一点：　　　　　　（指定第一点）
在镜像平面上指定第二点：　　　　　　（指定第二点）
在镜像平面上指定第三点：　　　　　　（指定第三点）

是否删除源对象? [是(Y)/否(N)] <否>:

**【例 15-6】**把【例 15-4】绘制的楔形体,以该楔形体的铅直矩形平面作为镜像平面进行三维镜像。

题目解释说明:用三点法指定镜像平面用的较多。本题就用三点法。

操作步骤如下:

```
命令:_mirror3d
选择对象:                    (选择楔形体)
选择对象:↙
指定镜像平面(三点)的第一个点或[对象(O)/最近的(L)/Z轴(Z)/视图(V)/XY平面(XY)/YZ平
面(YZ)/ZX平面(ZX)/三点(3)] <三点>:3
在镜像平面上指定第一点:        (在楔形体铅直平面上指定第一点)
在镜像平面上指定第二点:        (在楔形体铅直平面上指定第二点)
在镜像平面上指定第三点:        (在楔形体铅直平面上指定第三点)
是否删除源对象? [是(Y)/否(N)] <否>:↙
```

如图 15-7(b)所示。

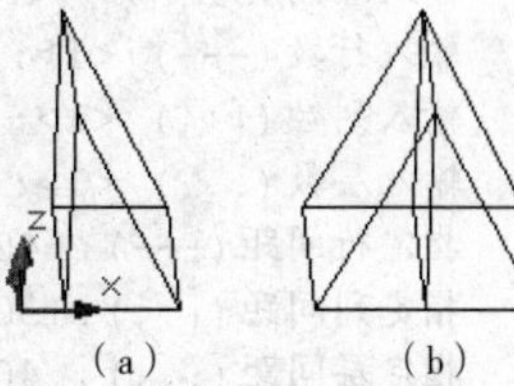

## 15.3.6 三维阵列

### 1. 命令启动方法

- 功能区:"常用"选项卡→"修改"面板→"三维陈列" 。
- 工具按钮:"建模"工具栏→"三维阵列" 。
- 菜单:"修改"→"三维操作"→"三维阵列"。
- 键盘命令:**3DARRAY**。

图 15-7 三维镜像

### 2. 功能

对实体进行三维阵列。

### 3. 操作

启动命令后,命令行提示:

```
命令:_3darray
选择对象:                        (选择阵列的对象)
选择对象:↙
输入阵列类型 [矩形(R)/环形(P)] <矩形>:    (输入 R 或 P)
```

(1)矩形:进行三维矩形阵列。输入 R,AutoCAD 提示:

```
输入行数(---) <1>:              (输入行数)
输入列数(|||) <1>:              (输入列数)
输入层数(...) <1>:              (输入层数)
指定行间距(---):                (输入行间距)
指定列间距(|||):                (输入列间距)
指定层间距(...):                (输入层间距)
```

(2)环形:进行三维环形阵列。输入 P,AutoCAD 提示:

```
输入阵列中的项目数目:            (输入阵列数目)
指定要填充的角度(+=逆时针, -=顺时针) <360>:  (输入填充的角度)
旋转阵列对象? [是(Y)/否(N)] <Y>:    (输入 Y 或 N)
指定阵列的中心点:                (指定阵列的中心点)
指定旋转轴上的第二点:            (指定通过阵列中心点的旋转轴上的另一个点)
```

**说明：**

（1）三维矩形阵列的行数、列数、层数不能都是 1。如果层数为 1，则进行二维阵列。

（2）如果三维矩形阵列的行间距、列间距、层间距为正值，则沿 X、Y、Z 轴的正向进行阵列，如果为负值则沿 X、Y、Z 轴的负向进行阵列。

**【例 15-7】** 对【例 14-5】绘制的珠环联合体进行三维矩形阵列，行数、列数、层数分别为 2、3、4，行间距、列间距、层间距分别为 400、300、40。

**题目解释说明：** 按系统的提示进行三维矩形阵列即可。阵列结束后，进行自由动态观察，发现珠环联合体的阵列结果蔚为壮观。

操作步骤如下：

```
命令：_3darray
选择对象：              （选择珠环联合体）
选择对象：✓
输入阵列类型 [矩形(R)/环形(P)] <矩形>:r
输入行数(---) <1>: 2
输入列数(||||) <1>: 3
输入层数(...) <1>: 4
指定行间距(---): 400
指定列间距(||||): 300
指定层间距(...): 40
```

结果如图 15-8（b）所示。

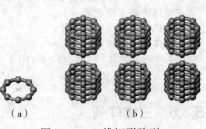

（a）　　　　（b）

图 15-8　三维矩形阵列

**【例 15-8】** 对图 14-41 所示的酒杯绕一条与酒杯的旋转轴平行的直线进行三维环形阵列。

**题目解释说明：** 本例练习三维环形阵列的操作方法。阵列数量自定。

操作步骤如下：

第一步：绘制一条与酒杯的旋转轴平行的直线。

```
命令：_line 指定第一点：350,0,-110
指定下一点或 [放弃(U)]：350,100,-110
指定下一点或 [放弃(U)]：✓
```

第二步：三维环形阵列。

```
命令：_3darray
选择对象：              （选择酒杯）
选择对象：✓
输入阵列类型 [矩形(R)/环形(P)] <矩形>:p
输入阵列中的项目数目：10
指定要填充的角度 (+=逆时针, -=顺时针) <360>:✓
旋转阵列对象? [是(Y)/否(N)] <Y>:✓
指定阵列的中心点：              （捕捉直线的一个端点）
指定旋转轴上的第二点：              （捕捉直线的另一个端点）
```

结果如图 15-9（b）所示。

（a）　　　　（b）

图 15-9　三维环形阵列

## 15.3.7　三维实体剖切

**1. 命令启动方法**

- 功能区："常用"选项卡→"实体编辑"面板→"剖切"。
- 菜单："修改"→"三维操作"→"剖切"。

● 键盘命令：SLICE。

### 2．功能

用平面把三维实体或曲面切开，可以保留某一部分，也可以保留切开的两部分。

### 3．操作

启动命令后，命令行提示：

命令：_slice
选择对象：        （选择剖切的对象）
选择对象：……      （可以继续选择剖切的对象）
选择对象：↙       （选择完毕，按回车键）
指定切面的起点或 [平面对象(O)/曲面(S)/Z轴(Z)/视图(V)/XY(XY)/YZ(YZ)/ZX(ZX)/三点(3)] <三点>：

该提示行有9个选项。

（1）指定切面的起点

设置用于定义剖切平面方向的两个点中的第一点。指定后，提示：

指定平面上的第二个点：

指定第二点后，提示：

在所需的侧面上指定点或 [保留两个侧面(B)] <保留两个侧面>：

选择是否要保留剖切对象的两个侧面，或者在要保留的平面侧面上指定另一个点。

**说明**：使用该选项时，剖切平面始终与当前UCS的 XY 平面垂直。

（2）平面对象：指定作为剖切平面的对象。输入 O，提示如下：

选择用于定义剖切平面的圆、椭圆、圆弧、二维样条曲线或二维多段线：（指定作为剖切平面的对象）
在所需的侧面上指定点或 [保留两个侧面(B)] <保留两个侧面>： （在要保留的一侧指定点，若保留两侧则输入 b）

（3）Z轴：指定包含Z轴的平面作为剖切平面。输入Z，提示如下。

指定剖面上的点：     （指定剖面上一点）
指定平面 Z 轴（法向）上的点：  （指定剖面 Z 轴上一点）
在所需的侧面上指定点或 [保留两个侧面(B)] <保留两个侧面>：

（4）视图：用与当前视图平面平行的平面作为剖切平面。输入 V，提示如下。

指定当前视图平面上的点<0,0,0>：
在所需的侧面上指定点或 [保留两个侧面(B)] <保留两个侧面>：

（5）XY/YZ/ZX 平面：分别用与当前UCS的 XY、YZ、ZX 面平行的平面作为剖切平面。输入某一项，例如 XY，提示如下：

指定 XY 平面上的点<0,0,0>：
在所需的侧面上指定点或 [保留两个侧面(B)] <保留两个侧面>：

（6）三点：默认项。指定三点确定一个剖切平面。输入 3，提示如下：

指定平面上的第一个点：    （指定剖面上的第一个点）
指定平面上的第二个点：    （指定剖面上的第二个点）
指定平面上的第三个点：    （指定剖面上的第三个点）
在所需的侧面上指定点或 [保留两个侧面(B)] <保留两个侧面>：

【例15-9】将一个圆锥进行剖切（保留两侧），剖切平面上的三点分别是圆锥的顶点、圆锥底面圆周上的两点。然后将右半部分移开，观察剖切后的情况，如图15-10所示。

  **题目解释说明：**圆锥底面圆周上的两点可以随意指定，本题主要是练习剖切的方法，不要求精确位置。

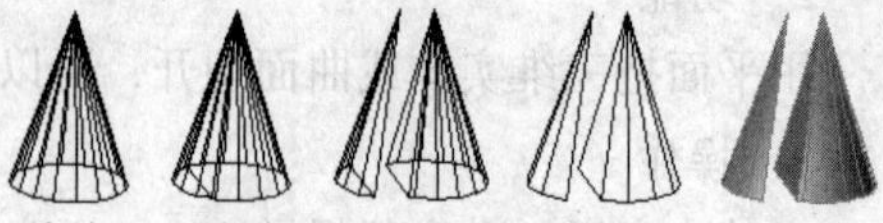

  操作步骤如下：

  第一步：设置母线数。

命令：isolines

输入 ISOLINES 的新值<4>：16

  第二步：绘制圆锥。

命令：_cone

当前线框密度：ISOLINES=16

指定圆锥体底面的中心点或 [椭圆(E)] <0,0,0>：100,0,0

指定圆锥体底面的半径或 [直径(D)]：50

指定圆锥体高度或 [顶点(A)]：150

图 15-10  剖切

  如图 15-10（a）所示。

  第三步：剖切圆锥。

命令：_slice

选择对象：    （选择圆锥）

选择对象：✓

指定切面的起点或 [平面对象(O)/曲面(S)/Z 轴(Z)/视图(V)/XY(XY)/YZ(YZ)/ZX(ZX)/三点(3)] <三点>：3

指定平面上的第一个点：  （捕捉圆锥的顶点）

指定平面上的第二个点：  （捕捉底面圆周上一点）

指定平面上的第三个点：  （捕捉底面圆周上另一点）

在所需的侧面上指定点或 [保留两个侧面(B)] <保留两个侧面>：b

  如图 15-10（b）所示。

  第四步：移开圆锥的右半部分。

命令：_move

选择对象：    （选择圆锥右半部分）

选择对象：✓

指定基点或位移：  （单击 XY 平面上一点）

指定位移的第二点或<用第一点作位移>：  （向右移动，单击 XY 平面上另一点）

  如图 15-10（c）所示。图 15-10（d）为消隐后的情况，图 15-10（e）为使用"视觉样式"为"真实"（着色）后的情况。

## 15.3.8  截面

  **1. 命令启动方法**

- 功能区："常用"选项卡→"截面"面板→"截面平面" 🔲。
- 菜单："绘图"→"建模"→"截面平面"。
- 键盘命令：SECTION。

  **2. 功能**

用平面剖切实体创建截交的剖面（面域）。

  **3. 操作**

启动命令后，命令行提示如下：

命令：_section

选择对象：    （选择要创建剖面的对象）

选择对象：……                                  （可以继续选择要创建剖面的对象）

选择对象：✓                                   （选择完毕，按回车键）

指定截面上的第一个点，依照 [对象(O)/Z 轴(Z)/视图(V)/XY (XY)/YZ(YZ)/ZX(ZX)/三点 (3)]<三点>:

该提示行的各选项与 SLICE（剖切）命令完全相同。

说明：

该命令只创建剖面，不把对象剖切开。

【例 15-10】将绘制的图 15-11（b）所示的三维旋转体沿旋转轴创建剖面。

题目解释说明：本例创建的剖面是旋转体的纵向对称

面。与这个位置上的纵向剖面图相比，它缺少把左右两部

分连为一体的位于顶部的水平线和位于底部的水平线。

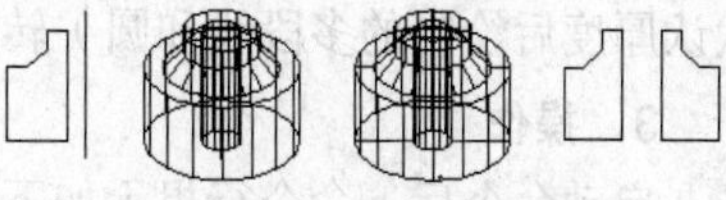

（a）    （b）    （c）    （d）

命令：_section

选择对象：找到 1 个       （选择旋转体）

图 15-11  创建剖面

选择对象：✓

指定截面上的第一个点，依照 [对象(O)/Z 轴(Z)/视图(V)/XY(XY)/YZ (YZ)/ZX (ZX)/三点(3)]<三点>: 3

指定平面上的第一个点：                          （捕捉旋转轴的第一个端点）

指定平面上的第二个点：                          （捕捉旋转轴的第二个端点）

指定平面上的第三个点：@100,0,0

如图 15-11（c）所示。移出的剖面如图 15-11（d）所示。

## 15.3.9  加厚

### 1. 命令启动方法

- 功能区："常用"选项卡→"实体编辑"→"加厚" ⬙。
- 菜单："修改"→"三维操作"→"加厚"。
- 键盘命令：THICKEN。

### 2. 功能

以指定的厚度将曲面转换为三维实体。

### 3. 操作

启动命令后，命令行提示如下：

命令：_thicken

选择要加厚的曲面：                             （选择欲加厚的曲面）

选择要加厚的曲面：……                          （可以继续选择曲面）

选择要加厚的曲面：✓                            （选择完毕，按回车键）

指定厚度<0.0000>:                              （输入厚度值）

图 15-12（b）是把图 15-12（a）所示的平面曲面加厚生成的三维实体。

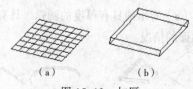

（a）                     （b）

图 15-12  加厚

### 15.3.10　转换为实体

#### 1．命令启动方法

- 功能区："常用"选项卡→"实体编辑"→"转换为实体" ⬚。
- 菜单："修改"→"三维操作"→"转换为实体"。
- 键盘命令：CONVTOSOLID。

#### 2．功能

将具有一定厚度的三维网格、多段线和圆转换为三维实体。例如将二维半图形（ELEV 设置默认厚度后绘制的多段线和圆）转换为三维实体。

#### 3．操作

启动命令后，命令行提示如下。

命令：_convtosolid
选择对象：　　　　　　　　　　　　　　（选择符合条件的对象）
选择对象：……　　　　　　　　　　　　（可以继续选择对象）
选择对象：✓　　　　　　　　　　　　　（选择完毕，按回车键）

图 15-13（b）是把图 15-13（a）所示的具有厚度的圆、闭合且具有厚度的零宽度多段线转换为三维实体且使用"视觉样式"为"真实"（着色）后的情况。

（a）　　　　　　　　（b）

图 15-13　转换为实体

### 15.3.11　转换为曲面

#### 1．命令启动方法

- 功能区："常用"选项卡→"实体编辑"→"转换为曲面" ⬚。
- 菜单："修改"→三维操作"→"转换为曲面"。
- 键盘命令：CONVTOSURFACE。

#### 2．功能

将对象转换为三维曲面。

#### 3．操作

启动命令后，命令行提示如下。

命令：_convtosurface
选择对象：　　　　　　　　　　　　　　（选择符合条件的对象）
选择对象：……　　　　　　　　　　　　（可以继续选择对象）
选择对象：✓　　　　　　　　　　　　　（选择完毕，按回车键）

说明：

可以转换为曲面的对象可以是二维实体、三维实体、面域、开放且具有宽度的零宽度的多段线、具有厚度的圆弧、网格对象、三维平面。

图 15-14（b）是把图 15-14（a）所示的具有厚度的圆弧、具有厚度的直线、面域、开放且具有厚度的零宽度多段线转换为曲面的情况。

（a）　　　　　　　　　　　　　　（b）

图 15-14　转换为曲面

## 15.3.12　提取边

### 1．命令启动方法

- 功能区："常用"选项卡→"实体编辑"→"提取边" 。
- 菜单："修改"→"三维操作"→"提取边"。
- 键盘命令：XEDGES。

### 2．功能

从三维实体、曲面、网格、面域或子对象中提取边来创建线框模型。

### 3．操作

启动命令后，命令行提示如下：

```
命令：_xedges
选择对象：                    （选择符合条件的对象）
选择对象：……                 （可以继续选择对象）
选择对象：✓                   （选择完毕，按回车键）
```

图 15-15（b）是把图 15-15（a）所示的正方体、去掉半圆柱后的长方体，提取边后的情况。

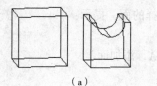

（a）　　　　　　　　　　　　　　　　　　（b）

图 15-15　提取边

# 15.4　编辑实体的面

编辑实体的面、边、体包括 17 种操作，如图 15-16 所示。

（a）"实体编辑"面板　　　　（b）"实体编辑"工具栏　　　　（c）"实体编辑"子菜单

图 15-16　"实体编辑"的面板、工具栏、子菜单

这 17 种操作的启动方法可以单击图 15-16 所示的相应按钮或命令。另外键盘命令是 SOLIDEDIT。

编辑实体的面有 8 个命令，如图 15-16（c）所示。

### 15.4.1　拉伸面

#### 1. 功能

将选定的三维实体的面拉伸到指定的高度或沿一路径拉伸。一次可以拉伸多个面。

#### 2. 操作

启动命令后，命令行提示如下：

```
命令: _solidedit
实体编辑自动检查: SOLIDCHECK=1
输入实体编辑选项 [面(F)/边(E)/体(B)/放弃(U)/退出(X)] <退出>: _face
输入面编辑选项
[拉伸(E)/移动(M)/旋转(R)/偏移(O)/倾斜(T)/删除(D)/复制(C)/颜色(L)/材质(A)/放弃(U)/
退出(X)]<退出>:_extrude
选择面或 [放弃(U)/删除(R)]:
选择面或 [放弃(U)/删除(R)/全部(ALL)]:
```

（1）选择面：选择要拉伸的面。

（2）放弃：输入 U，放弃最近选择的面。

（3）删除：输入 R，从选择集中删除以前选择的面。提示：

```
删除面或 [放弃(U)/添加(A)/全部(ALL)]:
```

"添加(A)"选项表示向选择集添加面，输入 A，添加面。

（4）全部：选择所有的面。

选择完要拉伸的面后，按回车键。提示：

```
指定拉伸高度或 [路径(P)]:          (输入拉伸高度，或输入 P 指定拉伸路径)
指定拉伸的倾斜角度<0>:             (输入拉伸的倾斜角度)
已开始实体校验。
已完成实体校验。
输入面编辑选项
[拉伸(E)/移动(M)/旋转(R)/偏移(O)/倾斜(T)/删除(D)/复制(C)/颜色(L)/材质(A)/放弃(U)/
退出(X)]<退出>:✓
实体编辑自动检查: SOLIDCHECK=1
输入实体编辑选项 [面(F)/边(E)/体(B)/放弃(U)/退出(X)] <退出>: ✓
```

**说明：**

（1）启动该命令后，系统不断提示选择要拉伸的面，用户可多次反复输入 R 或 A 来删除选择的面或添加面，选择好要拉伸的面后，回车，再指定拉伸高度、倾斜角度或路径，完成拉伸。

（2）只拉伸平面，曲面和球面不能拉伸。

（3）倾斜角度为正，面越拉伸越小；倾斜角度为负，面越拉伸越大。

**【例 15-11】**绘制图 15-17（a）所示的实体，将左端面拉伸，拉伸的倾斜角度分别为 0°、10°、-10°，如图 15-17（b）～（d）所示。

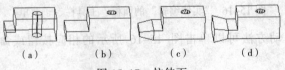

（a）　　　　　（b）　　　　　（c）　　　　　（d）

图 15-17　拉伸面

**题目解释说明：**先绘制三个实体，进行布尔运算，再拉伸面。

操作步骤：

第一步：绘制两个长方体、一个圆柱。

命令：_box
指定长方体的角点或 [中心点(CE)] <0,0,0>：0,70,0
指定角点或 [立方体(C)/长度(L)]：L
指定长度：20
指定宽度：60
指定高度：20
命令：_box
指定长方体的角点或 [中心点(CE)] <0,0,0>：20,70,0
指定角点或 [立方体(C)/长度(L)]：L
指定长度：85
指定宽度：60
指定高度：50
命令：_cylinder
当前线框密度：ISOLINES=4
指定圆柱体底面的中心点或 [椭圆(E)] <0,0,0>：70,100,0
指定圆柱体底面的半径或 [直径(D)]：10
指定圆柱体高度或 [另一个圆心(C)]：50

第二步：布尔运算，从两个长方体中减去圆柱。

命令：_subtract 选择要从中减去的实体或面域...
选择对象：　　　　　　　　　　　　　（选择一个长方体）
选择对象：　　　　　　　　　　　　　（选择另一个长方体）
选择对象：✓
选择要减去的实体或面域 ..
选择对象：　　　　　　　　　　　　　（选择圆柱）
选择对象：✓

如图 15-17（a）所示。

第三步：拉伸左端面。

命令：_solidedit
实体编辑自动检查：SOLIDCHECK=1
输入实体编辑选项 [面(F)/边(E)/体(B)/放弃(U)/退出(X)] <退出>：_face
输入面编辑选项
[拉伸(E)/移动(M)/旋转(R)/偏移(O)/倾斜(T)/删除(D)/复制(C)/颜色(L)/材质(A)/放弃(U)/
退出(X)]<退出>：_extrude
选择面或 [放弃(U)/删除(R)]：找到 2 个面。　　（单击左端面的一条边，显示找到两个面）
选择面或 [放弃(U)/删除(R)/全部(ALL)]：R　　　（输入 R，准备去掉一个面）
删除面或 [放弃(U)/添加(A)/全部(ALL)]：找到 2 个面，已删除 1 个。（单击要去掉的面的一条边）
删除面或 [放弃(U)/添加(A)/全部(ALL)]：✓　　　（要拉伸的面已选择好，回车）
指定拉伸高度或 [路径(P)]：30
指定拉伸的倾斜角度<0>：✓
已开始实体校验。
已完成实体校验。
输入面编辑选项
[拉伸(E)/移动(M)/旋转(R)/偏移(O)/倾斜(T)/删除(D)/复制(C)/颜色(L)/材质(A)/放弃(U)/
退出(X)]<退出>：✓
实体编辑自动检查：SOLIDCHECK=1
输入实体编辑选项 [面(F)/边(E)/体(B)/放弃(U)/退出(X)] <退出>：✓

如图 15-17（b）所示。图 15-17（c）和图 15-17（d）进行 10°和-10°的拉伸可仿此操作。

说明：选择面时，也可以不单击边，而单击该面的各边围成的区域的中间。

## 15.4.2　移动面

### 1．功能

沿指定的距离移动选定的三维实体的面。一次可以移动多个面。

### 2．操作

启动命令后，命令行提示如下：

命令：_solidedit
实体编辑自动检查：SOLIDCHECK=1
输入实体编辑选项 [面(F)/边(E)/体(B)/放弃(U)/退出(X)] <退出>：_face
输入面编辑选项
[拉伸(E)/移动(M)/旋转(R)/偏移(O)/倾斜(T)/删除(D)/复制(C)/颜色(L)/材质(A)/放弃(U)/退出(X) <退出>：_move
选择面或 [放弃(U)/删除(R)]：
选择面或 [放弃(U)/删除(R)/全部(ALL)]：

这里的选项与拉伸面相同。

选择完要移动的面后，回车。提示：

指定基点或位移：　　　　　　　　　　　　　　（指定基点或位移）
指定位移的第二点：　　　　　　　　　　　　　　（指定位移的第二点）
已开始实体校验。
已完成实体校验。
输入面编辑选项
[拉伸(E)/移动(M)/旋转(R)/偏移(O)/倾斜(T)/删除(D)/复制(C)/着色(L)/放弃(U)/退出(X)]<退出>：✓
实体编辑自动检查：SOLIDCHECK=1
输入实体编辑选项 [面(F)/边(E)/体(B)/放弃(U)/退出(X)] <退出>：✓

【例 15-12】将图 15-18（a）所示的实体的右端面向右移动 20，如图 15-18（b）所示。再将圆柱面向左移动 20，如图 15-18（c）所示。

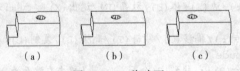

（a）　　　　　　　　　（b）　　　　　　　　　（c）

图 15-18　移动面

题目解释说明：把实体的右端面向右移动 20，与把实体的右端面向右拉伸 20（倾斜角度为 0°）效果相同。

操作步骤：

第一步：实体的右端面向右移动 20。

命令：_solidedit
实体编辑自动检查：SOLIDCHECK=1
输入实体编辑选项 [面(F)/边(E)/体(B)/放弃(U)/退出(X)] <退出>：_face
输入面编辑选项
[拉伸(E)/移动(M)/旋转(R)/偏移(O)/倾斜(T)/删除(D)/复制(C)/颜色(L)/材质(A)/放弃(U)/退出(X)]<退出>：_move

选择面或 [放弃(U)/删除(R)]：找到 2 个面。　　　（单击右端面的一条边，显示找到两个面）

选择面或 [放弃(U)/删除(R)/全部(ALL)]:R　　　（输入 R，准备去掉一个面）

删除面或 [放弃(U)/添加(A)/全部(ALL)]：找到 2 个面，已删除 1 个。（单击要去掉的面的一条边）

删除面或 [放弃(U)/添加(A)/全部(ALL)]：✓　　　（要移动的面已选择好，按回车键）

指定基点或位移：　　　　　　　　　　　　　　　（捕捉实体底面的右下角点）

指定位移的第二点：@20,0,0

已开始实体校验。

已完成实体校验。

输入面编辑选项

[拉伸(E)/移动(M)/旋转(R)/偏移(O)/倾斜(T)/删除(D)/复制(C)/颜色(L)/材质(A)/放弃(U)/退出(X)] <退出>:✓

实体编辑自动检查：SOLIDCHECK=1

输入实体编辑选项 [面(F)/边(E)/体(B)/放弃(U)/退出(X)] <退出>:✓

如图 15-18（b）所示。

第二步：圆柱面向左移动 20。

命令：_solidedit

实体编辑自动检查：SOLIDCHECK=1

输入实体编辑选项 [面(F)/边(E)/体(B)/放弃(U)/退出(X)] <退出>：_face

输入面编辑选项

[拉伸(E)/移动(M)/旋转(R)/偏移(O)/倾斜(T)/删除(D)/复制(C)/颜色(L)/材质(A)/放弃(U)/退出(X)]<退出>：_move

选择面或 [放弃(U)/删除(R)]：找到 2 个面。　　　（单击圆柱顶面的圆周，显示找到两个面）

选择面或 [放弃(U)/删除(R)/全部(ALL)]:R　　　（输入 R，准备去掉一个面）

删除面或 [放弃(U)/添加(A)/全部(ALL)]：找到 2 个面，已删除 1 个。（单击要去掉的面的一条边）

删除面或 [放弃(U)/添加(A)/全部(ALL)]：✓　　　（要移动的面已选择好，按回车键）

指定基点或位移：　　　　　　　　　　　　　　　（捕捉圆心）

指定位移的第二点：@-20,0,0

已开始实体校验。

已完成实体校验。

输入面编辑选项

[拉伸(E)/移动(M)/旋转(R)/偏移(O)/倾斜(T)/删除(D)/复制(C)/颜色(L)/材质(A)/放弃(U)/退出(X)]<退出>:✓

实体编辑自动检查：SOLIDCHECK=1

输入实体编辑选项 [面(F)/边(E)/体(B)/放弃(U)/退出(X)] <退出>:✓

如图 15-18 （c）所示。

## 15.4.3　偏移面

### 1. 功能

按指定的距离或通过指定的点，将三维实体的面均匀地偏移。

### 2. 操作

启动命令后，命令行提示如下：

命令：_solidedit

实体编辑自动检查：SOLIDCHECK=1

输入实体编辑选项 [面(F)/边(E)/体(B)/放弃(U)/退出(X)] <退出>：_face

输入面编辑选项

[拉伸(E)/移动(M)/旋转(R)/偏移(O)/倾斜(T)/删除(D)/复制(C)/颜色(L)/材质(A)/放弃(U)/退出(X)]<退出>：_offset

选择面或 [放弃(U)/删除(R)]：

选择面或 [放弃(U)/删除(R)/全部(ALL)]：

这里的选项与拉伸面相同。

选择完要偏移的面后，按回车键。提示：

指定偏移距离：                                （指定偏移距离）

已开始实体校验。

已完成实体校验。

输入面编辑选项

[拉伸(E)/移动(M)/旋转(R)/偏移(O)/倾斜(T)/删除(D)/复制(C)/颜色(L)/材质(A)/放弃(U)/
退出(X)]<退出>：↙

实体编辑自动检查：SOLIDCHECK=1

输入实体编辑选项 [面(F)/边(E)/体(B)/放弃(U)/退出(X)] <退出>：↙

**说明：**

（1）偏移值为正，增大实体的体积，偏移值为负，减小实体的体积。

（2）如果实体中有孔，偏移值为正，孔减小（实体的体积增大）；偏移值为负，孔增大（实体的体积减小）。

**【例 15-13】**将图 15-19（a）所示实体的圆柱面分别偏移 5 和-5，如图 15-19（b）和图 15-19（c）所示。

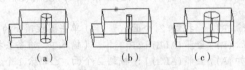

（a）　　　　　　（b）　　　　　　（c）

图 15-19　偏移面

**题目解释说明：**本例是偏移孔。图 15-19（b）的偏移值为正，所以孔减小（实体的体积增大）。图 15-19（c）的偏移值为负，所以孔增大（实体的体积减小）。

操作步骤：

第一步：圆柱面偏移 5。

命令：_solidedit

实体编辑自动检查：SOLIDCHECK=1

输入实体编辑选项 [面(F)/边(E)/体(B)/放弃(U)/退出(X)] <退出>：_face

输入面编辑选项

[拉伸(E)/移动(M)/旋转(R)/偏移(O)/倾斜(T)/删除(D)/复制(C)/颜色(L)/材质(A)/放弃(U)/
退出(X)]<退出>：_offset

选择面或 [放弃(U)/删除(R)]：找到 2 个面。        （单击圆柱顶面的圆周，显示找到两个面）

选择面或 [放弃(U)/删除(R)/全部(ALL)]：R        （输入 R，准备去掉一个面）

删除面或 [放弃(U)/添加(A)/全部(ALL)]：找到 2 个面，已删除 1 个。（单击要去掉的面的一条边）

删除面或 [放弃(U)/添加(A)/全部(ALL)]：↙        （要偏移的面已选择好，按回车键）

指定偏移距离：5

已开始实体校验。

已完成实体校验。

输入面编辑选项

[拉伸(E)/移动(M)/旋转(R)/偏移(O)/倾斜(T)/删除(D)/复制(C)/颜色(L)/材质(A)/放弃(U)/
退出(X)]<退出>：↙

实体编辑自动检查：SOLIDCHECK=1

输入实体编辑选项 [面(F)/边(E)/体(B)/放弃(U)/退出(X)] <退出>：↙

如图 15-19（b）所示。

第二步：圆柱面偏移-5。

仿照上一步操作，结果如图 15-19（c）所示。

### 15.4.4　删除面

**1．功能**

删除实体的面，包括倒的角和倒的圆角。

**2．操作**

启动命令后，命令行提示如下：

命令：_solidedit

实体编辑自动检查：SOLIDCHECK=1

输入实体编辑选项 [面(F)/边(E)/体(B)/放弃(U)/退出(X)] <退出>：_face

输入面编辑选项

[拉伸(E)/移动(M)/旋转(R)/偏移(O)/倾斜(T)/删除(D)/复制(C)/颜色(L)/材质(A)/放弃(U)/退出(X)]<退出>：_delete

选择面或 [放弃(U)/删除(R)]：

选择面或 [放弃(U)/删除(R)/全部(ALL)]：

这里的选项与拉伸面相同。

选择完要删除的面后，按回车键。提示：

已开始实体校验。

已完成实体校验。

输入面编辑选项

[拉伸(E)/移动(M)/旋转(R)/偏移(O)/倾斜(T)/删除(D)/复制(C)/颜色(L)/材质(A)/放弃(U)/退出(X)]<退出>：↙

实体编辑自动检查：SOLIDCHECK=1

输入实体编辑选项 [面(F)/边(E)/体(B)/放弃(U)/退出(X)] <退出>：↙

说明：

（1）可从三维实体上删除孔和倒的角、倒的圆角。

（2）只有当所选择的面被删除后，剩下的相邻于被选择的实体面的其他面尚能延伸相交，不影响实体的存在时，才能删除所选择的面。

【例 15-14】将图 15-20（a）所示实体的圆柱面删除，如图 15-20（b）所示。

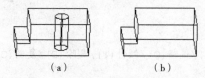

（a）　　　　　（b）

图 15-20　删除面

操作步骤：

命令：_solidedit

实体编辑自动检查：SOLIDCHECK=1

输入实体编辑选项 [面(F)/边(E)/体(B)/放弃(U)/退出(X)] <退出>：_face

输入面编辑选项

[拉伸(E)/移动(M)/旋转(R)/偏移(O)/倾斜(T)/删除(D)/复制(C)/颜色(L)/材质(A)/放弃(U)/退出(X)]<退出>：_delete

选择面或 [放弃(U)/删除(R)]：找到 2 个面。　　　（单击圆柱顶面的圆周，显示找到两个面）

选择面或 [放弃(U)/删除(R)/全部(ALL)]:R　　　（输入 R，准备去掉一个面）

删除面或 [放弃(U)/添加(A)/全部(ALL)]：找到 2 个面，已删除 1 个。

　　　　　　　　　　　　　　　　　　　　　　（单击要去掉的面的一条边）

删除面或 [放弃(U)/添加(A)/全部(ALL)]：✓　　　（要删除的面已选择好，按回车键）

已开始实体校验。

已完成实体校验。

输入面编辑选项

[拉伸(E)/移动(M)/旋转(R)/偏移(O)/倾斜(T)/删除(D)/复制(C)/颜色(L)/材质(A)/放弃(U)/退出(X)]<退出>:✓

实体编辑自动检查：SOLIDCHECK=1

输入实体编辑选项 [面(F)/边(E)/体(B)/放弃(U)/退出(X)] <退出>:✓

如图 15-20（b）所示。

## 15.4.5　旋转面

### 1. 功能

绕指定的旋转轴旋转一个或多个面或实体的某些部分。

### 2. 操作

启动命令后，命令行提示如下：

命令：_solidedit

实体编辑自动检查：SOLIDCHECK=1

输入实体编辑选项 [面(F)/边(E)/体(B)/放弃(U)/退出(X)] <退出>: _face

输入面编辑选项

[拉伸(E)/移动(M)/旋转(R)/偏移(O)/倾斜(T)/删除(D)/复制(C)/颜色(L)/材质(A)/放弃(U)/退出(X)]<退出>:_rotate

选择面或 [放弃(U)/删除(R)]：

选择面或 [放弃(U)/删除(R)/全部(ALL)]：

这里的选项与拉伸面相同。

选择完要旋转的面后，按回车键。提示：

指定轴点或 [经过对象的轴(A)/视图(V)/X 轴(X)/Y 轴(Y)/Z 轴(Z)] <两点>：

要求指定旋转轴，选项与 ROTATE3D（三维旋转）命令类似。指定旋转轴后，提示：

指定旋转角度或 [参照(R)]：　　　　　　　　　（输入旋转角度，或输入 R 指定参照角度）

已开始实体校验。

已完成实体校验。

输入面编辑选项

[拉伸(E)/移动(M)/旋转(R)/偏移(O)/倾斜(T)/删除(D)/复制(C)/颜色(L)/材质(A)/放弃(U)/退出(X)]<退出>:✓

实体编辑自动检查：SOLIDCHECK=1

输入实体编辑选项 [面(F)/边(E)/体(B)/放弃(U)/退出(X)] <退出>:✓

说明：

（1）旋转轴以选取的第一点为原点，正方向从第一点指向第二点。

（2）使用右手定则确定旋转角的正方向：将右手拇指指向旋转轴的正方向，右手握住该旋转轴弯曲其余四指，弯曲方向即旋转角的正方向。

【例 15-15】将图 15-21（a）所示实体的右端面绕该面的底边线旋转 ±15°，如图 15-21（b）

和图 15-21（c）所示。

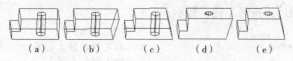

图 15-21 旋转面

**题目解释说明**：本题旋转轴的第一点为实体底面的右下角点，第二点为实体底面的右上角点。图 15-21（b）为右端面旋转 15°，图 15-21（c）为右端面旋转-15°。

操作步骤：

命令：_solidedit
实体编辑自动检查：SOLIDCHECK=1
输入实体编辑选项 [面(F)/边(E)/体(B)/放弃(U)/退出(X)] <退出>：_face
输入面编辑选项
[拉伸(E)/移动(M)/旋转(R)/偏移(O)/倾斜(T)/删除(D)/复制(C)/颜色(L)/材质(A)/放弃(U)/退出(X)]<退出>：_rotate
选择面或 [放弃(U)/删除(R)]：找到 2 个面。　　（单击右端面的一条边，显示找到两个面）
选择面或 [放弃(U)/删除(R)/全部(ALL)]：R　　（输入 R，准备去掉一个面）
删除面或 [放弃(U)/添加(A)/全部(ALL)]：找到 2 个面，已删除 1 个。（单击要去掉的面的一条边）
删除面或 [放弃(U)/添加(A)/全部(ALL)]：↙　　（要旋转的面已选择好，按回车键）
指定轴点或 [经过对象的轴(A)/视图(V)/X 轴(X)/Y 轴(Y)/Z 轴(Z)] <两点>：
　　　　　　　　　　　　　　　　　　　　（捕捉底面的右下角点）
在旋转轴上指定第二个点：　　　　　　　　（捕捉底面的右上角点）
指定旋转角度或 [参照(R)]：15
已开始实体校验。
已完成实体校验。
输入面编辑选项
[拉伸(E)/移动(M)/旋转(R)/偏移(O)/倾斜(T)/删除(D)/复制(C)/颜色(L)/材质(A)/放弃(U)/退出(X)]<退出>：↙
实体编辑自动检查：SOLIDCHECK=1
输入实体编辑选项 [面(F)/边(E)/体(B)/放弃(U)/退出(X)] <退出>：↙

如图 15-21（b）所示。

仿此旋转-15°，结果如图 15-21（c）所示。消隐后如图 15-21（d）和图 15-21（e）所示。

## 15.4.6 倾斜面

### 1．功能

按一个角度将面进行倾斜。

### 2．操作

启动命令后，命令行提示如下：

命令：_solidedit
实体编辑自动检查：SOLIDCHECK=1
输入实体编辑选项 [面(F)/边(E)/体(B)/放弃(U)/退出(X)] <退出>：_face
输入面编辑选项
[拉伸(E)/移动(M)/旋转(R)/偏移(O)/倾斜(T)/删除(D)/复制(C)/颜色(L)/材质(A)/放弃(U)/退出(X)]<退出>：_taper
选择面或 [放弃(U)/删除(R)]：
选择面或 [放弃(U)/删除(R)/全部(ALL)]：

这里的选项与拉伸面相同。

选择完要倾斜的面后，按回车键。提示：

| 指定基点： | （指定基点） |
| 指定沿倾斜轴的另一个点： | （指定倾斜轴上的另一个点） |
| 指定倾斜角度： | （输入倾斜角度） |

已开始实体校验。

已完成实体校验。

输入面编辑选项

[拉伸(E)/移动(M)/旋转(R)/偏移(O)/倾斜(T)/删除(D)/复制(C)/颜色(L)/材质(A)/放弃(U)/退出(X)]<退出>：✓

实体编辑自动检查：SOLIDCHECK=1

输入实体编辑选项 [面(F)/边(E)/体(B)/放弃(U)/退出(X)] <退出>：✓

**说明：**

（1）面倾斜时对应于基点的点不动，对应于倾斜轴的其他点动。

（2）如果倾斜角度为正，则选定的面向实体内倾斜；如果倾斜角度为负，则选定的面向实体外倾斜。

**【例15-16】** 将图15-22（a）所示实体的右端面倾斜20°，如图15-22（b）和图15-22（c）所示。

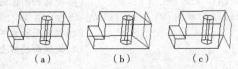

（a）　　　　　（b）　　　　　（c）

图15-22　倾斜面

**题目解释说明：** 图15-22（b）的倾斜轴的第一点为实体底面的右下角点，第二点为实体底面的右上角点。图15-22（c）的倾斜轴的第一点为实体底面的右上角点，第二点为实体底面的右下角点。图 15-22（b）和图 15-22（c）中孤立的面为未倾斜前的原始面，由此可以比较倾斜后发生的变化。

操作步骤：

命令：_solidedit

实体编辑自动检查：SOLIDCHECK=1

输入实体编辑选项 [面(F)/边(E)/体(B)/放弃(U)/退出(X)] <退出>：_face

输入面编辑选项

[拉伸(E)/移动(M)/旋转(R)/偏移(O)/倾斜(T)/删除(D)/复制(C)/颜色(L)/材质(A)/放弃(U)/退出(X)]<退出>：_taper

| 选择面或 [放弃(U)/删除(R)]：找到 2 个面。 | （单击右端面的一条边，显示找到两个面） |
| 选择面或 [放弃(U)/删除(R)/全部(ALL)]：R | （输入R，准备去掉一个面） |
| 删除面或 [放弃(U)/添加(A)/全部(ALL)]：找到 2 个面，已删除 1 个。 | （单击要去掉的面的一条边） |
| 删除面或 [放弃(U)/添加(A)/全部(ALL)]：✓ | （要旋转的面已选择好，回车） |
| 指定基点： | （捕捉底面的右下角点） |
| 指定沿倾斜轴的另一个点： | （捕捉底面的右上角点） |

指定倾斜角度：20

已开始实体校验。

已完成实体校验。

输入面编辑选项

[拉伸(E)/移动(M)/旋转(R)/偏移(O)/倾斜(T)/删除(D)/复制(C)/颜色(L)/材质(A)/放弃(U)/退出(X)]<退出>:✓
实体编辑自动检查：SOLIDCHECK=1
输入实体编辑选项 [面(F)/边(E)/体(B)/放弃(U)/退出(X)] <退出>:✓

如图 15-22（b）所示。

仿此，改变基点和倾斜轴上的另一个点的选择顺序，旋转 20°，结果如图 15-22（c）所示。

### 15.4.7　着色面

**1. 功能**

修改面的颜色。

**2. 操作**

启动命令后，命令行提示如下：

命令：_solidedit
实体编辑自动检查：SOLIDCHECK=1
输入实体编辑选项 [面(F)/边(E)/体(B)/放弃(U)/退出(X)] <退出>：_face
输入面编辑选项
[拉伸(E)/移动(M)/旋转(R)/偏移(O)/倾斜(T)/删除(D)/复制(C)/颜色(L)/材质(A)/放弃(U)/退出(X)]<退出>:_color
选择面或 [放弃(U)/删除(R)]：
选择面或 [放弃(U)/删除(R)/全部(ALL)]：

这里的选项与拉伸面相同。

选择完要着色的面后，按回车键，弹出"选择颜色"对话框，指定颜色，单击"确定"按钮，关闭对话框。提示：

输入面编辑选项
[拉伸(E)/移动(M)/旋转(R)/偏移(O)/倾斜(T)/删除(D)/复制(C)/颜色(L)/材质(A)/放弃(U)/退出(X)]<退出>:✓
实体编辑自动检查：SOLIDCHECK=1
输入实体编辑选项 [面(F)/边(E)/体(B)/放弃(U)/退出(X)] <退出>:✓

**【例 15-17】**将图 15-23(a)所示实体最高的顶面着色为绿色，如图 15-23(b)和图 15-23（c）所示。

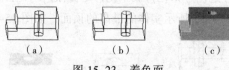

（a）　　　　　　（b）　　　　　　（c）

图 15-23　着色面

**题目解释说明：**着色操作相对简单。图 15-23（c）是着色后的情况。

操作步骤：

命令：_solidedit
实体编辑自动检查：SOLIDCHECK=1
输入实体编辑选项 [面(F)/边(E)/体(B)/放弃(U)/退出(X)] <退出>：_face
输入面编辑选项
[拉伸(E)/移动(M)/旋转(R)/偏移(O)/倾斜(T)/删除(D)/复制(C)/颜色(L)/材质(A)/放弃(U)/退出(X)]<退出>:_color
选择面或 [放弃(U)/删除(R)]：找到 2 个面。　　　　　　（单击上端面的一条边，显示找到两个面）

选择面或 [放弃(U)/删除(R)/全部(ALL)]:R　　　　　　　　（输入 R，准备去掉一个面）
删除面或 [放弃(U)/添加(A)/全部(ALL)]: 找到 2 个面，已删除 1 个。（单击要去掉的面的一条边）
删除面或 [放弃(U)/添加(A)/全部(ALL)]:✓　　　　　　　（要着色的面已选择好，回车）
输入面编辑选项
[拉伸(E)/移动(M)/旋转(R)/偏移(O)/倾斜(T)/删除(D)/复制(C)/颜色(L)/材质(A)/放弃(U)/
退出(X)]<退出>:✓
实体编辑自动检查： SOLIDCHECK=1
输入实体编辑选项 [面(F)/边(E)/体(B)/放弃(U)/退出(X)] <退出>:✓
如图 15-23 （b）所示。

## 15.4.8　复制面

### 1. 功能

复制面为面域或体。

### 2. 操作

启动命令后，命令行提示如下：

命令: _solidedit
实体编辑自动检查： SOLIDCHECK=1
输入实体编辑选项 [面(F)/边(E)/体(B)/放弃(U)/退出(X)] <退出>: _face
输入面编辑选项
[拉伸(E)/移动(M)/旋转(R)/偏移(O)/倾斜(T)/删除(D)/复制(C)/颜色(L)/材质(A)/放弃(U)/
退出(X)]<退出>:_copy
选择面或 [放弃(U)/删除(R)]:
选择面或 [放弃(U)/删除(R)/全部(ALL)]:

这里的选项与拉伸面相同。

选择完要复制的面后，回车。提示：

指定基点或位移:　　　　　　　　　　　　　　　（指定基点或位移）
指定位移的第二点:　　　　　　　　　　　　　　（指定位移的第二点）
输入面编辑选项
[拉伸(E)/移动(M)/旋转(R)/偏移(O)/倾斜(T)/删除(D)/复制(C)/颜色(L)/材质(A)/放弃(U)/
退出(X)]<退出>:✓
实体编辑自动检查： SOLIDCHECK=1
输入实体编辑选项 [面(F)/边(E)/体(B)/放弃(U)/退出(X)] <退出>:✓

**【例 15-18】**复制图 15-24（a）所示实体的最高的顶面，如图 15-24（b）所示。

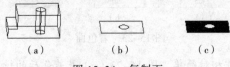

　　（a）　　　　　　　（b）　　　　　　（c）

图 15-24　复制面

**题目解释说明：**图 15-24（c）是着色后的情况。

操作步骤：

命令: _solidedit
实体编辑自动检查： SOLIDCHECK=1
输入实体编辑选项 [面(F)/边(E)/体(B)/放弃(U)/退出(X)] <退出>: _face
输入面编辑选项
[拉伸(E)/移动(M)/旋转(R)/偏移(O)/倾斜(T)/删除(D)/复制(C)/颜色(L)/材质(A)/放弃(U)/
退出(X)]<退出>:_copy

选择面或 [放弃(U)/删除(R)]：找到 2 个面。（单击上端面的一条边，显示找到两个面）
选择面或 [放弃(U)/删除(R)/全部(ALL)]：R       （输入 R，准备去掉一个面）
删除面或 [放弃(U)/添加(A)/全部(ALL)]：找到 2 个面，已删除 1 个。（单击要去掉的面的一条边）
删除面或 [放弃(U)/添加(A)/全部(ALL)]：↙（要复制的面已选择好，回车）
指定基点或位移：       （指定一点）
指定位移的第二点：       （指定另一点）
输入面编辑选项
[拉伸(E)/移动(M)/旋转(R)/偏移(O)/倾斜(T)/删除(D)/复制(C)/颜色(L)/材质(A)/放弃(U)/
退出(X)]<退出>：↙
实体编辑自动检查： SOLIDCHECK=1
输入实体编辑选项 [面(F)/边(E)/体(B)/放弃(U)/退出(X)] <退出>：↙
如图 15-24（b）所示。着色后如图 15-24 （c）所示。

# 15.5 编辑实体的边

编辑实体的边有 4 个命令——倒角边、圆角边、着色边、复制边。其中的"倒角边"和"圆角边"已在 15.1 节介绍。着色边是改变三维实体某些边的颜色，复制边是复制三维实体的某些边。着色边和复制边的操作很简单，一试便知，这里略过。

# 15.6 编辑实体的体

编辑实体的体有 5 个命令——压印边、清除、分割、抽壳、检查。

## 15.6.1 压印边

### 1. 功能

在选定的三维实体（受压实体）上压印一个对象，在受压实体上留下施压对象的二维痕迹。可以删除施压对象，也可以保留施压对象。压印边犹如盖印，在纸上留下印章上的红色痕迹。

### 2. 操作

启动命令后，先选择受压对象，再选择施压对象，最后确定是否删除源对象。

【例 15-19】将位于长方体顶面上的圆柱体压印到长方体上。如图 15-25 所示，其中图 15-25（a）是圆柱体位于长方体的上表面（圆柱体的下底面的局部与长方体的上表面接触），图 15-25（b）是压印的结果。

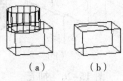

（a）        （b）

图 15-25 压印边

命令：_imprint
选择三维实体或曲面：       （选择受压对象长方体）
选择要压印的对象：       （选择施压对象圆柱体）
是否删除源对象 [是(Y)/否(N)] <N>：y       （是否删除施压对象圆柱体）
选择要压印的对象：↙

说明：

（1）施压对象和受压对象必须有一个或多个面相交。

（2）施压对象只能是圆弧、圆、直线、二维和三维多段线、椭圆、样条曲线、面域、体和三维实体。

### 15.6.2 抽壳

**1. 功能**

对三维实体创建一个指定厚度的薄层。通过选择面可以将不抽壳的面排除在外。

**2. 操作**

命令：_solidedit
实体编辑自动检查：SOLIDCHECK=1
输入实体编辑选项 [面(F)/边(E)/体(B)/放弃(U)/退出(X)] <退出>：_body
输入体编辑选项
[压印(I)/分割实体(P)/抽壳(S)/清除(L)/检查(C)/放弃(U)/退出(X)] <退出>：_shell
选择三维实体：                        （选择要抽壳的三维实体）
删除面或 [放弃(U)/添加(A)/全部(ALL)]：
这里的选项与拉伸面类似。

选择完要抽壳的面后，按回车键。提示：

输入抽壳偏移距离：                        （输入抽壳偏移的距离）
已开始实体校验。
已完成实体校验。
输入体编辑选项
[压印(I)/分割实体(P)/抽壳(S)/清除(L)/检查(C)/放弃(U)/退出(X)] <退出>：↙
实体编辑自动检查：SOLIDCHECK=1
输入实体编辑选项 [面(F)/边(E)/体(B)/放弃(U)/退出(X)] <退出>：↙

说明：

（1）AutoCAD 将现有的面偏移出原来的位置创建新面。

（2）偏移距离为正，向内抽壳，偏移距离为负，向外抽壳。

（3）一个三维实体只有一个壳。

（4）对长方体适当抽壳可形成一定厚度的墙壁。

【例 15-20】将长方体抽壳，如图 15-26 所示。

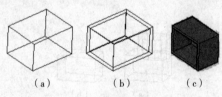

(a)　　　　　　(b)　　　　　　(c)

图 15-26　抽壳

命令：_solidedit
实体编辑自动检查：SOLIDCHECK=1
输入实体编辑选项 [面(F)/边(E)/体(B)/放弃(U)/退出(X)] <退出>：_body
输入体编辑选项
[压印(I)/分割实体(P)/抽壳(S)/清除(L)/检查(C)/放弃(U)/退出(X)] <退出>：_shell
选择三维实体：                        （选择长方体）

删除面或 [放弃(U)/添加(A)/全部(ALL)]：✓
输入抽壳偏移距离：2
已开始实体校验。
已完成实体校验。
输入体编辑选项
[压印(I)/分割实体(P)/抽壳(S)/清除(L)/检查(C)/放弃(U)/退出(X)] <退出>：✓
实体编辑自动检查：SOLIDCHECK=1
输入实体编辑选项 [面(F)/边(E)/体(B)/放弃(U)/退出(X)] <退出>：✓

结果如图 15-26（b）所示。图 15-26（c）是从中间剖切开的情形，可见中间是空的，只留有一个壳。

## 15.6.3　分割

### 1. 功能

将复合实体（也称为组合实体）分割成单独的实体对象，类似于将组合实体分割为零件。这些实体对象或零件必须互不接触才可被分割。

### 2. 操作

启动命令后，命令行提示如下：

命令：_solidedit
实体编辑自动检查：SOLIDCHECK=1
输入实体编辑选项 [面(F)/边(E)/体(B)/放弃(U)/退出(X)] <退出>：_body
输入体编辑选项
[压印(I)/分割实体(P)/抽壳(S)/清除(L)/检查(C)/放弃(U)/退出(X)] <退出>：_separate
选择三维实体：　　　　　　　　　　　　（选择复合实体）
输入体编辑选项
[压印(I)/分割实体(P)/抽壳(S)/清除(L)/检查(C)/放弃(U)/退出(X)] <退出>：✓
实体编辑自动检查：SOLIDCHECK=1
输入实体编辑选项 [面(F)/边(E)/体(B)/放弃(U)/退出(X)] <退出>：✓

说明：

（1）分割复合实体的条件是组成复合实体的各个实体对象必须互不接触。互不接触是指各个实体对象没有公共的面积或体积。

（2）特别适合于分割由几个互不接触的三维实体并集形成的复合实体。

（3）在将三维实体分割后，独立的实体保留其图层和原始颜色。

（4）所有嵌套的三维实体都将被分割成最简单的结构。

（5）分割可以认为是 UNION（并集）的逆操作。

【例 15-21】将两个互不接触的球并集形成的复合实体分割。

题目解释说明：分割操作和并集操作一样简单。

操作步骤：

命令：_solidedit
实体编辑自动检查：SOLIDCHECK=1
输入实体编辑选项 [面(F)/边(E)/体(B)/放弃(U)/退出(X)] <退出>：_body
输入体编辑选项
[压印(I)/分割实体(P)/抽壳(S)/清除(L)/检查(C)/放弃(U)/退出(X)] <退出>：_separate
选择三维实体：　　　　　　　　　　　（选择两个球形成的复合实体）

输入体编辑选项

[压印(I)/分割实体(P)/抽壳(S)/清除(L)/检查(C)/放弃(U)/退出(X)] <退出>:↙

实体编辑自动检查：SOLIDCHECK=1

输入实体编辑选项 [面(F)/边(E)/体(B)/放弃(U)/退出(X)] <退出>:↙

### 15.6.4 清除

#### 1. 功能

从三维实体中删除冗余面、边和顶点。

#### 2. 操作

启动命令后，命令行提示如下：

命令：_solidedit

实体编辑自动检查：SOLIDCHECK=1

输入实体编辑选项 [面(F)/边(E)/体(B)/放弃(U)/退出(X)] <退出>：_body

输入体编辑选项

[压印(I)/分割实体(P)/抽壳(S)/清除(L)/检查(C)/放弃(U)/退出(X)] <退出>：_clean

选择三维实体：                           （选择要清除的三维实体）

输入体编辑选项

[压印(I)/分割实体(P)/抽壳(S)/清除(L)/检查(C)/放弃(U)/退出(X)] <退出>:↙

实体编辑自动检查：SOLIDCHECK=1

输入实体编辑选项 [面(F)/边(E)/体(B)/放弃(U)/退出(X)] <退出>:↙

### 15.6.5 检查

#### 1. 功能

检查实体对象是不是有效的三维实体。对有效的三维实体，对其修改不会出现失败错误信息。如果三维实体无效，则不能编辑它。

#### 2. 操作

启动命令后，命令行提示如下：

命令：_solidedit

实体编辑自动检查：SOLIDCHECK=1

输入实体编辑选项 [面(F)/边(E)/体(B)/放弃(U)/退出(X)] <退出>：_body

输入体编辑选项

[压印(I)/分割实体(P)/抽壳(S)/清除(L)/检查(C)/放弃(U)/退出(X)] <退出>：_check

选择三维实体：                           （选择要检查的三维实体）

此对象是有效的 ShapeManager 实体。          （在这里报告检查结果）

输入体编辑选项

[压印(I)/分割实体(P)/抽壳(S)/清除(L)/检查(C)/放弃(U)/退出(X)] <退出>:↙

实体编辑自动检查：SOLIDCHECK=1

输入实体编辑选项 [面(F)/边(E)/体(B)/放弃(U)/退出(X)] <退出>:↙

说明：

与检查有关的系统变量是 SOLIDCHECH，它用于打开或关闭检查三维实体的有效性。SOLIDCHECH 设置为 1，为打开检查状态；SOLIDCHECH 设置为 0，为关闭检查状态。

# 小　结

1. 三维实体倒角和倒圆角的启动方法与二维图形倒角和倒圆角相同。是对二维图形还是三维实体倒角和倒圆角由该命令自己来判定。

2. 三维实体布尔运算——并集、交集和差集，可以形成比原始实体复杂的实体。

3. 修改三维实体的三维操作命令比较多。用户所处的行业不同，这些命令的使用频率也不同。对有的行业，某些命令可能频繁用到，而对另一些命令则可能永远不会用到。

4. 编辑实体的面、边、体的情况比较多。用户可以根据专业需要选择使用。

# 上机实验及指导

【实验目的】

1. 掌握三维实体的圆角边和倒角边。

2. 掌握三维实体布尔运算：并集、交集和差集。

3. 掌握与用户所处行业有关的三维操作。

4. 了解或掌握编辑实体的面、边、体。

【实验内容】

1. 练习本章各个命令的操作。

2. 做本章的例题和例图。

3. 再做几个相关的题目。

【实验步骤】

1. 启动 AutoCAD，练习各个命令。要求命令的各个选项都要练习到。

2. 做本章的各个例题和绘制各个例图。

3. 绘制图 15-27（c）、（d）所示的带孔三维实体。

**指导**：本题的绘制思路是，绘制平面图形→拉伸→差集运算→倒角边。

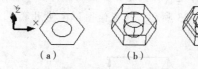

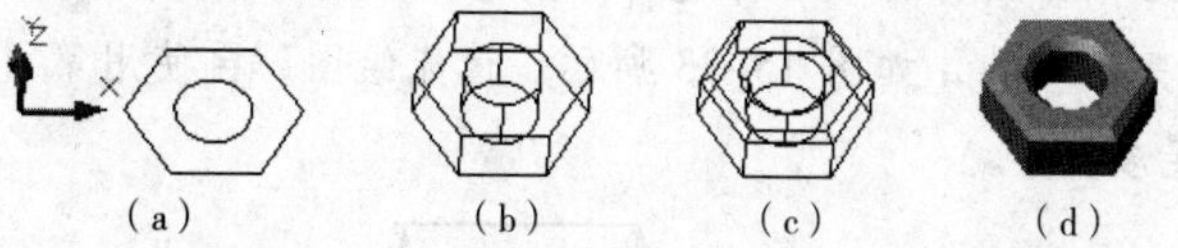

（a）　　　（b）　　　（c）　　　（d）

图 15-27　带孔三维实体

4. 绘制图 15-28（c）、（d）所示的三维实体。

**指导**：本题的绘制思路与上题类似，即绘制平面图形→拉伸→并集运算→圆角边。

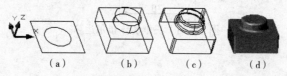

（a）　　　（b）　　　（c）　　　（d）

图 15-28　三维实体

5. 将圆柱体木材抽壳为水桶，如图 15-29（c）所示。

指导：（1）圆柱体抽壳为水桶，应当圆柱顶面不抽壳，其余的面抽壳。本题的关键在于抽壳时正确地删除圆柱顶面。选择要删除的圆柱顶面时，不要单击圆柱顶面的圆周线，要单击圆周线的内部，才是正确的。（2）本题也可以采取下述思路操作：将所有的面都抽壳（抽壳偏移的距离为正），然后剖切掉圆柱顶面形成的壳，即得最终结果。如果这样，需要将圆柱绘制的高一些，高出的高度等于抽壳偏移的距离。（3）如果要清楚地观察内部结构，可将图 15-29（c）所示的水桶沿中心旋转轴剖切开，只留一半，如图 15-29（d）所示。

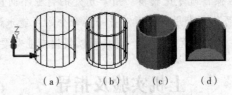

（a）　　　（b）　　　（c）　　　（d）

图 15-29　圆柱体抽壳为水桶

6．绘制图 15-30 所示的圆柱销。

指导：本题及以下各题请自己分析完成。

7．绘制图 15-31 的底座铸造件三维实体。

8．图 15-32 所示的半圆头螺钉。

图 15-30　圆柱销

图 15-31　底座铸造件

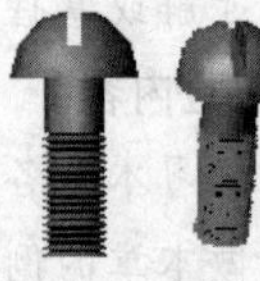

图 15-32　半圆头螺钉

# 思　考　题

1．用布尔运算求三维实体的差集时，选择作为被减数的实体后怎样选择作为减数的实体？

2．如何创建三维实体的剖面（截面）？把剖面删除后，三维实体还有没有？

3．能否把图 14-13 所示的珠环联合体进行并集运算，使其成为一个实体？

4．在圆锥体上打一个通孔，如图 15-33 所示。请先绘图，再使用第 4 章的查询工具查询出打孔后圆锥体的体积是多少。

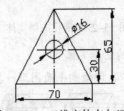

图 15-33　三维实体布尔运算

# 第16章 绘制三维图形

- 分析、掌握绘制三维图形的方法、步骤。
- 体会、总结三维图形绘制的特点和规律，熟练进行三维图形的绘制。

本章根据三维图形绘制命令、三维图形修改命令等进行三维图形绘制。

## 16.1 绘制三维图形的步骤

绘制三维图形的宏观步骤如下：

（1）对复杂的图形，需设置绘图环境，如确定绘图比例，设置图形界限、图层等。

（2）有的三维图形需先绘制平面图形，再进行诸如拉伸、旋转、扫掠、放样等操作形成三维图形。有的三维图形则先绘制三维基本形体。绘制过程中，可能要建立 UCS，也可能要从不同的角度显示三维图形。

（3）布尔运算（如果需要）。

（4）形状修改，如倒圆角、剖切、对齐、三维阵列等。

（5）消隐、使用视觉样式、渲染。

（6）标注尺寸（如果需要）。

（7）标注文字（如果需要）。

（8）保存图形。

## 16.2 三维图形绘制

三维图形绘制举下面几个例子。

### 16.2.1 台阶绘制

【例 16-1】绘制图 16-1 所示的台阶。

**题目解释说明**：先绘制截面（平面图形），再拉伸成三维图形。

操作步骤如下。

第一步：绘制阶梯的截面，用多段线命令绘制，取比例 1:100。

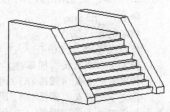

图 16-1 台阶

命令: _pline
指定起点: 0,0
当前线宽为 0.0000
指定下一个点或 [圆弧(A)/半宽(H)/长度(L)/放弃(U)/宽度(W)]: @0,18    （阶梯总高1800）
指定下一点或 [圆弧(A)/闭合(C)/半宽(H)/长度(L)/放弃(U)/宽度(W)]: @20,0
指定下一点或 [圆弧(A)/闭合(C)/半宽(H)/长度(L)/放弃(U)/宽度(W)]: @0,-2
指定下一点或 [圆弧(A)/闭合(C)/半宽(H)/长度(L)/放弃(U)/宽度(W)]: @2,0
指定下一点或 [圆弧(A)/闭合(C)/半宽(H)/长度(L)/放弃(U)/宽度(W)]: @0,-2
指定下一点或 [圆弧(A)/闭合(C)/半宽(H)/长度(L)/放弃(U)/宽度(W)]: @2,0
指定下一点或 [圆弧(A)/闭合(C)/半宽(H)/长度(L)/放弃(U)/宽度(W)]: @0,-2
指定下一点或 [圆弧(A)/闭合(C)/半宽(H)/长度(L)/放弃(U)/宽度(W)]: @2,0
指定下一点或 [圆弧(A)/闭合(C)/半宽(H)/长度(L)/放弃(U)/宽度(W)]: @0,-2
指定下一点或 [圆弧(A)/闭合(C)/半宽(H)/长度(L)/放弃(U)/宽度(W)]: @2,0
指定下一点或 [圆弧(A)/闭合(C)/半宽(H)/长度(L)/放弃(U)/宽度(W)]: @0,-2
指定下一点或 [圆弧(A)/闭合(C)/半宽(H)/长度(L)/放弃(U)/宽度(W)]: @2,0
指定下一点或 [圆弧(A)/闭合(C)/半宽(H)/长度(L)/放弃(U)/宽度(W)]: @0,-2
指定下一点或 [圆弧(A)/闭合(C)/半宽(H)/长度(L)/放弃(U)/宽度(W)]: @2,0
指定下一点或 [圆弧(A)/闭合(C)/半宽(H)/长度(L)/放弃(U)/宽度(W)]: @0,-2
指定下一点或 [圆弧(A)/闭合(C)/半宽(H)/长度(L)/放弃(U)/宽度(W)]: @2,0
指定下一点或 [圆弧(A)/闭合(C)/半宽(H)/长度(L)/放弃(U)/宽度(W)]: @0,-2
指定下一点或 [圆弧(A)/闭合(C)/半宽(H)/长度(L)/放弃(U)/宽度(W)]: c

如图 16-2（a）所示（不包括尺寸）。

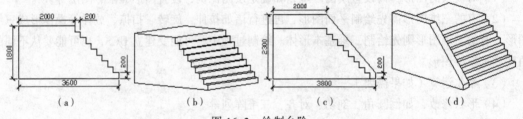

（a）　　　　　（b）　　　　　（c）　　　　　（d）

图 16-2　绘制台阶

第二步: 拉伸阶梯截面，阶梯宽为 300。

命令: _extrude
当前线框密度: ISOLINES=4
选择对象: 找到 1 个（单击阶梯截面）
选择对象:
指定拉伸高度或 [方向(D)/路径(P)/倾斜角(T)]: -30    （阶梯宽300）

如图 16-2（b）所示。

第三步: 绘制阶梯两侧的护台的截面，用多段线命令绘制。

命令: _pline
指定起点: 0,0
当前线宽为 0.0000
指定下一个点或 [圆弧(A)/半宽(H)/长度(L)/放弃(U)/宽度(W)]: @0,23
指定下一点或 [圆弧(A)/闭合(C)/半宽(H)/长度(L)/放弃(U)/宽度(W)]: @20,0
指定下一点或 [圆弧(A)/闭合(C)/半宽(H)/长度(L)/放弃(U)/宽度(W)]: @18,-21
指定下一点或 [圆弧(A)/闭合(C)/半宽(H)/长度(L)/放弃(U)/宽度(W)]: @0,-2
指定下一点或 [圆弧(A)/闭合(C)/半宽(H)/长度(L)/放弃(U)/宽度(W)]: c

如图 16-2（c）所示（不包括尺寸）。

第四步：拉伸护台截面，护台宽为 350。

```
命令：_extrude
当前线框密度：ISOLINES=4
选择对象：找到 1 个
选择对象：
指定拉伸高度或 [方向(D)/路径(P)/倾斜角(T)]：3.5
```

如图 16-2（d）所示。

第五步：复制出另一侧的护台。

```
命令：_copy
选择对象：找到 1 个                              （单击护台）
选择对象：
指定基点或 [位移(D)/模式(O)] <位移>：          （选择护阶底面的左上角点）
指定位移的第二点或<用第一点作位移>：          （选择阶梯底面的右上角点）
指定位移的第二点或 [退出(E)/放弃(U)] <退出>：✓
```

如图 16-1 所示。

## 16.2.2　支架绘制

**【例 16-2】** 绘制图 12-3 所示的支架的三维图形。

**题目解释说明：** 图 12-3 是一个平面图形，本例根据图 12-3 的尺寸绘制其三维图形。先绘制平面图形，拉伸，再进行布尔运算，标注尺寸。需要建立 UCS 和显示西南等轴测视图。

操作步骤如下：

第一步：绘制底板的平面图形。

（1）绘制矩形。

```
命令：_rectang
指定第一个角点或 [倒角(C)/标高(E)/圆角(F)/厚度(T)/宽度(W)]：0,0
指定另一个角点或 [面积(A)/尺寸(D)/旋转(R)]：70,50
```

如图 16-3（a）所示。

（2）矩形倒圆角。

```
命令：_fillet
当前设置：模式 = 修剪，半径 = 0.0000
选择第一个对象或[放弃(U)/多段线(P)/半径(R)/修剪(T)/多个(M)]：R
指定圆角半径<0.0000>：10
选择第一个对象或[放弃(U)/多段线(P)/半径(R)/修剪(T)/多个(U)]：（单击矩形的一条边）
选择第二个对象：                              （单击另一条相邻边）
```

用同样方法倒出另一个圆角，如图 16-3（b）所示。

（3）绘制小圆。

```
命令：_circle
指定圆的圆心或 [三点(3P)/两点(2P)/相切、相切、半径(T)]：   （捕捉圆弧的圆心）
指定圆的半径或 [直径(D)]：5
```

同样方法绘制出另一个小圆，如图 16-3（c）所示。

第二步：拉伸出底板，然后布尔运算。

（1）拉伸出底板。

使用二维对象拉伸成三维实体的命令 EXTRUDE。

命令：_extrude
当前线框密度：ISOLINES=4
选择对象：找到 1 个　　　　　　　　（选择矩形）
选择对象：找到 1 个，总计 2 个　　　（选择一个小圆）
选择对象：找到 1 个，总计 3 个　　　（选择另一个小圆）
选择对象：↙
指定拉伸高度或 [方向(D)/路径(P)/倾斜角(T)]：10

如图 16-3（d）所示。

（2）布尔差集运算：长方体减去两个圆柱体。

命令：_subtract
选择要从中减去的实体或面域...
选择对象：找到 1 个　　　　　　　　（选择长方体）
选择对象：↙
选择要减去的实体或面域 ..
选择对象：找到 1 个　　　　　　　　（选择一个圆柱体）
选择对象：找到 1 个，总计 2 个　　　（选择另一个圆柱体）
选择对象：↙

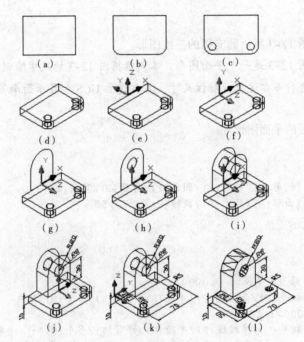

图 16-3　绘制支架三维图形

第三步：建立用户坐标系，准备绘制立板。

（1）移动坐标系原点到底板上表面远离圆柱的边的中点。

命令：ucs
当前 UCS 名称：*俯视*
指定 UCS 的原点或 [面(F)/命名(NA)/对象(OB)/上一个(P)/视图(V)/世界(W)/X/Y/Z/Z 轴
(ZA)] <世界>：　　　　　　（捕捉长方体上表面远离圆柱的边的中点）
指定 X 轴上的点或<接受>：↙

如图 16-3（e）所示。

（2）UCS 绕 X 轴旋转 90°。

命令：ucs

当前 UCS 名称：*俯视*

指定 UCS 的原点或 [面(F)/命名(NA)/对象(OB)/上一个(P)/视图(V)/世界(W)/X/Y/Z/Z 轴
(ZA)] <世界>:x

指定绕 X 轴的旋转角度<90>: ↙

如图 16-3（f）所示。

第四步：绘制立板的平面图形。

现在使用的坐标是当前 UCS 的坐标，不是原世界坐标系的坐标。

用多段线命令 PLINE 绘制。

命令：_pline

指定起点：20,0

当前线宽为 0.0000

指定下一个点或 [圆弧(A)/半宽(H)/长度(L)/放弃(U)/宽度(W)]：20,30

指定下一点或 [圆弧(A)/闭合(C)/半宽(H)/长度(L)/放弃(U)/宽度(W)]：A

指定圆弧的端点或

[角度(A)/圆心(CE)/闭合(CL)/方向(D)/半宽(H)/直线(L)/半径(R)/第二个点(S)/放弃(U)/
宽度(W)]：A

指定包含角：180

指定圆弧的端点或 [圆心(CE)/半径(R)]：-20,30

指定圆弧的端点或

[角度(A)/圆心(CE)/闭合(CL)/方向(D)/半宽(H)/直线(L)/半径(R)/第二个点(S)/放弃(U)/
宽度(W)]：L

指定下一点或 [圆弧(A)/闭合(C)/半宽(H)/长度(L)/放弃(U)/宽度(W)]：-20,0

指定下一点或 [圆弧(A)/闭合(C)/半宽(H)/长度(L)/放弃(U)/宽度(W)]：C

如图 16-3（g）所示。

绘制圆。

命令：_circle

指定圆的圆心或 [三点(3P)/两点(2P)/相切、相切、半径(T)]：0,30

指定圆的半径或 [直径(D)] <5.0000>：8

如图 16-3（h）所示。

第五步：拉伸出立板，然后布尔运算。

（1）拉伸。

命令：_extrude

当前线框密度： ISOLINES=4

选择对象：找到 1 个　　　　　　　　　　　　　　　（选择多段线）

选择对象：找到 1 个，总计 2 个　　　　　　　　　　（选择圆）

选择对象：↙

指定拉伸高度或 [方向(D)/路径(P)/倾斜角(T)]：20

（2）布尔差集运算：多段线拉伸出的实体减去圆柱体。

命令：_subtract

选择要从中减去的实体或面域...

选择对象：找到 1 个　　　　　　　　　　　（选择多段线拉伸出的实体）

选择对象：↙

选择要减去的实体或面域 ..

选择对象：找到 1 个　　　　　　　　　　　　　　　（选择圆柱）

选择对象：✓

如图 16-3（i）所示。

第六步：布尔运算，底板和立板进行并集运算。

第七步：标注尺寸。

AutoCAD 默认在 XY 平面标注尺寸，所以为了标注尺寸，有可能需要建立 UCS。

（1）标注当前 UCS 中的尺寸 10。

命令：_dimlinear
指定第一条尺寸界线原点或<选择对象>：　　　　　　　（捕捉底板左侧面的左上角点）
指定第二条尺寸界线原点：　　　　　　　　　　　　　（捕捉底板左侧面的左下角点）
指定尺寸线位置或
[多行文字(M)/文字(T)/角度(A)/水平(H)/垂直(V)/旋转(R)]：（单击一点确定尺寸线位置）
标注文字 = 10

（2）移动 UCS 到立板的前面，标注尺寸 30、R8 和 R20。

命令：ucs
当前 UCS 名称：*俯视*
指定 UCS 的原点或 [面(F)/命名(NA)/对象(OB)/上一个(P)/视图(V)/世界(W)/X/Y/Z/Z 轴
(ZA)] <世界>：　　　　　　　　　　　　　　　　（捕捉立板前表面底边的中点）
指定 X 轴上的点或<接受>：✓
然后标注尺寸 30、R8 和 R20。如图 16-3（j）所示。

（3）建立 UCS 到底板的上表面，标注尺寸 20、70、R5 和 R10。

命令：ucs
当前 UCS 名称：*世界*
指定 UCS 的原点或 [面(F)/命名(NA)/对象(OB)/上一个(P)/视图(V)/世界(W)/X/Y/Z/Z 轴
(ZA)] <世界>：　　　　　　　　　　　　　　　　（捕捉底板上表面的左上角点）
指定 X 轴上的点或<接受>：　　　　　　　　　　　（捕捉底板上表面左边上一点）
指定 XY 平面上的点或<接受>：　　　　　　　　　　（捕捉底板上表面的右上角点）
然后标注尺寸 20、70、R5 和 R10。如图 16-3（k）所示。

（4）恢复世界坐标系，标注尺寸 50。

命令：ucs
当前 UCS 名称：*没有名称*
指定 UCS 的原点或 [面(F)/命名(NA)/对象(OB)/上一个(P)/视图(V)/世界(W)/X/Y/Z/Z 轴
(ZA)] <世界>：w
标注尺寸 50。如图 16-3（1）所示。

### 16.2.3　机械部件绘制

图 16-4　机械部件

【例 16-3】绘制图 16-4 所示的机械部件。

题目解释说明：可以先绘制平面图形，再拉伸成三维实体，最后进行布尔运算。

操作步骤如下：

第一步：绘制四个圆。半径分别为 50、30、20、15，圆心分别为（170,140）、（50,140）、（50,140）、（50,140）。

命令：_circle
指定圆的圆心或 [三点(3P)/两点(2P)/相切、相切、半径(T)]：170,140

指定圆的半径或 [直径(D)]: 50

命令: _circle 指定圆的圆心或 [三点(3P)/两点(2P)/相切、相切、半径(T)]: 50,140

指定圆的半径或 [直径(D)] <50.0000>: 30

命令: _circle 指定圆的圆心或 [三点(3P)/两点(2P)/相切、相切、半径(T)]: 50,140

指定圆的半径或 [直径(D)] <50.0000>: 20

命令: _circle 指定圆的圆心或 [三点(3P)/两点(2P)/相切、相切、半径(T)]: 50,140

指定圆的半径或 [直径(D)] <50.0000>: 15

如图 16-5 所示。

第二步：绘制两个大圆的切线。要设置捕捉切点模式，并清除捕捉圆心模式。

命令: _line 指定第一点:

指定下一点或 [放弃(U)]: （捕捉左边大圆上部的切点）

指定下一点或 [放弃(U)]: （捕捉右边大圆上部的切点）

指定下一点或 [放弃(U)]: ✓

命令: _line 指定第一点:

指定下一点或 [放弃(U)]: （捕捉左边大圆下部的切点）

指定下一点或 [放弃(U)]: （捕捉右边大圆下部的切点）

指定下一点或 [放弃(U)]: ✓

图 16-5 绘制四个圆

如图 16-6 所示。

第三步：将左边的三个圆和两条切线镜像。镜像线过右边大圆的
圆心且垂直于左边圆和右边圆的连心线。

命令: _mirror

选择对象: （用交叉窗口方式选择左边的三个圆和两条切线）

选择对象: ✓

指定镜像线的第一点: （捕捉右边大圆的圆心）

指定镜像线的第一点:指定镜像线的第二点: @0,20

是否删除源对象? [是(Y)/否(N)] <N>:✓

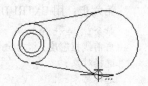

图 16-6 绘制切线

如图 16-7 所示。

第四步：修剪掉中间大圆的左右两段弧、左边大圆的右
边的弧、右边大圆的左边的弧。

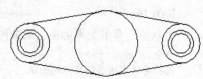

图 16-7 镜像

命令: _trim

当前设置:投影=UCS,边=无

选择剪切边...

选择对象或<全部选择>: （选择第一条切线）

选择对象: （选择第二条切线）

选择对象: （选择第三条切线）

选择对象: （选择第四条切线）

选择对象: ✓

选择要修剪的对象，或按住 Shift 键选择要延伸的对象，或[栏选(F)/窗交(C)/投影(P)/边(E)/删
除(R)/放弃(U)]: （选择中间大圆左边的弧）

选择要修剪的对象，或按住 Shift 键选择要延伸的对象，或[栏选(F)/窗交(C)/投影(P)/边(E)/删
除(R)/放弃(U)]: （选择中间大圆右边的弧）

选择要修剪的对象，或按住 Shift 键选择要延伸的对象，或[栏选(F)/窗交(C)/投影(P)/边(E)/删
除(R)/放弃(U)]: （选择左边大圆右边的弧）

选择要修剪的对象，或按住 Shift 键选择要延伸的对象，或[栏选(F)/窗交(C)/投影(P)/边(E)/删
除(R)/放弃(U)]: （选择右边大圆左边的弧）

选择要修剪的对象，或按住 Shift 键选择要延伸的对象，或[栏选(F)/窗交(C)/投影(P)/边(E)/删
除(R)/放弃(U)]: ✓

如图 16-8 所示。

第五步：用修改多段线命令 PEDIT 将外围图线合并为一
个整体对象。

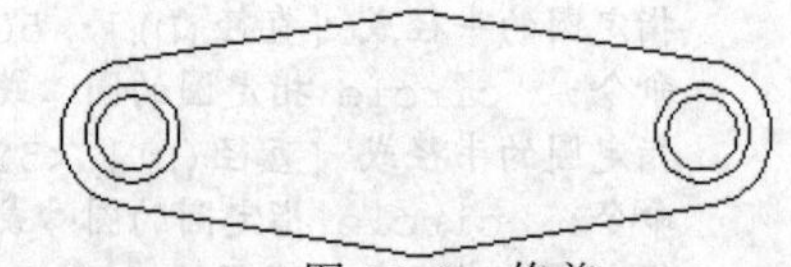

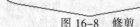

图 16-8　修剪

```
命令：_pedit 选择多段线或 [多条(M)]：(选择一条切线)
选定的对象不是多段线
是否将其转换为多段线？<Y> Y
输入选项
[闭合(C)/合并(J)/宽度(W)/编辑顶点(E)/拟合(F)/样条曲线(S)/非曲线化(D)/线型生成(L)
/放弃(U)]：J
选择对象：                    (选择外围的图线)
选择对象：……              (继续选择外围的图线)
选择对象：✓
7 条线段已添加到多段线
输入选项
[打开(O)/合并(J)/宽度(W)/编辑顶点(E)/拟合(F)/样条曲线(S)/非曲线化(D)/线型生成(L)
/放弃(U)]：✓
```

第六步：用 EXTRUDE 命令拉伸外围图线。拉伸高度为 30，倾斜角度为 0°。

```
命令：_extrude
当前线框密度：ISOLINES=4
选择对象：                    (选择外围图线)
选择对象：✓
指定拉伸高度或 [方向(D)/路径(P)/倾斜角(T)]：30
```

第七步：拉伸内部的 4 个圆。拉伸高度为 60，倾斜角度为 0。

如图 16-9 所示。

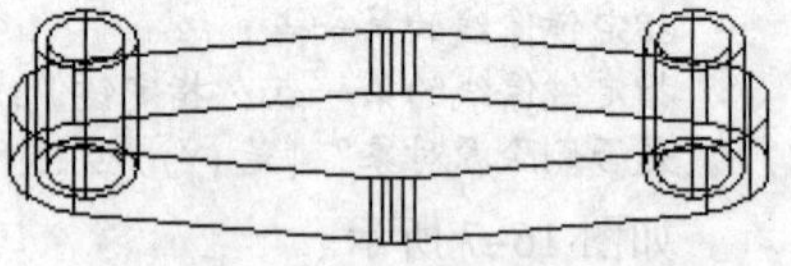

第八步：布尔差集运算。减去两个最小的圆柱。

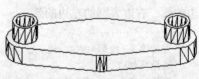

```
命令：_subtract
选择要从中减去的实体或面域…
选择对象：                    (选择外围图线拉伸成的实体)
选择对象：                    (选择左边的大圆柱)
选择对象：                    (选择右边的大圆柱)
选择对象：✓
选择要减去的实体或面域…
选择对象：                    (选择左边的小圆柱)
选择对象：                    (选择右边的小圆柱)
选择对象：✓
```

图 16-9　拉伸

图 16-10　布尔运算

消隐后如图 16-10 所示。使用"视觉样式"的"真实"（着色）后如图 16-4 所示。

### 16.2.4　烟灰缸绘制

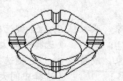

【例 16-4】绘制图 16-11 所示的烟灰缸。

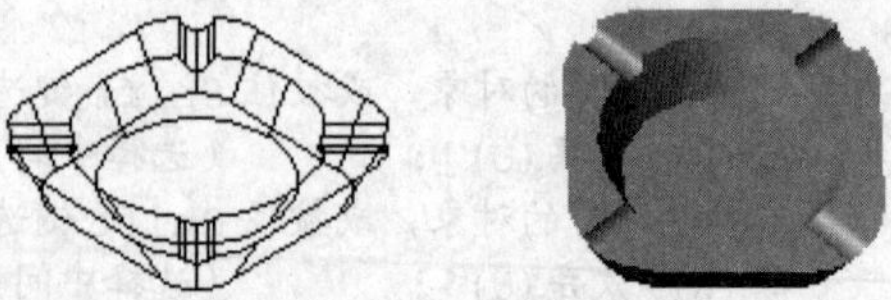

**题目解释说明：** 本例的绘图思路是将正方形和圆

图 16-11　烟灰缸

拉伸成棱柱和圆台，两者进行布尔差集运算；再绘制

圆柱体，移动到适当位置，与前面绘制的实体进行布尔差集运算形成角上的 4 个缺口。

操作步骤如下：

第一步：设置图形界限（0，0）～（530，350）；执行 ZOOM 命令，设置为"全部（A）"。

```
命令：limits
```

重新设置模型空间界限：

指定左下角点或 [开(ON)/关(OFF)] <0.0000,0.0000>:

指定右上角点<420.0000,297.0000>: 530,350

命令: zoom

指定窗口的角点，输入比例因子 (nX 或 nXP)，或者

[全部(A)/中心(C)/动态(D)/范围(E)/上一个(P)/比例(S)/窗口(W)/对象(O)] <实时>: a

正在重新生成模型。

第二步：绘制圆和正四边形。圆心坐标为（250，160），半径为 80；正四边形的中心点为（250，160），其内切圆半径为 100。

命令: _circle

指定圆的圆心或 [三点(3P)/两点(2P)/相切、相切、半径(T)]: 250,160

指定圆的半径或 [直径(D)]: 80

命令: _polygon 输入边的数目<4>:

指定正多边形的中心点或 [边(E)]:　　　（捕捉圆心）

输入选项 [内接于圆(I)/外切于圆(C)] <I>: c

指定圆的半径: 100

如图 16-12 所示。

图 16-12　绘制圆和正方形

第三步：正方形倒圆角，圆角半径为 40。

命令: _fillet

当前设置: 模式 = 修剪，半径 = 0.0000

选择第一个对象或[放弃(U)/多段线(P)/半径(R)/修剪(T)/多个(M)]: R

指定圆角半径<0.0000>:40

选择第一个对象或 [放弃(U)/多段线(P)/半径(R)/修剪(T)/多个(M)]:

（选择正方形的一条边）

选择第二个对象:

（选择相邻的一条边）

倒出一个圆角。同样方法倒出其余圆角，如图 16-13 所示。

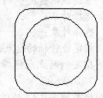

图 16-13　正方形倒圆角

第四步：将圆沿 Z 轴正方向移动 10。

命令: _move

选择对象: ↙　　　　　　　　　（选择圆）

选择对象: ↙

指定基点或位移:　　　　　　（在绘图区随便单击一点）

指定位移的第二点或<用第一点作位移>: @0,0,10

设置为西南等轴测视图，如图 16-14 所示。

第五步：将圆和正方形进行拉伸，形成三维实体。拉伸的倾斜角度均与 Z 轴成-30°，圆拉伸高度为 40，正方形拉伸高度为 50。

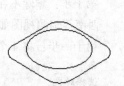

图 16-14　移动圆

命令: _extrude

当前线框密度: ISOLINES=4

选择对象:　　　　　　　　（选择圆）

选择对象: ↙

指定拉伸高度或 [方向(D)/路径(P)/倾斜角(T)]: t

指定拉伸的倾斜角度<0>:-30

指定拉伸高度或 [方向(D)/路径(P)/倾斜角(T)]: 40

命令: _extrude

当前线框密度: ISOLINES=4

选择对象:　　　　　　　　　（选择正方形）

选择对象: ↙

指定拉伸高度或 [方向(D)/路径(P)/倾斜角(T)]: t

指定拉伸的倾斜角度<0>:-30
指定拉伸高度或 [方向(D)/路径(P)/倾斜角(T)]: 50
如图 16-15 所示。

第六步：进行布尔差集运算，棱柱减去圆台。

命令：_subtract
选择要从中减去的实体或面域...
选择对象： （选择棱柱）
选择对象：✓
选择要减去的实体或面域 ...
选择对象： （选择圆台）
选择对象：✓
消隐后如图 16-16 所示。

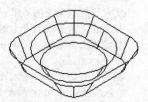

图 16-15 拉伸圆和正方形

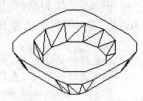

图 16-16 差集运算

第七步：设置为俯视图，绘制一个矩形，准备旋转成圆柱。

命令：_rectang
指定第一个角点或 [倒角(C)/标高(E)/圆角(F)/厚度(T)/宽度(W)]:
300,160
指定另一个角点或 [面积(A)/尺寸(D)/旋转(R)]: 450,175
如图 16-17 所示。

第八步：将矩形进行旋转，形成圆柱。

命令：_revolve
当前线框密度：ISOLINES=4
选择对象： （选择矩形）
选择对象：✓
指定旋转轴的起点或
指定轴起点或根据以下选项之一定义轴 [对象(O)/X/Y/Z] <对象>:
300,160
指定轴端点：450,160
指定旋转角度<360>:✓

第九步：将圆柱环形阵列 8 个，阵列的中心点是圆台底面的圆心，
如图 16-18 所示。

第十步：删除不在 4 个角上的圆柱。

西南等轴测视图如图 16-19 所示。

第十一步：将 4 个圆柱沿 Z 轴正方向移动 55。

命令：_move
选择对象： （选择第一个圆柱）
选择对象： （选择第二个圆柱）
选择对象： （选择第三个圆柱）
选择对象： （选择第四个圆柱）
选择对象：✓
指定基点或位移： （在绘图区随便单击一点）
指定位移的第二点或<用第一点作位移>: @0,0,55
如图 16-20 所示。

第十二步：进行布尔差集运算：烟灰缸主体减去 4 个圆柱。

命令：_subtract
选择要从中减去的实体或面域...

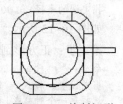

图 16-17 绘制矩形

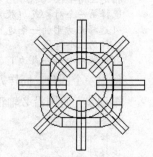

图 16-18 阵列

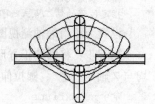

图 16-19 删除四个圆柱

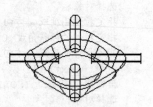

图 16-20 移动圆柱

| 选择对象： | （选择烟灰缸主体） |
|---|---|
| 选择对象：✓ | |
| 选择要减去的实体或面域 .. | |
| 选择对象： | （选择第一个圆柱） |
| 选择对象： | （选择第二个圆柱） |
| 选择对象： | （选择第三个圆柱） |
| 选择对象： | （选择第四个圆柱） |
| 选择对象：✓ | |

结果如图 16-11 所示；使用"视觉样式"的"真实"（着色）后也见图 16-11。

## 16.2.5　椅子绘制

图 16-21　椅子

**【例 16-5】**绘制图 16-21 所示的椅子。

**题目解释说明：**本例的基本实体都是长方体。长方体可以直接绘制，也可以将矩形拉伸形成。这里通过拉伸形成。椅子背要向后旋转 15°，旋转前需要建立 UCS。最后进行布尔并集运算。

操作步骤如下：

第一步：绘制六个矩形。作为椅子腿的四个矩形的角点分别为（90，230）～（120，260）、（90，50）～（120，80）、（290，230）～（320，260）、（290，50）～（320，80）；作为椅子面的矩形的角点为（70，40）～（340，270）；作为椅子背的矩形的角点为（340，40）～（360，270）。

```
命令：_rectang
指定第一个角点或 [倒角(C)/标高(E)/圆角(F)/厚度(T)/宽度(W)]：90,230
指定另一个角点或 [面积(A)/尺寸(D)/旋转(R)]：120,260
```

重复这一命令，把其他 5 个矩形绘制出来。

如图 16-22 所示。

图 16-22　绘制 6 个矩形

第二步：将作为椅子面的矩形沿 Z 轴正方向移动 300，作为椅子背的矩形沿 Z 轴正方向移动 320。

```
命令：_move
选择对象：                  （选择作为椅子面的矩形）
选择对象：✓
指定基点或位移：            （在绘图区随便单击一点）
指定位移的第二点或<用第一点作位移>：@0,0,300
命令：_move
选择对象：                  （选择作为椅子背的矩形）
选择对象：✓
指定基点或位移：            （在绘图区随便单击一点）
指定位移的第二点或<用第一点作位移>：@0,0,320
```

图 16-23　移动矩形

如图 16-23 所示。

第三步：用 EXTRUDE 命令拉伸出椅子腿。拉伸高度为 300。

```
命令：_extrude
当前线框密度：ISOLINES=4
选择对象：                  （用窗口方式选择 4 个小矩形）
选择对象：✓
指定拉伸高度或 [方向(D)/路径(P)/倾斜角(T)]：300
```

第四步：拉伸出椅子面，拉伸高度为 20。

命令：_extrude
当前线框密度：ISOLINES=4
选择对象：　　　　　　　　　（选择作为椅子面的矩形）
选择对象：↙
指定拉伸高度或 [方向(D)/路径(P)/倾斜角(T)]：20

第五步：拉伸出椅子背，拉伸高度为 290。

命令：_extrude
当前线框密度：ISOLINES=4
选择对象：　　　　　　　　　（选择作为椅子背的矩形）
选择对象：↙
指定拉伸高度或 [方向(D)/路径(P)/倾斜角(T)]：290

如图 16-24 所示。

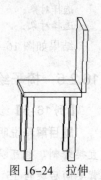

图 16-24　拉伸

第六步：建立 UCS，准备旋转椅子背。

命令：ucs
当前 UCS 名称：*世界*
指定 UCS 的原点或 [面(F)/命名(NA)/对象(OB)/上一个(P)/视图(V)/
世界(W)/X/Y/Z/Z 轴(ZA)] <世界>：　（捕捉椅子背侧面的左下角点）
指定 X 轴上的点或<接受>：　　　（捕捉椅子背侧面的左上角点）
指定 XY 平面上的点或<接受>：　　（捕捉椅子面上面的左下角点）

如图 16-25 所示。

第七步：绕 Z 轴旋转椅子背。旋转角度为-15°。

命令：_rotate
UCS 当前的正角方向：ANGDIR=逆时针　ANGBASE=0
选择对象：　　　　　　　　　（选择椅子背）
选择对象：↙
指定基点：0,0,0
指定旋转角度或 [复制(C)/参照(R)]：-15

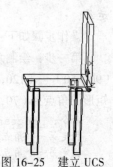

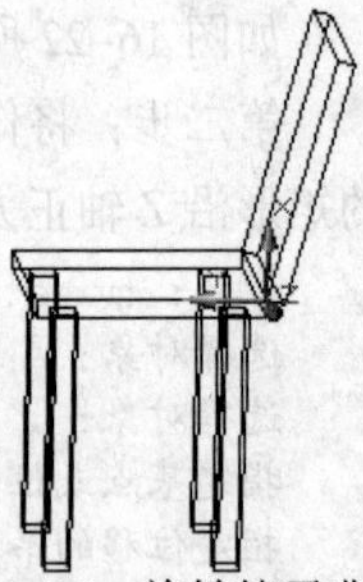

图 16-25　建立 UCS

如图 16-26 所示。

第八步：恢复世界坐标系。

命令：ucs
当前 UCS 名称：*没有名称*
指定 UCS 的原点或 [面(F)/命名(NA)/对象(OB)/上一个(P)/视图
(V)/世界(W)/X/Y/Z/Z 轴(ZA)] <世界>：w

第九步：对 6 个长方体进行并集运算。

命令：_union
选择对象：　　　　　　　　　（用窗口方式选择 6 个长方体）
选择对象：↙

消隐后如图 16-21 所示。

图 16-26　旋转椅子背

### 16.2.6　凉亭绘制

【例 16-6】绘制图 16-27 所示的凉亭。

**题目解释说明**：凉亭由桌子、凳子、亭子组成，亭子由立柱、底座、顶组成。本例可以建立三个图层，将桌子、凳子、亭子绘制在不同的图层上。

图 16-27　凉亭

操作步骤如下：

第一步：建立三个图层，图层名称为"桌子""凳子""亭子"。

单击"格式"→"图层"命令，打开"图层特性管理器"对话框，建立图层，如图 16-28 所示。

第二步：设置图形界限（0，0）～（600，420）；执行 ZOOM 命令，设置为"全部（A）"。

命令：limits
重新设置模型空间界限：
指定左下角点或 [开(ON)/关(OFF)] <0.0000,0.0000>：
指定右上角点<420.0000,297.0000>：600,420
命令：zoom
指定窗口的角点，输入比例因子 (nX 或 nXP)，或者
[全部(A)/中心(C)/动态(D)/范围(E)/上一个(P)/比例(S)/窗口(W)/对象(O)] <实时>：a
正在重生成模型。

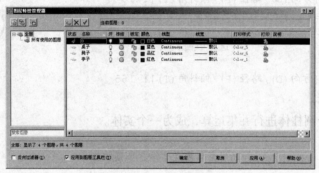

图 16-28　建立图层

第三步：设置当前图层为"桌子"图层；以（350，200）为圆心
绘制三个圆，半径分别为 150、70 和 15，如图 16-29 所示。

命令：_circle
指定圆的圆心或 [三点(3P)/两点(2P)/相切、相切、半径(T)]：
350,200
指定圆的半径或 [直径(D)]：150
命令：_circle
指定圆的圆心或 [三点(3P)/两点(2P)/相切、相切、半径(T)]：
(捕捉上一个圆的圆心)
指定圆的半径或 [直径(D)]：70
命令：_circle
指定圆的圆心或 [三点(3P)/两点(2P)/相切、相切、半径(T)]：(捕捉圆心)
指定圆的半径或 [直径(D)]：15

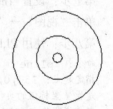

图 16-29　绘制三个圆

第四步：设置为西南等轴测视图；使用 MOVE 命令将半径为 150 的大圆沿 Z 轴正方向移动 160。

命令：_move
选择对象：　　　　　　　　　（选择大圆）
选择对象：↙
指定基点或位移：　　　　　　　（在绘图区随便单击一点）
指定位移的第二点或<用第一点作位移>：@0,0,160

如图 16-30 所示。

第五步：使用 EXTRUDE 命令拉伸三个圆成圆柱体。

（1）设置母线数。

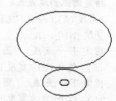

图 16-30　移动大圆

命令: isolines
输入 ISOLINES 的新值<4>: 20

（2）将半径为150、70、15的圆分别拉伸，拉伸高度分别为10、10、165。

命令: _extrude
当前线框密度: ISOLINES=20
选择对象:　　　　　　　　　　　（选择大圆）
选择对象: ✓
指定拉伸高度或 [方向(D)/路径(P)/倾斜角(T)]: 10
命令: _extrude
当前线框密度: ISOLINES=20
选择对象:　　　　　　　　　　　（选择中圆）
选择对象: ✓
指定拉伸高度或 [方向(D)/路径(P)/倾斜角(T)]: 10
命令: _extrude
当前线框密度: ISOLINES=20
选择对象:　　　　　　　　　　　（选择小圆）
选择对象: ✓
指定拉伸高度或 [方向(D)/路径(P)/倾斜角(T)]: 165

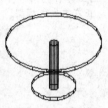

图 16-31　拉伸

如图 16-31 所示。

第六步：将 3 个圆柱体进行并集运算，成为一个实体。

命令: _union
选择对象:　　　　　　　　　　（用窗口方式选择 3 个圆柱体）
选择对象: ✓

第七步：设置当前图层为"凳子"图层，设置为主视图，准备绘制凳子。

单击"视图"→"三维视图"→"主视"命令，再用实时缩放命令 ZOOM 缩小图形。

第八步：使用 PLINE 命令绘制一条封闭多段线，准备旋转出凳子。

命令: _pline
指定起点: 150,0,-200　　　（输入多段线起点坐标，由于坐标系绕 X 轴旋转了 90°，所以 Z 坐标就是原 Y 坐标值的负值）
当前线宽为 0.0000
指定下一个点或 [圆弧(A)/半宽(H)/长度(L)/放弃(U)/宽度(W)]: 120,0
指定下一点或 [圆弧(A)/闭合(C)/半宽(H)/长度(L)/放弃(U)/宽度(W)]: A　　（转入绘制圆弧）
指定圆弧的端点或
[角度(A)/圆心(CE)/闭合(CL)/方向(D)/半宽(H)/直线(L)/半径(R)/第二个点(S)/放弃(U)/宽度(W)]: 100,20
指定圆弧的端点或
[角度(A)/圆心(CE)/闭合(CL)/方向(D)/半宽(H)/直线(L)/半径(R)/第二个点(S)/放弃(U)/宽度(W)]: 120,90
指定圆弧的端点或
[角度(A)/圆心(CE)/闭合(CL)/方向(D)/半宽(H)/直线(L)/半径(R)/第二个点(S)/放弃(U)/宽度(W)]: L　　　　（转入绘制直线）
指定下一点或 [圆弧(A)/闭合(C)/半宽(H)/长度(L)/放弃(U)/宽度(W)]: 150,90
指定下一点或 [圆弧(A)/闭合(C)/半宽(H)/长度(L)/放弃(U)/宽度(W)]: C

如图 16-32 所示。

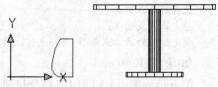

图 16-32　绘制多段线

第九步：使用 REVOLVE 命令旋转封闭多段线，形成凳子。

命令：_revolve

当前线框密度：ISOLINES=20

选择对象：　　　　　　　　　（选择封闭多段线）

选择对象：↙

指定旋转轴的起点或

指定轴起点或根据以下选项之一定义轴 [对象(O)/X/Y/Z] <对象>：

　　　　　　　　　（捕捉封闭多段线竖直段的一个端点）

指定轴端点：　　　　　　（捕捉封闭多段线竖直段的另一个端点）

指定旋转角度<360>：↙

如图 16-33 所示。

第十步：恢复世界坐标系。

命令：ucs

当前 UCS 名称：*主视*

指定 UCS 的原点或 [面(F)/命名(NA)/对象(OB)/上一个(P)/视图(V)/世界(W)/X/Y/Z/Z 轴(ZA)] <世界>：w

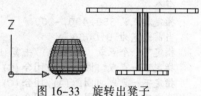

图 16-33　旋转出凳子

第十一步：设置为俯视图，准备阵列凳子。

单击"视图"→"三维视图"→"俯视"命令，再用实时缩放命令 ZOOM 缩小图形。

第十二步：使用阵列命令 ARRAY 环形阵列 4 个凳子。阵列的中心点为桌子的圆心坐标，如图 16-34 所示。

第十三步：设置当前图层为"亭子"图层，准备绘制柱子和底座。

第十四步：绘制将形成柱子的圆和底座的正六边形。

命令：_circle

指定圆的圆心或 [三点(3P)/两点(2P)/相切、相切、半径(T)]：100,400

指定圆的半径或 [直径(D)]：20

命令：_polygon 输入边的数目<4>：6

指定正多边形的中心点或 [边(E)]：（捕捉刚绘制的圆的圆心）

输入选项 [内接于圆(I)/外切于圆(C)] <I>：↙

指定圆的半径：50

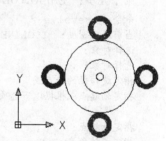

图 16-34　阵列凳子

如图 16-35 所示。

第十五步：使用 EXTRUDE 命令拉伸出柱子及其底座。圆拉伸高度为 400，正六边形拉伸高度为 10。

命令：_extrude

当前线框密度：ISOLINES=20

选择对象：　　　　　　（选择圆）

选择对象：↙

指定拉伸高度或 [方向(D)/路径(P)/倾斜角(T)]：400

命令：_extrude

当前线框密度：ISOLINES=20

选择对象：　　　　　　（选择正六边形）

选择对象：↙

指定拉伸高度或 [方向(D)/路径(P)/倾斜角(T)]：10

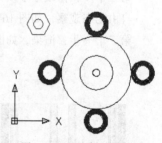

图 16-35　绘制平面图形

第十六步：对柱子及其底座进行并集运算，成为一个整体。

命令：_union

选择对象：　　　　　　　　（选择柱子）
选择对象：　　　　　　　　（选择底座）
选择对象：✓

第十七步：使用阵列命令 ARRAY 环形阵列 6 根柱子。阵列的中心点为桌子的圆心坐标。

阵列并设置为主视图后，如图 16-36 所示。

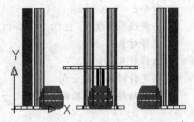

图 16-36　阵列出柱子

第十八步：使用 PLINE 命令绘制一条封闭多段线，准备旋转出亭子顶。

命令：_pline
指定起点：350,400,-200
当前线宽为 0.0000
指定下一个点或 [圆弧(A)/半宽(H)/长度(L)/放弃(U)/宽度(W)]：720,400
指定下一点或 [圆弧(A)/闭合(C)/半宽(H)/长度(L)/放弃(U)/宽度(W)]：720,420
指定下一点或 [圆弧(A)/闭合(C)/半宽(H)/长度(L)/放弃(U)/宽度(W)]：500,500
指定下一点或 [圆弧(A)/闭合(C)/半宽(H)/长度(L)/放弃(U)/宽度(W)]：350,600
指定下一点或 [圆弧(A)/闭合(C)/半宽(H)/长度(L)/放弃(U)/宽度(W)]：C

如图 16-37 所示。

第十九步：使用 REVOLVE 命令旋转封闭多段线，形成亭子顶。

命令：_revolve
当前线框密度：ISOLINES=20
选择对象：　　　　　　　　　　　　　　　　（选择多段线）
选择对象：✓
指定旋转轴的起点或
指定轴起点或根据以下选项之一定义轴 [对象(O)/X/Y/Z] <对象>：
　　　　　　　　　　　　　　　（捕捉多段线竖直段的一个端点）
指定轴端点：　　　　　　　　　（捕捉多段线竖直段的另一个端点）
指定旋转角度<360>：✓

如图 16-38 所示。

第二十步：修改亭子顶为黄色，然后使用"视觉样式"的"真实"（着色）。

自由动态观察，如图 16-39 所示。

第二十一步：渲染，如图 16-27 所示。

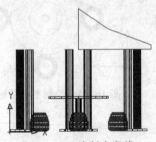
图 16-37　绘制多段线

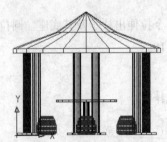
图 16-38　旋转出亭子顶

图 16-39　自由动态观察

# 小　　结

绘制三维图形，有的需要先绘制平面图形，再进行诸如拉伸、旋转、扫掠、放样等操作形成三维图形；有的三维图形需要先绘制三维基本形体，再进行布尔运算组合等；2. 有的还需要进行倒角、剖切等修改。

# 上机实验及指导

## 【实验目的】

1. 掌握三维图形的绘制方法、步骤。

2. 体会、总结三维图形绘制的特点和规律，熟练进行三维图形的绘制。

## 【实验内容】

1. 做本章的例题。

2. 再绘制若干个三维图形。

## 【实验步骤】

1. 做本章的例题。

2. 绘制图 16-40 所示的花瓶。

（a）　　　　　（b）　　　　　（c）

图 16-40　花瓶

指导：图 16-40（a）为花瓶的单向视图，图 16-40（b）为花瓶使用"视觉样式"的"真实"（着色）并自由动态观察的情况；此花瓶是一个表面模型，为图 16-40（c）所示的多段线绕竖直直线旋转一周形成。该花瓶也可以绘制成实体模型，具体可参考图 14-41。

3. 绘制图 16-41 所示的墙壁三维图。

指导：

（1）绘制墙壁三维图的方法很多：可以绘制若干矩形作为平面图，然后用 EXTRUDE 命令拉伸，再进行并集、差集运算；可以先用 ELEV 命令设置标高和厚度，再绘制带宽度的多段线；可以先用 ELEV 命令设置标高和厚度，再绘制直线。

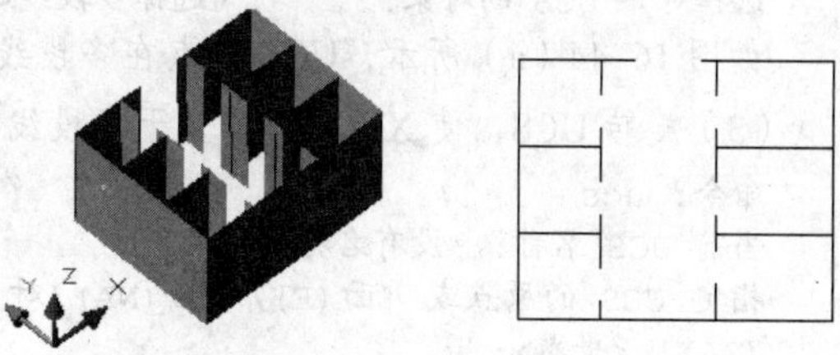

图 16-41　墙壁

（2）后两种方法不能进行布尔运算。

（3）4 种方法可以都试验一下。

（4）用最后一种方法绘制的墙壁三维图如图 16-41 所示。左图是三维图，右图是俯视图。

4. 绘制图 16-42 所示的茶壶。

指导：

图 16-42　茶壶

（1）壶盖由图 16-43 所示的多段线绕旋转轴（图中的竖直直线）旋转一周而成，所用命令为 REVSURF，是表面模型。也可以绘制封闭的多段线用 REVOLVE 命令旋转一周形成实体模型。图 16-43 所示为俯视图。

（2）壶身由图 16-43 所示的封闭多段线绕旋转轴旋转一周而成，是实体模型。

（3）壶把由一个圆沿多段线路径拉伸形成，所用命令为 EXTRUDE，是实体模型。圆垂直于多段线路径所在的平面。绘制圆需要建立 UCS，因为 AutoCAD 默认在 XY 平面上绘制平面图形。

（4）壶嘴是绘制边界曲面，所用命令为 EDGESURF。四条边界不在一个平面内。绘制边界需要建立 UCS。

（5）壶盖、壶身的绘制可以参考前面多次用过的方法完成，这里从略。下面只说明绘制壶把、壶嘴的操作。

操作步骤如下。

第一步：设置母线数。

命令：surftab1
输入 SURFTAB1 的新值<6>: 16
命令：surftab2
输入 SURFTAB2 的新值<6>: 16
命令：isolines
输入 ISOLINES 的新值<4>: 20

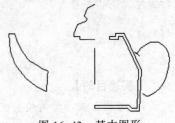

图 16-43　基本图形

第二步：绘制壶把。

（1）在俯视图上绘制作为壶把拉伸路径的多段线。为了方便建立 UCS，绘制的多段线在上部的起点处首先绘制一小段直线，其他段可以是直线或圆弧。

（2）建立 UCS 到多段线起点处。

命令：UCS
当前 UCS 名称：*俯视*
指定 UCS 的原点或 [面(F)/命名(NA)/对象(OB)/上一个(P)/视图(V)/世界(W)/X/Y/Z/Z 轴(ZA)] <世界>:OB
选择对齐 UCS 的对象：　　　（选择多段线起点处的一小段直线）
如图 16-44（a）所示，UCS 原点在多段线起点处，X 轴沿着一小段直线的方向。

（3）旋转 UCS，使 XY 平面垂直于多段线所在的平面。

命令：ucs
当前 UCS 名称：*没有名称*
指定 UCS 的原点或 [面(F)/命名(NA)/对象(OB)/上一个(P)/视图(V)/世界(W)/X/Y/Z/Z 轴(ZA)] <世界>: y
指定绕 Y 轴的旋转角度<90>: ↙
如图 16-44（b）所示。

（4）绘制圆。

命令：_circle 指定圆的圆心或 [三点(3P)/两点(2P)/相切、相切、半径(T)]:
指定圆的半径或 [直径(D)]: 5
如图 16-44（b）所示。

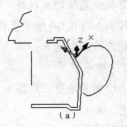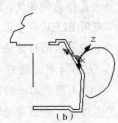

（a）　　　　　　（b）

图 16-44　建立 UCS 画圆

（5）圆沿多段线路径拉伸。

命令：_extrude
当前线框密度：ISOLINES=20
选择对象：　　　　　（选择圆）
选择对象：↙
指定拉伸高度或 [方向(D)/路径(P)/倾斜角(T)]: p
选择拉伸路径：　　　　　（选择多段线）
壶把使用"视觉样式"的"真实"（着色）后，如图 16-42 所示。

（6）恢复世界坐标系。

命令：ucs

当前 UCS 名称: *没有名称*

指定 UCS 的原点或 [面 (F) /命名 (NA) /对象 (OB) /上一个 (P) /视图 (V) /世界 (W) /X/Y/Z/Z 轴 (ZA) ] <世界>: w

第三步: 绘制壶嘴。

(1) 在俯视图上绘制两条多段线, 作为四条边界中的两条, 如图 16-45 (a) 所示。

(2) 用直线连接两条多段线的起点和起点, 终点和终点, 如图 16-45 (b) 所示。

(3) 建立 UCS 到直线起点处。

命令: ucs

当前 UCS 名称: *世界*

指定 UCS 的原点或 [面 (F) /命名 (NA) /对象 (OB) /上一个 (P) /视图 (V) /世界 (W) /X/Y/Z/Z 轴 (ZA) ] <世界>: OB

选择对齐 UCS 的对象:　　　　　(单击直线的左端点附近, 选择直线)

如图 16-45 (c) 所示。

(4) 旋转 UCS, 使 XY 平面垂直于两条多段线所在的平面, 如图 16-45 (d) 所示。

命令: ucs

当前 UCS 名称: *没有名称*

指定 UCS 的原点或 [面 (F) /命名 (NA) /对象 (OB) /上一个 (P) /视图 (V) /世界 (W) /X/Y/Z/Z 轴 (ZA) ] <世界>: x

指定绕 X 轴的旋转角度<90>: ✓

(5) 用 "起点、圆心、端点" 在 XY 平面上绘制半圆弧。

命令: _arc 指定圆弧的起点或 [圆心 (C) ]:　　　　　　　　(捕捉直线的右端点)

指定圆弧的第二个点或 [圆心 (C) /端点 (E) ]: _c 指定圆弧的圆心: (捕捉直线的中点)

指定圆弧的端点或 [角度 (A) /弦长 (L) ]:　　　　　　　(捕捉直线的左端点)

如图 16-45 (e) 所示。

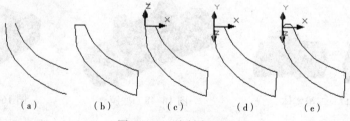

　　(a)　　　　　(b)　　　　　(c)　　　　　(d)　　　　　(e)

图 16-45　绘制半圆弧

(6) 删除连接两条多段线起点的直线。

(7) 恢复世界坐标系。

(8) 重复 (3) ~ (7), 绘制出在两条多段线终点处的半圆弧, 如图 16-46 (a) ~ (c) 所示。

(9) 绘制边界曲面。

命令: _edgesurf

当前线框密度: SURFTAB1=16　SURFTAB2=16

选择用作曲面边界的对象 1:　　　　　(选择一个半圆弧)

选择用作曲面边界的对象 2:　　　　　(选择一条多段线)

选择用作曲面边界的对象 3:　　　　　(选择另一个半圆弧)

选择用作曲面边界的对象 4:　　　　　(选择另一条多段线)

如图 16-46 (d) 所示。

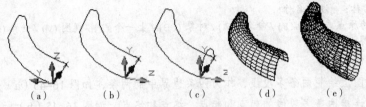

图 16-46　绘制半圆弧和边界曲面

（10）将曲面三维镜像。

命令：_mirror3d
选择对象：　　　　　　　　　　　　　　　　（选择曲面）
选择对象：✓
指定镜像平面（三点）的第一个点或
　　[对象(O)/最近的(L)/Z 轴(Z)/视图(V)/XY 平面(XY)/YZ 平面(YZ)/ZX
平面(ZX)/三点(3)] <三点>：　　　　　　（捕捉多段线上一点）
在镜像平面上指定第二点：　　　　　　　（捕捉多段线上另一点）
在镜像平面上指定第三点：　　　　　　　（捕捉多段线上再一点）
是否删除源对象？[是(Y)/否(N)] <否>：✓

如图 16-46（e）所示。

自由动态观察、使用"视觉样式"的"真实"（着色）后，如图 16-42 所示。

5．绘制图 16-47 所示的三维实体。右图是纵向剖切开的情形。

**指导**：本题及下面各题请自己分析、完成。

6．绘制图 16-48 和图 16-49 所示的基座。

7．绘制图 16-50 所示的凳子。

图 16-47　三维实体　　　　　图 16-48　底座　　　　　图 16-49　基座

8．绘制图 16-51 所示的建筑模型。

9．绘制图 16-52 所示的观景楼。

图 16-50　凳子　　　　　图 16-51　建筑模型　　　　　图 16-52　观景楼

# 思 考 题

1．从绘制的角度讲，你认为绘制成轴测图简便还是绘制成三维图形简便？提示：比较图 12-4 和例 16-2。

2．你所学专业的哪些三维图形适合绘制成线框模型？哪些三维图形适合绘制成表面模型？哪些三维图形适合绘制成实体模型？

3．绘制几个你所学专业典型的三维图形，看是否能够比较顺利地绘制出来。

4．绘制某个三维图形的途径可能很多，请你思考有哪些不同的绘图途径。哪个途径比较符合现实世界的情况？哪个途径绘图比较简便？

5．用 AutoCAD 绘制三维图形后，你有什么收获和感想？

# 第17章 三维图形生成二维图形

## 学习目标

- 掌握模型空间多视口设置。
- 掌握图纸空间浮动视口设置。
- 会由三维图形生成二维图形。

在生产、施工中，是将绘制的二维图形还原为三维图形；在工程绘图中，一般是绘制成二维图形。但若直接绘制成三维图形，可以据此生成二维图形吗？可以。本章完成这一工作。

## 17.1 模型空间与图纸空间

本节有下面 6 部分内容。

### 17.1.1 模型空间和图纸空间的概念

AutoCAD 提供了两个空间：模型空间和图纸空间。

模型空间是打开 AutoCAD 的默认选择，它是一个无限大的绘图区域，是一个三维空间。绘图一般在模型空间中进行。一个空间对象可以从不同的角度去绘制和观察。图 17-1 所示的图标和亮显的"模型"标签表明当前的空间为模型空间。

图纸空间是对模型空间中的图形进行规划、调整的空间，是一个二维空间。图 17-2 的图标、亮显的"布局"标签表明当前的空间为图纸空间。

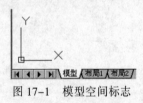

图 17-1 模型空间标志

图 17-2 图纸空间标志

### 17.1.2 模型空间和图纸空间切换

模型空间和图纸空间切换的常用方法是：

（1）单击绘图区左下方的"模型"标签，进入模型空间，如图 17-1 所示。

（2）单击绘图区左下方的"布局"标签，进入图纸空间，如图 17-2 所示。

### 17.1.3　模型空间多视口设置

#### 1．命令启动方法

- 功能区："视图"选项卡→"视口"面板→"命名视口" ▣ →"新建视口"。
- 工具按钮："布局"工具栏→"显示'视口'对话框" ▣ →"新建视口"。
- 菜单："视图"→"视口"→"新建视口" ▢ 。
- 键盘命令：VPORTS。

#### 2．功能

在模型空间中建立和控制多个视口。各视口不能重叠，称为平铺视口。

#### 3．操作

启动命令后，弹出"视口"对话框，如图 17-3 所示。

（1）"新建视口"选项卡：显示标准视口列表并设置视口。

① "新名称"文本框：输入新视口名称。按该名称保存视口，以后可恢复。

② "标准视口"列表框：列出视口设置。单击某个视口，则在"预览"框显示视口分割情况。

③ "预览"框：显示视口分割情况。

④ "应用于"下拉列表框：有"显示"和"当前视口"供选择。

a．显示：将视口设置应用到整个模型空间。

b．当前视口：将视口设置应用到当前视口。

⑤ "设置"下拉列表框：指定二维设置或三维设置。

⑥ "修改视图"下拉列表框：选择视图替换"预览"框中选定视口中的视图。例如将"当前"替换为"主视图""左视图"等。

（2）"命名视口"选项卡：显示已建立的视口设置，指定当前视口。

【例 17-1】打开图 16-50 所示的凳子图形，在模型空间进行四视口设置，如图 17-4 所示。

**题目解释说明：** 本例给出了视口设置的一个通用步骤。

操作步骤如下：

第一步：打开图 16-50 所示的凳子图形文件。启动该命令，弹出"视口"对话框（见图 17-3）。

第二步：设置视口。

（1）在"标准视口"列表框中选择"四个：相等"。

（2）在"设置"下拉列表框中选择"三维"。

（3）单击"预览"框的左上视口，在"修改视图"下拉列表框中选择"前视"（主视）。

（4）单击"预览"框的右上视口，在"修改视图"下拉列表框中选择"左视"。

（5）单击"预览"框的左下视口，在"修改视图"下拉列表框中选择"俯视"。

（6）单击"预览"框的右下视口，在"修改视图"下拉列表框中选择"西南等轴测"。

第三步：输入名称。在"新名称"文本框中输入名称：4SHIKOU。

第四步：单击"确定"按钮，结果如图 17-4 所示。可以进行视图平移和视图缩放。

**说明：**

（1）多个视口中，只有一个是当前活动视口（视口用粗线表示），显示十字光标。单击某个视口，则这个视口立刻变为当前活动视口。

（2）在一个视口中可以继续拆分视口。

（3）合并视口有多种方法，具体是：①功能区："视图"选项卡→"视口"面板→"视口，合并" ；②菜单"视图"→"视口"→"合并" ；③键盘命令：–VPORTS。

图 17-3　模型空间"视口"对话框

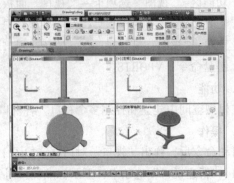

图 17-4　模型空间四视口

## 17.1.4　图纸空间浮动视口设置

### 1．命令启动方法

- 功能区："视图"选项卡→"视口"面板→"命名视口" →"新建视口"。
- 工具按钮："布局"工具栏→"显示'视口'对话框" →"新建视口"。
- 下拉菜单："视图"→"视口"→"新建视口" 。
- 键盘命令：VPORTS。

### 2．功能

在图纸空间中，建立和控制多个视口。各视口可以重叠，称为浮动视口。

### 3．操作

启动命令后，弹出"视口"对话框，如图 17-5 所示。

该对话框类似于模型空间"视口"对话框。不同的是："新建视口"选项卡中，无"新名称"文本框。

命令行会提示：

命令：_+vports
选项卡索引<0>：0
指定第一个角点或 [布满(F)] <布满>：　　　（指定视口的
第一个角点，或选择布满）
指定对角点：　　　　　　　　　　　　　　　（指定视口的第二个角点）
正在重生成模型。

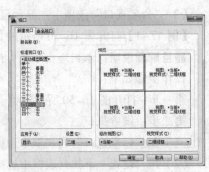

图 17-5　图纸空间"视口"对话框

说明：

（1）在图纸空间中，虚线表示可打印区域；实线表示视口，如图 17-6 所示。

（2）在图纸空间中，视口可以平移（MOVE）、复制、删除、缩放（SCALE）等，如图 17-7 所示。

【例 17-2】打开图 16-50 所示的凳子图形，在图纸空间进行四视口设置，如图 17-8 所示。

题目解释说明：本例的操作与上例类似。

第一步：单击"布局 1"标签，删除显示的视口（实线）。

第二步：启动 VPORTS 命令，弹出"视口"对话框，在其中进行图 17-5 所示的设置。

第三步：指定视口的两个角点，如图 17-8 所示。

图 17-6　视口

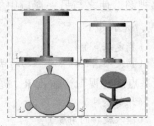
图 17-7　四视口

图 17-8　图纸空间四视口

## 17.1.5　图纸空间和浮动模型空间的切换

浮动视口中的模型空间称为浮动模型空间。在浮动模型空间，可以像在模型空间一样对图形对象进行修改、编辑。

图纸空间和浮动模型空间切换的常用方法有：

（1）单击状态栏中的"图纸"按钮，进入浮动模型空间；单击状态栏中的"模型"按钮，进入图纸空间。

（2）如果不在浮动模型空间，在视口内双击，则进入浮动模型空间；在浮动视口外双击，则进入图纸空间。

## 17.1.6　设置图形规格

### 1．命令启动方法

键盘命令：MVSETUP。

### 2．功能

在图纸空间中，对浮动多视口进行对齐、创建、缩放等。如果在模型空间中，则先询问"是否启用图纸空间？"

### 3．操作

启动命令后，命令行提示：

命令：mvsetup

输入选项 [对齐(A)/创建(C)/缩放视口(S)/选项(O)/标题栏(T)/放弃(U)]：

（1）对齐：在视口中平移视图，使它与另一视口中的基点对齐。输入 A，提示如下：

输入选项 [角度(A)/水平(H)/垂直对齐(V)/旋转视图(R)/放弃(U)]：

① 角度：在视口中沿指定的方向平移视图。输入 A，提示如下：

指定基点：　　　　　　　　　　　（指定基点）

指定视口中平移的目标点：　　　　　（指定不同视口中要移动的点）

在基点所在的当前视口内，指定到新对齐点的距离和角度。

指定相对基点的距离：　　　　　　（输入距离）

指定相对基点的角度：　　　　　　（输入角度）

输入选项 [角度(A)/水平(H)/垂直对齐(V)/旋转视图(R)/放弃(U)]：✓

输入选项 [对齐(A)/创建(C)/缩放视口(S)/选项(O)/标题栏(T)/放弃(U)]：✓

② 水平：在视口中平移视图，使之与另一视口中的基点水平对齐。只有两个视口水平放置

时，才能使用此选项。输入 H，提示如下：

    指定基点：                （指定基点）
    指定视口中平移的目标点：        （指定不同视口中要移动的点）

③ 垂直对齐：在视口中平移视图，使之与另一视口中的基点垂直对齐。只有两个视口垂直放置时，才能使用此选项。输入 V，提示如下：

    指定基点：                （指定基点）
    指定视口中平移的目标点：        （指定不同视口中要移动的点）

④ 旋转视图：在视口中围绕基点旋转视图。输入 R，提示如下：

    指定视口中要旋转视图的基点：   （指定基点）
    指定相对基点的角度：        （输入旋转的角度）

图形对象旋转，视口不旋转。

⑤ 放弃：输入 U，撤销当前 MVSETUP 中已执行的操作。

（2）创建：创建或删除视口。输入 C，提示如下：

    输入选项 [删除对象(D)/创建视口(C)/放弃(U)] <创建视口>：

① 删除对象：删除现有视口。输入 D，提示如下：

    选择要删除的对象...
    选择对象：              （选择要删除的视口）
    选择对象：……            （可以继续选择要删除的视口）
    选择对象：✓

② 创建视口：显示创建视口的选项。输入 C，提示如下：

    可用布局选项：...
    0：无
    1：单个
    2：标准工程
    3：视口阵列
    输入要加载的布局号或 [重显示(R)]：   （输入选项号（0～3），或输入 R 重显示视口布局选项列表）

a. 输入 0 不创建视口。

b. 输入 1 创建单个视口，视口大小由下列提示确定：

    指定边界区域的第一角点：        （指定第一角点）
    指定对角点：              （指定对角点）

c. 输入 2 将指定区域等分为 4 个象限，创建 4 个视口。AutoCAD 提示用户指定要被等分的区域以及视口间的距离。

    指定边界区域的第一角点：        （指定第一角点）
    指定对角点：              （指定对角点）
    指定 X 方向上视口之间的距离<0.0>：   （指定距离）
    指定 Y 方向上视口之间的距离<0.0>：   （指定距离）

d. 输入 3 将沿 X 轴和 Y 轴定义一个视口矩阵。在后续两个提示下指定点，以定义包含视口配置的图形矩形区域。如果已经插入了标题栏，"指定第一角点"提示还将包含一个选择默认区域的选项。

    指定边界区域的第一角点：        （指定第一角点）
    指定对角点：              （指定对角点）
    输入 X 方向上的视口数目<1>：      （输入沿 X 轴方向放置的视口数）
    输入 Y 方向上的视口数目<1>：      （输入沿 Y 轴方向放置的视口数）

如果在各个方向上输入的视口数都大于 1，AutoCAD 提示如下：

指定 X 方向上视口之间的距离<0.0>：　　　（指定距离）

指定 Y 方向上视口之间的距离<0.0>：　　　（指定距离）

AutoCAD 将视口阵列插入到已定义的区域中。

e. 重显示：输入 R，重新显示视口布局选项列表。

③ 放弃：输入 U，撤销当前 MVSETUP 中已执行的操作。

（3）缩放视口：输入 S，缩小或放大视口。

选择要缩放的视口 ...

选择对象：　　　　　　　　　　　　　　（选择要缩放的视口）

选择对象：　　　　　　　　　　　　　　（可以继续选择要缩放的视口）

选择对象：✓

设置视口缩放比例因子。交互(I)/<统一(U)>：

① 交互：输入 I，每次选择一个视口，并对每个视口显示以下提示：

输入图纸空间单位的数目<1.0>：　　　　　（一般输入 1）

输入模型空间单位的数目<1.0>：　　　　　（输入一个数值，如 3，表示图纸空间中的长度 1 代表模型
空间中的长度 3）

② 统一：输入 U，对所有视口设置相同的比例因子。提示如下：

输入图纸空间单位的数目<1.0>：

输入模型空间单位的数目<1.0>：

（4）选项：输入 O，管理图层、图形界限、单位、外部参照。

（5）标题栏：通过设置原点调整图形方向，并创建图形边界和标题栏。输入 T，提示如下：

输入标题栏选项 [删除对象(D)/原点(O)/放弃(U)/插入(I)] <插入>：

① 删除对象：从图纸空间删除对象。输入 D，提示如下：

选择要删除的对象 ...

选择对象：　　　　　　　　　　　　　　（选择要删除的对象）

② 原点：重新指定此图纸的原点。输入 O，提示如下：

指定此表的新原点：

③ 放弃：输入 U，撤销当前 MVSETUP 中已执行的操作。

④ 插入：显示标题栏选项。输入 I，提示：

0:　　　无

1:　　　ISO A4 尺寸（毫米）

2:　　　ISO A3 尺寸（毫米）

……

13:　　常用 D 尺寸图纸（24 x 36 英寸）

输入要加载的标题栏号或 [添加(A)/删除(D)/重显示(R)]：　　　（输入一个选项号或 A、D、R）

a. 添加：向列表中添加标题栏选项。输入 A，提示如下：

输入标题栏说明：　　　　　　　　　　　（输入说明）

输入要插入的图形名（不带扩展名）：　　　（输入文件名）

是否定义默认可用区域？[是(Y)/否(N)] <是>：　（输入 Y 或 N）

输入 Y，提示如下：

指定左下角：　　　　　　　　　　　　　（指定左下角点）

指定右上角：　　　　　　　　　　　　　（指定右上角点）

b. 删除：从列表中删除条目。输入 D，提示如下：

输入要从列表中删除的条目编号：

c．重显示：输入 R，重新显示标题栏选项列表。

（6）放弃：输入 U，撤销当前 MVSETUP 中已执行的操作。

# 17.2　三维图形生成二维图形的 3 个命令

三维图形生成二维图形的有关命令有 3 个：

（1）SOLVIEW 命令：在布局中使用正投影法建立浮动视口来生成三维实体及实体对象的多面视图投影与剖视图投影。

（2）SOLDRAW 命令：在用 SOLVIEW 命令建立的视口中生成轮廓图和剖视图。

（3）SOLPROF 命令：建立三维实体的二维轮廓图像。

## 17.2.1　SOLVIEW 命令——生成三维实体及实体对象的多面视图投影与剖视图投影

### 1．命令启动方法

- （"三维建模"工作界面）功能区："常用"选项卡→"建模"面板→"建模"下拉按钮→"实体视图" 。
- 菜单："绘图"→"建模"→"设置"→"视图"。
- 键盘命令：SOLVIEW。

### 2．功能

在布局中使用正投影法建立浮动视口来生成三维实体及实体对象的多面视图投影与剖视图投影。多面视图包括基本视图和辅助视图。该命令建立的信息由 SOLDRAW 命令使用。

下面以图 17-9 所示的三维实体为例建立投影视图。

### 3．操作

启动命令后，命令行提示如下：

输入选项 [UCS(U)／正交(O)／辅助(A)／截面(S)]：

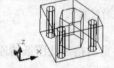

图 17-9　三维实体

（1）UCS：建立相对于 UCS 的投影视图。

如果图形中没有视口，该选项将建立初始视口，其他视图可由此建立。其他的所有 SOLVIEW 选项都需要现有的视口。

可以选择使用当前 UCS 或以前保存的坐标系作为投影面。

建立的视口投影平行于 UCS 的 XY 平面，该平面中 X 轴水平向右，而 Y 轴垂直向上。

输入 U，提示：

输入选项 [命名(N)／世界(W)／?／当前(C)] <当前>：

① 命名：使用命名 UCS 的 XY 平面建立轮廓视图。输入 N，提示如下：

| 输入要恢复的 UCS 名称： | （输入现有的 UCS 名称） |
|---|---|
| 输入视图比例<1.0>： | （输入比例数值，用相对于图纸空间的比例缩放视口） |
| 指定视图中心： | （指定一点） |
| 指定视图中心：✓ | （视图中心可以指定多次，直到满意按回车键） |
| 指定视口的第一个角点： | （指定一点） |
| 指定视口的对角点： | （指定一点） |
| 输入视图名： | （输入视图名） |

② 世界：使用 WCS 的 XY 平面创建轮廓视图。输入 W，提示如下：

| | |
|---|---|
| 输入视图比例<1.0>: | （输入比例数值，用相对于图纸空间的比例缩放视口） |
| 指定视图中心: | （指定一点） |
| 指定视图中心: ↙ | （视图中心可以指定多次，直到满意按回车键） |
| 指定视口的第一个角点: | （指定一点） |
| 指定视口的另一角点: | （指定一点） |
| 输入视图名: | （输入视图名） |

如图 17-10 所示。

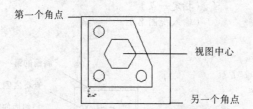

图 17-10　建立 UCS 投影视图

③ ?：列出已经存在的 UCS 名称。

输入要列出的 UCS 名<*>:　　（输入名称，若按回车键则列出所有的 UCS）

④ 当前：使用当前 UCS 的 XY 平面创建轮廓视图。输入 C，提示（同②）。

（2）正交：基于现有视图建立正交视图（即根据前一视图建立另一基本视图）。输入 O，提示：

| | |
|---|---|
| 指定视口要投影的那一侧: | （选择视口的一边确定从哪边看，用捕捉中点选择比较方便） |
| 指定视图中心: | （指定一点） |
| 指定视图中心: ↙ | （视图中心可以指定多次，直到满意回车） |
| 指定视口的第一个角点: | （指定一点） |
| 指定视口的对角点: | （指定一点） |
| 输入视图名: | （输入视图名） |

如图 17-11 所示。

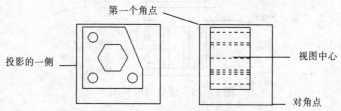

图 17-11　建立正交视图

（3）辅助：基于现有视图建立辅助视图（例如：斜视图）。辅助视图投影到与已有视图正交并倾斜于相邻视图的平面。输入 A，提示：

| | |
|---|---|
| 指定斜面的第一个点: | （指定一点。由两点定义用作辅助投影的倾斜平面） |
| 指定斜面的第二个点: | （指定另一点。这两点必须在同一视口中） |
| 指定要从哪侧查看: | （指定一点） |
| 指定视图中心: | （指定一点） |
| 指定视图中心: ↙ | （视图中心可以指定多次，直到满意按回车键） |
| 指定视口的第一个角点: | （指定一点） |
| 指定视口的对角点: | （指定一点） |
| 输入视图名: | （输入视图名） |

如图 17-12 所示。

（4）截面：通过图案填充建立实体图形的剖视图。输入 S，提示如下：

指定剪切平面的第一个点：　　　（指定一点。在原视口中指定两点来定义剖切面）
指定剪切平面的第二个点：　　　（指定另一点。这两点必须在同一视口中）
指定要从哪侧查看：　　　　　　（指定一点）
输入视图比例<1.0>：　　　　　（输入比例数值，用相对于图纸空间的比例缩放视口）
指定视图中心：　　　　　　　　（指定一点）
指定视图中心：↙　　　　　　　（视图中心可以指定多次，直到满意回车）
指定视口的第一个角点：　　　　（指定一点）
指定视口的对角点：　　　　　　（指定一点）
输入视图名：　　　　　　　　　（输入视图名）

如图 17-13 所示。

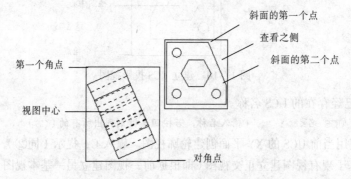

图 17-12　建立辅助视图

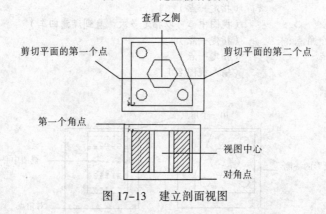

图 17-13　建立剖面视图

**说明：**

（1）该命令建立的是单向视图，从视觉上看是二维图形，实际上仍然是三维实体（自由动态观察即可发现）。要生成真正的二维图形，需执行 SOLDRAW 命令。

（2）该命令自动建立可见线、隐藏线、标注和截面图案的图层（视图名由用户输入）。

| 图层名 | 对象类型 |
|---|---|
| 视图名-VIS | 可见线 |
| 视图名-HID | 隐藏线 |
| 视图名-DIM | 尺寸标注 |
| 视图名-HAT | 填充图案（用于截面） |

执行 SOLDRAW 命令时，将删除和更新存储在这些图层上的信息，所以不要把永久保留的图形信息放置在这些图层上。

（3）该命令必须在图形空间（即布局）中使用。

（4）该命令在 VPORTS 图层上放置视口对象。系统自动创建这个图层。

## 17.2.2　SOLDRAW 命令——在用 SOLVIEW 命令建立的视口中生成轮廓图和剖视图

### 1．命令启动方法

- （"三维建模"工作界面）功能区："常用"选项卡→"建模"面板→"建模"下拉按钮→
"实体图形" 📝。
- 菜单："绘图"→"建模"→"设置"→"图形"。
- 键盘命令：SOLDRAW。

### 2．功能

在用 SOLVIEW 命令建立的视口中生成轮廓图和剖视图。它生成视口中表示实体轮廓和边的可见线和隐藏线，然后投影到垂直视图方向的平面上。对于截面视图，使用 HPNAME、HPSCALE 和 HPANG 系统变量的当前值进行图案填充。

### 3．操作

启动命令后，命令行提示如下：

选择要绘制的视口 ...

| | |
|---|---|
| 选择对象： | （选择要生成轮廓图和剖视图的视口） |
| 选择对象：…… | （可继续选择要生成轮廓图和剖视图的视口） |
| 选择对象：✓ | （选择完毕，按回车键） |

图 17-11～图 17-13 是执行 SOLDRAW 命令且修改隐藏线图层的线型为虚线的效果。

说明：

（1）该命令只在 SOLVIEW 命令建立的视口中使用。

（2）该命令自动删除选定视口中由 SOLVIEW 命令建立的轮廓图和剖视图，然后生成新的轮廓图和剖视图。

（3）自由动态观察即可发现，已经生成真正的二维图形。

（4）在生成截面视图（剖视图）之前，可改变系统变量 HPNAME、HPSCALE 和 HPANG 的值，从而设置填充的图案、比例和角度。

## 17.2.3　SOLPROF 命令——建立三维实体的轮廓图像

### 1．命令启动方法

- （"三维建模"工作界面）功能区："常用"选项卡→"建模"面板→"建模"下拉按钮→
"实体轮廓" 📦。
- 菜单："绘图"→"建模"→"设置"→"轮廓"。
- 键盘命令：SOLPROF。

### 2．功能

建立三维实体的轮廓图像，轮廓图只显示当前视图下实体的曲面轮廓线和边。

### 3．操作

启动命令后，命令行提示如下：

| | |
|---|---|
| 选择对象： | （选择对象） |

是否在单独的图层中显示隐藏的轮廓线？[是(Y)/否(N)] <是>：

（1）确定是否在单独的图层中显示隐藏的轮廓线

① 是：输入 Y，只生成可见线和隐藏线两个块。使用线型 BYLAYER 绘制可见轮廓，使用线型 HIDDEN 绘制隐藏轮廓。可见线和隐藏线的块放在下述图层上：

PV-视口句柄　　　　　　　用于可见的轮廓图层

PH-视口句柄　　　　　　　用于隐藏的轮廓图层

例如：若在句柄为 4B 的视口中建立轮廓图，包含可见线的块将插入到图层 PV-4B 中，包含隐藏线的块将插入到图层 PH-4B 中。在图纸空间中选择该视口并使用 LIST 命令可获得视口句柄。

② 否：输入 N，不管是可见线还是隐藏线都当作可见线，为每个选定实体的轮廓线建立一个块。可见的轮廓块用与原实体同样的线型画出，轮廓块放在下面的图层上。

PV-视口句柄用于可见的轮廓图层

如图 17-14 所示，图 17-14（a）为关闭 PH-层的情形，图 17-14（b）没有 PH-层。

（2）AutoCAD 继续提示，确定使用二维还是三维的对象来表示轮廓的可见线和隐藏线：

是否将轮廓线投影到平面？[是（Y）/否（N）] <是>：

输入 Y 或 N。输入 Y，则用二维对象建立轮廓线。三维轮廓被投影到与视图方向垂直且通过 UCS 原点的平面上。输入 N，则用三维对象建立轮廓线。

（3）AutoCAD 继续提示，确定是否显示相切边

是否删除相切的边？[是（Y）/否（N）] <是>：

输入 Y 或 N。相切边指两个相切面之间的分界边，它只是假想的两面相交并且相切的边，如图 17-15 所示。

（a）删除　　（b）不删除　　　　　　（a）删除　　（b）不删除

图 17-14　隐藏线　　　　　　　　　　　图 17-15　相切边

说明：

（1）该命令是对三维实体建立轮廓，而不是对平面图形建立轮廓。

（2）该命令必须在图形空间（即布局）中的浮动模型空间中使用。

（3）执行该命令后，三维实体和建立的轮廓同时可见。如果要使三维实体不可见，可关闭三维实体所在的图层。

【例 17-3】打开图 16-50 所示的凳子图形，设置为主视图（前视图），如图 17-16（a）所示。执行 SOLPROF 命令生成轮廓，如图 17-16（c）所示。

题目解释说明：本例给出一个用 SOLPROF 命令生成轮廓的一般步骤。

操作步骤如下：

第一步：打开图 16-50 所示的图形，设置为主视图（前视图）。

如图 17-16（a）所示。

第二步：单击"布局 1"标签；单击状态栏中的"图纸"按钮，进入浮动模型空间；设置为主视图（前视图）；执行 SOLPROF 命令。

命令：solprof
选择对象：　　　　　　　　　　　　　　　（选择整个三维实体）
选择对象：✓
是否在单独的图层中显示隐藏的轮廓线？［是(Y)/否(N)］<是>：✓
是否将轮廓线投影到平面？［是(Y)/否(N)］<是>：✓
是否删除相切的边？［是(Y)/否(N)］<是>：✓
输入选项［?/冻结(F)/解冻(T)/重置(R)/新建冻结(N)/视口默认可见性(V)］：_N
输入在所有视口中都冻结的新图层的名称：PV-6E 输入选项
［?/冻结(F)/解冻(T)/重置(R)/新建冻结(N)/视口默认可见性(V)］：_T
输入要解冻的图层名：PV-6E
输入选项［全部(A)/选择(S)/当前(C)］<当前>：输入选项
［?/冻结(F)/解冻(T)/重置(R)/新建冻结(N)/视口默认可见性(V)］：
命令：_.VPLAYER 输入选项
［?/冻结(F)/解冻(T)/重置(R)/新建冻结(N)/视口默认可见性(V)］：_NEW
输入在所有视口中都冻结的新图层的名称：PH-6E 输入选项
［?/冻结(F)/解冻(T)/重置(R)/新建冻结(N)/视口默认可见性(V)］：_T
输入要解冻的图层名：PH-6E
输入选项［全部(A)/选择(S)/当前(C)］<当前>：输入选项
［?/冻结(F)/解冻(T)/重置(R)/新建冻结(N)/视口默认可见性(V)］：
命令：
已选定一个实体。

如图 17-16（b）所示。

第三步：关闭三维实体所在的图层。

如图 17-16（c）所示。

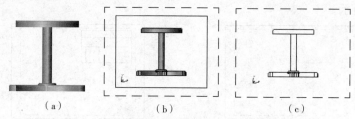

（a）　　　　　　　　　（b）　　　　　　　　　（c）

图 17-16　创建三维实体的轮廓

## 17.3　三维图形生成二维图形示例

下面用示例说明三维图形生成二维图形的操作过程。

【例 17-4】由图 16-21 所示的三维图形，生成二维图形，包括主视图、俯视图、左视图和西南等轴测视图，如图 17-17 所示。

**题目解释说明：**本例给出一个由三维图形生成二维图形的完整步骤。

操作步骤如下：

### 1. 打开图形文件，设置基本视图

打开图形文件，设置为主视图，如图 17-18 所示。

### 2. 进入图形空间

单击 AutoCAD 绘图区左下方的"布局 1"标签，如图 17-19 所示。

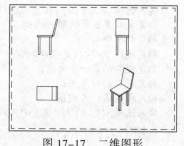

图 17-17　二维图形

### 3. 删除视口

用 ERASE（删除）命令删除图 17-19 的视口（实线），如图 17-20 所示。

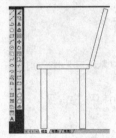
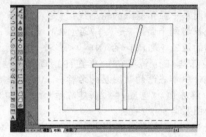

图 17-18　设置为主视图　　　　　　图 17-19　单击"布局 1"标签

### 4. 生成主视图

启动 SOLVIEW 命令，操作如下所述。

```
命令: solview
输入选项 [UCS(U)/正交(O)/辅助(A)/截面(S)]: u　（投影到 UCS 的 XY 平面）
输入选项 [命名(N)/世界(W)/?/当前(C)] <当前>:↙
输入视图比例<1>:↙
指定视图中心:　　　　　　　　　　（在打印区域（虚线）的左上方单击，指定视图中心）
指定视图中心<指定视口>:↙
指定视口的第一个角点:　　　　（单击指定视口的第一个角点）
指定视口的对角点:　　　　　　（单击指定视口的对角点）
输入视图名: 主视图
输入选项 [UCS(U)/正交(O)/辅助(A)/截面(S)]: ↙
```

如图 17-21 所示。

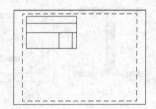

图 17-20　删除视口　　　　　　　图 17-21　生成主视图

### 5. 生成左视图

启动 SOLVIEW 命令，操作如下所述。

```
命令: solview
输入选项 [UCS(U)/正交(O)/辅助(A)/截面(S)]:o　（建立正交视图）
指定视口要投影的那一侧:　　　　（捕捉主视图视口左边界的中点）
指定视图中心:　　　　　　　　（在主视图的右方单击）
指定视图中心<指定视口>:↙
指定视口的第一个角点:　　　　（单击指定视口的第一个角点）
指定视口的对角点:　　　　　　（单击指定视口的对角点）
输入视图名: 左视图
输入选项 [UCS(U)/正交(O)/辅助(A)/截面(S)]: ↙
```

如图 17-22 所示。

### 6. 生成俯视图

启动 SOLVIEW 命令，操作如下所述。

```
命令: solview
```

输入选项 [UCS(U)/正交(O)/辅助(A)/截面(S)]：o （建立正交视图）
指定视口要投影的那一侧：    （捕捉主视图视口上边界的中点）
指定视图中心：    （在主视图的下方单击）
指定视图中心<指定视口>：↙
指定视口的第一个角点：    （单击指定视口的第一个角点）
指定视口的对角点：    （单击指定视口的对角点）
输入视图名：俯视图
输入选项 [UCS(U)/正交(O)/辅助(A)/截面(S)]：↙

如图 17-23 所示。

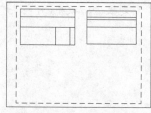  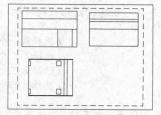

图 17-22　生成左视图　　　　　图 17-23　生成俯视图

### 7. 生成西南等轴测视图

启动 SOLVIEW 命令，操作如下所述。

命令：solview
输入选项 [UCS(U)/正交(O)/辅助(A)/截面(S)]：u
输入选项 [命名(N)/世界(W)/?/当前(C)] <当前>：↙
输入视图比例<1>：↙
指定视图中心：    （在左视图的下方单击，指定视图中心）
指定视图中心<指定视口>：↙
指定视口的第一个角点：    （单击指定视口的第一个角点）
指定视口的对角点：    （单击指定视口的对角点）
输入视图名：西南等轴测视图
输入选项 [UCS(U)/正交(O)/辅助(A)/截面(S)]：↙

如图 17-24 所示。

### 8. 设置等轴测视图

单击状态栏中的"图纸"按钮，使最后视口成为浮动模型空间，设置为西南等轴测视图，再单击状态栏中的"模型"按钮，如图 17-25 所示。

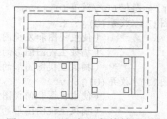  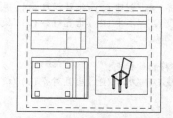

图 17-24　生成西南等轴测视图　　图 17-25　设置西南等轴测视图

### 9. 生成轮廓图

用 SOLVIEW 命令生成的图形仍是三维的，需生成二维的。启动 SOLDRAW 命令，操作如下所述。

命令：soldraw
选择要绘图的视口...
选择对象：    （选择主视口）

选择对象：　　　　　　　　　　（选择左视口）
选择对象：　　　　　　　　　　（选择俯视口）
选择对象：✓
已选定一个实体。
已选定一个实体。
已选定一个实体。

### 10．调整视口与模型空间的比例，该比例各视口相同

启动 MVSETUP 命令，设置统一比例：

命令：mvsetup
输入选项 [对齐(A)/创建(C)/缩放视口(S)/选项(O)/标题栏(T)/放弃(U)]：s
选择要缩放的视口...
选择对象：　　　　　　　　　（选择第一个视口）
选择对象：　　　　　　　　　（选择第二个视口）
选择对象：　　　　　　　　　（选择第三个视口）
选择对象：　　　　　　　　　（选择第四个视口）
选择对象：✓
设置视口缩放比例因子。交互(I)/<统一(U)>：u
设置图纸空间单位与模型空间单位的比例...
输入图纸空间单位的数目<1.0>：✓
输入模型空间单位的数目<1.0>：3
输入选项 [对齐(A)/创建(C)/缩放视口(S)/选项(O)/标题栏(T)/放弃(U)]：s
　　　　　　　　　　　（对象太大，视口未全部容纳凳子，重新设置比例）
选择要缩放的视口...
选择对象：　　　　　　　　　（逐步选择 4 个视口）
选择对象：✓
设置视口缩放比例因子。交互(I)/<统一(U)>：u
设置图纸空间单位与模型空间单位的比例...
输入图纸空间单位的数目<1.0>：✓
输入模型空间单位的数目<1.0>：10
输入选项 [对齐(A)/创建(C)/缩放视口(S)/选项(O)/标题栏(T)/放弃(U)]：✓

如图 17-26 所示。

### 11．对齐图形

4 个视口的图形不符合"长对正，高平齐，宽相等"的视图原则，需要把各视口的图形对齐。

启动 MVSETUP 命令，操作如下。

命令：mvsetup
输入选项[对齐(A)/创建(C)/缩放视口(S)/选项(O)/标题栏(T)/放弃(U)]：a
输入选项[角度(A)/水平(H)/垂直对齐(V)/旋转视图(R)/放弃(U)]：h
　　　　　　　　　　　　　　　（使主视图和左视图水平对齐）
指定基点：　　　　　　　　　　（捕捉主视图图形的左下角点）
指定视口中平移的目标点：　　　（捕捉左视图图形的右下角点）
输入选项[角度(A)/水平(H)/垂直对齐(V)/旋转视图(R)/放弃(U)]：v
　　　　　　　　　　　　　　　（使主视图和俯视图垂直对齐）
指定基点：　　　　　　　　　　（捕捉主视图图形的左上角点）
指定视口中平移的目标点：　　　（捕捉俯视图图形的左上角点）
输入选项[角度(A)/水平(H)/垂直对齐(V)/旋转视图(R)/放弃(U)]：
输入选项[对齐(A)/创建(C)/缩放视口(S)/选项(O)/标题栏(T)/放弃(U)]：✓

单击状态栏中的"模型"按钮，使之切换为"图纸"。

如图 17-27 所示。

### 12．管理图层

AutoCAD 自动生成了多个图层，如图 17-28 所示。

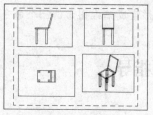

图 17-26 调整比例

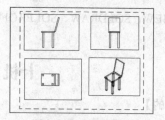

图 17-27 对齐图形

图 17-28 所有图层

可以将隐藏线图层"-HID"的线型改为虚线；也可以将隐藏线图层"-HID"都关闭，使隐藏线不显示出来。

关闭"VPORTS"图层（该图层放置了视口边框），使视口边框不显示出来。

图 17-17 是关闭了隐藏线图层"-HID"以及"VPORTS"图层，并对西南等轴测视图消隐后的情况。

### 13. 绘制中心线（如需要）

在图 17-17 所示的图纸空间绘制中心线。如需修改图形，也顺便在这一步进行。

### 14. 绘制尺寸和标注文字（如需要）

标注尺寸在"-DIM"图层进行。

先建立标注样式，再标注尺寸。

建立标注样式时，要把"主单位"选项卡中的"比例因子"设置为视口与模型空间的比例（本例中为 10），如图 8-11 所示，且选择"仅应用到布局标注"，这时在图纸空间测量的尺寸为模型空间的尺寸。

### 15. 加入图框、标题栏，填写标题栏（如需要）

可以在图纸空间插入以前定义的图框和标题栏的图块；也可以在图纸空间插入以前绘制保存的图框和标题栏的图形文件；也可以在图纸空间直接绘制出图框和标题栏；还可以用 MVSETUP 命令创建图形边界和标题栏。

### 16. 保存图形

最后保存图形。

## 小　结

1. AutoCAD 提供了两个空间：模型空间和图纸空间，用户设计时可根据自身的需要进行选择、设置以及在两个空间之间切换。

2．SOLVIEW、SOLDRAW、SOLPROF 是三维图形生成二维图形的三个命令，可实现的功能是不同的。

# 上机实验及指导

【实验目的】

1．掌握模型空间多视口的创建方法。

2．掌握图纸空间浮动视口的创建方法。

3．掌握从三维图形生成二维图形的方法。

【实验内容】

1．做本章的例题。

2．再做几个三维图形生成二维图形的题目。

【实验步骤】

1．做本章的例题。

2．由图 17-9 所示的三维实体生成图 17-10～图 17-13 所示的二维视图。

指导：单击"布局"标签后，删除视口，然后根据讲解 SOLVIEW 和 SOLDRAW 命令的步骤操作。用 SOLVIEW 命令生成 UCS 视图、正交视图、辅助视图（斜视图）、剖面视图后，再用 SOLDRAW 命令生成轮廓图。用 SOLVIEW 命令生成剖面视图（见图 17-13）之前，先改变系统变量 HPNAME、HPSCALE 和 HPANG 的值，设置填充的图案、比例和角度。要将隐藏线图层"-HID"的线型改为虚线。

3．由图 16-10 所示的三维实体生成二维视图，如图 17-29 所示。

指导：本题可参照【例 17-4】完成。需要将隐藏线图层"-HID"的线型改为虚线，并添加中心线，绘制图框、标题栏，填写标题栏。

4．绘制你所学专业典型的三维图形，然后由三维图形生成二维图形。

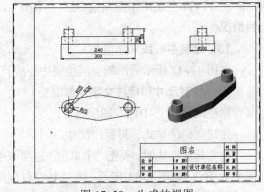

图 17-29　生成的视图

# 思　考　题

1．怎样在模型空间进行多视口设置？各视口能不能重叠？怎样合并视口？

2．怎样在图纸空间中建立多个视口？这些视口为什么称为浮动视口？浮动视口可以平移、复制、删除、缩放吗？

3．SOLVIEW 命令可以生成哪些视图？请试验它生成了哪些图层。如何使该命令生成的剖面图的填充图案是你所希望的种类？

4．SOLPROF 命令建立三维实体的二维轮廓时，向哪个平面投影？是 XY 平面吗？

5．SOLPROF 命令建立三维实体的轮廓时，请试验自动生成什么图层。该命令在什么空间使用？

6．SOLPROF 命令建立三维实体的轮廓后，三维实体删除了吗？如果删除了，如何证明？如果未删除，如何使之不可见？

# 第18章 打印、输出和发布图形

**学习目标**

- 掌握从模型空间打印图形的方法。
- 掌握从图形空间打印图形的方法。
- 掌握把图形输出到文件的方法。
- 了解将图形发布到 Web 页的方法。

用 AutoCAD 绘制完图形后，一般都要打印出来，以便进行审核、会签、生产或施工等。图形可以输出到图纸，也可以输出到文件，还可以发布到 Web 页。

## 18.1 从模型空间打印图形

图形打印可以先进行页面设置，再进行打印；也可以直接进行打印，而在打印前在"打印"对话框进行与页面设置类似的选项设置。这里只介绍后者。

### 1. 命令启动方法

- 功能区："输出"选项卡→"打印"面板→"打印" 🖶。
- 工具按钮："标准"工具栏→"打印" 🖶。
- 菜单："文件"→"打印" 🖶。
- 键盘命令：PLOT。

### 2. 功能

将图形打印输出到图纸或文件。

### 3. 操作

启动命令后，弹出"打印"对话框，如图 18-1 所示。如果该对话框未完全展开，可单击右下角的展开按钮 ⊙，将其展开。

在该对话框中设置各种打印选项。

（1）"页面设置"区：列出图形中已命名或已保存的页面设置，指定要使用的页面设置或添加页面设置。

① "名称"下拉列表框：从中选择已保存的命名页面设置作为当前页面设置。

② "添加"按钮：添加"设置 1"，将该对话框中的当前设置保存到命名页面设置。

可以通过"页面设置管理器"修改该页面设置。"页面设置管理器"通过单击"文件"→"页面设置管理器"命令或从命令行输入 PAGESETUP 打开，打开后选择"设置 1"，单击"修改"按钮进行修改。

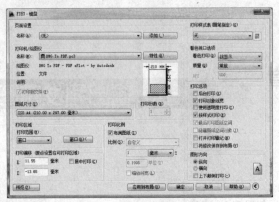

图 18-1 "打印-模型"对话框

（2）"打印机/绘图仪"区：指定打印时要使用的打印设备。

① "名称"下拉列表框：从中选择可用的 PC3 文件或系统打印机。

② "特性"按钮：显示绘图仪配置编辑器（PC3 编辑器），从中查看或修改当前绘图仪的配置、端口、设备和介质设置。如果使用"绘图仪配置编辑器"更改 PC3 文件，则显示"修改打印机配置文件"对话框。

③ "绘图仪""位置"提示：显示当前所选页面设置中指定的打印设备及其物理位置。

④ "打印到文件"复选框：选择则将图形输出到文件，而不是打印到图纸。

打印文件的默认位置在"选项"对话框→"打印和发布"选项卡→"打印到文件操作的默认位置"中设置。

⑤ "局部预览"图：显示相对于图纸尺寸和可打印区域的有效打印区域。

（3）"图纸尺寸"下拉列表框：从中选择所选打印设备可用的标准图纸尺寸。如果未选择绘图仪，则显示全部标准图纸尺寸供选择。

（4）"打印份数"数值框：指定要打印的份数。如果打印到文件，该选项不可用。

（5）"打印范围"下拉列表框：从中指定要打印的图形部分。

① "布局/图形界限"项：如果从模型空间打印，则打印栅格界限定义的整个图形区域。若当前视口不显示平面视图，则该选项与"范围"选项效果相同。

如果打印布局（从图纸空间打印），则打印指定图纸尺寸可打印区域内的全部内容。

② "范围"项：打印图形的当前空间内的所有图形。

③ "显示"项：打印选定的"模型"选项卡当前视口中的视图或布局中的当前图纸空间视图。

④ "视图"项：打印绘图区显示的图形范围内的所有图形。

⑤ "窗口"项：打印用户指定的矩形区域内的图形。

⑥ "窗口"按钮：指定要打印的矩形区域。只有选定"打印区域"下拉列表框中的"窗口"项，该按钮才出现。

（6）"打印偏移"区：设置图形在图纸上的输出位置，是在图纸上居中打印，还是打印区域相对于可打印区域左下角或相对于图纸边缘偏移一定距离。偏移距离在文本框中输入，其值可以为正或为负，单位为毫米或英寸。图纸的打印区域由设备"名称"和"图纸尺寸"两个选项决定，在布局中以虚线表示；改变两个下拉列表框中的选项，有可能扩大或缩小打印区域。

（7）"打印比例"区：控制图形单位与打印单位之间的相对尺寸。从"模型"选项卡打印时，默认设置为"布满图纸"。打印布局时，默认缩放比例设置为 1∶1。

① "布满图纸"复选框：缩放所打印的图形使之布满所选图纸尺寸，此时在"比例""毫米"和"单位"框中显示系统计算出的缩放比例因子。

② "比例"下拉列表框和文本框：单击下拉按钮，从中选取打印比例；或在"毫米""单位"文本框内输入数值。

③ "缩放线宽"复选框：选取该项，则与打印比例成正比缩放线宽。一般不考虑线宽打印比例。打印布局时，该复选框才出现。

说明：

打印比例是图纸上 1 mm 代表 AutoCAD 图形的××个绘图单位。如果绘图比例是 1:100，打印比例是 1:1，则打印到图纸上的 1 mm 代表真实长度 100 个单位；如果绘图比例是 1:1，打印比例是 1:100，则打印到图纸上时图纸上的 1 mm 仍代表真实长度 100 个单位；如果绘图比例是 1:100，打印比例是 1:10，则打印到图纸上时图纸上的 1 mm 则代表真实长度 1000 个单位。

（8）"应用到布局"按钮：把当前"打印"对话框设置保存到当前布局。

（9）"打印样式表（画笔指定）"区。

① 名称下拉列表框：从中指定要使用的用于当前"模型"选项卡或"布局"选项卡的打印样式表。下拉列表框中的文件扩展文件名是 .ctb 还是 .stb，由当前图形是处于颜色打印样式相关模式还是处于命名打印样式模式决定。

如果选择"新建"，则显示"添加打印样式表"向导，用来建立新的打印样式表。

② "编辑"按钮 ▤：单击该按钮，显示打印样式表编辑器，从中查看或修改当前指定的打印样式表的打印样式。

（10）"着色视口选项"区：确定着色和渲染视口的打印方式，并确定它们的分辨率大小和每英寸点数（DPI）。

① "着色打印"下拉列表框：指定视图的打印方式。

② "质量"下拉列表框：确定着色和渲染视口的打印分辨率。

可选项有以下 6 项：

- 草稿：设置渲染和着色模型空间视图为线框打印。
- 预览：设置渲染和着色模型空间视图的打印分辨率为当前设备分辨率的四分之一，DPI 最大值为 150。
- 常规：设置渲染和着色模型空间视图的打印分辨率为当前设备分辨率的二分之一，DPI 最大值为 300。
- 演示：设置渲染和着色模型空间视图的打印分辨率为当前设备的分辨率，DPI 最大值为 600。
- 最大：设置渲染和着色模型空间视图的打印分辨率为当前设备的分辨率，无最大值。
- 自定义：设置渲染和着色模型空间视图的打印分辨率为"DPI"框中指定的分辨率设置，最大可为当前设备的分辨率。

③ "DPI"文本框：确定渲染和着色视图的每英寸点数，最大可为当前打印设备的最大分辨

率。要使该选项可用，必须在"质量"框中选择"自定义"。

（11）"打印选项"区：确定线宽、打印样式、着色打印和对象的打印次序等。

① "后台打印"复选框：选择该项，则在后台处理打印。

② "打印对象线宽"复选框：选择该项，则打印为对象或图层指定的线宽。

③ "使用透明度打印"复选框：指定是否打印对象透明度。仅当打印具有透明对象的图形时，才应使用此选项。

④ "按样式打印"复选框：选择该项，则应用对象和图层的打印样式。

⑤ "最后打印图纸空间"复选框：选择该项，则首先打印模型空间几何图形。通常先打印图纸空间几何图形，再打印模型空间几何图形。

⑥ "隐藏图纸空间对象"复选框：指定 HIDE 操作是否应用于图纸空间视口中的对象。此选项只在布局选项卡中可用。此设置的效果表现在打印预览中，不表现在布局中。

⑦ "打开打印戳记"复选框：选择该项，则打开打印戳记，在每个图形的指定位置放置打印戳记。在"打印戳记"对话框中进行打印戳记设置。

⑧ "将修改保存到布局"复选框：选择该项，则将在"打印"对话框中完成的修改保存到布局。

（12）"图形方向"区：确定图形在图纸上的打印方向。

① "纵向"单选框：选择该项，则图纸的顶部和底部是短边。

② "横向"单选框：选择该项，则图纸的顶部和底部是长边。

③ "上下颠倒打印"复选框：选择该项，则上部图形打印到图纸的下部，下部图形打印到图纸的上部。

上述各选项都确定后，单击对话框左下角的"预览"按钮，显示在图纸上的打印效果，观察是否满意。按【Esc】键，或右击并在快捷菜单中选择"退出"命令，则退出打印预览并返回"打印"对话框。

单击"确定"按钮，进行打印。

【例 18-1】将图 11-7 从模型空间打印预览。

**题目解释说明**：本例是对一个具体图形进行打印预览。先根据上面讲述的方法设置打印选项，然后单击"打印"对话框左下角的"预览"按钮，预览在图纸上的打印效果。

操作步骤如下：

第一步：打开保存图 11-7 的图形文件"11-7.dwg"。

第二步：启动打印命令，进行上面所述的打印设置。其中打印设备选择"DWF6 eFlot.pc3"，图纸尺寸选择"ISO full beleed A4（297.00×210.00 毫米）"，打印范围选择"窗口"，然后单击"窗口"按钮，用捕捉方式指定窗口的两个角点为图形外边框线的左上角点和右下角点；在"比例"下拉列表框中选择 1:1。

第三步：设置完毕后，单击"打印"对话框左下角的"预览"按钮，结果如图 18-2 所示。

第四步：预览完毕后，按【Esc】键，或右击并在快捷菜单中选择"退出"命令，退出打印预览并返回"打印"对话框。

第五步：单击"取消"按钮。

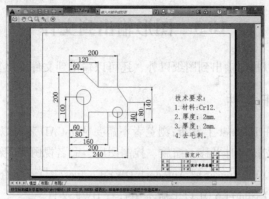

图 18-2　模型空间图纸打印预览

# 18.2　从图纸空间打印图形

从图纸空间打印图形也称为打印布局。可以进行单视口打印，也可以进行多视口打印。

## 18.2.1　单视口打印

在模型空间绘制图形后，再单击 AutoCAD 绘图区左下方的"布局"标签，进入图纸空间，然后启动打印命令，进行与从模型空间打印图形类似的打印设置，然后预览或打印。

例如：仍然对图 11-7 进行打印预览，不过这次是从图纸空间进行。其中打印设备选择"DWF6 eFlot.pc3"，图纸尺寸选择"ISO full beleed A4（297.00×210.00 毫米）"，在"打印比例"区选择"布满图纸"，打印范围选择"窗口"，用捕捉方式指定窗口的两个角点为图形外边框线的左上角点和右下角点，则打印预览的情形如图 18-3 所示。

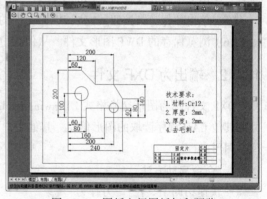

图 18-3　图纸空间图纸打印预览

## 18.2.2　多视口打印

多视口打印是针对三维图形而言的，多视口如主视图、左视图、俯视图和等轴测视图等。

下面以例题的方式阐述多视口打印的操作过程。

【例 18-2】对图 17-17 进行四视口打印预览或打印。

先从三维图形生成二维图形（见【例 17-4】），如图 17-17 所示。然后进行多视口打印预览或打印。

说明：

如果要打印的图形中需要有但是又没有图框和标题栏，则可以在图纸空间插入以前绘制保存的图框和标题栏，也可以在图纸空间直接绘出图框和标题栏，还可以用 MVSETUP 命令创建图形边界和标题栏。

# 18.3　图形输出到文件

AutoCAD 图形除可以打印输出到图纸以外，还可以输出到文件，供其他应用程序使用。

## 18.3.1　输出为 DWF 文件

该格式的图形能够在 Internet 上发布，浏览者不需要 AutoCAD 就可以在网上观看该图形。DWF 文件是二维矢量文件，支持实时平移、缩放、控制图层、命名视图和超链接等功能。

可以使用 Autodesk DWF Viewer 或 Autodesk DWF Composer 打开、查看和打印 DWF 文件，还可以在 Microsoft Internet Explorer 5.01 以上版本中查看 DWF 文件。

操作方法如下：

（1）绘制图形，或打开已绘制的图形文件。

（2）启动 PLOT 命令，弹出图 18-1 所示的对话框。

（3）在"打印机/绘图仪"区的"名称"下拉列表框中选择扩展名为".pc3"的虚拟打印机（例如选择"DWF6 ePlot.pc3"），选择"打印到文件"，再指定图纸尺寸、打印区域和打印样式表（画笔指定）等项，然后单击"确定"按钮。

（4）弹出"浏览打印文件"对话框，"文件类型"下拉列表框显示"DWF（*.dwf）"，在"文件名"文本框中输入保存时采用的文件名，在"保存于"下拉列表框中指定文件位置（路径）。

（5）单击"保存"按钮，完成 DWF 文件的输出。

（6）浏览保存的 DWF 图形文件。从保存位置找到该文件，双击，查看图形。

## 18.3.2　输出为 DXF 文件

DXF 文件称为图形交换格式（Drawing Exchange Format）文件。它是文本或二进制文件，包含可由其他 CAD 程序读取的图形信息。其他用户可用识别 DXF 文件的 CAD 程序，共享、使用和处理该图形。

**1. 命令启动方法**

- 快速访问工具栏："另存为" 💾。
- 菜单："文件" → "另存为" 💾。
- 键盘命令：DXFOUT。

**2. 功能**

把 AutoCAD 图形输出为 DXF 文件。

**3. 操作**

启动命令后，弹出"图形另存为"对话框，在"文件类型"下拉列表框中选择"*.dxf"，在"文件名"文本框中输入保存的文件名，在"保存于"下拉列表框中指定文件位置（路径），然后单击"保存"按钮，完成 DXF 文件的输出。

## 18.3.3　输出为其他格式文件

将 AutoCAD 图形输出为其他格式的文件也是为了用其他图形软件打开和处理它。

**1.命令启动方法**

- 菜单浏览器："输出" ▢ 。
- 菜单："文件" → "输出" ▢ 。
- 键盘命令：EXPORT。

**2.功能**

把 AutoCAD 图形以其他格式的文件保存。

**3.操作**

启动命令后，弹出"输出数据"对话框，在"文件类型"下拉列表框中选择一种格式，在"文件名"文本框中输入保存的文件名，在"保存于"下拉列表框中指定文件位置（路径），然后单击"保存"按钮，完成其他格式文件的输出。

AutoCAD 支持以下格式的输出。

（1）三维 DWF（*.dwf），三维 DWFx（*.dwfx）：Autodesk Design Web Format。

（2）ACIS（*.sat）：ACIS 实体对象文件。

（3）位图（*.bmp）：设备无关位图文件。

（4）块（*.dwg）：图形文件。

（5）DXX 提取（*.dxx）：属性提取 DXF 件。

（6）封装的 PS（*.eps）：封装的 PostScript 文件。

（7）IGES（*.iges）：IGES 文件。

（8）IGES（*.igs）：IGES 文件。

（9）FBX 文件（*.fbx）：Autodesk FBX 文件。

（10）平板印刷（*.stl）：实体对象光固化快速成型文件。

（11）图元文件（*.wmf）：Microsoft Windows 图元文件。

（12）V7 DGN（*.dgn）：MicroStation DGN 文件。

（13）V8 DGN（*.dgn）：MicroStation DGN 文件。

# 18.4　将图形发布到 Web 页

AutoCAD 给出的创建和发布网页的网上发布功能，可以快速、高效地创建和发布网页。

**1.命令启动方法**

- 菜单："文件" → "网上发布" ▢ 。
- 键盘命令：PUBLISHTOWEB。

**2.功能**

创建包含选定图形的图像的 HTML 页面。

**3.操作**

命令启动后，弹出"网上发布"向导，按提示一步步操作。

# 小　　结

1.可以从模型空间打印图形，也可以从图形空间打印图形。

2．可以把图形输出到文件，以便用其他图形软件打开和处理它。

3．还可以发布为 Web 页。

# 上机实验及指导

【实验目的】

1．掌握从模型空间预览和打印图形的方法。

2．掌握从图形空间预览和打印图形的方法。

3．掌握把图形输出到文件的方法。

4．了解将图形发布到 Web 页。

【实验内容】

1．做本章的例题。

2．试验和观察"打印"对话框中各选项控制的打印效果。

3．做若干个其他题目。

【实验步骤】

1．打开一个二维图形，从模型空间打印预览和从图形空间打印预览。

**题目解释说明：本题及下面各题均可参照本章的讲述进行试验。**

2．把你绘制的一个三维图形，进行多视口打印预览。

3．把你绘制的一个三维图形，进行多视口打印预览。

4．把一个二维图形或三维图形进行电子打印，分别输出为文件 tu.dwf、tu.dxf、tu.bmp。

5．将一个图形发布到 Web 页。

# 思 考 题

1．请说明"打印"对话框中"比例"的含义。

2．"打印"对话框中指定打印范围有几种方式？

3．"打印"对话框中图纸的打印区域是由什么决定的？

4．可以从模型空间进行多视口打印吗？

5．电子打印有什么特点？如何操作？

## 第**19**章 AutoCAD 与 Internet 交互

学习目标

- 了解浏览 AutoCAD 网站、打开 Internet 上的图形文件和插入其图形的方法。
- 了解在 Internet 上发布图形的两种途径。

目前，网络已经普及，上网已经成为人们信息交流的重要手段。通过 AutoCAD 的 Internet 功能，用户可以完成许多与 Internet 交互的工作。

## 19.1　打开和插入 Internet 上的图形文件

这里介绍浏览 AutoCAD 网站、打开 Internet 上的图形文件和插入 Internet 上的图形文件。

### 19.1.1　浏览 AutoCAD 网站

**1．命令启动方法**

- 工具按钮："Web"工具栏→"浏览 Web" 🔍（或🔍）。
- 键盘命令：BROWSER。

**2．功能**

启动在系统注册表中定义的默认 Web 浏览器。

**3．操作**

启动命令后，命令行提示如下：

命令：BROWSER
输入网址（URL）<http://www.autodesk.com.cn>：　　　　（输入要打开的网站的网址）

打开 Autodesk 公司中国网站主页，如图 19-1 所示。

### 19.1.2　打开 Internet 上的图形文件

**1．命令启动方法**

- 工具按钮："标准"工具栏→"打开" 📂。
- 菜单："文件"→"打开"。
- 键盘命令：OPEN。

图 19-1　Autodesk 公司网站主页

**2．功能**

在 Internet 上浏览和打开图形文件。

**3．操作**

启动命令后，弹出"选择文件"对话框。

（1）如果知道要打开的图形文件的网址及图形文件名，直接在"文件名"下拉列表框中输入，单击"打开"按钮，即可打开 Internet 上的图形文件。

（2）也可以单击"搜索 Web"按钮，弹出"浏览 Web-打开"对话框，如图 19-2 所示。执行下列操作之一：

图 19-2　"浏览 Web-打开"对话框

① 从已加载的页面中选择一个超链接，即可显示该链接的内容。

② 在"查找范围"下拉列表框中输入网址，在"名称或 URL"文本框中输入要打开的文件名称，单击"打开"按钮，即可打开 Internet 上的图形文件。

说明：

（1）在"名称或 URL"文本框中，必须输入文件的完整名称，包括传输协议（例如：http://或 ftp://）和目标文件的主文件名和扩展名（例如：.dwg 或.dwt）。

（2）打开的图形文件可以下载到计算机并在 AutoCAD 绘图区域中打开。

## 19.1.3　插入 Internet 上的图形文件

**1．命令启动方法**

- 工具按钮："绘图"工具栏→"插入块"　→"浏览"→"搜索 Web"　→"打开"。
- 菜单："插入"→"块"→"浏览"→"搜索 Web"　→"打开"。
- 键盘命令：INSERT→"浏览"→"搜索 Web"　→"打开"。

**2．功能**

把 Internet 上的图形作为图块、外部参照、图像插入到当前图形中。

**3．操作**

启动命令后，按启动方法描述的步骤操作，即可将图块、外部参照、图像插入到当前图形中。插入时指定插入位置和缩放比例。

# 19.2　在 Internet 上发布图形

AutoCAD 支持将图形文件保存到 Internet 上，及在 Internet 上创建和发布 Web 页。

## 19.2.1　把图形文件保存到 Internet 上

图形文件既可以保存在本地计算机上，只要有访问权限，也可以保存到 Internet 上。

**1. 命令启动方法**

● 菜单："文件"→"另存为"。

● 键盘命令：SAVEAS。

**2. 功能**

把当前图形文件保存到具有访问权限的网站上，向 Internet 发布图形信息。

**3. 操作**

启动命令后，弹出"图形另存为"对话框，如图 19-3 所示。

图 19-3　"图形另存为"对话框

（1）如果知道要保存的图形文件的网址，则可以直接在"文件名"下拉列表框中输入，单击"保存"按钮即可向 Internet 保存图形文件。

（2）也可以单击"搜索 Web"按钮，弹出"浏览 Web-保存"对话框（与图 19-2 类似），在"查找范围"下拉列表框中输入网址，在"文件类型"列表中选择文件格式，在"名称或 URL"文本框中输入文件的完整名称，单击"保存"按钮，即可向 Internet 保存图形文件。

说明：

（1）对要保存的目标网站，必须要有访问权限，否则无法保存。

（2）必须输入文件的完整名称，包括传输协议（ftp://）和要保存的目标文件的主文件名和扩展名（例如.dwg 或.dwt）。

## 19.2.2　在 Internet 上创建和发布网页

AutoCAD 给出的创建和发布网页的网上发布功能，可使不熟悉网页制作的用户避开专业的网页制作方法，快速、高效地创建和发布网页。

### 1．命令启动方法

- 菜单："文件"→"网上发布"。
- 键盘命令：PUBLISHTOWEB。

### 2．功能

创建和发布 Web 页，把图形发布到具有访问权限的网络上。

### 3．操作

命令启动后，按提示一步步操作。

# 小　　结

1．通过 AutoCAD，可以浏览 AutoCAD 网站，打开 Internet 上的图形文件和插入 Internet 上的图形。

2．在 Internet 上发布图形的两种途径：一是把图形文件保存到 Internet 上，二是在 Internet 上创建和发布网页，前提是要有访问权限。

# 上机实验及指导

### 【实验目的】

1．了解打开 Internet 上的图形文件和插入 Internet 上图形的方法。

2．了解在 Internet 上发布图形的两种途径。

### 【实验内容】

1．访问 Autodesk 公司网站。

2．把图形文件保存到 Internet 上。

3．其他。

### 【实验步骤】

1．在 AutoCAD 中打开 Autodesk 公司中国网站主页（www.autodesk.com.cn），浏览网站上的资源。并了解打开 Internet 上的图形文件和插入 Internet 上的图形的步骤。

题目解释说明：本题及下题均可参考本章的相关内容完成。

2．绘制一个图形，然后进行把图形文件保存到 Internet 上的虚拟操作（没有访问权限，无法真正保存）。

3．进行你所感兴趣的 AutoCAD 和 Internet 的交互操作。

# 思　考　题

1．如何打开 Internet 上的图形文件？

2．如何把 AutoCAD 图形文件保存到 Internet 上？

3．如何把 AutoCAD 图形文件通过电子邮件发给你的朋友？

# 第**20**章 — AutoCAD 二次开发

- 了解 AutoCAD 二次开发的方法步骤。
- 了解用 Visual LISP 开发 AutoCAD 命令。

AutoCAD 为用户提供了体现个性、发挥创造的二次开发工具 Visual LISP、VBA 和 ObjectARX，支持用户对 AutoCAD 进行二次开发，在通用的基础上加入个性化功能，以满足用户解决自己专业实际问题的需求。

## 20.1  Visual LISP 概述

AutoLISP 是 Autodesk 公司为扩展和自定义 AutoCAD 功能而设计的一种编程语言，也是便于在 AutoCAD 平台上进行二次开发的语言，它起源于 LISP 语言。LISP 最初是为编写人工智能（AI）应用程序设计的，现在仍是许多人工智能程序的基础。

为加速 AutoLISP 程序开发，1996 年该公司设计推出了 Visual LISP（VLISP），对原有的 AutoLISP 语言进行了重大改进，在原 AutoLISP 语言的基础上增加了许多新功能，大大增强了在 AutoCAD 平台上利用 AutoLISP 进行二次开发的能力。

Visual LISP 的功能体现在 Visual LISP IDE 集成开发环境中。Visual LISP IDE 集成开发环境包括语法检查器、文件编译器、源代码调试器、文字编辑器、AutoLISP 格式编排程序、全面的检验和监视功能、上下文相关帮助、工程管理系统、将编译后的 AutoLISP 文件打包成单个模块、桌面保存和恢复能力、智能化控制台窗口等。

## 20.2  启动和退出 Visual LISP

启动 Visual LISP 分两步。

第一步：启动 AutoCAD。

第二步：执行下列三项操作之一。

- 功能区："管理"选项卡→"应用程序"面板→"Visual LISP 编辑器" 。
- 菜单："工具"→"AutoLISP"→"Visual LISP 编辑器" 。
- 键盘命令：VLISP。

　　启动后，弹出图 20-1 所示的工作界面。该工作界面包括菜单、工具栏、文本编辑器、控制台窗口、状态栏和跟踪窗口。

　　Visual LISP 的退出方式有多种，用得最多的两种方式如下：

　　（1）单击 Visual LISP 窗口右上角的"关闭"按钮 　。

　　（2）单击 Visual LISP 的"文件"→"退出"命令。

图 20-1　Visual LISP 用户界面

## 20.3　Visual LISP 加载和运行 AutoLISP 程序

　　可以使用 Visual LISP 工作界面和 AutoCAD 工作界面加载和运行 AutoLISP 程序。

### 20.3.1　使用 Visual LISP 工作界面加载和运行

　　在 Visual LISP（以下简写为 VLISP）文字编辑器中输入源程序或打开 AutoLISP 程序文件后，就可以加载和运行它。下面以加载程序文件 drawline.lsp 为例，说明在 VLISP 文本编辑窗口中加载和运行程序的步骤。首先单击"文件"→"打开文件"命令，选择 AutoCAD 安装目录下的一个 LSP 文件，例如 drawline.lsp 文件，然后加载和运行它。

　　（1）单击包含程序 drawline.lsp 的文本编辑窗口，使其变成活动窗口。

　　（2）加载：单击"工具"工具栏中的"加载活动编辑窗口" 按钮，或从 VLISP 菜单中单击"工具"→"加载编辑器中的文字"命令。之后，VLISP 在控制台窗口中显示已加载该程序的信息。

　　（3）在控制台提示下输入括号和函数名（函数名括在括号内），按回车键运行 drawline 函数：

```
_$ (drawline)
```

drawline 函数提示指定两个点，然后连接这两个点画一条直线。

　　说明：

　　（1）当在 VLISP 控制台窗口中输入命令或运行从文字编辑器中加载的程序时，有可能在 VLISP 和 AutoCAD 窗口之间来回切换。

　　（2）单击 VLISP 菜单中的"窗口"→"激活 AutoCAD"命令，或单击 Windows 任务栏的 AutoCAD 按钮，可以切换到 AutoCAD 窗口。

　　（3）在命令提示行输入 VLISP，或单击"工具"→"AutoLISP"→"Visual LISP 编辑器"命令，或单击 Windows 任务栏的 Visual LISP 按钮，可以从 AutoCAD 窗口切换到 VLISP 环境。

## 20.3.2　使用 AutoCAD 工作界面加载和运行

使用 AutoCAD 工作界面加载 AutoLISP 程序有 4 种方法。

（1）功能区："管理"选项卡→"应用程序"面板→"加载应用程序"按钮 。

（2）在 AutoCAD 菜单中单击"工具"→"加载应用程序"命令 。

（3）在 AutoCAD 菜单中单击"工具"→"AutoLISP"→"加载应用程序"命令 。

这 3 种方法，均弹出图 20-2 所示的对话框。从"文件类型"下拉列表框中选择 AutoLSP 文件，指定正确的"查找范围"后，在列出的 LSP 应用程序（文件）中选择一个，单击"加载"按钮，应用程序将加载到 AutoCAD 中（注意：不是加载到 VLISP 窗口中）。

（4）在命令提示行处输入如下命令：（load "文件名"）。例如：

命令：`(load "drawline")`

按回车键，即可载入。

**说明：**

（1）"（load "文件名"）"中的"文件名"不包括文件扩展名".lsp"，如文件 drawline.lsp 只写入 drawline。

（2）"（load "文件名"）"中的"文件名"必须用英文的引号括起来。

（3）从命令行加载程序应使文件所在的文件夹（路径）成为"支持文件搜索路径"。方法是：打开 AutoCAD 的"选项"对话框（见第 1 章），选择"文件"选项卡，

图 20-2　加载应用程序

双击"支持文件搜索路径"，使其展开，单击其中的一个路径，然后单击对话框右边的"添加"按钮，输入 LSP 文件所在的路径，最后单击对话框下部的"应用"和"确定"按钮。

运行加载的 LSP 文件的方法是，针对不同情况在命令提示行处输入如下命令：（函数名）或（C:后部函数名）或函数名。即

命令：`(drawline)`

或

命令：`(c:drawline)`

或

命令：`drawline`

按回车键，即可运行。

**说明：**

（1）这里是用"函数名"而不是用文件名。函数名和文件名是两回事，两者可以同名。

（2）LISP 源文件的函数名中（即 defun 后）无"C:"的用"（函数名）"的形式。函数名中有"C:"的用"（C:后部函数名）"的形式；或用"后部函数名"的形式，即不加括号。所谓后部函数名，是指函数名中 C:后的部分（C:和后部函数名共同组成函数名，C:和后部函数名两者都是函数名的一部分）。

（3）defun 函数后所跟的"C:"不是代表硬盘盘符 C，而是代表 Command Line Function（命令行函数）。

# 20.4 开 发 实 例

VLISP 有表、符号、字符串、整型数、实型数、实体名、选择集及文件指针等各种数据类型，有数值运算函数、表处理函数和输入输出函数等各种函数，有分支、循环结构，有若干规则，等等。限于篇幅，这里不再介绍，只给出两个开发实例。

## 开发绘制五角星命令

【例 20-1】开发绘制五角星的命令 star5。命令的运行结果如图 20-3 所示。

图 20-3 五角星命令 star5 的运行结果

**题目解释说明**：本例是应用 Visual LISP 开发一个 AutoCAD 绘制五角星的命令。
调试好的 LISP 源程序如下：

```
(defun C:star5  (/ pc r delta a1 a2 a3 a4 a5 x0 y0 x1 y1 x2 y2 x3 y3 x4
y4 x5 y5)                 ;绘制五角星,函数名为"C:star5",括号中的变量和"/"可全去掉
(initget 1)  (setq pc  (getpoint "\n 输入五角星的中心点="))
(initget (+ 1 2 4))  (setq r  (getreal "\n 输入五角星的外接圆半径="))

(command "color" "r")            ;设置颜色为红
(setq delta  (/ (* 2.0 pi) 5.0))  ;外接圆每段弧的弧度数。其值赋给 delta
(setq a1  (/ pi 2.0))             ;第 1 点位于圆心角 90 度(π/2 弧度)处。其值赋给 a1

(setq x0  (car pc))               ;圆心的 x 坐标。其值赋给 x0（下同，略）
(setq y0  (cadr pc))              ;圆心的 y 坐标

(setq x1 (+ x0 (* r (cos a1))))    ;第 1 点的 x 坐标
(setq y1 (+ y0 (* r (sin a1))))    ;第 1 点的 y 坐标

(setq a2 (+ a1 delta))             ;第 2 点位于圆心角 a2 弧度处
(setq x2 (+ x0 (* r (cos a2))))    ;第 2 点的 x 坐标
(setq y2 (+ y0 (* r (sin a2))))    ;第 2 点的 y 坐标

(setq a3 (+ a2 delta))             ;第 3 点位于圆心角 a3 弧度处
(setq x3 (+ x0 (* r (cos a3))))    ;第 3 点的 x 坐标
(setq y3 (+ y0 (* r (sin a3))))    ;第 3 点的 y 坐标

(setq a4 (+ a3 delta))             ;第 4 点位于圆心角 a4 弧度处
(setq x4 (+ x0 (* r (cos a4))))    ;第 4 点的 x 坐标
(setq y4 (+ y0 (* r (sin a4))))    ;第 4 点的 y 坐标

(setq a5 (+ a4 delta))             ;第 5 点位于圆心角 a5 弧度处
```

```
        (setq x5 (+ x0 (* r (cos a5))))        ;第 5 点的 x 坐标
        (setq y5 (+ y0 (* r (sin a5))))        ;第 5 点的 y 坐标

        (setq p1 (list x1 y1))                 ;将坐标赋予 p1 点
        (setq p2 (list x2 y2))                 ;将坐标赋予 p2 点
        (setq p3 (list x3 y3))                 ;将坐标赋予 p3 点
        (setq p4 (list x4 y4))                 ;将坐标赋予 p4 点
        (setq p5 (list x5 y5))                 ;将坐标赋予 p5 点

        (command "line" p1 p3 p5 p2 p4 "c")    ;用直线连接相隔的各点
        (command "hatch" "solid" "" "n" p3 (inters p3 p5 p2 p4) p4
(inters p1 p4 p3 p5) p5 (inters p2 p5 p1 p4) p1 (inters p1 p3 p2
p5) p2 (inters p2 p4 p1 p3) p3 "" "")
                                    ;填充。若此句最左边加上英文分号则不填充

        (command "redraw")                     ;重画(刷新)图形
)
```

**说明：**

（1）函数名是 C: star5，命令名是（C: star5）或 star5。

（2）（car pc）是取点 pc 的 x 值，（cadr pc）是取点 pc 的 y 值，后面用到的（nth ipl）表示取 pl 的第 i+1 个值（第一个值对应的 i 为 0）。

（3）（inters p3 p5 p2 p4）表示求 p3 点和 p5 点的连线与 p2 点和 p4 点的连线的交点。

**【例 20-2】** 开发绘制太极图的命令 taiji。运行结果如图 20-4 所示。

图 20-4　太极图命令 taiji 的运行结果

**题目解释说明：** 本例开发一个 AutoCAD 绘制太极图的命令。命令开发出来后，加载到 AutoCAD，就可以在 AutoCAD 的工作界面像使用其他 AutoCAD 命令一样使用它。太极图由圆和圆弧组成，图中要填充图案。本命令的输入参数有中心点坐标、大圆半径和内圆半径。为了填充时便于指定对象，绘制时大圆用两个半圆代替。

编写、纠错、测试、调试好的 LISP 源程序如下：

```
(defun c:taiji (/ origin radius i-radius half-r origin-x origin-y os)

    (setvar "OSMODE" 0)                        ;关闭捕捉
    (initget 1)  (setq origin (getpoint "\n 输入中心点= "))
    (initget (+ 1 2 4))  (setq radius (getdist "\n 输入外圆半径= "))
    (initget (+ 1 2 4))  (setqi-radius (getdist "\n 输入内部小圆半径= "))

    (if (>i-radius radius) (setqi-radius (/ radius 4)))

    (setq half-r (/ radius 2.0))
    (setq origin-x (car origin))
    (setq origin-y (cadr origin))
```

```
  (command "color" "w")                          ;颜色白

  (command "arc" (list origin-x (- origin-y radius)) "ce"
origin
    (list origin-x (+ origin-y radius))
  )                                              ;画右大圆弧
  (setq arc1 (entlast))                          ;命名右大弧

  (command "arc" (list origin-x (+ origin-y radius)) "ce"
origin
   (list origin-x (- origin-y radius))
  )                                              ;画左大圆弧
  (setq arc2 (entlast))                          ;命名左大弧

  (command "ARC" origin "ce"                     ;上部圆弧的起点为外圆的圆心
      (list origin-x (+ origin-y half-r))        ;上部圆弧的圆心
      (list origin-x (+ origin-y radius))        ;上部圆弧的终点为外圆铅直直径的上端点
  )
  (setq arc3 (entlast))                          ;命名右小圆弧

  (command "ARC" origin "ce"                     ;下部圆弧的起点为外圆的圆心
      (list origin-x (- origin-y half-r))        ;下部圆弧的圆心
      (list origin-x (- origin-y radius))        ;下部圆弧的终点为外圆铅直直径的下端点

  )
  (setq arc4 (entlast))                          ;命名左小圆弧

  (command "CIRCLE"
      (list origin-x (+ origin-y half-r))        ;上内圆
i-radius
  )
  (setq circ1 (entlast))                         ;命名上内圆

  (command "CIRCLE"
      (list origin-x (- origin-y half-r))        ;下内圆
i-radius
  )
  (setq circ2 (entlast))                         ;命名下内圆

  (command "hatch" "solid" arc1 arc3 arc4 circ2 "")
                                                 ;填充。若此句最左边加上英文分号则不填充
  (command "hatch" "solid" circ1 "")             ;填充。若此句最左边加上英文分号则不填充
)
```

**说明：**

函数名是 C:taiji，命令名是（C:taiji）或 taiji。

对该源程序进行下述操作：

（1）启动：启动 VLISP，将上述源程序输入文字编辑器（英文分号及其后的部分可以不输入）。

（2）加载：在 VLISP 工作界面，单击"工具"工具栏中的"加载活动编辑窗口" 按钮，或

从 VLISP 菜单中单击"工具"→"加载编辑器中的文字"命令。之后，VLISP 将在控制台窗口中显示一条信息，表明已加载该程序，并出现_$。

（3）运行：在控制台提示下输入括号和函数名——C:watch（注意是英文冒号），按回车键后运行程序：

```
_$ (C: watch)
```

按提示输入参数后，将绘出图形。

关于 AutoCAD 的二次开发，有兴趣者可以进行尝试，分析探索，研究创新，获取自己的劳动成果，提高自豪感和成就感。

# 小　结

1．AutoCAD 二次开发的步骤是结构化分析、结构化设计、结构化编程、结构化测试和调试程序。

2．应用 Visual LISP 开发 AutoCAD 命令，主要命令落实到编写程序代码，然后调试运行。

# 上机实验及指导

【实验目的】

1．了解 AutoCAD 二次开发的方法步骤。

2．用 Visual LISP 开发 AutoCAD 命令。

【实验内容】

1．做本章的例题。

2．开发两个 AutoCAD 命令。

【实验步骤】

1．启动 AutoCAD 和 VLISP，做本章的例题。

2．开发绘制表盘的命令 watch。运行结果如图 20-5 所示。

指导：表盘是圆形的。表盘外轮廓可用圆环绘制，其余的都用多段线绘制。本题还用到阵列命令。本命令的输入参数有表盘的圆心坐标和表盘的半径。

图 20-5　表盘命令 watch
的运行结果

LISP 源程序如下：

```
(defun c:watch ( )                       ;绘制表盘（圆形）
  (initget 1) (setq pc (getpoint "\n输入表盘的中心点="))
  (initget (+ 1 2 4)) (setq r (getreal "\n输入表盘的圆半径="))

  (command "color" "m")                  ;设置颜色为粉红
  (setq p1 (list (car pc) (+ (cadr pc) (* 0.85 r))))  ;12点短标志的开始点
  (setq p2 (list (car pc) (+ (cadr pc) (* 0.6 r))))   ;12点短标志的结束点
  (setq w1 (* 0.07 r))

  (setq p3 (list (car pc) (+ (cadr pc) (* 0.9 r))))   ;12点长标志的开始点
  (setq p4 (list (car pc) (+ (cadr pc) (* 0.55 r))))  ;12点长标志的结束点
```

```
(setq w2 (* 0.1  r))

(command  "pline"  p1  "w"  w1  w1  p2  "")          ;用多段线画 12 点短标志
(command  "array"  "l"  ""  "p"  pc  "12"  "360"  "y")   ;阵列 12 份短标志

(command  "pline"  p3  "w"  w2  w2  p4  "")              ;画 12 点长标志，短标志被覆盖
(command  "array"  "l"  ""  "p"  pc  "4"  "360"  "y")    ;阵列 4 份长标志，短标志被覆盖

(setq p5 (list (+ (car pc) (* 0.45  r)) (cadr pc)))
(setq p6 (list (car pc) (+ (cadr pc) (* 0.5  r))))
(setq p7 (list (+ (car pc) (* -0.45  r)) (+ (cadr pc) (* -0.4  r))))
(setq w0 (* 0.03  r))

(command  "pline"  pc  "w"  w2  "0"  p5  "")         ;画时针
(command  "pline"  pc  "w"  w1  "0"  p6  "")         ;画分针
(command  "pline"  pc  "w"  w0  "0"  p7  "")         ;画秒针

(command  "color"  "241");颜色变
(command  "donut"  (* 2.0  r)  (* 1.02 (* 2.0  r))  pc  "")
                                                    ;用圆环画表盘的外轮廓

(command  "regen")                                  ;重生成（刷新）图形
)
```

说明：

函数名是 C:watch，命令名是（C:watch）或 watch。

# 思 考 题

1．怎样加载和运行 AutoLISP 程序？

2．你想开发你所学专业的哪些 AutoLISP 程序？

3．请逐句解释一个 LISP 源程序。

4．如果你兴趣浓厚、开发欲望强烈，建议动手开发几个 AutoCAD 命令，定有收获和感想。

# 参 考 文 献

[1] 孙家广，等. 计算机图形学[M]. 3 版. 北京：清华大学出版社，1998.

[2] 陆润民. 计算机图形学教程[M]. 北京：清华大学出版社，2003.

[3] HEARN D，BAKER M P. Computer Graphics，C Version[M]. 2nd ed. Prentice Hall International，Inc，1997.

[4] ROGERS D F. Procedural Elements for Computer Graphics[M]. 2nd ed. The McGraw-hill Companies，1998.

[5] HEARN D，BAKER M P. Computer Graphics with OpenGL[M]. 3rd ed. Pearson Education Asia Limited and Publishing House of Electronics Industry，2004.

[6] 刘真. 计算机仿真技术基础[M]. 北京：电子工业出版社，2004.

[7] 雷军，等. 中文版 AutoCAD 2005 建筑图形设计[M]. 北京：清华大学出版社，2005.

[8] 郁晓红，马银晓，徐金华. AutoCAD 应用教程[M]. 北京：电子工业出版社，2004.

[9] 江思敏，郑巍. AutoCAD R14 命令与实例[M]. 北京：人民邮电出版社，1998.

[10] 康博. 中文版 AutoCAD 2002/2000 Visual LISP 开发指南[M]. 北京：清华大学出版社，2001.

[11] 蓝屹生. AutoLISP 学习导引[M]. 北京：中国铁道出版社，2003.

[12] 陆珣，等. AutoCAD 2000 技术大全[M]. 北京：机械工业出版社，2001.

[13] 刘浩，杜忠友. 计算机数值计算方法[M]. 济南：山东大学出版社，2001.

[14] 杜忠友，刘浩，等. 数字城市中的遥感信息三维重现分析系统[J]. 计算机应用与软件，2005（8）.

[15] 杜忠友，等. 基于 AutoCAD 的三维旋体的计算机自动生成[J]. 微计算机信息，2004（4）.

[16] 杜忠友. 三维螺旋形体造型的一种计算机算法[J]. 计算机工程，2004（21）.

[17] 杜忠友. 确定复杂形状旋转体拉延毛坯尺寸的计算机 AutoCAD 方法[J]. 金属成形工艺，2003（5）.

[18] 姜军，等. AutoCAD 2008 中文版机械制图应用与实例教程[M]. 北京：人民邮电出版社，2008.

[19] 戎马工作室. AuoCAD 2009 完全新手学习手册[M]. 北京：机械工业出版社，2009.

[20] 胡仁喜，刘昌丽，康士廷，等. AuoCAD2010 中文版机械制图快速入门实例教程[M]. 北京：机械工业出版社，2009.

[21] 柏松. 中文版 AutoCAD 从零开始完全精通[M]. 上海：上海科学普及出版社，2013.

[22] 任建英，程光远. AutoCAD 绘图实用速查通典[M]. 北京：科学出版社，2013.

[23] 前沿文化. AutoCAD 辅助设计[M]. 北京：科学工业出版社，2013.

[24] 杨洪亮，王珂. AuoCAD 2014 中文版机械设计从入门到精通[M]. 北京：电子工业出版社，2013.

[25] 陈晓东，张军. AuoCAD 2014 中文版建筑设计从入门到精通[M]. 北京：电子工业出版社，2013.

[26] 陈磊，王晓明. AuoCAD 2014 中文版建筑水暖电设计从入门到精通[M]. 北京：电子工业出版社，2013.

[27] 周晓飞，李秀峰. AuoCAD 2014 中文版室内设计从入门到精通[M]. 北京：电子工业出版社，2013.

[28] 王辉，李诗洋. AuoCAD 2014 中文版电气设计从入门到精通[M]. 北京：电子工业出版社，2013.

# 参考文献

[1] 唐荣锡. 计算机辅助几何设计[M]. 北京: 高等教育出版社, 1999.

[2] 朱心雄. 自由曲线曲面造型技术[M]. 北京: 科学出版社, 2009.

[3] HEARN D, BAKER M P. Computer Graphics: C Version[M]. 2nd ed. Prentice Hall International, 1997.

[4] ROGERS D F. Procedural Elements for Computer Graphics[M]. 2nd ed. The McGraw Hill Companies, 1998.

[5] HEARN D, BAKER M P. Computer Graphics with OpenGL[M]. 3rd ed. Pearson Education Asia Limited and Publishing House of Electronics Industry, 2004.

[6] 孙家广. 计算机图形学[M]. 北京: 清华大学出版社, 2005.

[7] 潘云鹤. 计算机图形学: 原理、方法及应用[M]. 北京: 高等教育出版社, 2003.

[8] 孙家广. 计算机辅助设计技术基础[M]. 北京: 清华大学出版社, 2004.

[9] 唐泽圣. 计算机图形学基础[M]. 北京: 清华大学出版社, 1995.

[10] 陈传波. 计算机图形学基础[M]. 北京: 电子工业出版社, 2004.

[11] 施法中. 计算机辅助几何设计与非均匀有理B样条[M]. 北京: 高等教育出版社, 2001.

[12] 慕东周. AutoCAD 2004中文版标准教程[M]. 北京: 清华大学出版社, 2004.

[13] 崔洪斌. 计算机辅助设计与绘图实训[M]. 北京: 中国水利水电出版社, 2004.

[14] 胡仁喜. AutoCAD建筑设计实例教程[M]. 北京: 机械工业出版社, 2005.

[15] 李长勋. AutoCAD中文版机械设计[M]. 北京: 中国电力出版社, 2009.

[16] 赵武. 计算机辅助设计与绘图[M]. 武汉: 华中科技大学出版社, 2007.

[17] 胡建生. AutoCAD工程制图[M]. 北京: 机械工业出版社, 2003.

[18] 陈长明. AutoCAD 2008中文版机械制图实例教程[M]. 北京: 清华大学出版社, 2008.

[19] 赵国增. AutoCAD与三维造型[M]. 北京: 机械工业出版社, 2004.

[20] 胡仁喜. 从零开始: AutoCAD 2010中文版机械制图基础培训教程[M]. 北京: 人民邮电出版社, 2009.

[21] 刘瑞新. 中文版AutoCAD实用教程[M]. 北京: 机械工业出版社, 2012.

[22] 邓奋发. AutoCAD中文版机械设计标准教程[M]. 北京: 电子工业出版社, 2012.

[23] 曹立文. AutoCAD实用教程[M]. 北京: 电子工业出版社, 2014.

[24] 薛山. 中文版AutoCAD 2013从入门到精通[M]. 北京: 清华大学出版社, 2013.

[25] 刘瑞新. 中文版AutoCAD 2014机械设计实例教程[M]. 北京: 机械工业出版社, 2013.

[26] 陈志民. 中文版AutoCAD 2014机械设计标准实例教程[M]. 北京: 机械工业出版社, 2013.

[27] 胡仁喜. 从零开始: AutoCAD 2014中文版机械制图基础培训教程[M]. 北京: 人民邮电出版社, 2013.

[28] 张云杰. 中文版AutoCAD 2014机械设计实训教程[M]. 北京: 清华大学出版社, 2013.